国家林业和草原局普通高等教育"十三五"规划教材

胶黏剂与涂料技术基础

余先纯　孙德林　主　编

中国林业出版社

图书在版编目（CIP）数据

胶黏剂与涂料技术基础 / 余先纯，孙德林主编. —北京：
中国林业出版社，2018.10（2024.1重印）
　国家林业和草原局普通高等教育"十三五"规划教材
　ISBN 978-7-5038-9686-6

　Ⅰ.①胶… Ⅱ.①余…②孙… Ⅲ.①胶粘剂-高等学校-教材
②涂料-高等学校-教材 Ⅳ.①TQ430.7②TQ63

中国版本图书馆 CIP 数据核字（2018）第 209370 号

国家林业和草原局生态文明教材及林业高校教材建设项目

中国林业出版社·教育出版分社

策划编辑：杜　娟　　　　　　　　　责任编辑：丰　帆　杜　娟
电话：（010）83143553　83143558　　传真：（010）83143516

出版发行　中国林业出版社（100009　北京市西城区德内大街刘海胡同 7 号）
　　　　　　E-mail：jiaocaipublic@163.com　　　电话：（010）83143500
　　　　　　http：//lycb.forestry.gov.cn
经　　销　新华书店
印　　刷　河北京平诚乾印刷有限公司
版　　次　2018 年 10 月第 1 版
印　　次　2024 年 1 月第 2 次印刷
开　　本　850mm×1168mm　1/16
印　　张　19.25
字　　数　456 千字
定　　价　42.00 元

前　言

胶黏剂与涂料是现代工业不可缺少的重要原辅材料,在木材加工行业所使用的胶黏剂就约占全球胶黏剂总产量的3/4。早在数千年前我们的祖先就开始使用胶黏剂与涂料制造各种生产工具和生活用具。在现代社会中,随着木材加工工业的不断进步以及世界经济由工业化向生态化的转变,我国2002年7月1日起强制执行GB 18581—2001,低毒和无醛系列胶黏剂以及涂料的研究已成为热点,也使得环保型胶黏剂与涂料得到了长足发展。

本书分为胶黏剂与涂料基础、胶黏剂和涂料三大部分。基础部分主要对胶黏剂与涂料的应用与发展、胶黏剂与胶合技术、涂料与涂饰技术进行概述,并对胶黏剂的组成与分类、胶合接头与胶合理论以及涂饰技术中的表面处理、涂饰方法、涂膜修整等进行了详细的介绍。同时,就胶黏剂与涂料的理化性能、安全防护与预防措施进行了详细的阐述,旨在使读者对胶黏剂与涂料有一个较全面的了解。胶黏剂部分主要介绍了木材工业中最常用的三醛树脂胶黏剂、烯类树脂胶黏剂、天然胶黏剂和其他常用胶黏剂。从原辅材料、合成原理与固化机理、合成工艺及质量影响因素等方面进行了详细的介绍,并通过典型配方对合成工艺条件、技术路线以及关键因素进行重点强调,旨在加深读者的认识、理解与记忆。同时,重点强调了低TVOC、水性胶黏剂的合成与改性技术,倡导绿色环保理念。涂料部分在所述树脂的基础上介绍了涂料的组成与命名,并对常用天然树脂涂料、常用溶剂型涂料、水性涂料、粉末涂料与光敏涂料等进行阐述,尤其是从环保的角度对天然树脂涂料、水性、粉末与光敏涂料等的主要成分、成膜机理、重要性能以及不足进行了详细的分析与论述,同时针对部分涂料的不足提出了改进建议。

本着知识体系涵盖全面、通用知识简明扼要、专业知识重点突出、关键知识着重强调的原则,作者在编写过程中查阅与引用了大量的国内外最新研究成果,在此向各位同行与学者表示深深的谢意。同时,始终将“绿色、环保”的理念贯穿于全书,旨在能使环保型胶黏剂与涂料及其技术得到合理的推广与应用。本书既可以作为高校高分子材料、林产化学加工工程、化学工程与技术、木材科学与工程、家具制造与工程、室内装饰工程等方向的教材,也可以作为从事高分子胶黏剂与涂料开发与生产、木材加工和家具制造等行业工程技术人员的工具书。

由于现代化工技术发展迅速，在胶黏剂与涂料方面新的技术不断涌现，欢迎广大读者将在使用过程中存在的问题与不足以及新颖、实用的研究成果反馈给我们，以便使本书更加完善。

编 者

2018 年 7 月于长沙

目　录

前　言

第1章　胶黏剂与涂料概述 ···································· 1

1.1　胶黏剂与胶合技术 ···································· 1

1.1.1　胶黏剂 ···································· 1

1.1.2　胶合技术 ···································· 1

1.2　涂料与涂饰技术 ···································· 2

1.2.1　涂料 ···································· 2

1.2.2　涂饰技术 ···································· 2

1.3　应用与发展趋势 ···································· 2

1.3.1　胶黏剂的应用 ···································· 2

1.3.2　涂料的应用 ···································· 5

1.3.3　发展趋势 ···································· 6

第2章　胶合与涂饰技术基础 ···································· 9

2.1　胶合技术 ···································· 9

2.1.1　胶黏剂的组成 ···································· 9

2.1.2　分类 ···································· 11

2.1.3　基本原理与胶合理论 ···································· 13

2.1.4　胶合接头 ···································· 20

2.1.5　胶合强度影响因素 ···································· 23

2.2　涂饰技术基础 ···································· 27

2.2.1　表面处理 ···································· 27

2.2.2　涂饰方法 ···································· 28

2.2.3　涂层干燥与固化 ···································· 29

2.2.4　涂膜修整 ···································· 30

第 3 章　理化性能与安全防护 ………………………………………………… 31

  3.1　理化性能及检测 …………………………………………………………… 31

    3.1.1　胶黏剂与涂料的理化性能 ………………………………………… 31

    3.1.2　涂料的其他性能 …………………………………………………… 35

  3.2　重要有害物质检控 ………………………………………………………… 36

    3.2.1　有机挥发物检控 …………………………………………………… 36

    3.2.2　游离醛与酚的测定 ………………………………………………… 37

  3.3　安全防护 …………………………………………………………………… 38

    3.3.1　有毒物质及毒性评定 ……………………………………………… 38

    3.3.2　防护与预防措施 …………………………………………………… 42

第 4 章　三醛树脂胶黏剂 ……………………………………………………… 43

  4.1　脲醛树脂胶黏剂 …………………………………………………………… 43

    4.1.1　主要合成原料 ……………………………………………………… 43

    4.1.2　合成机理 …………………………………………………………… 47

    4.1.3　合成工艺与影响因素 ……………………………………………… 50

  4.2　三聚氰胺甲醛树脂胶黏剂 ………………………………………………… 60

    4.2.1　合成原料 …………………………………………………………… 60

    4.2.2　合成原理 …………………………………………………………… 61

    4.2.3　合成工艺 …………………………………………………………… 64

  4.3　酚醛树脂胶黏剂 …………………………………………………………… 67

    4.3.1　主要原料 …………………………………………………………… 67

    4.3.2　合成原理与固化机理 ……………………………………………… 69

    4.3.3　合成工艺 …………………………………………………………… 79

    4.3.4　质量影响因素 ……………………………………………………… 81

  4.4　三醛树脂胶黏剂的改性 …………………………………………………… 84

    4.4.1　脲醛树脂胶黏剂改性 ……………………………………………… 84

    4.4.2　三聚氰胺甲醛树脂胶黏剂改性 …………………………………… 92

    4.4.3　酚醛树脂胶黏剂改性 ……………………………………………… 96

第 5 章　烯类树脂胶黏剂 ……………………………………………………… 102

  5.1　聚乙酸乙烯酯胶黏剂 ……………………………………………………… 102

    5.1.1　乳液与乳液聚合 …………………………………………………… 103

    5.1.2　合成原料 …………………………………………………………… 104

    5.1.3　合成原理 …………………………………………………………… 107

    5.1.4　合成工艺及影响因素 ……………………………………………… 109

    5.1.5　质量事故及预防措施 ……………………………………………… 114

5.2　丙烯酸酯胶黏剂 …………………………………………………… 116
　　5.2.1　α-氰基丙烯酸酯胶黏剂 ………………………………… 117
　　5.2.2　丙烯酸压敏胶 …………………………………………… 120
　　5.2.3　丙烯酸酯厌氧胶 ………………………………………… 123
　　5.2.4　丙烯酸酯结构胶 ………………………………………… 124
　　5.2.5　水性丙烯酸树脂 ………………………………………… 127
5.3　烯类热熔胶 ………………………………………………………… 130
　　5.3.1　概述 ……………………………………………………… 130
　　5.3.2　热熔胶的主要性能参数 ………………………………… 130
　　5.3.3　热熔胶的合成原料 ……………………………………… 131
　　5.3.4　常用烯类热熔胶 ………………………………………… 133

第6章　天然胶黏剂 ………………………………………………………… 138
6.1　蛋白质胶黏剂 ……………………………………………………… 138
　　6.1.1　豆蛋白胶黏剂 …………………………………………… 139
　　6.1.2　明胶 ……………………………………………………… 139
　　6.1.3　血朊胶黏剂 ……………………………………………… 141
　　6.1.4　酪素胶黏剂 ……………………………………………… 141
　　6.1.5　蛋白混合胶 ……………………………………………… 142
6.2　生物质胶黏剂 ……………………………………………………… 142
　　6.2.1　淀粉类胶黏剂 …………………………………………… 142
　　6.2.2　复合多糖类胶黏剂 ……………………………………… 148
　　6.2.3　纤维素类胶黏剂 ………………………………………… 149
　　6.2.4　木质素胶黏剂 …………………………………………… 151
　　6.2.5　生物质材料胶黏剂 ……………………………………… 152
6.3　天然树脂胶黏剂 …………………………………………………… 152
　　6.3.1　单宁胶黏剂 ……………………………………………… 153
　　6.3.2　松香胶黏剂 ……………………………………………… 154
　　6.3.3　生漆胶黏剂 ……………………………………………… 155
6.4　无机胶黏剂 ………………………………………………………… 155
　　6.4.1　气干型无机胶黏剂 ……………………………………… 155
　　6.4.2　水固型无机胶黏剂 ……………………………………… 156
　　6.4.3　熔融型无机胶黏剂 ……………………………………… 157
　　6.4.4　反应型无机胶黏剂 ……………………………………… 157

第7章　其他常用胶黏剂 …………………………………………………… 159
7.1　聚氨酯胶黏剂 ……………………………………………………… 159

7.1.1　分类与性能 …………………………………………………… 160

7.1.2　合成中的主要化学反应 …………………………………… 163

7.1.3　合成原料与合成原理 ………………………………………… 165

7.1.4　固化机理 ………………………………………………………… 168

7.1.5　制备工艺 ………………………………………………………… 169

7.1.6　异氰酸酯乳液及水性乙烯基聚氨酯 ……………………… 170

7.2　环氧树脂胶黏剂 …………………………………………………… 172

7.2.1　分类与特性 …………………………………………………… 173

7.2.2　合成原理 ………………………………………………………… 174

7.2.3　合成原料 ………………………………………………………… 176

7.2.4　反应活性与固化机理 ………………………………………… 180

7.2.5　配方与制备工艺 ……………………………………………… 184

7.2.6　调制与改性 …………………………………………………… 185

7.3　不饱和聚酯胶黏剂 ………………………………………………… 188

7.3.1　合成原料 ………………………………………………………… 188

7.3.2　合成原理 ………………………………………………………… 190

7.3.3　固化机理 ………………………………………………………… 193

7.3.4　合成工艺 ………………………………………………………… 193

7.3.5　性能及改性 …………………………………………………… 194

7.4　有机硅胶黏剂 ……………………………………………………… 195

7.4.1　有机硅树脂胶黏剂 …………………………………………… 196

7.4.2　硅橡胶型胶黏剂 ……………………………………………… 201

7.4.3　配方与合成工艺 ……………………………………………… 204

7.4.4　有机硅胶黏剂的改性 ………………………………………… 204

第8章　涂料的组成与命名 …………………………………………… 210

8.1　主要成膜物质 ……………………………………………………… 210

8.1.1　天然涂料的成膜物质 ………………………………………… 210

8.1.2　人工合成树脂涂料成膜物质 ……………………………… 211

8.2　次要成膜物质 ……………………………………………………… 214

8.2.1　颜料的通性 …………………………………………………… 214

8.2.2　颜料的种类 …………………………………………………… 215

8.3　辅助成膜物质 ……………………………………………………… 217

8.3.1　溶剂及其性能 ………………………………………………… 217

8.3.2　助剂及其性能 ………………………………………………… 218

8.4　分类与命名 ………………………………………………………… 220

8.4.1　涂料的分类 …………………………………………………… 220

8.4.2 涂料的命名 ······ 221

第9章 常用天然树脂涂料 ······ 223
9.1 生漆 ······ 223
9.1.1 概述与基本性能 ······ 223
9.1.2 主要成分 ······ 224
9.1.3 成膜机理 ······ 225
9.1.4 传统制漆与改性方法 ······ 228
9.1.5 现代改性技术 ······ 228
9.2 桐油 ······ 231
9.2.1 天然桐油 ······ 231
9.2.2 桐油改性树脂涂料 ······ 232
9.3 松香 ······ 236
9.3.1 天然松香 ······ 237
9.3.2 松香改性树脂涂料 ······ 237

第10章 常用溶剂型涂料 ······ 241
10.1 常用调和漆 ······ 241
10.1.1 酚醛树脂涂料 ······ 241
10.1.2 醇酸树脂涂料 ······ 243
10.2 硝基涂料 ······ 244
10.2.1 硝基涂料的组成 ······ 244
10.2.2 硝基涂料的性能 ······ 245
10.3 丙烯酸树脂涂料 ······ 247
10.3.1 热塑性丙烯酸树脂涂料 ······ 247
10.3.2 热固性丙烯酸树脂涂料 ······ 247
10.3.3 丙烯酸木器涂料 ······ 248
10.4 聚氨酯树脂涂料 ······ 248
10.4.1 羟基固化型聚氨酯涂料 ······ 249
10.4.2 封闭型聚氨酯涂料 ······ 253
10.4.3 湿固化型聚氨酯涂料 ······ 254
10.4.4 催化型聚氨酯涂料 ······ 254
10.4.5 弹性聚氨酯涂料 ······ 255
10.5 环氧树脂涂料 ······ 255
10.5.1 胺固化环氧树脂涂料 ······ 256
10.5.2 合成树脂固化环氧树脂涂料 ······ 257
10.6 不饱和聚酯涂料 ······ 258

　　　　10.6.1　主要成分与原料选择 ……………………………………… 259

　　　　10.6.2　涂料配方实例 …………………………………………… 260

　　　　10.6.3　固化工艺与措施 ……………………………………… 261

第11章　水性涂料 ………………………………………………………… 264

　　11.1　概述 …………………………………………………………… 264

　　　　11.1.1　概念与分类 …………………………………………… 264

　　　　11.1.2　优势与不足 …………………………………………… 265

　　　　11.1.3　常用水性树脂 ………………………………………… 266

　　　　11.1.4　颜料与助剂 …………………………………………… 270

　　11.2　水性木器涂料及其改性 ……………………………………… 273

　　　　11.2.1　水性醇酸树脂涂料 …………………………………… 273

　　　　11.2.2　水性丙烯酸树脂涂料 ………………………………… 277

　　　　11.2.3　水性聚氨酯涂料 ……………………………………… 280

第12章　粉末涂料与光敏涂料 …………………………………………… 284

　　12.1　粉末涂料 ……………………………………………………… 284

　　　　12.1.1　热固型粉末涂料 ……………………………………… 284

　　　　12.1.2　热塑性粉末涂料 ……………………………………… 288

　　12.2　光敏涂料 ……………………………………………………… 289

　　　　12.2.1　溶剂型光敏涂料 ……………………………………… 289

　　　　12.2.2　水性光敏涂料 ………………………………………… 290

　　　　12.2.3　UV固化粉末涂料 …………………………………… 295

参考文献 …………………………………………………………………… 296

第 1 章

胶黏剂与涂料概述

胶黏剂与涂料已经深入到人们日常生活的每一个角落，从轮船、飞机、汽车到家具、小物件无不涉及，品类从天然树脂到人工合成材料应有尽有。随着现代科技的飞速发展，绿色环保、高性能、低成本的胶黏剂与涂料得到了日新月异的发展，粉末胶黏剂与涂料、水性胶黏剂与涂料得到广泛应用，而与之相适应的胶合与涂饰技术也应运而生，为人们的生活带来了诸多方便、添加了丰富的色彩。

1.1 胶黏剂与胶合技术

1.1.1 胶黏剂

胶黏剂也称黏合剂，黏接剂，简称胶。是一种通过界面的黏附和物质的内聚等作用使两种或两种以上相同或不同的制件（或材料）强力持久地连接在一起的天然的或人造的有机的或无机的一类物质。胶黏剂能将金属、玻璃、陶瓷、木材、纸质、纤维、橡胶和塑料等同种或不同材质胶合成一体。

胶黏剂是以天然或合成化合物为主体制成的，具有强度高、种类多、适应性强的特点。按其来源可分为天然胶黏剂和合成胶黏剂：天然胶黏剂由天然动、植物的胶黏物质制成，如皮胶、骨胶、淀粉胶、蛋白胶、树脂胶、天然橡胶等，特点是能充分利用天然资源，具有较好的环保性能。天然胶黏剂价格低廉、无毒或低毒、加工简便，但也存在着不耐潮、强度低等不足，其应用范围在一定程度上受到限制。合成胶黏剂以合成聚合物或预聚体、单体等为主料制成。常用的有氨基树脂胶黏剂、酚醛树脂胶黏剂、烯类高聚物胶黏剂、聚氨酯胶黏剂及环氧树脂胶黏剂等，除主料外，还应根据具体情况加入固化剂、增塑剂、填料和溶剂等。合成胶黏剂品种繁多、性能优异，是一种用途广泛的胶黏材料。

1.1.2 胶合技术

胶合是使用胶黏剂将两个或多个物体连接在一起的过程，是一项古老而又实用的技术。利用胶黏剂将各种材质、形状、大小、厚薄、软硬相同或不同的制件（或材料）连接成为一个连续、牢固、稳定的整体的一种工艺方法，称为胶合技术，也称为胶接、黏接、黏合技术。具有速度快、质量轻、施工方便的特点。

1.2　涂料与涂饰技术

1.2.1　涂料

涂料是由高分子物质和配料组成的混合物，将其涂布于物体表面、在一定的条件下能固化形成具有一定强度、连续、均匀覆盖和良好附着的薄膜，起到保护、装饰或其他特殊功能(绝缘、防锈、防霉、耐热等)的一类流体或粉末状的材料。1867 年，美国第一个涂料专利的出现标志着涂料科学与技术的开始。因早期的涂料大多以植物油为主要原料，故又称作油漆，现在合成树脂已取代了植物油，现在所谓的油漆只是涂料中的一种。由于涂料在固化后被涂物的表面形成一层薄膜，故也称为涂膜、漆膜或涂层等。

涂料的应用无处不在，如今色彩斑斓的世界就与各种涂料分不开。我国利用涂料的历史悠久，早在四千多年前的夏朝就开始利用油漆来涂饰食器与祭器了。最早是利用干性植物油和天然漆作涂料，称为油漆。近代考古发掘大量的出土文物证实我国古代使用涂料的技艺高超：湖南长沙马王堆等地发掘距今两千多年的数千件涂饰制品，其涂膜平整光亮、图案精美、色彩艳丽，无论在涂饰技术还是在艺术处理上都达到了极高的装饰水平。

1.2.2　涂饰技术

将涂料涂布于工件表面的工艺与技术简称为涂饰技术。常用的涂饰技术有较原始与简单的手工涂饰，有目前通用的压缩空气喷涂，有效率较高的高压喷涂，也有根据涂料与工件特性而进行的静电喷涂、淋涂、辊涂、浸涂以及电泳等多种技术。

在基于表面装饰的因素，根据制品涂饰后基材是否清晰可见，可将涂饰工艺分为透明，半透明及不透明涂饰工艺；根据制品的涂膜反射光线的强弱，又可分为有光、半有(或半亚)光，无(或亚)光涂饰工艺。还有其他的所谓特种涂饰工艺，如在木材涂饰方面就有显孔、半显孔工艺等。

1.3　应用与发展趋势

1.3.1　胶黏剂的应用

1.3.1.1　航空与航天工业

航空工业和空间技术发展极其迅速，航天器和空间站的制造与装配都离不开胶黏剂。减轻航空航天器的自身重量、提高航速是航空工业发展的方向之一。在航空工业中，胶黏剂最早是用于胶合金属、金属与塑料、金属与橡胶、蜂窝夹层结构与壁板等。采用胶合技术制备的构件具有质量轻、结构强、表面光滑、应力集中小、密封性好等优点，已逐步代替部分铆钉、螺栓和焊接。有资料显示：一架波音 747 客机，需要胶膜 3 700m²，聚硫密封胶 431kg，硅橡胶密封剂 23kg。

航天工业中更是离不开高性能的胶黏剂，航天飞机、宇宙飞船、运载火箭、人造卫星、宇宙中继站、太阳能电池等都大量采用蜂窝夹层结构、高强度复合材料，这些大部分是通过胶合技术来实现的。由于航天器所处的工作环境十分恶劣，不仅要耐太空中的各种宇宙射线，而且还要能经受得起高低温差的巨大变化。如胶合覆盖于宇宙飞船表面的陶瓷隔热材料的胶黏剂不仅能够耐 1 600℃ 以上的高温，而且在的高低温交互变化的环境中也能保持良好的性能。除了能耐高低温和强烈的射线辐射外，还要求在超真空下不挥发、不分解。我国的神舟系列飞船的座舱、地板、天线、太阳能电池等部位都部分的使用高性能结构胶黏剂来替代传统制造工艺中的铆接和焊接。

1.3.1.2　舰船与汽车工业

在舰船的制造和修复过程中，密封一直是一项重要的工作。资料显示，舰船舱室的受力结构件、装饰与隔热/隔声材料、舵轴与螺旋桨装配、机械零件损坏、水下船体破损、甲板腐蚀穿孔等都可用胶黏剂进行胶合与修补。船舶甲板捻缝、船台闸门、舷窗、舱口、各种管路、螺栓/铆钉部位、减震器、电缆贯穿绝缘等都可以采用比传统的密封方法更简便、更可靠、更安全的密封胶进行密封。

同时，船舶通常工作的环境非常特殊，可有针对性的使用具有耐水、耐海水、耐盐雾、耐湿热、耐腐蚀、耐老化、阻燃等特殊用途的胶黏剂来进行保护，延长舰船的维护与使用寿命。

在汽车工业，胶黏剂广泛应用于胶合、密封、隔热、防腐、防漏、隔声、防潮、紧固、减重、减震、阻尼等方面。汽车的许多重要部位如焊缝、车身、变速箱、挡风玻璃、门窗等均采用了胶合技术进行密封；各种螺栓和零件的锁紧与固定；缸体、油箱、水箱、轮胎、零部件等损坏的快速修复，采用胶合技术是最好的连接与密封方式。同时，通过胶合技术所得到的铝合金复合材料、玻璃钢复合材料、蜂窝夹层结构复合材料以及塑料和橡胶复合材料等得到了广泛的应用。如胶合刹车片可代替铆钉连接，牢固耐久、安全可靠，使用寿命可提高 3 倍以上。胶合闸件的剪切强度高达 48～70MPa，远高于铆接闸件的 10MPa。美国克莱斯勒汽车公司 1949—1975 年胶合的 2.5 亿个刹车闸片从未因胶合问题而出现失效。据统计，每辆轿车的用胶量约 20kg，中型车 16kg，重型车 22kg，并且在逐年增加。

1.3.1.3　机械制造与电子、电器工业

胶合技术在机械制造业上广泛应用于产品制造、设备维修等多方面。以胶合代替焊接、铆接、螺纹连接、键接、密封垫片等以减轻质量，减小应力集中，不仅外观平整光滑，还可以降低成本、提高产品质量，这已经成为机械制造的重要组成部分。采用胶合固定代替过盈配合，能够降低加工精度、缩短工期、简化工艺、提高效率、降低成本，用胶黏剂锁紧防松更方便经济、牢固可靠。同时，在机械加工中还可以利用胶黏剂是液态、易于浸渗的特点，来修复铸件中的砂眼、零部件中的缺陷，可以降低废品率。此外，胶黏剂还可更加简便快捷的用于零件、模具、夹具、量具等的磨损、断裂、裂缝和松动的修复。

胶黏剂已构成微电子技术的基础，在零部件和整机的生产与组装、封装、灌封等方面得到了广泛应用，特别是在 IT 产业，所采用的各类合金及特殊高分子材料占的比重很大，对胶合强度、固化速率、耐热性、耐腐蚀性、耐化学药品性要求更高、更严。通过灌装、包封和埋封技术的处理，可以减小产品的外形尺寸和质量，减小壳体的电感电容，极大地提高了电子产品的电性能和环境适应性能。

此外，各种家用电器设备，如冰箱、冰柜、洗衣机、空调机、烘干机、微波炉、电饭煲、洗碗机、吸尘器、饮水机等都大量使用胶黏剂和密封剂。

1.3.1.4　建筑建材与轻工行业

建筑物在建设时需要胶黏剂，旧建筑的维修也要用结构胶黏剂，室内设施的防水、保暖、密封、防漏等更是离不开密封胶。

在建材生产中，利用胶黏剂制备强度高、防水性能好、耐冻、耐温、耐腐蚀、耐冲击的建材，如胶合物水泥混凝土、树脂混凝土、高强度预制构件以及阻燃型建筑材料等。在建筑施工中，可以使用结构胶黏剂修补混凝土结构件缺陷、裂纹，不仅操作简便，还可保证使用性能，且外观平整。同时，可以用不饱和聚酯、聚氨酯、环氧树脂和丙烯酸酯等胶黏剂进行化学锚固。

此外，还可以采用密封胶黏剂进行防漏和密封，而幕墙工程中的外挂墙板的光栅玻璃或中空玻璃、金属板、石板、复合板等与金属框架的连接，结构密封胶黏剂的使用更是无法替代。

在轻工行业，胶黏剂的应用更加广泛。如制鞋行业用胶合代替缝合、模压来生产各种高档鞋子，不仅款式新颖、样式美观、牢固耐久，而且质轻、防水、透气。在木材加工和家具行业中，胶黏剂的作用更是发挥得淋漓尽致：人造板的制造、家具生产中的拼板、榫接、复合、贴面、封边、涂饰等工艺无处不用到胶黏剂。胶黏剂在纺织工业中用于制造无纺布、植绒、织物整理、印染、地毯背衬、服装图案转移等方面更是功不可没。在印刷和包装行业使用胶黏剂的地方也比比皆是。如书籍、期刊等的无线装订、书刊封面的覆膜、包装行业中多种包装的层压、复合、成形、卷制、封装、贴标、防伪等都离不开胶黏剂和胶合技术。

此外，工艺美术、儿童玩具、体育用品、卫生器具、文教用品等，也都要用到胶黏剂和胶合技术。

1.3.1.5　医疗卫生与日常生活

胶黏剂在医疗领域不仅用途广泛，而且历史悠久，如民间常用的"狗皮膏药"在我国就有数千年的历史了。在现代医学研究中，用于人体的医用胶黏剂能与人体的组织相适应，对人体无毒副作用（即使个别有较小的副作用，但与其功能性相比，利远大于弊），能够接骨植皮、修补脏器，可以代替缝合、结扎封闭，能够有效止血、覆盖创伤、治疗糜烂等。如在外科手术中，采用胶黏剂代替缝合，操作简单、迅速、可靠，能够减少患者痛苦，促进机体迅速恢复，同时还能减少疤痕。又如牙科的治疗中，采用胶合技术能进行牙齿的胶合、镶嵌、封闭、填充、防龋、美饰等。而美容中采用胶黏剂与胶合技术更是让人津津乐道，如隆鼻、隆胸就用到了有机硅和发泡胶黏剂。

胶黏剂和胶合技术为日常生活带来极大方便，各种日用品小的损坏都可以使用胶黏剂来进行修复。如儿童玩具、数码相机、插座、沙发、箱包、鞋子等都能用胶黏剂修补。同时，常用的陶瓷、玻璃、大理石、搪瓷、木材、金属等器具，如餐具、文物、工艺品、花瓶、鱼缸、水管、水箱、家具、文体用品、首饰等的破损或渗漏也可用胶黏剂修好。此外，用压敏胶带代替螺钉固定的挂件，不仅简单快捷，而且强度高，不会破坏墙体，而用压敏胶黏蝇、粘鼠、粘蚊、粘蟑螂，无毒无害，简洁实用。

总之，胶黏剂已广泛用于建筑、机械、化工、轻工、航空航天、电子电气、汽车、船舶、医药卫生、农业、文化体育等各行各业，并深入到人们生活的各个方面，我们的日常生活已经离不开胶黏剂。

1.3.2 涂料的应用

涂料的作用有很多，主要包括：保护、装饰覆盖与其他特殊作用等方面，通过涂饰后的产品可以大幅度提高其价值。

1.3.2.1 保护与防护

暴露在大气之中的物品，会受到阳光、氧气、水分等的侵蚀而遭到破坏，如金属的锈蚀、木材的腐朽、水泥的风化等。通过在其表面涂布涂料，形成一层保护膜，就能够阻止或减缓这些破坏现象的发生和发展，延长其使用寿命。

涂膜对制品的保护作用主要体现在以下方面。

（1）减少水分和氧气的影响：潮湿的空气易使木质、皮革等制品湿胀变形，而过于干燥的空气又会使一些制品发生干缩、干裂现象，进而会破坏一些制品（特别是木制品）的结构。通过涂饰涂料可以减少甚至隔离其与空气中水分的接触，从而到达减少干缩湿胀的目的。而部分金属制品在潮湿环境中易发生锈蚀，严重影响质量安全与使用寿命，而防锈涂料就能起到防腐防锈的效果。

（2）防止菌类的浸蚀：木材、竹藤、皮革等制品中含有的淀粉、蛋白质等有机物是一些虫类和菌类寄生的场所，因此在使用过程中易遭到严重损坏。而海洋轮船的外壳若无防海洋微生物的功能性涂层，海洋生物就会寄生在船体外壳上，其重量甚至会在短时间内就超过轮船自身的重量。同时，在海水中若无涂料的保护，金属的锈蚀将会更严重、速度会更快。

（3）避免外界的污染：木材、竹材、人造板材、皮革等基材属于多孔材料，具有一定的吸附作用，外界的油腻、有色物质很容易浸入，并难以清除而影响美观。而金属制品若未涂饰，表面氧化、锈蚀后表面也会形成很多微细孔，同样容易被外界物质所污染。涂层则能有效地避免这类现象的发生，并易于清除。

（4）减少阳光的降解：未经涂饰的竹木、皮革、塑料等制品在阳光的长期作用下，会发生光降解，不仅色彩变得灰暗、陈旧，而且会加快老化，特别是塑料制品很快会脆裂。使用掺有防紫外线剂的功能涂料就能更有效地防止阳光的破坏。

（5）提高表面理化性能：金属制品力学性能较好，但在某些环境中耐化学腐蚀性差；竹木、皮革等制品的表面硬度、耐磨性、耐化学腐蚀性也不理想。但现在不少涂料的涂膜耐化学腐蚀性都较强，光泽度高，且耐磨、耐热、耐候性能好，因此，一般制品经涂饰后能有效地提高其表面的理化性能，延长使用寿命。

1.3.2.2 装饰与美化

最早的油漆主要用于美化与装饰，现代涂料与涂饰技术更是将这种功能发挥到了极致。涂饰具有修饰或可消除缺陷，涂料可以改变物体原有的颜色，而涂料本身也很容易调配出色彩斑斓、色泽鲜艳、光彩夺目、幽静宜人的颜色。通过涂料的精心装饰，可使许多家用器具不仅具有使用价值，更成为一种装饰品。因此，涂料是美化生活环境不可缺少的，在提高人们的物质生活与精神生活方面具有不可估量的作用。

一般制品经涂饰后能改善其美观性，增加审美价值。主要表现在渲染制品材质美、获得新颖艳丽色彩、调整表面光泽度、获得新花纹与图案等方面。

1.3.2.3 标示与警示

(1)标示作用：涂料的标示作用在于通过线型与颜色来表达一定的含义。如工厂中，各种管道、设备、槽车、容器常用不同颜色的涂料来区分其作用和所装物质的性质；电子工业上的各种器件也常用涂料的颜色来辨别其性能。生活中最常见的路标就是涂敷在道路上、通过颜色和线型制备多种标志牌和道路标线的，这是一种安全标记，也是在公路交通中的一种"语言"，鲜明完整的道路标线能给司机和行人以良好的条件反射，即使是在黑夜里依然清晰明亮，这可以有效地减少事故和提高行车效率。

(2)警示作用：有些涂料对外界条件具有明显的响应性质而起到警示作用。如有些温致变色涂料在较高的温度条件下呈现出红色，从而达到警示的目的。而长余辉光致变色涂料可以在白天吸收光能而在夜间发光，用其制作的警示标志不仅可以起到警示的作用，还可以节约能源。而将消防设施与管道涂成红色也是一种利用涂料颜色进行警示的方法。

1.3.2.4 特殊作用

一些功能涂料还具有一些独特的功能，如导电、导磁涂料，耐烧蚀涂料和温控涂料，以及伪装、隐形与吸波涂料等均基于特殊的功能，它们在电子工业、航空航天工业、军事工业等领域起着举足轻重的作用。

高科技的发展对材料的要求越来越高，而涂料是对物体进行表面改性与改质最简单、最便宜的方法。不论物体的材质、大小和形状如何，都可以在表面上覆盖一层功能涂料从而得到新的功能。

1.3.3 发展趋势

1.3.3.1 胶黏剂的发展趋势

为了适应可持续发展，胶黏剂的发展受到技术、环保、能源等方面的制约。在现有条件下对胶黏剂的研究普遍追求低公害、低能耗、高性能、工艺简单、环境安全、成本低廉、生产效率高。其发展趋势主要体现在以下几个方面。

(1)发挥传统产品优势：传统的胶黏剂产品因具有较高的性价比得到了广泛的应用，因此，发挥传统产品优势仍然是胶黏剂工业生产的目标之一。共聚、共混等改性手段是发挥传统胶黏剂研发与生产的有效方法。诸如采用多元共聚、乳液共混或加入活性基团等方法能够有效地提高胶合性能，改善耐老化性和环保性等性能。在这些技术中比较突出的是使用共聚物内增塑，增塑的性能持久；而共混工艺简便，很容易获得性优、价廉的产品。当然，交联改性还可提高聚合物的使用温度、耐老化性和抗蠕变性等。

（2）发展绿色新功能产品：节能环保是世界性的研究目标，环保型合成胶将成为未来市场需求的主流产品。

水性胶黏剂以水为溶剂，无毒、不燃烧、无废水、不污染环境，使用安全。目前，水性环氧树脂、水性聚氨酯、水性丙烯酸酯胶黏剂已取得突破性进展。但水性胶黏剂还存在初黏力比较小、干燥速度慢、耐冻性和耐水性较溶剂型胶黏剂差的不足，有待更进一步提升。

热熔胶不含溶剂，不污染环境，胶合速度很快，适于连续与自动化生产线，可以提高生产效率，并且可以防止火灾。目前固化型热熔胶、热塑性热熔胶、反应型热熔胶均发展迅速。而反应型胶黏剂的典型代表是第二代丙烯酸酯胶黏剂也得到了长足发展。今后应当研究沸点较高、臭味较低的单体，使其更符合环境安全卫生的要求，同时也使使用性能进一步完善。

（3）开发高品质高性能产品：高性能胶黏剂正朝着良好的力学性与功能性、生产工艺的可操作性等方向发展，主要包括环氧树脂胶、有机硅胶、聚氨酯胶、改性丙烯酸酯胶、厌氧胶和辐射固化胶黏剂等。

其另一趋势是开发具有某种性能的特种胶黏剂以满足尖端技术的需要，例如耐高温胶黏剂、耐低温胶黏剂、导电胶黏剂、光学胶黏剂、生物相容性胶黏剂以及生物降解和形状记忆胶黏剂等。同时应注意节约能源，少污染、无公害、可快速固化、使用较方便等要素。

（4）研发胶黏剂尖端产品：21世纪人类即将突破纳米技术、基因技术和遗传工程三大革命性的技术。这必将对胶黏剂的发展具有极大的影响，21世纪胶黏剂的发展方向体现在纳米级胶黏剂、活性生命胶黏剂、太空特种胶黏剂、高强度胶黏剂、耐高温胶黏剂、导电聚合物胶黏剂、无胶胶合技术以及胶合接头的无损检测技术等方面。

1.3.3.2　涂料的发展趋势

涂料品种和数量的迅速发展，质量不断提高，特别是在理化性能方面，能满足各行各业不同的使用要求：如航空和宇航领域所使用的耐高温绝热、耐高温绝缘及耐高速气流摩擦的航天特种涂料，原子能工业中的防止核辐射和毒气污染功能防护涂料，海轮、军舰和钢铁用的防腐、防锈涂料，以及建筑内外墙、木制品与家具等方面的功能涂料。目前，我国涂料生产已形成完整的工业体系，各种涂料厂遍布全国各地，涂料品种齐全，产品质量也在不断地提高。

（1）提升传统产品性能：基于涂料的防护、美化与装饰等基本功能，对传统产品进行改性与优化，开发诸如具有良好耐候性、耐外力物理损伤性、耐化学腐蚀性、装饰性能好（如光泽度、丰满度等）、附着力强、硬度和柔韧度适中的涂料，以提升涂料性能的，满足消费者的需求。

（2）开发功能性产品：功能性涂料能够针对不同的使用环境与条件发挥特殊的作用，开发具有吸收分解有毒有害物质、防水、防火、防污、导电、屏蔽电磁波、防静电、防霉、杀菌、防海洋生物黏附、耐高温、示温和温度标记、发光、吸收和放射红外线、吸收太阳能、屏蔽射线、标志颜色、防滑、自润滑、防碎裂飞溅以及防噪声、减震、防结露等功能涂料，将有利于推动涂料工业的进一步发展。

（3）注重环保与绿色：绿色环保、节能、节材的涂料新产品是未来发展的主要目标。低污染的水性涂料、粉末涂料、高固体分涂料以及光固化涂料已成为涂料技术研究的发展方向。其中水性涂料有利于合理利用资源、防止环境污染、保护人体健康，且不含或少含 VOC（挥发性有机化合物）及有害空气污染物（HAP），已成为研发热点。开发水性建筑涂料、水性木器涂料、水性防腐涂料、水性汽车涂料、水性塑料涂料等将有利于涂料产业的长足发展。

思 考 题

1. 胶黏剂及涂料的概念。
2. 涂料有哪些功能？并举例说明。
3. 根据你对胶黏剂及涂料行业的了解，简述未来胶黏剂及涂料产品的发展方向？

第 2 章

胶合与涂饰技术基础

胶合技术包括胶合的基本原理与基础胶合理论、胶黏剂的组成与性能、接头设计与施工工艺等几大部分。其中的基本原理与胶合理论是胶黏剂的制备与科学胶合的基础，具有指导意义。胶黏剂的组成与性能以及胶合的接头设计与施工是实现有效胶合的物质基础与手段，这些均是在胶黏剂的制备、施工等过程中必须遵循的原则与方法。现代涂料中的主要成膜物质也是树脂，在成分上与胶黏剂相类似。但涂料主要用于材料表面的防护与装饰，因此在性能要求上与胶黏剂的侧重点不同，诸如对色彩、光泽、硬度、耐磨等性能有着更高的要求。同时，随着环保意识的加强，绿色胶合与涂饰将成为未来发展的主流。

2.1 胶合技术

2.1.1 胶黏剂的组成

胶黏剂的组成因其原料的来源和用途不同而存在很大差异，天然胶黏剂的组成比较简单，多为单组分；而合成胶黏剂则较为复杂，除了起基本胶合作用的物质之外，为了满足特定的使用功能还需要加入各种配合剂。例如，为了加速固化、缩短胶合时间、降低反应温度，可以加入催化剂、促进剂等；而加入防老剂则能够提高耐大气老化、热老化、臭氧老化等；若是加入填料不仅可以增加强度，还可以降低成本；而增塑剂或增韧剂的加入则能够降低胶层刚性，增加韧性；而稀释剂的加入则可以降低黏度、改善施工性能。

一般来讲，胶黏剂包括主料、辅料和助剂等部分。其中主料主要有黏料（胶料）和固化剂；辅料与助剂主要包括：促进剂、增韧剂、增塑剂、增稠剂、稀释剂、防老剂、阻聚剂、偶联剂、引发剂、光敏剂、消泡剂、防腐剂、填充剂、溶剂等。除胶料是必不可少外，其余的组分要视具体要求而定。

2.1.1.1 主料

（1）胶料：胶料也称为基料、黏料或主剂，是使两个被黏物结合在一起时起主要作用的组分，它决定着胶黏剂的基本性能。可用作胶黏剂的胶料的有天然高分子化合物、改性天然高分子化合物、合成高分子化合物、有机化合物、无机化合物等多种。

①天然高分子化合物　可用于配制胶黏剂的天然高分子化合物有淀粉、糊精、桃胶、阿拉伯树胶、骨胶、皮胶、明胶、鱼胶、虫胶、植物蛋白、酪素、血粉、松香、

沥青、天然橡胶等。

②改性天然高分子化合物　一些天然高分子化合物，经过适当的化学改性，可以用作胶黏剂的胶料，如硝酸纤维素、醋酸纤维素、羧甲基纤维素、松香酚醛树脂、改性淀粉、氯化橡胶等。

③合成高分子化合物　合成高分子化合物是胶黏剂当中性能最好、用量最多的胶料，包括合成树脂、合成橡胶、热塑性弹性体等。

④有机化合物　有些合成胶黏剂的主要成分并不是高分子化合物或预聚体，而是低分子的有机化合物（或称为单体），但最终产物是高分子化合物，瞬间胶黏剂和厌氧胶黏剂便属于此类。

⑤无机化合物　硅酸盐、硝酸盐、硼酸盐、磷酸盐、氧化镁、氧化锌等无机化合物能够配制无机胶黏剂，无机胶黏剂具有独特的耐高温性能。

（2）固化剂：固化剂又叫硬化剂、熟化剂，是胶黏剂中最主要的配合材料。它直接或者通过催化剂与主体聚合物进行反应，在较短的时间内能将可溶、可熔的线型结构高分子化合物转变为不溶、不熔的体型结构，同时，固化剂参与化学反应而成为固化物的一部分。固化剂分子的引入，使分子间距离、形态、热稳定性、化学稳定性等都发生了显著变化。对于一些树脂如环氧树脂、脲醛树脂等固化剂是不可缺少的。

对于某些类型的胶黏剂，固化剂对胶黏剂的性能有着重要的影响，应根据胶黏剂中黏料的类型、胶合件的性能要求、具体的工艺方法、环保问题、健康危害和价格等选择较为理想的固化剂。对于同一种胶黏剂来说，不同类型与用量的固化剂所产生的胶合效果不同，甚至有很大的差异。

2.1.1.2　辅料与助剂

辅料与助剂是用来改善与促进胶合性能的，主要有：

（1）促进剂：凡能加快胶黏剂固化反应速度的物质，均可称为促进剂。促进剂的加入能加速胶黏剂中主体聚合物与固化剂反应、缩短固化时间、降低固化温度、减少固化剂用量以及调节胶黏剂中树脂固化速度的一种配合剂。同时，促进剂的加入还可改善物理机械性能。例如 2-乙基-4-甲基咪唑可降低双氰胺固化环氧树脂的固化温度。

（2）增塑剂：增塑剂是一类能增加胶黏剂的流动性、并使胶膜具有柔韧性的高沸点难挥发性液体或低熔点的固体。增塑剂的黏度低、沸点高，因能增加树脂的流动性，有利于浸润、扩散和吸附。增塑剂一般不与胶黏剂的主体成分发生化学反应，可以认为它是一个惰性的树脂状或单体状的"填料"，在固化过程中有从体系中离析的现象，靠削弱聚合物分子间力的物理作用来减低脆性，增加韧性，但胶黏剂胶膜的刚性、强度、热变形温度都会出现下降。增塑剂与胶黏剂的组分必须有良好的相容性，以保证胶黏剂性能稳定耐久。常用的增塑剂有：邻苯二甲酸二甲酯、邻苯二甲酸二乙酯、邻苯二甲酸二丁酯、邻苯二甲酸二戊酯、邻苯二甲酸二辛酯、磷酸三乙酯、磷酸三丁酯等。

（3）增韧剂：增韧剂是一种含有活性基团、能与树脂发生作用、并成为固化体系结构一部分的化合物，但固化后又不完全相容，有时甚至还要分相。增韧剂能改进胶的剪切强度、剥离强度、低温性能和柔韧性。增韧剂的活性基团直接参加胶料反应，既能改进胶黏剂的脆性、开裂等缺陷，又不影响胶黏剂的主要性能，同时还能提高胶的冲击强度和伸长率。如端羧基液体丁腈橡胶(CTBN)就是环氧树脂优良的增韧剂，环氧树脂—CTBN 体系 120℃固化后剥离强度为 4.4~13.2kN/m，剪切强度 27~41MPa。常用的增韧剂有：不饱和聚酯树脂、聚硫橡胶、丁腈橡胶、液体丁腈橡胶、氯丁橡胶、聚氨酯等。

(4)溶剂：溶剂是指能够降低某些固体或液体分子间力，而使被溶物质分散为分子或离子均一体系的液体，在胶黏剂中起着重要作用。胶黏剂配方中常用的溶剂多是低黏度的液体物质，其种类很多，主要有脂肪烃、酯类、醇类、酮类、氯代烃类、醇类、醚类、砜类和酰胺类等有机溶剂。

由于用于配胶的高分子物质是固态或黏稠的液体，不便施工，那么首先加入合适的溶剂可降低胶黏剂的黏度，使其便于施工。其次，溶剂能增加胶黏剂的润湿能力和分子活动能力，从而提高胶合力。再次，溶剂可提高胶黏剂的流平性，避免胶层厚薄不匀。多数有机溶剂都有一定的毒性、易燃性、易爆性，对环境有污染，对人体有毒害，对安全有隐患，所以使用受到限制，发展水基胶黏剂已经成为必然趋势。

(5)稀释剂：稀释剂是一种能降低胶黏剂黏度的易流动的液体。加入稀释剂可以使胶黏剂具有良好的浸透力，能提高湿润性、改善胶黏剂的工艺性、降低胶黏剂的活性，从而延长胶黏剂的使用期。

稀释剂大致分为两类，即能参与固化反应的活性稀释剂和只发生物理混合的挥发或不挥发的非活性稀释剂。活性稀释剂的分子中含有活性基团，在稀释胶黏剂的过程中要参加反应，并有气体逸出，能够改善胶黏剂的某些性能。非活性稀释剂在稀释过程中不参加反应，仅达到机械混合和减低黏度的目的。加入稀释剂后可以加入更多的填料，以改变胶黏剂性能，也能降低成本。

(6)填料：胶黏剂组分中不与主料起化学反应，但可以改善胶黏剂性能、降低成本的固体材料叫填料。胶黏剂中适当地加入填料，可相对减少树脂的用量，降低成本，同时也可改善物理机械性能。其作用如下：提高机械性能、赋予胶黏剂新的功能、减小接头应力、改善操作工艺等。

填料用量要适当，既要提供相应的功能，又要保证胶黏剂配方的整体优越性。在调胶配方中，会使胶黏剂的黏度增大，操作困难，胶液混合不匀，胶黏剂与被胶合物的浸润性变差，导致胶合强度降低。

(7)偶联剂：具有能够和胶黏剂与被胶合物分别反应成键的化合物，并有利于形成胶合界面层，提高胶合强度。常用的偶联剂多为硅氧烷或聚对苯二甲酸酯化合物。

(8)其他助剂：为满足某些特殊要求，改善胶黏剂的某一特性，有时还加入一些特定的添加剂。加入防老剂以提高耐大气老化性；加防霉剂以防止细菌霉变；增黏剂以增加胶液的黏附性和黏度；阻聚剂以提高胶液的储存性；阻燃剂以使胶层不易燃烧，提高胶合制品的耐燃性；稳定剂能防止胶黏剂长期受热分解或贮存时的性能变化。助剂不是必备的组分，应依据配方主成分的特性和胶黏剂的要求而定。

2.1.2 分类

随着胶合技术的飞速进步，胶黏剂已发展为一个独立的工业部门，渗透到各行各业中。胶黏剂也从单一的功能要求，不断地向多功能如耐水性、耐热性、耐候性和导电性等的要求发展。在满足这些要求的同时，其应用范围也不断地扩大，商品胶黏剂的种类也越来越多。胶黏剂分类至今尚无统一的方法，但可以从不同角度对胶黏剂进行分类，以突出其不同的特征。表 2-1 为按胶黏剂胶料的主要成分、形态、应用方法、用途及耐水性等对胶黏剂进行分类。

表 2-1　胶黏剂的分类表

按化学成分分类	无机	硅酸盐		硅酸钠(水玻璃)，硅酸盐水泥
		磷酸盐		磷酸-氧化铜
		硫酸盐		石膏
		硼酸盐		熔接玻璃
		陶瓷		氧化锆，氧化铝
		低熔点金属		锡-铅
	有机	天然系		淀粉系(淀粉、糊精)、蛋白系(大豆蛋白、酪素、鱼胶、骨胶)、天然树脂(松香、树脂、单宁、木质素)、天然橡胶系(胶乳、橡胶溶液)、沥青系(建筑石油沥青、油漆沥青)
		合成系	树脂型	热塑性：聚醋酸乙烯、聚乙烯醇、聚乙烯醇缩醛类、聚丙烯酸类、聚酰胺、聚乙烯类、纤维素类、饱和聚酯、聚氨酯、聚氯乙烯类
				热固性：脲醛树脂、蜜胺树脂、酚醛树脂、间苯二酚甲醛树脂、环氧树脂、不饱和聚酯、聚异氰酸酯、聚酰亚胺、聚苯并咪唑
			橡胶型	氯丁橡胶、丁腈橡胶、丁苯橡胶、丁基橡胶、聚硫橡胶、羧基橡胶、有机硅橡胶、热塑性橡胶
			复合型	酚醛-聚乙烯醇缩醛、酚醛氯丁橡胶、酚醛-丁腈橡胶、环氧-丁腈橡胶、环氧-聚酰胺
按外观形态分类	水溶液型	—		聚乙烯醇、纤维素、脲醛树脂、酚醛树脂、硅酸钠
	溶液型	—		聚醋酸纤维、聚醋酸乙烯、氯丁橡胶、丁腈橡胶(胶乳)
	乳液型	—		聚醋酸乙烯、聚丙烯碳酯、天然乳胶、氯丁胶乳、丁腈乳胶
	无溶剂型	—		环氧树脂、丙烯酸聚酯、聚氰基丙烯酸酯
	固态型	粉状		淀粉、酪素、聚乙烯醇
		块状		鱼胶、松香、热熔胶、虫胶
		细绳状		环氧胶棒、热溶胶
		胶膜		酚醛-聚乙烯醇缩酯、酚醛-丁腈、环氧-丁腈、环氧-聚酰胺
		带状		黏附型和热封型
		膏状		环氧树脂、丙烯酸树脂

（续）

按应用方法分类	室温固化型	溶剂挥发型	硝酸纤维素、胶水、聚醋酸乙烯
		潮气固化型	聚氰基丙烯酸酯、室温硫化硅橡胶
		厌氧型	聚丙烯酸双酯、丙烯酸聚醚
	热固型	—	酚醛树脂、环氧树脂、聚氨酯、聚酰亚胺
	热熔型	—	乙烯-醋酸乙烯共聚树脂、聚酰胺、聚酯、丁苯嵌段共聚物
	压敏型	接触压胶泥	氯丁橡胶
		自粘型（冷）	橡胶胶乳类
		缓粘型（热）	加热起胶合的胶黏带
		永粘型	聚氯乙烯胶黏带、聚酯膜胶黏带、玻璃纸胶黏带
按用途分类	再湿型	水基型	涂布糊精、胶类的纸
		带溶剂型	涂布酚醛、合成橡胶类的铭牌
	结构胶	—	酚醛-缩醛，酚醛-丁腈、环氧-丁腈、环氧-尼龙、环氧-酚醛
	非结构胶	—	聚醋酸乙烯、聚丙烯酸酯、橡胶类、热熔胶、虫胶、沥青
	特种胶	—	导电胶、导热胶、光敏胶、应变胶、医用胶、耐超低温胶、耐高温胶、水下胶合胶
按耐水性分类	高耐水性胶	—	酚醛树脂、环氧树脂、间苯二酚树脂、异氰酸酯树脂、三聚氰胺-尿素共缩合树脂
	中耐水性胶	—	脲醛树脂
	低耐水性胶	—	蛋白类胶
	非耐水性胶	—	豆胶、淀粉胶、皮骨胶、聚醋酸乙烯乳液

2.1.3　基本原理与胶合理论

2.1.3.1　基本原理

（1）胶合的物理化学过程：胶合的物理化学过程大体包括胶黏剂的液化、流动、润湿、扩散、胶合、吸附和固化等几个步骤：

①液化　因为胶黏剂要浸润到固体的空隙中，故它必须是可自由改变形状的液体。因此，可以是单体或预聚物、溶液或乳液、熔融聚合物等。

②流动　是胶黏剂浸透到固体间并嵌入空隙中的过程，关系到胶黏剂黏性等流变学的性质。胶黏剂的流动性与涂胶时间、操作温度、胶黏剂组分和树脂的分子量等因素有关。

③润湿　润湿可以使胶黏剂与被粘材料充分接触，为了使胶黏剂能够浸润固体表面，胶黏剂对固体的接触角必须要在90°以下，这样才能有可能产生更大的胶合力。

④扩散、胶合、吸附　这个过程是与润湿同时发生的，高分子中链段通过界面自由能变小来吸附和取向的规整形成胶合层结构。在流动、浸润的同时，产生"扩散"和"吸附"作用。例如溶液型胶黏剂，在溶质的分子向胶合面扩散时就会在胶合面上产生

吸附作用，同时这种扩散还能越过界面向被粘体的分子间渗透，相互胶合。

⑤固化　由于聚合、溶剂的挥发、冷却等作用，胶黏剂变成固体并形成所需强度的过程称为固化。在此过程中最大的问题是在溶剂蒸发、聚合和缩合等过程的同时，胶合层中会产生收缩和内应力。这种变形和应力容易引起胶合面剥离，并使胶合强度显著降低。为使这种残留应力趋于缓和，可在胶黏剂中适当加入增塑剂和填料等。

（2）浸润与胶合：胶合实际上是一种界面现象，胶合的过程主要是界面物理和化学发生变化的过程。要使两个制件能紧密的胶合起来，并且具有一定的强度，胶黏剂必须与制件表面相互"润湿"，其重要前提是在界面形成某种能量结合。

胶黏剂与被胶合物之间形成浸润状态，是胶合接头具有良好胶合性能的先决条件。浸润得好，被胶合物和胶黏剂分子之间紧密接触而发生吸附，胶合界面则能形成巨大的分子间作用力，同时排除胶合面吸附的气体，减少胶合界面的空隙率，提高胶合强度。通常用液体—固体体系来讨论胶黏剂—被胶合物体系。

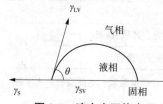

图 2-1　液态在固体表面上的浸润状态

浸润液滴在固体表面上的状况及浸润可由图 2-1 所示，图中相接触处的张力分别 γ_{LV}、γ_{SL} 和 γ_{SV} 表示，代表液/气接触、固/液接触和固/气接触，在平衡状态下这些张力与平衡状态接触角 θ 的关系可以用 Young 氏方程表示，见式（2-1）和式（2-2）：

$$\gamma_{LV} \cdot \cos\theta = \gamma_{SV} - \gamma_{SL} \tag{2-1}$$

$$\gamma_{SV} = \gamma_S - \pi_e \tag{2-2}$$

式中　γ_{SV}——固/气界面张力；

　　　γ_{LV}——液/气界面张力；

　　　γ_{SL}——固/液界面张力；

　　　γ_S——在真空状态下固体的表面张力；

　　　π_e——吸附于固体表面气体分子膜的压力，表示吸附在固体表面的气体所释放的能量，也称吸附自由能。

对于高表面能的固体，π_e 是不能忽略的。但当高表面能的液体润湿低表面能的固体时，π_e 一般可以忽略不计，当 $\pi_e = 0$ 时，$\gamma_S = \gamma_{SV}$，则有式（2-3）：

$$\gamma_{SL} = \gamma_S - \gamma_{LV} \cdot \cos\theta \tag{2-3}$$

当 $\theta = 180°$，$\cos\theta = -1$，表示胶液完全不能浸润被胶合固体的状态，这种状态在实际上是不可能的。

当 $\theta = 0°$，$\cos\theta = 1$，表示胶液完全浸润的状态。液体对固体完全浸润，且自发地扩展到表面上。胶液的扩展速率取决于多种因素，例如液体的黏度和固体表面的粗糙度等。当体系接近完全浸润状态时，式（2-3）可表示为：

$$\gamma_S - (\gamma_{SL} + \gamma_{LV}) \geqslant 0$$

设 $\varphi = \gamma_S - (\gamma_{SL} + \gamma_{LV})$，并称 φ 为铺展系数。用于描述浸润特性。

当固体的表面张力 γ_S 大于固液表面张力与液气表张力之和时，铺展系数 φ 大于 0，说明液体容易在固体表面铺展润湿。另外，γ_{SL} 固液表面张力，由于固体（有机材料）与液体的密度差别不大，该项可以忽略，则有：

$$\varphi = \gamma_S - \gamma_{LV}$$

如果要不小于零，则必须满足 $\gamma_S \geqslant \gamma_{LV}$。

要想获得好的润湿，被胶接物的表面能需要大于或者等于胶黏剂的表面能。胶接体系只有满足上述条件，才有可能出现 $\cos\theta = 1$，从而获得形成良好胶接接头的必要条件，即是选择胶黏剂时的必要条件，即被胶接物表面能大于或等于胶黏剂的表面能。

（3）胶合张力：表面张力是分子间力的直接表现，其产生是由于物质主体对表面层吸引所引起的，由于这种吸引力将使得表面区域内的分子数减少而导致分子间的距离增大，而增加分子之间的距离需要能量，这样在表面就产生了表面自由能。胶合张力是在胶合过程中所产生的，也称为润湿压，是描述液体浸润固体表面时固体表面自由能的变化情况，用 A 表示，根据 Young 氏方程有：

$$A = \gamma_{LV} \cdot \cos\theta = \gamma_{SV} - \gamma_{SL} \tag{2-4}$$

式(2-4)表明，当胶黏剂浸润固体时，固体表面的自由能减少。当 γ_{LV} 一定时，即液体(胶黏剂)固定，改变固体(被胶合体)时，$\cos\theta$ 越大(θ 越小)润湿越好。但是，对于胶合体系，$\cos\theta$ 与 γ_{LV} 同时发生变化，因此只由接触角 θ 来判断润湿状况是不完整的。

（4）临界表面张力：临界表面张力是固体—液体体系在临界润湿状态下液体的表面张力。为了研究胶合体系的浸润性，必须测定固体和液体的表面张力，胶黏剂的接触角 θ 可以直接测定，但是，固体的表面自由能却是很难直接测定的。有众多的学者对此进行了研究，根据各种不同系列液体对某固体表面的接触角 θ，以 γ_{LV} 对 $\cos\theta$ 作图得到一个线性关系图，将其外推到 $\cos\theta = 1$($\theta = 0°$：完全浸润)处，此时的 γ_{LV} 即为临界表面张力 γ_e，如图 2-2 所示。

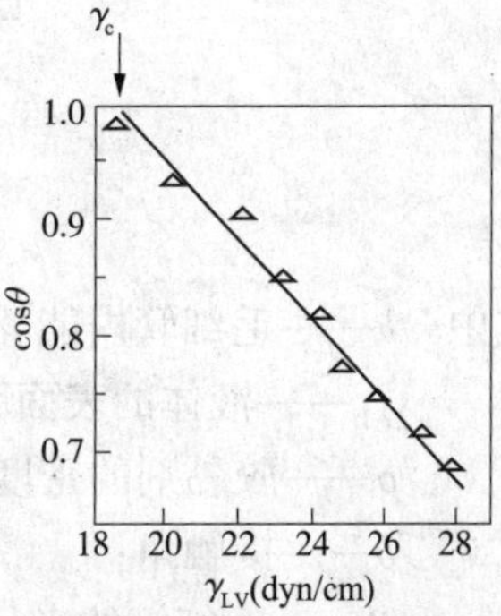

图 2-2 中直线的斜率用 b($b>0$) 表示，则直线可以用下式表示：

$$\cos\theta = 1 - b(\gamma_{LV} - \gamma_c) \tag{2-5}$$

图 2-2　$\cos\theta$ 对 γ_{LV} 值的关系图

临界表面张力 γ_c 与固体表面的化学构造有着密切的关系，不同的物质其界面化学参数不同。对于某种固体来讲，当液体的 γ_{LV} 大于该固体的 γ_c 时，液体在该固体表面上保持一定的接触角，并达到平衡；而当液体表面张力小于固体表面张力时，固体表面将被浸润。表 2-2 为常用聚合物的临界表面张力。

表 2-2　常用聚合物的临界表面张力(20℃)

聚合物	γ_c(dyn/cm)	聚合物	γ_c(dyn/cm)
聚丙烯腈	44	聚醋酸乙烯酯	37
酚醛树脂	61	脲醛树脂	61
聚甲基丙烯酸甲酯	40	聚乙烯醇	37
聚氯乙烯	39	苯乙烯	32.8
聚乙烯醇缩甲醛	38	聚乙烯	31
聚四氟乙烯	18.5	聚砜	41

对于低表面能固体，γ_c 值可以看作与表面自由能 γ_s 相等。当固体与液体为同系列时，由此系列所测得 γ_c 的值最大，接近于其固体表面张力 γ_s。因此，在测定 γ_c 时，一般要求选择同系列液体进行测定。非极性液体系列测得的 γ_c 的值大于极性液体系列所测得的 γ_c 值。

一般来讲，被胶合体表面均具有如图 2-3 所示的微细的凹凸。对于不同的胶黏剂和被胶合体，其界面的化学性质不同，因此凹凸部分被浸润的效果也不一样。若将凹凸部分看是毛细管，则毛细管上升和液体的表面张力的关系可以通过式(2-6)进行描述。

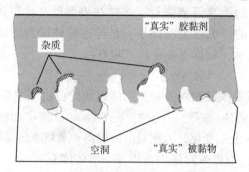

图 2-3　液体胶黏剂与被胶合体

$$h = \frac{\gamma_L 2\cos\theta}{\rho g R} \tag{2-6}$$

式中　h——毛细管内能够浸入的深度；

$\quad\quad\gamma_L$——液体的表面张力；

$\quad\quad\rho$——胶黏剂的密度；

$\quad\quad\theta$——接触角；

$\quad\quad R$——毛细管的半径。

将式(2-5)代入式(2-6)整理后得

$$h = \frac{2}{\rho g R}(1 + b\gamma_c)\gamma_L - \frac{2b}{\rho g R}\gamma_L^2 \tag{2-7}$$

将 h 看作是 γ_L 的函数时，式(2-7)是向上凸起的抛物线，有最大值。当 $\gamma_{LV} = (1/b + \gamma_c)/2$ 时(b 为经验常数，在低表面能固体的情况下约为 0.026)，h 最大。以聚乙烯为例，当 $\gamma_c = 31\text{dyn/cm}$、$b = 0.026$ 时，$\gamma_{LV(\max)} = 54\text{dyn/cm}$，与此相对应的液滴在聚乙烯表面上的接触角约为 63°。实际上，在胶合低能表面时，并不要求胶黏剂的接触角等于 0，若把 $\gamma_L \leqslant \gamma_c$ 当作胶黏剂能够良好黏合的条件是不准确的。

(5)黏附功：将胶合物脱胶前后体系自由能的变化量称为胶黏剂的黏附功，其基本变化如图 2-4 所示：

脱开胶之前的界面能为：γ_{12}(两相的界面能)

脱开胶的界面能：$\gamma_1 + \gamma_2$，因此，黏附功可用式(2-8)表示：

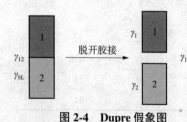

图 2-4　Dupre 假象图

$$W_A = \gamma_1 + \gamma_2 - \gamma_{12} \tag{2-8}$$

如果假定 1 为固体，2 为液体，则有：$W_A = \gamma_{SV} + \gamma_{LV} - \gamma_{SL}$，将 Young 公式 $\gamma_{LV} \cdot \cos\theta = \gamma_{SV} - \gamma_{SL}$ 代入则有式(2-9)：

$$W_A = \gamma_{SV}(1 + \cos\theta) \tag{2-9}$$

液体—固体体系的黏附功 $W_A = \gamma_{SV}(1+\cos\theta)$ 的数值随液体对固体的接触角变化而改变。在完全不浸润的情况下，$\cos\theta = -1$，$W_A = 0$。在完全浸润的情况下，黏附功等于液体表面张力的 2 倍，即等于液体的内聚功。

2.1.3.2　胶合理论

牢固的胶合力是制备优良胶合接头的重要条件之一。然而，胶合力十分复杂，不像人们对螺接或焊接那样容易被理解，胶合的形成及其本质，无论在理论上，还是在胶合实际的应用中都影响着胶合技术的发展。合成胶黏剂的兴起和在许多重要场所的应用(如飞机结构)，促使了胶合理论得到了发展，20 世纪 40 年代以后提出了各种胶合机理，其中主要的理论有：

(1)吸附理论：吸附理论是以分子间作用力即范德华力为基础，在 20 世纪 40 年代提出并建立的。吸附理论认为胶合过程可划分为 2 个阶段：第一阶段为胶黏剂分子通过布朗运动向被胶合物体表面移动扩散，使两者的极性基团或分子链段相互靠近，在此过程中，可以通过升温、降低胶黏剂的黏度和施加接触压力等方法来加快布朗运动的进行。第二阶段是由吸附引力产生的，当胶黏剂与被胶合物分子间距达到 10Å 以下时，便产生范德华力，使得胶黏剂与被胶合物结合更加紧密。其作用能可用式(2-10)表示：

$$E = \frac{2}{R^6}\left(\frac{\mu^4}{3KT} + \alpha\mu^2 + \frac{3}{8}\alpha^2 I\right) \tag{2-10}$$

式中　α——极化率；

μ——分子偶极矩；

I——分子电离能；

R——分子间距离；

K——玻尔兹曼常数；

T——绝对温度。

吸附理论把胶合现象与分子间力的作用联系在一起，在一定的范围内解释了胶合现象，得到广泛的应用与支持，但也存在着一些不足：

①不能够圆满解释胶黏剂与被胶合物之间的胶合力大于胶黏剂本身强度这一事实；

②不能够解释胶合强度与剥离速度有关这一现象；

③不能够解释一些胶合现象，如聚合物极性越大，胶合强度反而下降现象；网状结构的聚合物当分子量超过 5 000 时，胶合力几乎消失等。

以上事实说明，吸附理论存在一定的不足，尚待进一步不完善。

(2)酸碱配位理论：许多胶合体系无法用范德华力来解释，而与酸碱配位作用有关。例如：酸性沥青在碱性石灰上胶合牢固，而在酸性花岗岩胶合则不行；表面呈碱性的钛酸钡粉是酸性聚合物的良好填料，却不能增强聚碳酸酯等碱性聚合物。

由 Fawkes 提出的酸碱作用理论认为：被胶合物质与胶黏剂按其电子转移方向划

分为酸性或者碱性物质，电子给予体或者质子受体为碱性物质，反之则为酸性物质，胶合体系界面的电子转移时形成酸碱配位作用而产生胶合力，其示意图如图 2-5 所示。酸碱配位理论是分子间相互作用的一种形式，因此，可认为是吸附理论的一种特性形式。

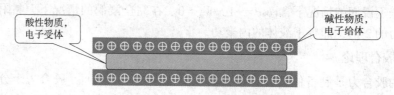

图 2-5　酸碱配位理论示意

（3）扩散理论：扩散理论是 Boroznlui 等人首先提出来的，理论认为：链状分子所组成的胶黏剂涂刷到被胶合材料的表面，在胶液的作用下表面溶胀或溶解。由于胶黏剂的分子链或链段的布朗运动，使分子链或链段从一个相进到另一个相中，两者互相交织在一起，使它们之间的界面消失，变成一个过渡区（层），最后在过渡区形成相互穿透的高分子网络结构，从而得到很高的胶合强度。其示意图如图 2-6 所示。

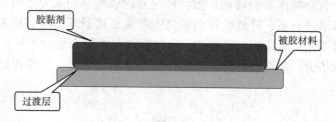

图 2-6　扩散理论示意

被胶合物界面分子具有较高的运动活性以及有足够的相容性是相互扩散发生的必要条件，也就是说当胶黏剂和被胶合物的界面发生互溶时，胶黏剂和被胶合物之间的界面逐渐消失，变成了一个过渡区域，这有利于提高胶合接头的强度。

实际上，当两种高聚物的溶解度参数相接近时便会发生互溶和扩散。任何体系扩散物质数量与扩散系数成正比，扩散系数 D 取决于多方面因素，扩散物质分子量对 D 的影响见式（2-11）所示：

$$D = KM^{-a} \tag{2-11}$$

式中　M——相对分子质量；

　　　a——体系的特征常数，因材料的不同而异，如石蜡扩散于天然橡胶时，$a = 1$，而染料扩散于天然橡胶时，$a = 2$ 等；

　　　K——常数。

在胶合体系中，适当降低胶黏剂的分子量有助于提高扩散系数，改善胶合性能。如天然橡胶通过适当的塑炼降解，可显著提高其自黏性能。

聚合物的扩散作用不仅受其分子量的影响，而且受其分子结构形态的影响。各种聚合物分子链排列堆集的紧密程度不同，其扩散行为有显著不同。大分子内有空穴或分子间有孔洞结构者，扩散作用就比较强。天然橡胶有良好的自黏性，而乙丙橡胶自黏性差，就是由于天然橡胶具有空穴及孔洞结构而乙丙橡胶没有的缘故。

聚合物间的扩散作用还受到两聚合物的接触时间、胶合温度等作用因素的影响。两聚合物相互胶合时，胶合温度越高，时间越长，其扩散作用也越强，由扩散作用得到的胶合力就越高。

扩散理论可解释同种或结构、性能相近的高分子化合物的胶合，但也存在一些局限性。例如：不能解释金属和陶瓷、玻璃等无机物的胶合现象。

(4) 静电理论：Skinner, Savage 和 Rutzler 在 1953 年提出以双电层为理论基础的静电理论。该理论认为在胶黏剂与被胶合物接触的界面上存在双电层，由于静电的相互吸引而产生胶合。但双电层的静电吸引力并不会产生足够的胶合力，甚至对胶合力的贡献是微不足道的。静电理论无法解释性能相同或相近的聚合物之间的胶合。

由上述静电理论可知，双电层是含有两种符号相反的空间电荷，这种空间电荷间形成的电场所产生的吸附作用有利于胶合作用。当胶黏剂—被胶合物体系是一种电子的接受体—供给体的组合形式时，由于电子从供给体相(如金属)转移到接受体相(如聚合物)，在界面区两侧形成了双电层。Possart 于 1988 年在不破坏胶合界面的情况下，测出了电荷密度和双电层储能，使得静电理论得到了实验的支撑。B. B. Леряин 也认为这种双电层产生的静电力是胶合强度的主要贡献者，称为电子理论。若被胶合物是平面，根据平行板电容器所贮存的能量很容易计算出黏附功 W_A，如式(2-12)所示。

$$W_A = \frac{2\pi\sigma^2 h}{D} \tag{2-12}$$

式中　σ——电荷密度；

D——介电常数；

h——电容器平行板之间距离。

实际上，静电理论还可以从胶合件剥离时的黏附功的变化来获得支持。胶合接头以不同速度剥离时所测得的黏附功是不相同的，快速剥离的黏附功要高于慢速剥离的。这可以解释为：由于表面电导的存在，慢速剥离可以使一部分电荷逸去而降低了异电荷间的吸引力，导致了剥离功的下降。而当快速进行剥离时，由于电荷没有逸去的机会，异电荷间的吸引力增加而使胶合功偏高。这一解释克服了静电理论的不足。

但静电胶合理论也有不足之处，表现在：静电引力(<0.04MPa)对胶合强度的贡献可忽略不计；不能解释温度、湿度及其他因素对剥离实验结果的影响等。

(5) 机械互锁理论：由 Mcbain, Hopkis 提出的机械结合理论是胶合领域中最早提出的胶合理论。他认为液态胶黏剂充满被胶物表面的缝隙或者凹陷处，固化后的界面区产生机械啮合作用或者锚固作用。

机械互锁理论认为胶合力的产生主要是由于胶黏剂在不平的被胶合物表面形成机械互锁力。例如在纸、木材和泡沫等多孔性材料的胶合时，胶黏剂渗透到这些材料的孔隙之中，固化后胶黏剂与被胶合物就牢固地结合在一起。机械连接作用力与摩擦力有关，作用可用如式(2-13)表示：

$$F = WH/\lambda \tag{2-13}$$

式中　F——摩擦力；

　　W——法线压力；

　　H——固体表面的凹凸高度；

　　$1/\lambda$——单位长度的凹凸高度。

　　机械互锁理论也有局限性，对于非多孔性的平滑表面的胶合，要用机械互锁理论来得到完美的解释还是困难的。

　　(6)化学键理论：化学键胶合理论认为：胶合作用主要是化学键力作用的结果，胶黏剂与被胶合物分子间产生化学反应而获得高强度的主价键结合，化学键包括离子键、共价键和金属键，在胶合体系中主要是前两者。化学键力比分子间力大得多。

　　1948 年 C. H. Hofricherr 等研究了胶合强度 F 与界面化学活性基团浓度 C 的关系如式(2-14)，其中 k = 常数，$n \approx 0.6$。

$$F = kC^n \tag{2-14}$$

　　现代试验技术已经证明，酚醛树脂与木材纤维之间就存在着化学键；酚醛树脂、环氧树脂、聚氨酯等胶黏剂与金属铝表面之间也有化学键结合。化学键理论为许多事实所证实，在相应的领域中是成功的，但它无法解释大多数不发生化学反应的胶合现象。

　　胶合界面的化学键以下途径发生化学反应形成：①通过胶黏剂与被胶合物中活性基团形成化学键。②通过表面处理获得活性基团，与胶黏剂形成化学键。③通过偶联剂使胶黏剂与被胶合物分子间形成化学键。偶联剂一般含有两类反应基团的物质，其中一类可与胶黏剂分子发生化学反应；另一类基团或其水解形成的基团，可与被黏表面的氧化物或羟基发生化学反应，从而实现胶黏剂与被胶合物表面的化学键连接。如硅烷偶 $X_3Si(CH_2)nY$，X 是可水解基团，水解后生成羟基并与被胶合物表面的基团发生反应，Y 是能与胶黏剂发生反应的基团。

　　以上是近年来所提出的几种胶合理论，虽然每一种理论都有一定的事实根据，但又与另一些事实发生矛盾。在研究讨论胶合过程和机理时，必须分析各种力的贡献及作用，不能强调一方忽略另一方。实际上，胶合界面上存在着多种现象，往往是需要几种理论的配合，而并非一两种理论可以单独可以解释，因此，在讨论胶合理论时，要注意几种胶合理论的结合。

2.1.4　胶合接头

　　在胶合接头中，发生在界面区的黏接作用仍是以离子、原子或分子间的作用为基础。界面区可能产生的作用力有：机械结合力、化学键力、分子间的作用力等。分子间的作用力是产生黏接的主要作用力，此外，化学键力等都能导致黏接作用的产生。胶合接头的界面形成是一个复杂的物理和化学过程。一般认为：发生黏接必须具备两个条件：一是胶黏剂与被黏接材料表面的分子必须紧密接触，这是产生黏接的关键；二是胶黏剂对被黏接材料表面的浸润，这是使胶黏剂分子扩散到被黏接材料表面并产生黏接作用的必要条件。在黏接过程中，由于胶黏剂具有大量的极性基团，在压力的作用下，胶黏剂的分子借助布朗运动向被黏接材料表面扩散，当胶黏剂分子与被黏接材料表面的分子间的距离接近至 1μm 时，分子间的作用便开始起作用，最后在黏接界面上形成黏接力。这两过程不能截然分开，在胶液变为固体前都在进行。不难看出促进胶黏剂与被黏接材料表面分子的接触是产生黏接的关键，而胶黏剂对被黏接材料表面的浸润则是使胶黏剂分子扩散到表面并产生黏接作用的必要条件。

2.1.4.1　接头的形式

虽然在实际中使用的接头形式根据具体情况可以有各种形式，但不外乎都是几种基本类型的单独或相互组合的结果。常用的接头形式主要有：对接、斜接、搭接、面接、角接、T 接等几种。

(1) 对接：对接就是被黏接材料的 2 个端面或 1 个端面与主表面垂直的黏接。这种结合方式可以基本上保持工件原来的形状，因此适合于修复破损件(图 2-7)。

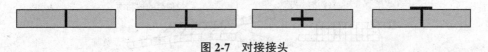

图 2-7　对接接头

(2) 斜接：斜接是为了扩大黏接面积而将两被黏接材料端部制成一定角度的斜面，涂胶之后再对接的黏接方式，是一种比较好的接头形式，如图 2-8 所示。

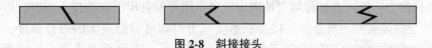

图 2-8　斜接接头

(3) 搭接和面接：搭接就是 2 个被黏接材料部分叠合黏接的形式，搭接工件承受的主要是剪切力，分布比较均匀，如图 2-9 所示；面接为两个被胶接物主表面胶接在一起所形成的接头，面接黏接面积大，承载能力强，如图 2-10 所示。

图 2-9　搭接接头　　　　　图 2-10　面接接头

(4) 角接：角接就是两被黏接材料的主表面端部形成一定角度的黏接，一般都为直角，这种接头加工方便，但简单的角接受力情况极为不好，胶合强度很低，如图 2-11 所示。角接还有一种特殊的黏接形式就是 T 形的黏接，如图 2-12 所示。

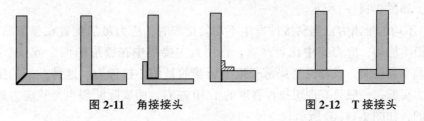

图 2-11　角接接头　　　　　图 2-12　T 接接头

2.1.4.2　受力分析

胶合接头在使用过程中的受力情况比较复杂，除了受到机械力的作用外，还和所使用的环境密切相关，是诸多因素共同作用的结果。当黏接部分发生破坏时，界面的破坏实际上总是伴随着发生被黏接材料或胶黏剂的表面层的破坏，可见胶合强度既与胶黏剂及被黏接材料的表面层强度有关，也与胶黏剂和被黏接材料之间的胶合强度有关。

在设计胶合接头时首先应了解受力的方向和接头之间的关系，当受力的方向和接头的类型不同时，黏接面上所受的应力是不同的。胶合接头在实际的工作状态中受力情况很复杂，但各种复杂胶合接头胶层的受力形式，都可分解为 5 种基本受力方式，即剪切力、拉伸力、压缩力、剥离力、不均匀扯离(劈裂)力等。实际受力是几种应力的组合与变化，如图 2-13 所示。在一般情况下，胶黏剂承受剪切和均匀扯离的作用能力比受不均匀扯离和剥离作用的能力大得多。

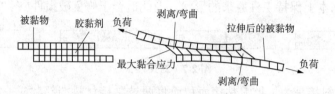

图 2-13　实际受力的搭接接头

(1)拉伸力：拉伸力也称均匀扯离力，当作用力垂直作用在黏接平面时，可以均匀分布在整个黏接面上。当全部黏接面积承受应力时即可得到最大的胶合强度。但这种受力情况在实际使用中是很难碰到的，即很难保证外力全部垂直作用在黏接面上，一旦外力方向偏斜，应力分布就马上由均匀变为不均匀了，使胶合接头遭到破坏，如图 2-14(a)所示。

(2)剪切力：剪切力与胶层平行，是黏接面比较理想的受力情况，实质为两个方向相反的拉伸力或压缩力，此时应力作用在整个黏接面上，分布比较均匀，故可获得最大的胶合强度。这种受力形式的接头最常用，因为它不仅黏接效果好而且简单易行，易于推广应用，如图 2-14(b)所示。

(3)剥离力：两种刚性不同的材料受扯离作用时，称为"剥离"。当试件受扯离作用时，应力集中在胶缝的边缘附近，而不是分布在整个黏接面上，剥离力与胶层成一定角度，力作用在一条线上，容易产生应力集中，胶合强度比较低。因此，黏接构件设计中最重要的一条原则就是：使设计的黏接件在剪切状态下使用，并尽量减少任何劈裂载荷，如图 2-14(c)所示。

(4)不均匀扯离力：当黏接件发生不均匀扯离时，应力虽然配置在整个黏接面上，但分配极不均匀，应力集中比较严重。作用力主要集中在胶层的两个或一个边缘上，而不是整个黏接面，或者说是局部长度上所受的是偏心拉伸力。这种类型的接头，其承载能力很低，一般只有理想拉伸强度的 1/10 左右，而实际断裂也是从应力集中的局部开始的，如图 2-14(d)所示。

(5)压缩力：压缩力与胶层垂直，均匀分布在整个黏接面上，纯粹承受压缩负荷，不容易破坏，但此类接头的应用有限，如图 2-14(e)所示。

2.1.4.3　接头破坏

对于不同的黏接材料，接头被配合的形式与情况也不一样。在胶合接头的破坏过

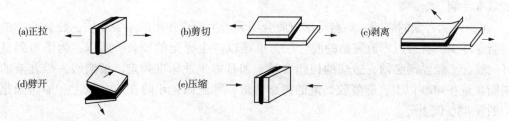

图 2-14　接头受力形式

程中，会出现黏接界面破坏、内聚破坏、混合破坏和材料破坏 4 种形式，如图 2-15 所示。以上 4 种形式不是同时发生的，而是分别发生的，对于同一种胶合接头，有可能在不同条件下发生不同的破坏形式。

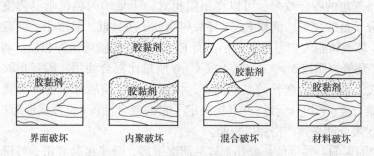

图 2-15　胶黏剂胶合接头的 4 种破坏形式

（1）界面破坏：当胶黏剂和被黏接材料的内聚强度均高于界面结合强度时，由于胶黏剂和被黏接材料之间结合力极弱，胶合接头破坏时造成从界面脱胶。

（2）内聚破坏：胶黏剂内聚强度低于界面结合强度和被黏接材料的内聚强度时，胶层会破坏。

（3）混合破坏：胶黏剂内聚强度、界面结合强度和被黏接材料的内聚强度基本相同时，胶合接头受到外力作用时，造成胶层和材料同时遭到破坏的现象。

（4）材料破坏：被黏接材料的内聚强度低于界面结合强度和胶黏剂内聚强度，受到外力时造成黏接材料被破坏。

2.1.5　胶合强度影响因素

影响胶合强度的因素有多种，胶合强度与胶黏剂本身的结构和性能有关，同时，还与被胶合材料的表面结构、接头设计和胶合工艺有关。

2.1.5.1　胶黏剂的影响

（1）胶料结构的影响：胶料的结构对胶黏剂的性能起着主导作用，决定着胶黏剂的基本性能。如含有—NHCOO—、—CN、—COOH、—CONH—、—Cl、—COOC—等基团的胶料所配制的胶黏剂，由于含有极性基团，因此既具有很高的内聚强度，又有很强的胶合力，对提高胶合强度极为有利。但在不同的使用条件下其所起的作用并不相同，如含有酯键（—COOC—）、酰胺键（—CONH—）、氨酯键（—NHCOO—）的胶黏剂耐水性较差，就不适于长期在潮湿环境下使用。因此，选择胶黏剂时一定要注意胶料的基本性能。

(2)树脂含量的影响：黏料是形成胶合层和产生胶合作用的主要物质，胶黏剂中的树脂含量少，就难以形成完整的胶合层，也难以产生完全的胶合。所以，为了得到良好的胶合，胶黏剂必须有适当的树脂含量。如日本工业标准规定，聚醋酸乙烯乳液的树脂含量在40%以上；脲醛胶黏剂的树脂含量，常温固化用的在60%以上，加热固化用的在43%以上等。

(3)胶料相对分子质量的影响：一般来说，胶料的相对分子质量低，黏度小，流动性大，易于润湿，便于胶合，但因内聚力小，胶合强度低，容易引起胶层的内聚破坏。当相对分子量很大时，黏度也大，对被胶合物表面的润湿性较差，内聚力更大，也不利于获得高的胶合强度。

为了获得理想的胶合效果，可以将不同相对分子量的同类树脂混合使用，便会得到中等相对分子量的胶料。例如 E-51 环氧树脂分子质量低，黏度小，润湿性好，胶合力虽比 E-44 环氧树脂大，但内聚力小；而 E-44 环氧树脂则恰好相反。将 E-51 环氧树脂与 E-44 环氧树脂按 5∶5 或 6∶4 或 4∶6 质量比混合使用，因互相取长补短而能获得较高强度。而对于热塑性胶黏剂而言，由于在胶合前后分子量不再变化，胶黏剂本身的平均聚合度(平均分子量)就直接决定了它的胶合性能(胶合强度等)。因此这种胶黏剂的平均聚合度必须严格加以控制。

(4)黏度的影响：黏度低，胶黏剂较易润湿铺展，分子接触紧密，可得到较高的胶合强度。当黏度过低时，虽然利于润湿铺展，但也容易发生流淌，且内聚强度也不会太高。若黏度太大则会造成涂布困难。

同时，液体的黏度是由于液体的分子之间受到运动的影响而产生内摩擦阻力的表现。它除了受溶液浓度的影响以外，还受分子量的影响：

$$\eta = KM^a \tag{2-15}$$

式中　　η——高分子溶液的特性黏度；

$\quad\quad M$——平均分子量；

$\quad\quad K$、a——两个与体系有关的常数。

(5)pH 值的影响：胶黏剂的 pH 值直接关系到胶层的性能，胶黏剂无论呈酸性或碱性对胶合都是不利的。一般而言，胶层酸性太强或碱性太大，对被胶合物及胶黏剂本身都有不良的影响，容易使被胶合物或高聚物本身发生降解。例如，在脲醛树脂中加有过量酸性催化剂时将会加快其老化速度；在采用有机磺酸类等强酸性催化剂的常温固化型酚醛树脂对木材进行胶合时，也会促使木材老化。因此，在可能的条件下应尽量使用 pH 值适中的胶黏剂。

2.1.5.2　被胶合材料表面性能的影响

由于胶黏剂的应用范围越来越广泛，人们在不断研究和开发新品种胶黏剂的同时，也对各种各样的被胶合材料表面的特性及其对胶合性能的影响进行了深入的探讨：

(1)表面结构的影响：胶合强度与被胶合材料的表面结构都有密切的联系。如胶合木材时，木材的纤维方向可以是相互垂直、相互平行或相互成某一角度。由于木材具有各向异性，所以在对木材进行胶合时，被胶合木材纤维方向所成角度越大，所产生的内应力就越大，胶合强度就越低。在实际应用时，要尽可能地使两块被胶合材料之间的纤维(纹理)方向保持平行，或尽量减少其夹角。

（2）表面能的影响：固体表面较高的自由能有利于胶合，当被胶合材料表面具有相当高的表面能时，胶黏剂与被胶合材料表面具有良好的作用力，能充分浸润。所以，为了提高胶合强度，可以通过物理或化学的方法来提高被胶合材料的表面能。

金属、金属氧化物和各种无机物具有高能表面，如与其接触的液体或胶黏剂的黏度很低，表面张力也低，则其接触角很小，可以自动润湿铺展，分子相互接触紧密，胶合强度可能高。反之，许多极性的液体胶黏剂和非极性的聚乙烯或其他聚合物，由于低能表面以及和液体胶黏剂的极性不相匹配，形成的接触角大，故胶合强度也不会高。

非极性聚合物，如聚乙烯和聚四氟乙烯的表面能和临界表面张力分别为 $\gamma_s =35.7\text{mN/m}$、$\gamma_s =23.9\text{mN/m}$，$\gamma_c =18.5\text{mN/m}$、$\gamma_c =31.19\text{mN/m}$，低于一般胶黏剂的表面张力值($33\sim78\text{mN/m}$)，所以润湿与胶合的效果均不好。只有进行表面改性，提高表面能，才能满足胶合要求。

（3）弱边界层的影响：被黏材料和胶黏剂中，由于材料表面与内部存在着性质上的差异而造成结构不均匀性"弱界面层"。也可能由于体系的低分子物或杂质通过扩散、吸附或聚集，在界面内产生低分子物富集的"弱界面层"。接头在外力的作用下出现胶接的弱界面破坏或胶合强度的急剧下降。如胶合接头内部缺陷(如气泡、裂缝、杂质)等，造成了局部的应力集中。当局部应力超过局部强度时，缺陷就能扩展成裂缝，进而导致接头发生破坏。弱界面层主要对物理吸附为主的胶接体系产生影响，而对基于扩散作用的自黏体系和化学反应型的胶接体系的影响不大。

（4）表面活性的影响：在一般情况下，胶合界面的化学键不易形成，特别是对于一个惰性的被胶合材料表面更是如此。但一些高活性的被胶合固体表面却可以在胶合界面上与胶黏剂分子发生化学反应而形成化学键结合，其胶合强度及胶合接头的耐久性都会得到显著提高。对于一些难于胶合的塑料制品，如聚乙烯、聚丙烯、尼龙、聚缩醛等，可以通过敏化处理来增加胶合表面的活性基团从而达到胶合的目的。

（5）表面清洁度的影响：经化学或物理方法处理后的表面放在空气中常常吸附有水分、尘埃、油污和氧化物等而被污染，导致胶黏剂的胶合强度和耐久性降低。例如，铝表面的污物除去后，接触角大大降低，因为其表面上所覆盖的憎水性污染物被具有较高表面自由能的吸附层所取代。因此，应保持胶合表面的清洁。

2.1.5.3　接头设计的影响

接头设计是否合理将直接影响到胶合质量。所采用的接头，应尽量避免剥离、弯曲、冲击，不要使应力集中于胶合面的末端或边缘。因为胶合接头应力分布不均匀程度越大，所能承受的载荷就越小，胶合强度也就越低。同时，尽量避免采用简单的对接，如果实属必要，应当设法加固。若能将胶合与机械连接联合使用，则更有利于提高胶合强度。

（1）有效的黏接面积：在条件允许的情况下，增大黏接面积能够有效提高胶层承受载荷的能力，尤其是对于提高结构黏接的可靠性更是一种有效的途径。如增加宽度(搭接)能在不增大应力集中系数的情况下，增大黏接面积提高接头的承载力。像修补裂纹时开 V 型槽、加固时的补块等均是增加黏接面积的有效途径。

（2）避免应力集中：黏接件的破坏很多都是由于应力集中所引起的，而基材、胶黏剂与被黏接材料弹性模量的不同、黏接部位胶黏剂的分布不均匀以及在使用过程中所受外力的不均匀都是引起应力集中的原因之一。因此，在接头设计时，应该尽量减少应力集中的出现，比较实用的办法是各种局部的加强，如剥离和劈裂破坏通常是从胶层边缘开始，这样就可以在边缘处采取局部加强或改变胶缝位置的设计来达到减少应力集中的目的。

（3）材料的合理配置：黏接热膨胀系数相差较大的材料时，温度的变化会在界面上产生热应力和内应力，从而导致胶合强度下降。如在黏接不同热膨胀系数的圆管时，若配置不当就可能自行开裂。一般应该将热膨胀系数小的圆管套在热膨胀系数大的圆管的外面。所以，在黏接前注意黏接材料的搭配也是很有必要的。对于木材或层压制品的黏接还要防止层间剥离。

2.1.5.4　胶合工艺的影响

影响构件胶合效果的操作因素有胶层厚度与涂胶量、固化时间、胶合压力和固化温度等多种因素。

（1）胶层厚度与涂胶量的影响：胶层的厚度以适中为宜，并不是越厚越好。胶层过薄，固化过程中容易产生缺胶；而胶层过厚，胶黏剂内聚强度低于被胶合材料，同样会使胶合强度下降。如环氧树脂胶黏剂，因此，在胶合接头设计时必须使所设计的接头结构能够保证胶黏剂形成厚度适当、连续均匀的胶层，不包括空气，易排除挥发物。同时，应当为胶黏剂固化时收缩留有必要的自由度，以减小内应力，保证胶层厚度为 $0.1 \sim 0.15mm$，剪切强度最高。为保证胶层厚度，可以适当的加入填料。

（2）配胶工艺的影响：含有相容性不好的树脂或质重的填充剂，储存时容易分层或沉淀，在使用前需混合搅拌均匀。双组分或多组分胶黏剂在配制时，各组分一定要按规定比例称量准确，混合均匀，否则固化剂少了就会欠固化而发黏；固化剂多了，反应剧烈而变脆，这些都会使胶合强度大为降低。同时，尤其是要控制水分含量，以免胶黏剂本身的内聚强度降低。

（3）陈化时间与温度的影响：陈化(晾置)时间是指构件涂胶到进行胶压所经历的时间，这主要是针对溶剂型胶黏剂而言的。在此段时间内，胶黏剂在被胶合表面将进行浸透、迁移、干燥等过程，可使胶黏剂中的溶剂充分挥发，并获得良好的浸润效果。陈化所用的时间长短及条件是否合适，将会对下一步所进行的加压固化周期和最终胶合强度造成影响。适当的晾置时间可以获得良好的胶合强度：晾置时间过短或温度过低，部分溶剂存在于胶黏剂中，在固化过程中不能完全从胶黏剂内部挥发出去，从而在胶层中产生空隙，造成缺陷，严重影响胶合强度。而在一定温度下晾置时间过长或温度过高，也会使胶黏剂过早发生部分交联，有效胶合面积显著减小或胶层过厚，导致胶合强度下降。

（4）固化温度的影响：适当的固化温度可以使胶黏剂中的分子链段充分交联和伸展，并使固化过程中产生的小分子挥发出去，这样不仅可以获得良好的剪切强度，更主要的是可以获得良好的剥离强度。而固化温度过低往往会使胶黏剂中的小分子难以挥发出去，甚至形成缺陷，显著降低胶合强度；如果温度过高，胶黏剂分子交联速度过快，胶黏剂分子链段无法完全伸展，小分子还没有从胶黏剂中挥发就已经固化，同样会形成缺陷，影响胶合效果，特别是剥离强度相对较低，所以固化温度不宜太高。

(5)胶合压力与固化时间的影响：压力可以使胶黏剂和被胶合材料表面密切接触，并保证胶层的厚度适当。胶合压力大小影响胶层的形成状态：压力大，胶层薄，胶合强度就大，但压力过大，胶液会从胶合面流失，容易产生缺胶现象，反而使胶合强度下降。同时，压力过大，容易造成胶合接头被压缩变形。但胶合压力过低同样会使胶黏剂中的挥发性小分子存留在胶层内以及造成胶层过厚，降低胶合强度。

在制造普通胶合板时，对于相对密度大的木材，压力一般取 1.4~1.8MPa，对于相对密度中等的木材，压力一般取 1~1.4MPa，对于相对密度小的木材，压力一般取0.7~1.9MPa。

当然，适当的固化时间也是获得良好的胶合强度的必要条件，固化时间过短，胶黏剂固化不完全，胶黏剂分子交联密度低，导致胶合强度降低，甚至不固化。

由此可见，胶合工艺是获得良好胶合质量的重要因素之一。

2.1.5.5　环境因素的影响

在使用时还会同时受到环境因素应力的作用。环境应力包括外界的机械作用力、温度波动的热冲击以及油、水等介质因素对胶接界面的物理化学作用。

(1)油污的影响：油的表面张力低于一般胶黏剂的表面张力，油比胶黏剂更容易湿润被胶接表面，形成不易清除的吸附层，胶接过程中形成弱界面层，降低胶合强度。

(2)水分的影响：极性表面对水的吸附高于一般胶黏剂，某些高能表面被胶接表面对水产生化学吸附，不会被胶黏剂所解析，接头在外力和水的作用下，可能由内聚破坏转化为界面破坏。

(3)温度波动的热冲击的影响：高温下，胶黏剂中的高分子物质降解，造成接头破坏。

(4)腐蚀作用：酸性物质、微生物、真菌对接头腐蚀，电解质对接头产生电化学腐蚀，腐蚀也是破坏胶合接头的因素。

2.2　涂饰技术基础

涂饰技术经历了一个由手工涂饰到机械化涂饰的过程，现正在朝着自动化、智能化涂饰方向发展。整个涂饰工艺过程包括被涂制品的表面处理、涂饰方法、涂层干燥与固化及涂膜修整 4 个部分。

2.2.1　表面处理

为了提高涂饰质量，在涂饰前需对工件的表面进行处理，如清洁、修补、活化等方法可以提高涂料的附着力，使涂膜表面光洁、平整、美观。对于不同的基底，有不同的材料方法。

2.2.1.1 木制品表面处理

木制品白坯表面是否平整光滑、洁净，是否有色斑、胶痕、树脂等缺陷，对涂饰质量(特别是透明涂饰)有着直接的影响。为此，涂饰前需先对被涂面进行各种必要的处理，才能涂饰涂料。木材表面处理主要包括去树脂、脱色、除木毛、嵌补洞眼和裂缝等技术处理。而对于那些透明涂饰而色差较大的部位还需进行补色与修色处理。

2.2.1.2 金属表面处理

金属表面在各种热处理、机械加工、运输的过程中，不可避免地会被腐蚀、氧化、黏附油污和杂质等，这就需要进行表面处理。金属表面处理有很多种，按照其特性的不同可分为溶剂清洗、机械处理和化学处理三大类。对于较薄的氧化层可采用溶剂清洗、机械处理和化学处理，或者直接采用化学处理；对于严重氧化的金属表面，最好先采用机械处理。通常可以将几种处理方法联合使用。

2.2.2 涂饰方法

2.2.2.1 手工刷涂

手工涂饰是一种原始的涂饰方法，经历了漫长的历史岁月，具有投资省，涂料损耗少，适用范围广等优点，故仍在广泛使用。但劳动强度大，涂饰效率低，涂饰质量受人为因素影响大，对工人的技术水平要求高。故仅依靠手工涂饰难以满足现代生产发展的需要。所使用的工具有漆刷、排笔、棉花球、刮刀等。

2.2.2.2 喷涂

喷涂通过喷枪或雾化器，在压力或离心力的作用下分散成均匀而微细的雾滴施涂于物体的表面。可分为空气喷涂、无空气喷涂、静电喷涂以及其派生的多种方式。喷涂作业生产效率高，适用于手工作业及工业自动化生产，应用范围广。但漆雾和挥发出来的溶剂，既污染环境、影响操作工人身体健康，又浪费涂料。

除了上述的压缩空气喷涂之外，静电喷涂的应用也十分广泛。利用高压静电电场使带负电的涂料微粒沿着电场相反的方向定向运动，并将涂料微粒吸附在工件表面。一次涂装可以得到较厚的涂层，其使用的粉末涂料不含溶剂，无三废公害，且效率高，适用于自动流水线涂装，粉末利用率高，可回收使用。

2.2.2.3 淋涂与辊涂

(1)淋涂：液态涂料通过淋涂机头的刀缝形成流体薄膜(涂幕)，然后让被涂板式部件从涂幕中穿过而被涂饰的一种方法。淋涂机是由淋涂机头，涂料循环系统及产品输送机构组成。淋涂是涂饰效率最高的一种涂饰方法，其涂层厚度的均匀性是任何涂饰方法都不可及的。但只适宜涂饰板式部件的正平面，对部件的周边很难涂饰，而对整件产品或形状较复杂的零部件则无法进行涂饰。

(2)辊涂：利用辊筒将涂料涂敷到产品表面上的一种涂饰方法。辊涂机一般是由分料辊、送料辊、涂料辊组成。辊涂机可涂饰涂料和涂布腻子，且要求涂料溶剂的挥发速度不宜过快，否则一方面会影响涂层的流平性，另一方面易使涂料在涂料辊上胶凝。

辊涂机涂饰的效率高，被涂件的进给速度可达 30~50m/min，能涂饰淋涂与喷涂无法涂饰的高黏度(涂-4 杯，20~250s)的涂料。缺点是只能涂饰平整的板式部件的表面。

2.2.2.4　其他涂饰

其他的涂饰方式还包括刮涂、浸涂、电泳等多种方式。

2.2.3　涂层干燥与固化

由于所使用的涂料性能不同，干燥方式也有所差异。如有些涂料是依靠涂层溶剂挥发来干燥的与化学反应而固化的，如聚氨酯、丙烯酸、氨基树脂涂料等。而油脂涂料与天然漆涂层的干燥须与氧气充分接触，其干燥措施是要加速其氧化聚合反应。为此，涂层干燥固化的方法，应根据所用涂料的性质及干燥机理而合理选用。

2.2.3.1　对流加热干燥

将热源的热能借助被加热的空气传给涂层，涂层周围的空气是加热介质。因为涂层具有一定的厚度，热能是从涂层表面逐渐传递到涂层的底层，所以涂层固化是由涂层的表面开始慢慢扩及到底层。故用对流加热干燥涂层温升不宜过快、过高，否则易造成涂层表面结膜而底层溶剂蒸汽不能挥发，反而会延长涂层干燥时间，甚至影响涂层质量。

2.2.3.2　红外线辐射固化

一般的有机涂料对红外线，尤其是远红外线有着强烈的吸收能力。因此，红外线对涂层干燥的效果非常显著。从涂层固化的效果来考虑，最好是选择能最大限度地透过涂层，而又不能透过被涂件(如木材)的那种波长范围的红外线。因为这种红外线能刚好在被涂件与涂层交接处转化为热能，从而能使涂层自下而上地进行干燥，能使整个涂层中的溶剂自由挥发。涂层中溶剂挥发的方向跟热能传递的方向是一致的，干燥是由底层开始逐渐达到表层，溶剂蒸汽挥发不受阻，促使涂层固化速度快，质量好，可避免出现针孔、起泡等缺陷。

2.2.3.3　紫外线辐射固化

紫外线辐射只适用于固化光敏涂料。涂料中含有光敏剂，其在强紫外线照射下能产生非常活泼的自由基，而这种自由基又极易跟涂料中的活性基团发生剧烈的反应，并重新产生大量的自由基，这些自由基能急剧地聚合形成大分子链，使涂层在短时间(30~40s)内完全固化成不溶不熔的坚硬涂膜。

2.2.3.4　电子束辐射固化

涂层辐射固化是指利用电子束在常温下引发特定配制的活性液体组分迅速转化为固体的过程。其实质就是具有一定流动性的线性分子结构的树脂基体转变成不溶不熔网状立体分子结构，并与所附着的材料黏合或键合，形成一种新的性能独特的复合材料，以改变或改善附着物的性能，多在常温无氧环境下进行。如丙烯酸不饱和聚酯涂料，在电子束的辐射下，只需几秒钟就能固化成不溶不熔的坚硬涂膜。这是一种最先进的涂层干燥方法。

　　电子束的能量需根据涂层的厚度来定，对 500μm 厚的清漆涂层，使用的电子能量应达 300kV 左右。电子的辐射量取决于涂料的性质，应通过实验确定。辐射量过大，会降低漆膜的理化性能，严重的还会使涂膜产生裂纹、变色。同时，设备投资大。

2.2.4　涂膜修整

　　涂膜修整主要是指对涂膜的砂磨和抛光。在涂饰过程中，由于多种原因会在涂膜表面留下小的缺陷，如颗粒、划痕等，可以用细水砂纸将这些缺陷磨平，然后进行抛光处理，达到涂膜表面平整、光洁的效果。

　　对于像硝基漆这一类可溶于有机溶剂的涂膜，其损坏后可用溶剂将损坏部分溶解再进行修整。而对于像聚酯等难溶的涂膜，小的破损与裂纹可以用相同的涂料重涂后砂磨、抛光，而大的破损则难以修复。

思 考 题

1. 简述胶黏剂的分类。
2. 胶黏剂的主要成分有哪些？其中决定胶黏剂的基本特性的成分是什么？
3. 举出 3 个你身边使用胶黏剂的例子，并说明其固化方式。
4. 胶接理论有几种？论点各是什么？
5. 试述胶合接头几种基本型式、胶接接头受力的几种基本类型以及胶接破坏的几种典型方式。
6. 影响胶合强度的因素？
7. 试从扩散理论解释，为什么提高胶接时的温度和增加胶黏剂与被胶合材料的时间，能够提高胶合强度？
8. 胶黏剂与被胶接材料能够形成化学键的先决条件是什么？偶联剂在形成化学键时的作用。
9. 胶黏剂为什么要具有一定的湿润性？
10. 涂料涂饰的方法有哪些？
11. 涂料涂层的干燥与固化方式？
12. 为什么木材涂胶前要进行表面处理？

第 3 章

理化性能与安全防护

胶黏剂质量的好坏直接关系到胶合效果，而涂料则关系到制品的表面质量，同时也关系到对施工人员的健康以及对环境的影响，因此在生产与使用环节都必须严格把关。为了确保质量安全与环境安全，需要对胶黏剂与涂料的理化性能进行严格检验，同时积极主张在满足基本性能要求的前提下多使用水性与低 VOC 的胶黏剂与涂料。

3.1 理化性能及检测

胶黏剂的理化性能主要包括外观、密度、固体含量、pH 值、适用期、固化速度、贮存期等多个方面。采用不同的测定方法会有不同的结果，比较严格的标准有美国的 ASTM 标准、德国的 DIN 标准、日本的 JIS 标准、英国的 BS 标准和法国的 NF 标准等，其中比较全面而又适用性广的是 ASTM 标准。我国也制订了相应的国标（GB，GB/T）、部标和行标等，并在逐步完善。在检测过程中，除了按照标准所规定的方法进行检测外，在不是非常严格的检测项目中，也可以采用简易方法。

涂料的理化性能与胶黏剂的相类似，但硬度与耐磨性在涂料中显得尤为重要。

3.1.1 胶黏剂与涂料的理化性能

3.1.1.1 胶黏剂与涂料的主要物理性能

（1）外观：胶黏剂的外观主要包括色泽、状态、宏观均匀性、是否含有杂质等，在一定程度上能直观地反映出胶黏剂的品质。简易的测试方法是通过直接观察来了解外观情况：对于流动性较好的胶黏剂，可将试样倒入干燥洁净的烧杯中，用玻璃棒搅动后并将玻璃棒提起进行观察，那些胶液流动均匀、连续、无疙瘩、结块或其他杂质的试样属于合格产品；而一些黏度较大、流动性较差的胶黏剂，可将其涂布在玻璃板上，观察其外观。值得注意的是，含有较多填料的胶黏剂在取样前应混合均匀。胶黏剂外观的检测可参照 GB/T 14074—2006 执行。

涂料的外观质量简单的检测与胶黏剂的类似，也可将试样装入干燥清洁的比色管中，在温度为 25℃±1℃的环境中，于暗箱的透射光下观察是否有机械杂质。对于色漆，其细度可按照 GB/T 1724—1993 中规定的方法进行。

（2）密度：胶黏剂与涂料的密度是计算涂布量的依据。胶黏剂的密度与温度有密切关系，因此在表示其密度时应标示温度。液态胶黏剂常用的测定方法有重量杯法，按照 GB/T 13354—1992 执行。如果是使用密度计法，可参照 GB/T 1884—2000《原油和液体石油产品密度实验室测定法》。涂料的密度检测可使用金属比重瓶，按照 GB/T 6750—2007《色漆和清漆密度的测定》进行。

（3）固体含量：胶黏剂和涂料的固体含量又称不挥发物含量，也称为固含量，是其在一定温度下加热后剩余物质的质量与试样总质量的比值，以百分数表示。固体含量可以在一定程度上反映出胶黏剂与涂料配方的准确性和性能的可靠性。固体含量高低主要与树脂配方和生产工艺有关，如在合成脲醛树脂时，甲醛相对用量少，固体含量就高；树脂脱水量大，固体含量也高。但固体含量高，并不意味着黏度就大。

ASTM D553 和 JIS K6839 都是胶黏剂固体含量的测定方法。在我国，胶黏剂不挥发物含量的测定方法按 GB/T 2793—1995 标准进行。而涂料的不挥发物可按照 GB/T 1725—2007《色漆、清漆和塑料—不挥发份的测定》来检测。

（4）黏度：黏度是流体的内摩擦，反映流体内部阻碍相对流动的一种特性，是一层流体与另一层流体做相对运动的阻力，即液体流动的阻力。黏度大小直接影响到胶黏剂的流动性和胶合强度，决定着施胶的工艺方法。而涂料的黏度则影响着施工性能与涂膜质量。胶黏剂与涂料黏度的大小与树脂反应终点控制有直接关系，过早的停止反应，黏度就小，反应时间过长，黏度就大。同时，储存期的延长、溶剂的挥发和缓慢的化学反应都会导致其黏度发生变化。

对水性树脂来说，脱水树脂的黏度又与脱水量多少有关，脱水量越多，黏度就越大。此外黏度大小，还和温度成反比例关系，同一种胶，由于使用时温度不同，使用时的黏度也不同。一般来讲，当温度越低时黏度增长比越大。所以在冬季应注意树脂胶黏剂与涂料的保温，特别是在北方，不能放在室外，最好贮胶槽或罐车要有保温措施，使用前要使温度保持在 20℃ 左右。表 3-1 中的数据反映了脲醛树脂温度与黏度关系。

表 3-1　脲醛树脂温度与黏度关系

温度（℃）	MN-2 黏度（格式，s）	MN-3 黏度（格式，s）	温度（℃）	MN-2 黏度（格式，s）	MN-3 黏度（格式，s）
35	2.4	4.5	20	5.0	17.0
30	3.0	6.5	15	6.8	37.0
25	3.8	10.6	5	17.0	

常用来测定胶黏剂黏度的方法有旋转黏度计法和涂-4 杯法，国标为 GB/T 2794—2013《胶黏剂黏度的测定-单圆筒旋转黏度计法》。旋转黏度计测量的黏度是动力黏度，它是基于表观黏度随剪切速率变化而呈可逆变化，适用于牛顿流体或具有近似牛顿流体特性的胶黏剂黏度的测定；而涂-4 杯测量的黏度是条件黏度，它是以一定体积的胶黏剂在一定温度下从规定直径的孔中所流出的时间来表示的黏度，适用于 50mL 试样流出时间在 30~100s 内胶黏剂黏度的测定。

常用的涂料黏度测定应在 GB/T 1723—1993 和 GB/T 10247—2008 的规定下进行。

（5）适用期：适用期也称为使用期或可使用时间，是指胶黏剂与涂料配制后所能维持其可用性能的时间。适用期是化学反应型胶黏剂与涂料的重要工艺指标，对其配制量和施工时间很有指导意义。一般来讲，适用期与固化时间成正比例关系，适用期越长，固化时间越长。影响适用期的因素主要有如下几点：

①树脂的各项技术指标　如固体含量高低，固化剂的配比（双组份）、黏度大小、分子量大小（缩聚程度）、pH 值的高低、施工环境的温度等。对于同一种树脂，含量高，黏度大，分子量大的，适用期相对要短。其中，对于双组分胶黏剂来说，固化剂用量的多少对适用期有很大的影响，表 3-2 列出了脲醛树脂黏度的大小、固化剂的用量与适用期的关系。

表 3-2　脲醛树脂黏度大小、固化剂的用量与适用期的关系（室温为 25℃）

树脂黏度（格氏，s）	1.8	2.0	2.6	3.0
氯化铵用量（%）	0.5	0.5	0.5	0.5
适用期（min）	143	134	67	35

②加入固化剂的种类和数量　在固化剂用量相同的情况下，加入不同种类的固化剂后胶黏剂的适用期不同。以脲醛树脂为例，加入的固化剂的酸性越强，胶的适用期越短，表 3-3 中的数据显示，脲醛树脂中所加入的固化剂虽然都是 1%，但使用氯化铵的适用期是磷酸的 60 倍。

表 3-3　脲醛树脂不同固化剂对适用期的影响

固化剂名称	氯化铵	硫酸铵	甲酸	磷酸
用量（%）	1	1	1	1
适用期	3h	3h	40min	3min

③环境温湿度　增加温度、降低湿度可以加快反应型胶黏剂和涂料的化学反应速度，可以加快溶剂的挥发，因此，温度越高，湿度越低，适用期越短。因此，对于适用期短的胶黏剂与涂料，要做到随调随用。

适用期的测定有手工简易方法，也有用凝胶计时仪来测定的。通常情况下，化学反应型胶黏剂在混合后便会放热，一般将从混合开始到放热温度达到 60℃的时间定义为适用期；也有自混合后 5min 开始测黏度，将黏度上升到初始黏度的 1.5 倍或 2 倍的时间视为适用期。GB/T 7123.1—2002 中规定了胶黏剂适用期的测定方法。而 GB/T 31416—2015 中对色漆、清漆和多组分涂料体系适用期的测定样品制备和状态调节及试验进行了详细的描述，几乎覆盖了所有液态涂料体系。

（6）耐热性能：胶黏剂的耐热性能主要用来评价胶黏剂对使用环境温度的适应性能。常用的检验方法主要有恒定温度试验和高低温交变试验。恒定温度试验可在电热鼓风干燥箱或普通热老化试验箱中进行，温度可取 80℃、100℃、120℃、150℃、200℃或更高。高低温交变试验需在自动控制温度和温度能周期变化的高低温试验箱内进行。一般采用的低温为-60℃，高温则是最高使用温度。

涂料覆盖于物体的表面，会受到各种热能的侵害，其耐热性的优劣直接关系到产品的使用寿命。关于涂料的耐热性，在 GB/T 1735—2009 规定了一种统一的方法用来测定色漆和清漆或相关产品的单一涂层或复合陶瓷特性在规定的温度下它们颜色、光泽的变化、起泡、开裂或基材上剥离的性能。在 GB/T 1735—1979 中明确规定了漆膜耐热性测定方法。

（7）贮存期：贮存期是在一定条件下胶黏剂与涂料仍能保持其操作性能和规定强度的存放时间，是树脂质量的一项重要指标，这是胶黏剂与涂料在研制、生产、使用、经销和仓储中都需要考虑的重要问题。如果贮存期太短，严重的在使用前就会固化报废；虽然有些接近或超过贮存期的胶黏剂与涂料还可使用，但是胶合与涂膜性能已有所变化或降低。

贮存期的长短与原材料的配比、制备工艺、贮存环境等多种因素有关：如树脂缩聚度大的贮存稳定性差一些、摩尔比低的脲醛树脂比摩尔比高的贮存稳定性差、而酚醛树脂摩尔比低的比摩尔比高的贮存稳定性好等。对于贮存环境温度而言，贮存环境温度高会缩短贮存期，而过低的贮存温度同样会对胶黏剂产生负面影响，尤其是水性胶黏剂与水性涂料。

胶黏剂的贮存期的测定可按 GB/T 14074—2006 进行测试，而 GB/T 6753.3—1986 中规定了涂料贮存稳定性的测试方法。

（8）水混合性：胶黏剂的水混合性是指水溶性胶黏剂（如酚醛和脲醛树脂）用水稀释到析出不溶物的限度。水混合性的好坏与树脂的缩聚程度、缩聚反应速度、反应温度、原料摩尔比以及制备工艺等因素有关：缩聚度大的，树脂分子量大，水混合性差；缩聚反应速度太快，反应温度高，树脂的水混合性也差。以脲醛树脂为例，原料摩尔比高，树脂中的羟甲基含量高，水混合性好；在树脂合成时，加入少量氨水或六亚甲基四胺，也可增加脲醛树脂的水混合性。而酚醛树脂与配方中碱的用量有关，碱用量多，水混合性好。对于木材工业用胶黏剂及其树脂，在 GB/T 14074.6—1993 中规定了水混合性测定法。

3.1.1.2　胶黏剂与涂料的主要化学性能

（1）pH 值：pH 值是表示氢离子浓度的一种简便方法，定义为氢离子浓度的常用对数的负值，即 $pH=-lg[H^+]$。胶黏剂的 pH 值的大小可以直接反应出胶黏剂的贮存期的长短，一些胶黏剂可以通过调节 pH 值来控制其固化速度。

测定 pH 值最简单的方法是用 pH 试纸，但这种方法的精度不高，且只适用于颜色较浅的水基或乳液胶黏剂。采用玻璃电极酸度计测定 pH 值是一种比较准确的方法，可按标准 GB/T 14518—1993 执行。玻璃电极酸度计的适用范围较广，可以测定水溶性、干性或不含水介质以及能溶解、分散和悬浮在水中的胶黏剂的 pH 值。标准 GB 8325—1987《聚合物和共聚物水分散体 pH 值试验方法》可用于部分水性涂料 pH 值的检测。

（2）耐化学试剂性能：耐化学试剂是衡量胶黏剂与涂料耐久性的指标之一。胶黏剂可按照 GB/T13353—1992 执行，该方法是以胶黏剂胶合的金属试样在一定的试验液体中、一定温度下浸泡规定时间后胶合强度的降低来衡量胶黏剂的耐化学试剂性能，可适用于多种类型的胶黏剂。

涂料涂饰与物体的表面，对物体起到保护作用。在日常生活中，器物的表面难免会接触到各种化学试剂与溶剂，如各种酸碱的洗涤液、盐、酸等，因此要求涂膜具有良好的耐化学试剂与溶剂的性能。对于涂料的耐溶剂性，GB/T 23989—2009 中规定了涂料耐溶剂擦拭性测定法；在 GB/T 1763—1979(88)中规定了漆膜耐化学试剂性测定方法。

(3)固化(成膜)速度：固化速度也称为硬化速度，对于了解胶合强度如何随固化温度和时间而变化是很重要的。固化速度通常是由固化所需要的时间来表征的，对固化所需要时间的要求与适用期正好相反。固化快，可缩短胶合时间，提高生产效益，可见固化时间短的胶黏剂有利于提高生产效率。

固化速度可作为检验胶黏剂性能的优劣、鉴定配比是否正确的一种简单易行的方法。对于脲醛树脂乳胶来说，固化时间是指乳液胶加入固化剂后在 100℃沸水中从乳液胶放入开始到乳液胶固化所需要的时间。ASTM D—1144 和 ASTM D—987 都规定了固化速度的测定方法。

涂料的干燥时间在很大程度上影响涂装效率，在标准 GB/T 6753.2《涂料表面干燥试验 小玻璃球法》中规定了涂料表干的检测方法；GB/T 1728—1979 中对涂膜、腻子膜干燥时间的测定也进行了详细的规定，涂料的成膜与干燥速度可按照这 2 个标准执行。

(4)阻燃性能：随着安全环保法规的日益严格，胶黏剂的阻燃性越显重要，目前尚无国家标准，但可以参考塑料燃烧性能试验方法：GB/T 2406—1993《氧指数法》和 GB/T 8323.2—2008《烟密度法》。

目前，国际上对饰面型防火涂料性能的评价标准较为著名的主要有美国的 ASTME84 和 ASTMD1360，以及日本的 JISA1321、JISA1322 和 JISK5661 等。ASTME84 是对建筑物内装饰材料的防火性能进行测试，包括火焰传播速度、烟浓度和燃烧温度；ASTMD1360 是对木质底材涂料防火性能进行测试，内容包括失重率和炭化指数等。在国内，饰面型防火涂料质量检验按照 GB 12441—2005《饰面型防火涂料》进行。

此外，其他的如耐辐射性可参考 ASTM D1879—1999 标准、耐真菌性参照 ASTM D1286、耐腐蚀性参照 ASTM D3310—2000。

3.1.2 涂料的其他性能

涂料成膜后的硬度、耐磨、附着力等关系到制品的表面质量的性能指标在胶黏剂中没有描述，故在此对几项性能进行说明。

3.1.2.1 硬度

涂膜硬度是表示涂膜机械强度的重要性能之一，同时也在一定程度上用来评价涂料的质量。可以通过测定涂膜在较小的接触面上承受一定质量负荷时所表现出来的抵抗变形的能力加以确定(包括由于碰撞、压陷或擦划等而造成的变形能力)。

所用测试仪器有摆杆阻尼硬度计、划痕硬度计、压痕硬度计等。测量方法有相关的国标规定，如家具涂膜硬度的测定可按照 GB/T 6739—1996《涂膜硬度铅笔测定法》进行。也可采用国家标准 GB/T 1730—2007《色漆和清漆摆杆阻尼试验》和 GB/T 6739—2006/ISO 15184：1998《色漆和清漆铅笔法测定漆膜硬度》。

3.1.2.2 耐磨性

涂膜的耐磨性体现涂料耐磨的能力，耐磨性较好的涂膜能够较长时间的保存涂膜的光洁度与美观性。可按国家标准 GB/T 1768—2006/ISO 7748：1997《色漆和清漆 耐磨性的测定 旋转橡胶砂轮法》，用固定在磨耗仪上的橡胶砂轮摩擦色漆或清漆的干漆膜，在橡胶砂轮上加上规定重量的砝码。耐磨性以经过规定次数的摩擦循环后漆膜质量损耗来表示，或以磨去该道涂层或底材所需要的循环次数来表示。

3.1.2.3 附着力

附着力的大小预示着涂膜与底材结合的强度，附着力越大，结合越强。有多种方法可用来检测涂膜的附着力，如划格法、交叉切痕法、拉开强度法以及划痕法和胶带附着力法剥落试验法等。这些均有相应的国家标准，如《GB/T 9286—1998 色漆和清漆 漆膜的划格试验》GB/T 1720—1979《漆膜附着力测定方法》GB/T 5210—2006《色漆和清漆 拉开法附着力实验》等。

此外，在涂料的物理性能中，流平性、遮盖力等可以根据 GB/T 1726—1979 等来测试。

3.1.2.4 耐水性

按 GB/T 5209—1985 中方法测定漆膜耐水性，将已经固化交联好的漆膜样板放入恒定温度（25℃±1℃）的去离子水中，且使样板 2/3 浸泡于去离子水中。当样板规定的浸泡时间结束时，将样板取出，用滤纸吸干其表面的水分，目视检测样板有无起泡、起皱，脱落等现象。

3.2 重要有害物质检控

3.2.1 有机挥发物检控

在标准的大气压下，熔点低于室温，初馏点或沸点范围在 50~250℃ 之间的有机化合物称为挥发性有机化合物（VOC，Volatile Organic Compound）。胶黏剂和涂料在制备过程中均使用了大量的有机化合物、单体、溶剂、助剂等原辅材料，这些材料大部分熔点和沸点较低。在胶黏剂与涂料施工与固化过程中残余的单体、溶剂和助剂等会挥发到空气中污染空气，这些有毒、有害气体被称为总挥发性有机物 TVOC（Total Volatile Organic Compound）。TVOC 分为烷类、芳烃类、烯类、卤烃类、酯类、醛类、酮类和其他 8 类，这些气体严重威胁着人们的身体健康。据估计，涂料和胶黏剂释放的挥发性有机化合物是空气 VOC 的主要来源，占大气污染物的 5%~10%。因此，有必要对胶黏剂与涂料中的有机挥发物进行检测与控制。

3.2.1.1 装饰装修用胶黏剂 TVOC 检控

装饰装修用胶黏剂属于工业胶黏剂的一种，是建筑工程上必不可少的材料。产品主要包括白乳胶、木地板胶、壁纸胶、塑料地板胶、防水胶、密封胶等。针对此类产品，可开展装饰装修用胶黏剂的有害物质检测，主要内容包括：苯、甲苯、二甲苯、游离甲醛、甲醇、氯代烃、重金属等。

适用于室内装饰装修用胶黏剂 VOC 的检测方法与标准主要有：国际通用标准 ASTMD 3960—1998 及 ASTMD 3960—2001；国家标准 GB/T 29592—2013《建筑胶黏剂挥发性有机化合物（VOC）及醛类化合物释放量的测定方法》、GB 30982—2014《建筑胶黏剂有害物质限量》、GB 18583—2001《室内装饰装修材料胶黏剂中有害物质限量》。

3.2.1.2 装饰装修用涂料 TVOC 检控

室内装饰装修用涂料主要包括两大类，木器涂料与内墙涂料。其中的内墙涂料多为乳胶型的水性涂料，其所释放的 VOC 相对较少。而在木器涂料中，又有水性和溶剂型 2 种。就目前使用情况来看，由于溶剂型涂料具有涂膜硬度高、干燥速度快、成本比水性涂料低等优势，在使用量上还占优势，尤其是双组分的聚氨酯用量较大，而其中所含有的甲苯、二甲苯等具有强烈的刺激性气味，能对人体造成多种损伤。

关于室内装饰装修用涂料的限量、控制与检测，在国际上有 ASTMD 3960—04《油漆及相关涂料的 VOC 的标准测试方法》和 ISO 11890—2《涂料和清漆–挥发性有机化合物含量的测定》可以使用。我国也制定了相应的标准，如在木器涂料方面，GB 18581—2009《溶剂型木器涂料中有害物质限量》标准就规定了室内装饰装修用溶剂型的聚氨酯类涂料（包括面漆和底漆）、硝基类涂料、醇酸类涂料中对人体有害物质容许限值；GB 24410—2009 规定了室内装饰装修用水性木器涂料中对人体有害物质容许限值。在内墙涂料方面有：GB 18582—2008《室内装饰装修材料内墙涂料中有害物质限量》强制性标准，对内墙涂料中 VOCs 含量作了明确规定。

实际上，甲苯、二甲苯等有机溶剂与助剂，随着施工的结束和放置时间的延长，可以逐步被散发与稀释，最终消失。而有些有毒物质，如游离苯酚、甲醛的释放却是一个长期的过程，长期对人体的毒害也最大。因此，游离酚与醛的检控工作在胶黏剂与涂料的使用中尤为重要。

3.2.2 游离醛与酚的测定

在氨基树脂和酚醛树脂中，有部分甲醛在树脂制造中没有参加反应，呈游离状态，称之为游离醛。游离酚是指酚醛树脂中没有参加反应的苯酚。游离醛和游离酚对人体有强烈的刺激作用、致敏作用乃至致突变作用，会引起头痛、头晕、乏力、恶心等一系列症状，甚至死亡。

色谱法是测定苯酚应用较广的方法，主要有气相色谱法和液相色谱法。对于苯系物的检测，一般采用高效液相色谱法、气体检测管法、中红外光谱法、分光光度法、拉曼光谱法、气相色谱法、气相色谱–质谱联用法等。这些均需要昂贵的设备，而采用滴定分析法也不失为一种有效的检测与分析方法。在实际操作中，一般使用自动滴定法以减少人工滴定所带来的误差。常用的检测标准有 GB/T 14732—2006《木材工业胶黏剂用脲醛、酚醛、三聚氰胺甲醛树脂》、GB/T 18583—2008《室内装饰装修材料胶黏剂中有害物质限量》、HJ/T 220—2005《环境标准产品技术要求——胶黏剂》、GB/T 14074.13—1993《木材胶黏剂及其树脂检验方法——游离苯酚含量测定法》。

3.3 安全防护

大多数胶黏剂与涂料中含有有机溶剂和多种对人体健康有害的化学药品，在进行胶黏剂与涂料生产和施工的过程中会接触到各种有害物质，因此，在生产和胶合与涂饰施工的整个过程中都必须充分注意安全技术与劳动保护。

3.3.1 有毒物质及毒性评定

所谓有毒物质是指在微量的情况下侵入人体，就能与人体组织发生物理或化学作用、引起人体正常生理机能破坏的物质。有毒化学物质进入人体而产生损害的全身性疾病叫做中毒，几乎所有有毒物质与皮肤直接作用都能造成伤害，伤害的程度与毒性物质的有效剂量直接相关。有关有效剂量的诸多因素中，最重要的是物质的量或浓度、物质的分散状态和暴露时间以及物质在人体组织液中的溶解度和对人体组织的亲和力。中毒按其作用不同可分为急性中毒和慢性中毒。急性中毒是大量有毒物突然侵入人体的中毒现象；慢性中毒是由少量有毒物长时间侵入人体的中毒现象。慢性中毒是逐渐发展的，中毒开始时无明显症状。

评价急性中毒的指标常采用半致死量(LD50)或半致死浓度(LC50)。其定义为使受试动物半数死亡的毒物浓度和使受试动物半数死亡的毒物剂量，是衡量存在于水中的毒物对水生动物和存在于空气中的毒物对哺乳动物乃至人类的毒性大小的重要参数。LD50 的单位为 mg/kg，LD50 数值越小，毒性越大。按各类物质 LD50 数值，可将急性中毒进行分级，见表 3-4 所示。

表 3-4　毒性等级表

等级	大鼠一次口服 LD50 （mg/kg）	兔涂皮 LD50 （mg/kg）	人的可能致死量 （mg/kg）
剧毒	<1	<10	0.06
高毒	10.50	10~100	4
中毒	50~500	100~1 000	30
低毒	500~5 000	1 000~10 000	250
实际无毒	5 000~15 000	10 000~100 000	1 200
基本无毒	>15 000	>100 000	>1 200

3.3.1.1 各种胶黏剂与涂料的毒性

胶黏剂和涂料一般是由树脂、单体、固化剂等主料和稀释剂、引发剂、溶剂、防老剂、促进剂、偶联剂、流平剂、着色剂、填充剂等辅料与助剂组成，其中用于溶解、稀释和表面处理的有机溶剂多是有毒且易挥发的有机物。同时，有些胶黏剂与涂料在固化时会释放出有毒的低分子物质。此外，有的固体填充剂也有毒性。由此可见，一般的胶黏剂与涂料或多或少都会对人体和环境有一定的伤害。胶黏剂与涂料的种类繁多，不同品种的胶黏剂与涂料，因其所含成分不同，故毒性程度也不相同。

由于涂料中也采用了大量与胶黏剂相类似的树脂、溶剂与助剂，两者的毒性机理基本相同或相似，且部分用于胶黏剂的树脂在常用涂料中用量较少，故在此主要以胶黏剂为对象进行阐述。

（1）环氧树脂胶黏剂与涂料：环氧树脂胶黏剂由环氧树脂和固化剂组成，固化后一般是无毒的，而未固化时一些组分还是有某种程度上的毒性。

①主料　常用的环氧树脂为 E 型环氧树脂，是双酚 A 与环氧氯丙烷缩聚而成，基本无毒，但原料双酚 A 被疑为环境荷尔蒙物质，如果主料中游离双酚 A 含量过高就会对环境造成一定的影响。而脂环族环氧树脂毒性还要大些，例如 YJ-132(6206) 环氧树脂的半数致死量 LD50(median lethal dose) 为 2 830mg/kg。而环氧树脂在加热时会逸出微量的环氧氯丙烷，将对呼吸道、皮肤和眼睛产生刺激作用，其 LD50 为 1140mg/kg，属于中等毒性物质。

②固化剂　尤其是胺类固化剂是未固化环氧树脂胶黏剂毒性的主要来源，曾沿用多年的乙二胺固化剂挥发性大，蒸汽压高，对口腔、呼吸道黏膜和肺部都有严重的刺激作用，皮肤接触后会引起过敏、瘙痒、水肿、甚至产生红斑、溃烂，将原有的胺类固化剂进行改性是降低毒性或实施无毒的重要途径。各种胺类固化剂的 LD50 指标见表3-5 所示。

表 3-5　常用胺类固化剂的 LD50 指标

固化剂名称	LD50(mg/kg)	固化剂名称	LD50(mg/kg)
乙二胺	620~160	二氨基二苯甲烷	160~830
己二胺	789	异佛尔酮二胺	1 030
二乙烯三胺	2 080~2 330	端氨基聚醚	500~1 660
三乙烯四胺	4 340	ATU（螺环二胺）加成物	1 900~2 400
四乙烯五胺	2 100~3 900	120 固化剂	3 600~4 500
五乙烯六胺	1 600	591 固化剂	4 800
二乙氨基丙胺	1 410	810 水下固化剂	>5 000
低分子量的酰胺	1 750~3 850	T31 固化剂	6 730~8 790
间苯二胺	130~300	三乙醇胺	6 517~7 891
间苯二甲胺	625~1 750	缩胺-105	3 490
MA 水下固化剂	2 950		

从表3-5中可见间苯二胺的毒性也很大，主要是会造成皮炎和哮喘，使用时不能与皮肤接触。目前多用间苯二甲胺代替间苯二胺，性能相差不多，但毒性大为降低，其LD50 为 625~1 750mg/kg。另外，二氨基二苯甲烷也是毒性较大的固化剂之一，但目前尚未发现有致癌性；邻苯二甲酸酐是环氧树脂用酸酐类固化剂，LD50 为 800~1 600mg/kg，其粉尘和蒸汽对眼睛、皮肤和呼吸道都有刺激性，会导致眼结膜炎、声音嘶哑、咳嗽哮喘等症状。

③稀释剂　环氧树脂胶黏剂中稀释剂分为活性稀释剂和惰性稀释剂。其中的活性稀释剂多为含环氧基的低分子化合物，挥发性大，对皮肤有较强的刺激作用，可引起皮炎，甚至溃烂。

④填充剂　环氧树脂胶黏剂中的某些填充剂也有一定的毒性，硅微粉被人吸入积累后产生矽肺；闪石棉粉带毛刺的细纤维会引起呼吸道疾病，被定为致癌物质；铬酸盐对肺和其他器官都很有害；纳米填充剂对肺部造成的伤害比普通有害的粉尘更加严重。

(2)酚醛树脂胶黏剂与涂料：酚醛树脂胶黏剂的毒性主要是由于合成酚醛树脂所用的原料苯酚和甲醛产生的，因为酚醛树脂中含有游离的苯酚和甲醛，而且当胶黏剂在高温高压下固化时还会释放。

①苯酚　苯酚为白色晶体，熔点 40～41℃，其蒸气具有芳香味，在自然界中能被分解。不仅会污染环境，危害各种生物的生长和繁殖，还会危害人体健康。当人体接触苯酚时将对皮肤、黏膜有强烈的腐蚀作用，也可抑制中枢神经系统或损害肝、肾功能。苯酚多以蒸气或液体形式通过呼吸道、皮肤和黏膜侵入人体。当浓度低时能使蛋白质变性，浓度高时能使蛋白质沉淀，故对各种细胞都有直接危害，人口服致死量为 2～15g。苯酚对皮肤的黏膜有强烈腐蚀性，以皮肤灼伤最为多见，如热酚液体溅到皮肤上引起烧伤，并吸收中毒。若是溅入眼内，立即引起结膜和角膜灼伤、坏死。苯酚 LD50 为 530mg/kg，长期吸入低浓度酚会出现呕吐、吞咽困难、唾液增加、腹泻、耳鸣、神志不清等症状。

②甲醛　甲醛是一种气体，具有强烈的刺激气味，对呼吸道、黏膜和皮肤都有很大的危害，能够引起慢性呼吸道疾病，引起鼻咽癌、结肠癌、脑瘤、月经紊乱、细胞核的基因突变，DNA 单链内交联和 DNA 与蛋白质交联及抑制 DNA 损伤的修复、妊娠综合征、引起新生儿染色体异常、白血病，引起青少年记忆力和智力下降。

甲醛是致畸形物质，是公认的变态反应源，也是潜在的强致突变物之一，其 LD50 为 500mg/kg。2004 年世界卫生组织国际癌症研究中心已将甲醛由 2A 组（可能致癌）改为 1 组（致癌），有足够的证据表明甲醛可导致鼻咽癌，有限的证据证实可导致鼻腔癌，有可能引起白血病。

(3)聚氨酯胶黏剂与涂料：聚氨酯分为多异氰酸酯和聚氨酯两大类，其分子链中含有极性很强、化学活泼性很高的氨基甲酸酯基团（—NHCOO—）或异氰酸酯基（—NCO），所以它可以与含有活泼氢的材料，如泡沫塑料、木材、皮革、织物、纸张、陶瓷等多孔材料，以及金属、玻璃、橡胶、塑料等表面光洁的材料都有着优良的化学黏合力。

聚氨酯的毒性主要来自合成聚氨酯时的单体异氰酸酯。异氰酸酯的蒸气对呼吸道、皮肤和眼睛均有严重刺激作用，同时也是一种催泪剂。人吸入异氰酸酯蒸气会出现咽部干燥、瘙痒、咳嗽、气管炎、哮喘、呼吸困难等。同时，比较常用的甲苯二异氰酸酯溅入眼里或落在皮肤上不仅有刺激，而且还会烧伤。

(4)氯丁橡胶胶黏剂与涂料：氯丁橡胶胶黏剂目前仍然是以溶剂型为主，所用的溶剂如甲苯、二甲苯、正己烷、1,2-二氯乙烷都有不同程度的毒性。

①苯　苯是毒性很大的无色透明易挥发液体，为致癌物质，长期接触有可能引发白血病和膀胱癌等疾病。吸入蒸气过多会出现自主神经系统功能失调、多汗、心跳过速或过慢、血压波动，造成急性中毒，严重时会昏倒，出现细胞成熟障碍，发生再生障碍性贫血。慢性苯中毒能引起神经衰弱，损害造血系统、贫血、白细胞数持续下降、血小板减少和有出血倾向。如果皮肤长期接触苯，皮肤干燥、发红、出现疮疹、湿疹等。

②甲苯与二甲苯　甲苯为较易挥发的有刺激性气味的液体，毒性次于苯，对皮肤和黏膜刺激性大，对神经系统作用比苯强，长期接触有引起膀胱癌的可能。但甲苯能被氧化成苯甲酸，与甘氨酸生成马尿酸排出，不会产生积累中毒，故对血液并无毒害。短期内吸入较高浓度甲苯可出现眼及上呼吸道明显的刺激症状、眼结膜及眼部充血、头晕、头痛、四肢无力等症状。GB 18583—2001 和 GB 19340—2003 强制性国家标准都对甲苯在溶剂型胶黏剂中的用量做了限制。

二甲苯对眼及上呼吸道黏膜有刺激作用，高浓度时对中枢神经系统有麻醉作用。短期内吸入较高浓度二甲苯可出现眼及上呼吸道明显的刺激症状、眼结膜及咽部充血，头晕、头痛、恶心、呕吐、胸闷、四肢无力、意识模糊、步态蹒跚。工业用二甲苯中常含有苯等杂质。

③防老剂 D　又称防老剂丁，学名为 N-苯基-β-萘胺，有较大的毒性，不仅对眼睛、皮肤、黏膜和上呼吸道有刺激性、对皮肤有致敏作用，而且含有致癌物质，危害身体健康，化工部曾通知从 1981 年 7 月起停止使用防老剂 D，但至今尚未完全执行。

(5)快固丙烯酸酯胶黏剂与涂料：快固丙烯酸酯胶黏剂的主要单体是甲基丙烯酸甲酯，无色透明，其毒性并不大，但具有难闻气味，使人恶心、头痛。对眼睛有一定的刺激性，在皮肤上局部涂敷只能引起轻微刺痛。如果吸入蒸汽量多，严重时的症状为神经衰弱、呼吸困难。对肝脏有些影响，但并无显著的积累中毒现象。

(6)不饱和聚酯胶黏剂与涂料：不饱和聚酯树脂胶黏剂中主要的有毒物质是交联剂苯乙烯，具有难闻气味，已被定为致癌物质。长期接触会使人头痛，对皮肤有刺激作用。蒸气对眼睛、鼻子和呼吸道有一定的刺激作用。同时，作促进剂 N，N-二甲基苯胺和 N，N-二乙基苯胺除本身有致癌性，加热还会放出苯胺气体。有研究表明，长期接触苯胺的人患膀胱癌的几率是一般人的 30 倍。

3.3.1.2　毒性物质侵入人体的途径

胶黏剂与涂料中所含的有毒性物质主要通过以下几个途径侵入人体：

(1)皮肤和黏膜：在胶黏剂与涂料生产和施工过程中，当有毒原料、胶黏剂和涂料等污染皮肤后，其中的某些游离单体就可能经毛囊通过皮脂腺吸收而引起中毒。也有些腐蚀性毒物首先会烧伤皮肤，然后再经过破坏了的皮肤而被吸收(如制备酚醛树脂的苯酚就具有此特性)。有毒物吸入量的多少及伤害程度主要取决于有毒物的毒性、接触量的大小和接触时间的长短等。经皮肤和黏膜侵入的毒物，会不经过肝脏的解毒作用而随血液布满全身。

(2)呼吸道：胶黏剂与涂料中具有刺激性的溶剂的蒸汽(如胺类固化剂)以及填料的粉尘等侵入呼吸道，是造成胶黏剂与涂料中毒的主要因素之一。有毒物质能够刺激呼吸道，引起呼吸道充血、肿胀、溃烂、阻塞通气。虽然人体鼻腔的鼻毛、黏膜上的纤毛可以截留并黏附一部分毒物，然而，由于肺泡表面积很大，毛细血管丰富，进入肺泡的毒物能迅速地被吸收，而且不经肝脏的解毒作用直接进入血液，布满全身，后果严重。经由呼吸道中毒的患者均有不同程度的全身乏力、恶心、头昏，较严重的还会有呕吐、腹痛、嗜睡等症状，需及时救治。

（3）消化道：由于误食胶黏剂、涂料及其原料所引起的消化道中毒的情况极少，但在很多情况下，由呼吸道吸入的有毒物常附在鼻腔部，当混于鼻腔部的分泌物被吞咽后就容易引起消化道中毒。同时，在生产和施工现场饮食、用粘有胶黏剂与涂料的手取食等都容易将有毒物带入消化道。进入肠道的有毒物主要在小肠内吸收，一部分到肝脏，通过肝脏解毒作用使其成为毒性较小的或无毒的物质，一部分随粪便直接排出体外，还有一部分进入血液循环，因此，经由消化道中毒所引起的不良反应要比从呼吸道和皮肤黏膜直接吸收的轻，但也需要引起足够的重视，需要防止与治疗。

胶黏剂与涂料除了上述对人体的危害以外，还会因其大部分原材料和产品均是易燃、易爆的危险品，因此在制备与使用时要特别加强防护。实践表明，只要采取适当的防护措施，便可以防止中毒，避免火灾、爆炸等危险。

3.3.2　防护与预防措施

根据胶黏剂与涂料的毒性来源和侵入人体的途径以及其他危害，可以从以下几个方面来进行防护：

（1）加强安全防护作用，制定必要的防护制度，加强安全教育，普及安全知识；

（2）尽量选用无毒或毒性成分小的物质来作为树脂的主要成分，且要符合 GB 18583—2001 和 GB 18581—2009 等标准的要求；

（3）施工工作场所应通风好，及时排出有毒气体，减少空气有害物质的浓度，将空气中有害物质的浓度控制在标准规定的范围之内；

（4）操作时应带防护手套、口罩及穿工作服等，尽量减少人与胶的直接接触；

（5）若不慎沾到皮肤上，应尽量避免用大量溶剂擦洗，防止脱脂干裂；

（6）使用后应立即密封保存，并远离火源，以防火灾；

（7）胶合工作场地严禁火种、进食，对电器部分要进行防爆处理；

（8）配制各种消防器具及一些急救药品。

思　考　题

1. 简述胶黏剂的贮存期及适用期。
2. 简述涂料硬度、涂料耐磨性、涂料附着力。
3. 简述挥发性有机化合物。
4. 胶黏剂毒性物质侵入人体的主要途径有哪些？
5. 简述中毒及评价毒性的指标。
6. 简述环氧树脂胶黏剂、酚醛树脂胶黏剂及聚氨酯胶黏剂的毒性来源。
7. 简述胶黏剂与涂料的防护与预防措施。

第 4 章

三醛树脂胶黏剂

三醛树脂胶黏剂是指酚醛树脂、脲醛树脂和三聚氰胺甲醛树脂胶黏剂的统称，是木材工业中使用量最大的胶种。其中的酚醛树脂胶黏剂具有极佳的胶合强度、耐水、耐热、耐磨及化学稳定性，是户外制品和结构材料常用的胶黏剂。但胶层呈深红色，且含有游离酚与游离醛，对环境有一定的影响。脲醛树脂是目前用量最大的氨基树脂，也是我国人造板生产的主要胶种，具有胶层无颜色、不污染制品、制造容易、价格便宜等优势。但也存在着脆性大、固化过程易龟裂、贮存期短、耐水性差、含游离甲醛等不足。三聚氰胺树脂胶黏剂不仅是一种性能优良的胶黏剂，也是性能良好的浸渍用树脂，但成本较高，有一定的脆性。主要用于制造高级胶合板、刨花板、纤维板以及普通的胶合和浸渍用树脂，为了降低成本，改善性能，在木材工业中常与脲醛树脂、聚醋酸乙烯酯等配合使用。

4.1 脲醛树脂胶黏剂

脲醛树脂(UF, urea-formaldehyde resins)是目前用量最大的氨基树脂，由尿素和甲醛在催化剂(碱性或酸性催化剂)存在的条件下缩聚成初期脲醛树脂，然后在固化剂或助剂的作用下，固化后形成不溶、不熔的末期树脂。1844 年，由 B. Tollens 首次合成脲醛树脂，1929 年德国 IG 公司获得 UF 树脂用于胶合木材的专利，其产品名叫 Kanrit Leim，这是一种能在常温固化胶合木材的预聚体。1931 年，脲醛树脂首次在市场销售。

脲醛树脂胶黏剂是我国人造板生产的主要胶种，也是木材加工业中使用量最大的合成树脂胶黏剂，占该行业胶黏剂使用量的 80% 以上。此外，它在建筑、包装及涂料等行业也得到了广泛的应用。其有液状和粉状两种，液状脲醛树脂胶黏剂是黏稠状，固含量随制造条件不同而异。贮存期为 2~6 个月，超过贮存期，胶黏剂液逐渐变稠，甚至发生凝胶而失去效用。粉状脲醛树脂胶黏剂经喷雾干燥而得，能溶于水，不需特殊溶剂，使用方便，贮存期可长达 1~2 年之久。

脲醛树脂胶黏剂由于含有大量的亲水性基团(羟甲基和酰胺基)，能溶于水，有较好的胶合性能；与 PF 相比，固化后胶层无颜色、不污染制品、制造容易、价格便宜；但脆性大、固化过程易龟裂、贮存期短、耐水性差、含游离甲醛。

4.1.1 主要合成原料

4.1.1.1 主剂

合成脲醛树脂的主要原料是尿素和甲醛。

(1)尿素：尿素学名碳酰胺，分子式为 $CO(NH_2)_2$，无色针状结晶，呈弱碱性，易溶于水、甲醛、乙醇和液体氨。尿素是一元碱，在稀酸或稀碱中很不稳定，在稀碱中加热 50℃ 以上时放出氨，在稀酸液中放出二氧化碳。

$$H_2N-\overset{\overset{\displaystyle O}{\|}}{C}-NH_2 \xrightarrow{H_2O} \begin{cases} \xrightarrow{H^+} NH_4^+ + CO_2\uparrow \\ \xrightarrow{OH^-} CO_3^- + NH_3\uparrow \end{cases}$$

尿素在熔点温度以下相当稳定，在略微超过它的熔点之上加热时，则分解出氨和氰酸。若加热不强烈氰氨和脲结合形成缩二脲。

$$H_2N-\overset{\overset{\displaystyle O}{\|}}{C}-NH_2 + HOC\equiv N \longrightarrow H_2N-\overset{\overset{\displaystyle O}{\|}}{C}-NH-\overset{\overset{\displaystyle O}{\|}}{C}-NH_2$$

(2)醛类：用于制备酚醛树脂的醛类主要是甲醛，其他的如乙醛、丁醛和糠醛等由于位阻大、活性低，使用较少。

甲醛的分子式为 HCHO，常温下为气体，易溶于水，但聚合度>3 的聚甲醛为微溶于水的沉淀，在<50℃下加热可溶解。我国颁发了"室内装饰装修材料人造板及其制品中甲醛释放限量"强制标准 GB 18580—2017。甲醛已被国际癌症研究机构（IARC）列为第一类致癌物质，最高容许浓度为 $0.08mg/m^3$。当室内空气中甲醛达到 $0.1mg/m^3$ 时，就有异味和不适感；浓度达到 $30mg/m^3$ 时，会致人死亡。

工业用甲醛水溶液（甲醛含量为 37%，福尔马林）为甲二醇、聚甲醛、甲醇、甲酸及水的混合物。无色透明液体，混入铁等物质为淡黄色，工业甲醛水溶液合格品甲醛含量为 36.5%~37.4%，贮存期 3 个月。

甲醛溶于水后形成水合物甲二醇

$$\overset{\displaystyle H}{\underset{\displaystyle H}{>}}C=O + H_2O \longrightarrow HO-CH_2-OH$$

水合物甲二醇极易聚合形成多聚甲醛

$$HO-CH_2-OH + HO-CH_2-OH + HO-CH_2-OH \xrightarrow{OH^-}$$
$$HO-CH_2-O-CH_2-O-CH_2-OH + 2H_2O$$

$$nHO-CH_2-OH \longrightarrow HO-(CH_2-O)_nH + nH_2O$$

为了防止甲醛聚合，常在甲醛水溶液中加入甲醇，甲醇含量越高，甲醛水溶液贮存温度越低，但过多会降低甲醛与尿素的反应速度，一般甲醇含量 8%~12%。在生产中，为了提高效率，通常将含量控制在小于 2%。

与胶黏剂有关的化学性质：

①甲醛氧化生成甲酸

$$2CH_2O + O_2 \longrightarrow 2HCOOH$$

②甲醛在碱性介质中发生歧化反应

$$2CH_2O + H_2O \longrightarrow CH_3OH + HCOOH$$

③甲醛与氯化铵反应生成六亚甲基四胺和盐酸

$$6CH_2O + 4NH_4^+ \rightleftharpoons (CH_2)_6N_4 + H^+ + 6H_2O$$

此外，甲醛还可与聚乙烯醇、淀粉和纤维素等羟甲基化合物反应。

4.1.1.2　助剂

为改善脲醛树脂的物理机械性能而需要加入一些助剂，常用的有填料、耐水剂、甲醛捕捉剂、增黏剂、发泡剂、防老剂等。

(1)填料：不挥发的固体物质，没有黏性或稍带黏性，一般不溶于水。加入填料可减小因胶层收缩而产生的内应力，提高耐老化性能；增大固含量、黏度和初黏性；同时，可降低游离醛、降低成本。常用的填料有面粉、豆粉、木粉、石英粉、高岭土、轻质碳酸钙等，用量应根据用途和要求确定，一般为树脂质量的5%～30%，个别高达50%。几种填料混合使用，效果更好。

(2)耐水剂：在合成时加入苯酚、间苯二酚、三聚氰胺、硫脲等形成共聚物，可提高脲醛树脂的耐水性。

(3)甲醛捕捉剂：调胶时加入甲醛捕捉剂，如尿素、三聚氰胺、豆粉、面粉、白乳胶等，对降低甲醛放出量效果明显。加入量为树脂液质量的5%～15%为宜。

(4)增黏剂：脲醛树脂的初黏性较低，加入聚乙烯醇、面粉、豆粉等，可增加树脂的初黏性。

(5)发泡剂：加入发泡剂形成泡沫胶，可防止胶液过多地渗入到多孔材料内部造成局部缺胶，同时还可节省胶料，降低成本。常用的发泡剂有血粉、拉开粉等，用量为树脂质量的0.5%～1%。

(6)防老剂：固化后的脲醛树脂仍含有部分游离羟甲基，具有亲水性，并进一步分解放出甲醛，引起胶层收缩，亚甲基键断裂导致胶层开胶。加入1%～5%的聚乙烯醇或15%～20%的聚醋酸乙烯乳液，可提高脲醛树脂的耐老化性能。

除上述助剂外，还有防腐剂、阻燃剂等。

4.1.1.3　固化剂

脲醛树脂在加热加压的条件下，自身也能固化，但时间长、固化产物交联度低，且固化不完全，因此在实际使用时需要加入固化剂以保证胶合质量。

(1)固化体系的种类：有很多酸性物质都可以用作脲醛树脂的固化剂，如磷酸、硼酸、酸式硫酸盐、磷酸铵或其他强酸铵盐、邻苯二甲酸酐、邻苯二甲酸、草酸或草酸铵等。氯化铵是最常用的固化剂，适合于脲醛树脂的热固化和冷固化；草酸、磷酸等适合于脲醛树脂的冷固化；铁矾、过硫酸铵等适合于脲醛树脂的快速固化。

可作为脲醛树脂固化剂的种类很多，一般可分为如下几类，可根据实际需要进行选择：

①单组分固化剂　目前使用最广泛的单组分固化剂是氯化铵、硫酸铵，因为它们具有价格低廉、水溶性好、无毒无味，使用方便等特点。表4-1中列出了几种常用固化剂的添加量与凝胶时间，其中氯化铵的凝固时间最短。

表 4-1　脲醛树脂用酸及铵盐固化剂的性能

固化剂	添加量（%）	添加固化剂后树脂的 pH 值	凝固时间（min）
氯化铵	2	4.2	162
硝酸铵	2	4.4	230
甲酸铵	2	4.4	930
磷酸二氢铵	2	4.8	1 010
单宁酸	2	2.8	67
一氯乙酸	2	3.2	160

②多组分固化剂　采用多组分固化剂有两方面的原因，一是为了延长树脂的适用期，特别是在夏季，由于气温较高，单独使用氯化铵（或硫酸铵）时，树脂的适用期往往很短；在冬季，采用常温固化时为加速树脂固化，如氯化铵与浓盐酸合用，可大大缩短固化时间。常用的多组分固化剂有：氯化铵与尿素、氯化铵与氨水或氯化铵与六甲基四胺、尿素三组分混合物等。

③潜伏性固化剂　就是在常态下呈化学惰性，在某种特定温度下起作用的固化剂。常用的有酒石酸、草酸、柠檬酸、有机酸盐等。

（2）固化体系的选择：脲醛树脂的固化是线型可溶性树脂转化成体型结构树脂的过程，在固化过程中通常会释放酸，所以胶层在固化后始终显酸性。以最常用的固化剂氯化铵为例，其释放酸的过程和基本原理可参见化学反应式：

$$4NH_4Cl + 6CH_2O \rightleftharpoons (CH_2)_6N_4 + 4HCl + 6H_2O$$

$$NH_4Cl + H_2O \rightleftharpoons NH_3 \cdot H_2O + HCl$$

尿醛树脂缩聚脱水反应的速度与胶层中氢离子的浓度密切相关。从理论上讲，脲醛树脂的固化速度随树脂中 pH 值的降低而加快，即固化时氢离子浓度越大，脲醛树脂的分子量增长也越迅速。因此，适当的选用固化体系和固化剂的用量，有效控制凝聚在胶层中酸的浓度是固化剂使用的关键。

有研究表明，加入固化剂氯化铵后，若能保持 pH 值在 4.5~5.0 范围内，不会影响胶液的固化性能，且固化后胶层的耐老化性能较佳，但使用不同类型的固化剂所形成的胶层质量有很大的差别。

固化剂的选择一般遵循如下原则：

①根据工艺要求选择　在实际生产中，一个工作时段为 3~4h，因此要求加入固化剂后胶液的活性期要长。同时，又能通过加热等方式快速固化，以提高生产效率。

②根据温度环境选择　在冬季气温低时，固化时间显著延长，易造成胶合效果不良。夏季气温较高，固化过快，会影响涂胶工艺操作。因此固化剂的加入量，冬季要比夏季适量增多。

③控制胶层 pH 值　由于胶层的 pH 值在 4~5 之间时胶合性能最佳，故所选择的固化剂在胶液固化后其胶层的 pH 值不宜过低或过高，在此范围内为宜。

④确保使用寿命　可以在胶黏剂或固化剂中加入一些固化抑制剂，如甲醇、氨水、六亚甲基四胺、尿素等。氨水价格便宜而有效，但使用起来不方便；六亚甲基四胺是

固体，易溶于水，使用方便。

⑤价廉无毒　固化剂应来源广泛，价格低廉，无毒，无污染，水溶性好。

4.1.2　合成机理

尿素与甲醛都是富于反应活性的物质，其反应非常复杂，主要可分为 2 个阶段：第一阶段是在中性或弱碱性(pH=7~8)介质中，尿素与甲醛进行羟甲基化反应即加成反应，可生成一羟、二羟、三羟甲基脲。第二阶段是在酸性介质中，羟甲基化合物之间脱水缩合，生成水溶性树脂，此树脂状产物在加热或酸性固化剂存在下即转变成体型结构。

4.1.2.1　加成反应机理

在弱碱性或中性介质中，尿素和甲醛首先进行加成(羟甲基化)反应，生成初期中间体一羟甲基脲，然后再生成二羟、三羟和四羟甲基脲，这些羟甲基衍生物是构成未来缩聚产物的单体。羟甲基生成的反应式可表述如下：

1mol 的尿素与不足 1mol 的甲醛进行反应生成一羟甲基脲：

$$
\begin{array}{c}
\text{NH}_2 \\
| \\
\text{C}=\text{O} + \text{HCHO} \rightleftharpoons \\
| \\
\text{NH}_2
\end{array}
\qquad
\begin{array}{c}
\text{NHCH}_2\text{OH} \\
| \\
\text{C} \\
| \\
\text{NH}_2
\end{array}
$$

1mol 的尿素与大于 1mol 的甲醛进行反应生成二羟甲基脲：

$$
\begin{array}{c}
\text{NHCH}_2\text{OH} \\
| \\
\text{C}=\text{O} + \text{HCHO} \rightleftharpoons \\
| \\
\text{NH}_2
\end{array}
\qquad
\begin{array}{c}
\text{NHCH}_2\text{OH} \\
| \\
\text{C}=\text{O} \\
| \\
\text{NHCH}_2\text{OH}
\end{array}
$$

当甲醛过量时还可以进一步生成三羟甲基脲、四羟甲基脲。

这些反应在水溶液中是可逆的，反应进行到平衡，羟甲基基团的依次引入均降低了氨基基团剩余的氢原子和反应能力。生成一羟、二羟和三羟甲基脲反应速度常数比均为 9∶3∶1。

在酸性和碱性条件下，其加成反应机理不同，反应历程和产物也有所差异。

(1)碱性条件：碱性催化剂从尿素分子中吸引了一个质子，生成带负电荷的尿素负离子，尿素负离子再与甲醛反应：

$$
\text{H}_2\text{N}-\overset{\displaystyle O}{\overset{\|}{\text{C}}}-\text{NH}_2 + \text{OH}^- \longrightarrow \text{H}_2\text{N}-\overset{\displaystyle O}{\overset{\|}{\text{C}}}-\text{NH}^- + \text{H}_2\text{O}
$$

$$
\text{H}_2\text{N}-\overset{\displaystyle O}{\overset{\|}{\text{C}}}-\text{NH}^- + \text{H}-\overset{\displaystyle O}{\overset{\|}{\text{C}}}-\text{H} \longrightarrow \text{H}_2\text{N}-\overset{\displaystyle O}{\overset{\|}{\text{C}}}-\text{NHCH}_2\text{O}^-
$$

$$
\text{H}_2\text{N}-\overset{\displaystyle O}{\overset{\|}{\text{C}}}-\text{NHCH}_2\text{O}^- + \text{H}_2\text{O} \longrightarrow \text{H}_2\text{N}-\overset{\displaystyle O}{\overset{\|}{\text{C}}}-\text{NHCH}_2\text{OH} + \text{OH}^-
$$

（2）酸性条件：在酸性条件下，甲醛受氢离子的作用，首先生成带正电荷的亚甲醇。

$$CH_2O + H_2O \rightleftharpoons HO—CH_2—OH$$

$$HO—CH_2—OH + H^{\oplus} \rightleftharpoons {}^{\oplus}CH_2OH + H_2O$$

带正电荷的亚甲醇再与尿素反应，生成不稳定的羟甲基脲正离子，进而脱水缩聚，生成以亚甲基键连接的低分子缩聚物或亚甲基脲。

$$NH_2—\overset{\overset{O}{\|}}{C}—NH_2 + {}^{+}CH_2OH \longrightarrow H_2N—\overset{\overset{O}{\|}}{C}—{}^{+}NH{\cdot}CH_2OH \longrightarrow H_2N—\overset{\overset{O}{\|}}{C}—NHCH_2OH + H^+ \longrightarrow$$

$$\longrightarrow H_2N—\overset{\overset{O}{\|}}{C}—NH—CH_2—HN—\overset{\overset{O}{\|}}{C}—NHCH_2OH$$

$$\overset{pH<3}{\longrightarrow} H_2N—\overset{\overset{O}{\|}}{C}—N{=}CH_2 + H_2O$$

4.1.2.2　缩聚反应

缩聚反应通常是官能团间的聚合反应。脲醛树脂的缩聚反应（或树脂化反应）是羟甲基化合物形成大分子、脱除小分子物质的过程，在酸性或碱性条件下均可以进行，但在碱性条件下，缩聚反应速度非常慢，工业上均在弱酸性条件下进行。在酸性条件下，羟甲基与氨基或羟甲基及羟甲基之间进行缩聚反应，可能发生反应如下：

（1）一羟甲基脲的缩聚生成亚甲基键并析出水

$$H_2N—CO—NH—CH_2OH + H_2N—CO—NH—CH_2OH \longrightarrow$$

$$H_2N—CO—NH—CH_2—NH—CO—NH—CH_2OH + H_2O$$

$$H_2N—CO—NH—CH_2—NH—CO—NH—CH_2OH + H_2N—CO—NH—CH_2OH \longrightarrow$$

$$H_2N—CO—NH—CH_2—NH—CO—NH—CH_2—NH—CO—NH—CH_2OH + H_2O$$

（2）一羟甲基脲和尿素缩聚生成亚甲基键并析出水

$$H_2N—CO—NH—CH_2OH + H_2N—CO—NH_2 \longrightarrow$$

$$H_2N—CO—NH—CH_2—NH—CO—NH_2 + H_2O$$

$$H_2N—CO—NH—CH_2—NH—CO—NH_2 + H_2N—CO—NH—CH_2OH \longrightarrow$$

$$H_2N—CO—NH—CH_2—NH—CO—NH—CH_2—NH—CO—NH + H_2O$$

（3）二羟甲基脲的缩聚生成二亚甲基醚键并析出水和甲醛

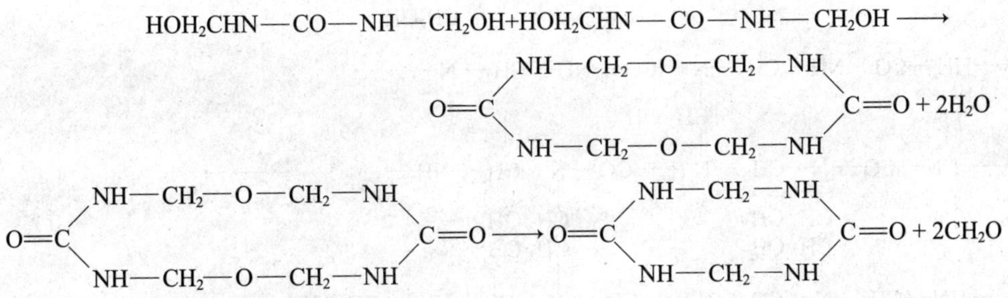

$$HOH_2CHN—CO—NH—CH_2OH + HOH_2CHN—CO—NH—CH_2OH \longrightarrow$$

（图：缩聚反应，生成含 NH—CH₂—O—CH₂—NH 桥的双环结构 + 2H₂O）

（图：NH—CH₂—O—CH₂—NH 结构 ⟶ NH—CH₂—NH 结构 + 2CH₂O）

（4）一羟甲基脲和二羟甲基脲缩聚并析出水

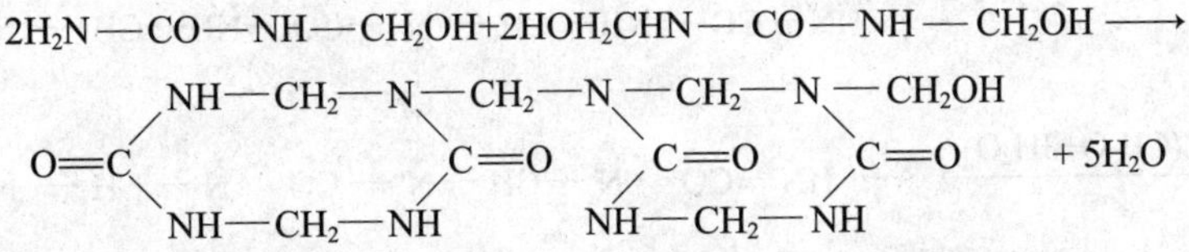

$$2H_2N—CO—NH—CH_2OH + 2HOH_2CHN—CO—NH—CH_2OH \longrightarrow$$

（图：链状缩聚产物 NH—CH₂—N—CH₂—N—CH₂—N—CH₂OH + 5H₂O）

（5）在特殊条件下也产生分子内缩合，当缩聚反应在较低的 pH 值下进行，生成环状化合物糖醛（Uron）。二羟甲基脲的两个端羟基还有可以反应生成环状的产物，该产物被称为"Uron"尤戎。

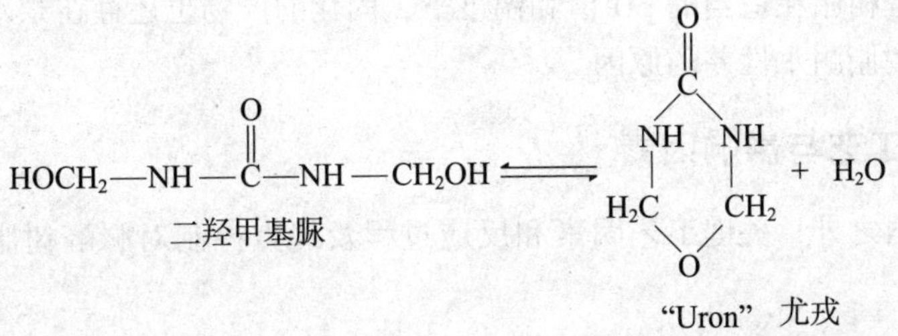

（图：二羟甲基脲 HOCH₂—NH—C(=O)—NH—CH₂OH ⇌ "Uron" 尤戎环状结构 + H₂O）

树脂中高分子量组分随着酸性增强而增加，而且可生成具有一定数量 Uron 环的树脂。Uron 环的引入，提高了 UF 树脂的缩聚程度，树脂的初黏性较好，甲醛释放量低；树脂的耐水性好，胶合制品的耐水性得到了提高。但随着树脂分子中 Uron 环数量增加，树脂的固化速度减慢，胶合强度降低。在树脂合成中 Uron 环含量控制在 10% 左右为宜。

由上述反应形成的羟基、羟甲基、氨基及亚氨基等活性基团，在反应过程中羟甲基与羟甲基间、羟基与羟基间、羟基与氨基及亚氨基间不断地进行缩聚反应，树脂的分子量不断增大，黏度也随缩聚程度的增大而增大。分子量一般 700 左右，分子中含有具有活性的羟甲基和氢离子，为线性结构。

4.1.2.3 固化机理

固化时，树脂中活性基团（—NH₂、—NH—、—CH₂OH 等）之间或与甲醛之间反应形成不溶不熔的三维网状结构，树脂的固化过程是连续的，且胶合强度随着固化时间的延长而增加。

在脲醛树脂固化过程中，会有水和甲醛生成，反应式为

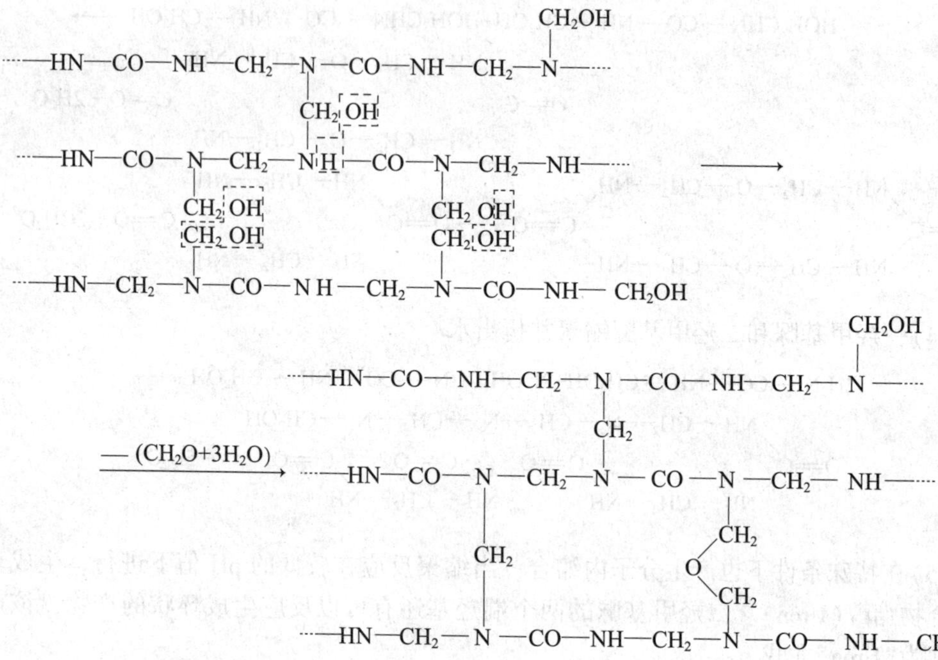

$$\cdots HN-CO-NH-CH_2-N-CO-NH-CH_2-N\cdots$$

（脲醛树脂交联结构式）

此外，脲醛树脂在适当的 pH 值和温度下，固化的产物也还存在亲水性的游离羟甲基，这是脲醛树脂耐水性差的原因。

4.1.3　合成工艺与影响因素

除了原材料之外，关键工艺因素和反应过程及终点控制对脲醛树脂的质量有较大影响。

4.1.3.1　关键工艺因素

（1）投料次数：在脲醛树脂的制备过程中，可以分为一次投料和多次投料。一次投料是将全部的尿素一次性与甲醛进行缩聚反应。多次缩聚则是在树脂合成时，尿素分多次加入与甲醛进行多次缩聚反应。多次投料在实际生产中比较常见，因为这样可以减缓尿素加入后的放热反应，使反应平稳且易于控制，且有利于形成二羟甲基脲和降低游离甲醛含量。

（2）反应温度：尿醛树脂的缩聚反应温度可以分为低温缩聚和高温缩聚两种。一种是低温缩聚，即尿素与甲醛的反应温度均控制在 45℃ 以下，所生成的树脂外观为乳状液，贮存性能不佳，有分层现象，质量不稳定。另一种是高温缩聚，反应体系温度一般在 90℃ 以上，所形成的树脂外观为黏稠液体，贮存期可达 2~6 个月。贮存期间无分层现象，使用方便。

（3）体系的 pH 值：pH 值是影响产品质量的主要因素。在脲醛树脂的合成中，pH 值的调控通常有 3 种：第一种是碱-酸-碱工艺，即尿素与甲醛首先在弱碱性介质（pH = 7~9）中反应，完成羟甲基化形成初期中间产物，而后使反应体系转为弱酸性介质（pH = 4.3~5.0），达到反应终点时，再把反应体系的 pH 值调至中性或弱碱性（pH = 7~

8)贮存。第二种是弱酸-碱工艺，即尿素与甲醛的反应自始至终在弱酸性体系(pH=4.5~5.0)中进行，树脂达到反应终点后，把 pH 值调至中性或弱碱性贮存。第三种是强酸-碱工艺，尿素与甲醛自始至终在强酸性介质(pH=1~3)中反应，在反应液 pH 接近 1 时，甲醛与尿素的摩尔比要大于 3，同时反应温度也要相应降低。达到反应终点后，把 pH 值调至中性或弱碱性贮存。

(4)是否浓缩：带入水与缩聚水稀释树脂需要脱水，用填料和增黏剂增浓可不脱水。

在树脂达到反应终点后进行减压脱水可以使树脂浓缩，浓缩树脂的特点是黏度大、固体含量高、游离甲醛含量低、胶合性能好等。未经过浓缩处理的树脂，其固体含量低、游离甲醛含量高、胶液黏度小，但生产成本低。

浓缩的方法有常压脱水和真空脱水。常压脱水(沸腾脱水)的特点是简单，树脂分子量增加；真空脱水的特点是温度低，蒸发量大，可降低游离甲醛，设备复杂。

4.1.3.2　树脂反应的终点控制

脲醛树脂的胶合性能在很大程度上由树脂本身的化学构造、分子量大小和分布状态所决定。因此在树脂合成过程中，必须有效的调控缩聚的程度。如果胶黏剂分子量太小，将导致初黏性差、固体含量低、固化时间长、固化速度慢、耐水性差等不足。而分子量太大，树脂的储存期短，甚至会发生凝胶的可能，严重影响胶合质量。

脲醛树脂分子量大小的确定实质上是对反应终点的控制，但在实际生产中要使用常规方法及时测定分子量是很困难的，往往只能根据合成过程中的一些基本现象来间接控制分子量的大小。

由于缩聚反应时间越长，树脂的分子量越大，其黏度随之增高，羟甲基的数量减少，与水的可溶性也逐渐降低，反之亦然，其之间有一定的相互关系。因此，在生产中普遍采用多次测定浑浊点、黏度以及按反应时间来确定此阶段的反应终点。

(1)以水相溶性来确定反应终点：可以从水稀释度、憎水温度和浊点 3 个方面来进行。

①水稀释度　是指在室温下，对单位体积树脂液，使其开始沉淀所加的水量，这个数值也称为沉淀点、水数，也称溶水倍数。

这种方法最简便，也不需要特殊仪器。其具体操作方法是：取一定数量冷却到 25℃的树脂试样(一般 2mL)于刻度试管中，逐渐加入 25℃的水稀释，摇匀，直到溶液出现稳定的雾状浑浊为止。稀释用水的体积与树脂试样体积之比，称为水数。

这个方法可用于酚醛树脂和氨基树脂。显然，水稀释度决定于温度，故必要时试验也可在不是室温下进行。

②憎水温度　最简单的方法是：将 1~2 滴树脂液滴入维持在盛有一定温水的试管或烧杯内，出现白色云雾状不溶物时的温度就是憎水温度。如果很快呈透明状在水中分散，表明树脂缩聚程度低，还应继续反应；假如树脂滴很快下沉到试管底部而不分散，则表示反应终点已过；树脂滴到水柱中部呈白色雾状散开，说明反应终点合适。温度范围 0~70℃，生产上也有采用以 20℃水中树脂液出现云雾状作为反应终点的。

③浊点　反应混合物冷却时，由于水分的析出会出现浑浊，最初发现混浊时的温

度称为浊点。浊点的测定是将 10~15mL 反应液放入备用搅拌器和温度计的 15cm×φ2.5cm 的试管内，冷却，快速搅拌直至初次发现浑浊温度即浊点。

（2）以黏度确定反应终点：黏度与分子量有一定的关系，因此测量黏度可在一定程度上知晓树脂分子量的大小，故可以根据黏度的大小来确定 UF 胶黏剂的终点。

以黏度确定反应终点应用较普遍，使用的仪器有改良奥氏黏度计、恩格拉黏度计、涂-4 杯黏度计、格氏管等。由于黏度随温度变化，所以测定黏度时一定要注意温度因素。

4.1.3.3 制备实例

实例（一）

（1）配方：见表 4-2。

表 4-2 胶合板用脲醛树脂配方

原　料	配比/质量份	原　料	配比/质量份
甲醛（37%）	162.3	氢氧化钠（30%）	适量
尿素（100%）	①40.0	氯化铵（25%）	适量
	②25.0		
	③35.0	尿素与甲醛的摩尔比	1∶1.2

（2）制造工艺

①将配方中的甲醛溶液加入反应釜中，开动搅拌。

②用 30%氢氧化钠溶液调 pH 值为 7.8，并慢慢升温。当温度 25~30℃时，加入第一次尿素。

③以每分钟 1℃的速度升温，在 30min 内升至 60℃。

④此时加入第二次尿素，以每分钟 1℃的速度在 30min 内升温至 90℃。

⑤在 90℃±2℃时保温 1h。

⑥保温后，用氯化铵溶液缓慢调 pH 值至 4.5~5.0（注意加氯化铵溶液时反应液放热，使其温度上升）。

⑦然后每隔 5~10min 即取样测一次终点，到终点时间最好控制在 40~60min 内。测试终点的方法：将反应液滴入盛有 25~28℃清水的烧杯中，起白色云雾状即为终点。

⑧终点到达后即用氢氧化钠溶液调 pH 值为 7.8。

⑨温度降至 75~80℃时进行真空脱水，脱水时间根据树脂要求的固体含量而定。

⑩脱水结束后，在 70~75℃加入第三次尿素，并保温搅拌 1h，然后降温至 40℃放料，树脂的 pH 值不低于 7.0。

（3）树脂质量指标：见表 4-3。

表 4-3 胶合板用脲醛树脂性能指标

项　目	性能指标	项　目	性能指标
固体含量（%）	62±2	游离醛含量（%）	≤0.2

（续）

项　目	性能指标	项　目	性能指标
pH 值	7.0~8.0	固化时间(s)	70~80
黏度(20℃)(MPa·s)	400~600	贮存期(月)	2

实例(二)

(1)配方：见表4-4。

表4-4　中密度纤维板用脲醛树脂胶黏剂配方

原　料	配比/质量份	原　料	配比/质量份
尿素(98%)	①811 ②695	甲醛(36.5%)	①1 000 ②1 888
氯化铵(25%)	适量	氨水(18%)	①68 ②73
尿素与甲醛的摩尔比	1:1.4	氢氧化钠(30%)	适量

(2)制造工艺

①将第一次甲醛加入反应釜中，开动搅拌，加入第一次氨水，反应11min。

②加入第一次尿素，搅拌溶解后在20min内升温至60℃±5℃，在此温度下维持反应28min。

③加入第二次甲醛，继续在60℃±5℃下维持反应28min，用30%氢氧化钠溶液调节pH值为7.0~7.5之间。

④在23min内升温至90℃±2℃，并在此温度下维持反应73min，在升温与保温反应过程中，用氯化铵溶液调整反应液pH值在4.6~5.2之间。

⑤在90℃±2℃保温反应结束后，将反应液冷却到73℃，加入第二次氨水，再加入第二次尿素，搅拌溶解，控制在60℃±5℃下反应28min，此阶段可用氢氧化钠溶液调整反应液的pH值为7.0~7.5之间。

⑥冷却至40℃以下，根据气温调节pH值在7.0~8.5之间，然后出料。

(3)树脂质量指标：见表4-5。

表4-5　中密度纤维板用脲醛树脂胶黏剂性能指标

项　目	性能指标	项　目	性能指标
固体含量(%)	50±2	黏度(20℃)(MPa·s)	15~35
pH 值	7.2~8.5	游离醛含量(%)	0.3~0.5
固化时间(s)	45~65	贮存期(d)	60

4.1.3.4　质量影响因素

在脲醛树脂的合成过程中，原料组分的摩尔比、反应体系的pH值、原料的质量及反应温度和反应时间以及投料方式等都将直接影响着胶黏剂的性能。

(1) 摩尔比的影响

① 与生成羟甲基脲的关系　脲醛树脂胶是尿素与甲醛加成生成的羟甲基脲失水缩聚而成的，因此，固化产物的性能与羟甲基脲有关，尤其是二羟甲基脲，直接影响交联的程度。当 1mol 尿素与不足 1mol 甲醛反应，只能生成一羟甲基脲，继续缩聚形成线性树脂。若反应体系中甲醛的摩尔数大于尿素时，除生成一羟甲基脲外还能生成二羟甲基脲，甚至还有少量的三羟甲基脲生成。二羟甲基脲是形成树脂交联的主体，因此，为保证有足够的二羟甲基脲，F/U 摩尔比可采用 $(1.1 \sim 2.0) : 1$。传统的胶合板用脲醛树脂的 F/U 摩尔多采用在 $(1.5 \sim 2.0) : 1$，刨花板用脲醛胶的 F/U 摩尔比在 $(1.1 \sim 1.6) : 1$ 的范围内。

② 与树脂耐水性的关系　脲醛树脂的耐水性是指固化后体型结构的 UF 树脂对水的抵抗能力。F/U 摩尔比过低，即甲醛不足或过量甚微，会导致亚氨基增加或树脂交联度降低。

F/U 摩尔比升高，二羟甲基的数量增加，树脂的交联密度增加，耐水性增加。有研究表明，摩尔比高于 2.0 时，由于树脂中会产生含有大量未反应的羟甲基亲水基因，故易导致产品耐水性降低。在传统的合成方法中，摩尔比不大于 2。

③ 与游离甲醛含量的关系　F/U 摩尔比减小，树脂中游离甲醛含量减小，例如 F/U 摩尔比为 $1 : 0.56$、$1 : 0.60$、$1 : 0.63$ 时，游离甲醛含量依次为 2.17%、2.01%、1.58%。因此，为了降低树脂中游离甲醛的含量，可以适当减少甲醛的用量。

④ 与树脂固化时间的关系　固化时间随甲醛与尿素摩尔比 F/U 的增加而缩短。因为摩尔比越高，形成的树脂中游离甲醛的含量也越高，游离甲醛可与固化剂反应放出酸，使 pH 值下降，酸度增大，使脲醛树脂交联反应速度加快，从而使固化速度加快，固化时间缩短。

$$4NH_4Cl + 6HCHO \Longleftrightarrow (CH_2)_6N_4 + 6H_2O + 4HCl$$

摩尔比高低还与树脂的固体含量、树脂初黏性、储存稳定性等有关。此外，摩尔比还影响缩聚反应速度，如在 pH 值相同情况下，摩尔比低，缩聚反应速度越快。

虽然摩尔比对树脂性能的影响十分显著，但很多时候要综合考虑，当摩尔比相同时，不同制备工艺所得到的树脂的性能也不尽相同。因此，脲醛树脂的生产工艺也是值得研究的重要课题。

(2) 原料质量的影响：尿素和甲醛溶液是脲醛树脂的主要原料，它们的质量与树脂的质量有关。

① 尿素质量的影响　尿素含量应在 98% 以上，含氮量要求在 46% 以上。尿素中的杂质主要是硫酸盐、缩二脲和游离氨，它们对脲醛树脂胶黏剂的合成过程及生成树脂的质量有较大影响。

a. 硫酸盐　尿素中的硫酸盐一般以硫酸铵的形式存在，硫酸铵与甲醛发生如下反应：

$$2(NH_4)_2SO_4 + 6CH_2O \longrightarrow (CH_2)_6N_4 + 2H_2SO_4 + 6H_2O$$

由于反应放出硫酸可使反应体系的 pH 值显著下降，导致各种反应速度加快和反应温度急剧升高。若加成反应阶段会使反应液失去固有的透明性而成为乳白色，生成不溶于水的亚甲基脲沉淀：

$$NH_2CONH_2 + CH_2O \xrightarrow{H^+} H_2NCONCH_2 \downarrow + H_2O$$

此时，它已失去了反应能力，不可能合成树脂。图 4-1 为脲醛树脂在反应开始阶段介质 pH 值与尿素中硫酸盐含量的关系。

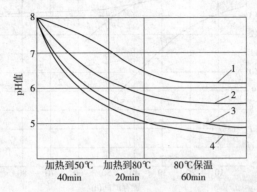

图 4-1　硫酸盐对反应体系加成反应阶段 pH 值的影响

硫酸盐含量：1. 0.0%；2. 0.02%；3. 0.035%；4. 0.05%。

树脂的贮存稳定性与尿素中硫酸盐含量相关，图 4-2 中显示了尿素中硫酸盐的含量与不同贮存时间树脂黏度之间的关系：硫酸盐含量高，树脂黏度增加越快，贮存越短。

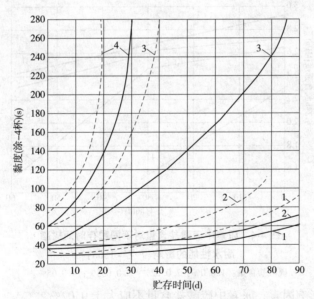

图 4-2　树脂不同贮存时间尿素中硫酸盐含量与黏度的关系

（——$F/U = 1.66$；----$F/U = 1.3$）

硫酸盐含量：1. 0.0%；2. 0.02%；3. 0.035%；4. 0.05%。

图 4-3 与图 4-4 分别显示了硫酸盐的含量与不同贮存时间树脂中羟甲基的含量和胶合强度之间的关系：随着硫酸盐的含量的增加，树脂中羟甲基的含量减少，胶合强度也明显降低。

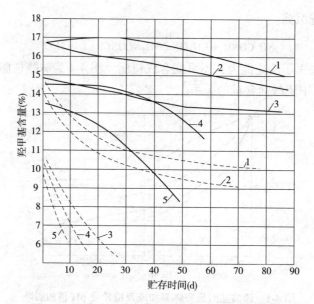

图4-3 尿素中硫酸盐含量对不同贮存时间树脂中
羟甲基含量的影响

（—$F/U=1.66$；----$F/U=1.3$）

硫酸盐含量：1.0.0%；2.0.012%；3.0.02%；4.0.035%；5.0.05%。

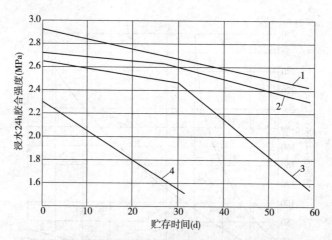

图4-4 尿素中硫酸盐含量对不同贮存时间树脂
耐水性能的影响（$F/U=1.66$）

硫酸盐含量：1.0.0%；2.0.02%；3.0.035%；4.0.05%。

综合考虑各影响因素，尿素中硫酸盐含量不应大于0.02%。

b. 游离氨含量　在生产尿素时，若反应不完全，将导致游离氨含量增加。较高的游离氨将会使最初反应阶段和补加尿素再缩聚阶段反应体系的pH值增高。根据有关文献报道，尿素中游离氨含量大于0.015%时就会导致树脂固化时间延长和树脂贮存稳定性降低。同时，随着游离氨含量的增加，胶合强度明显降低，如图4-5所示。在实际生产中，将游离氨控制在0.015%以内。

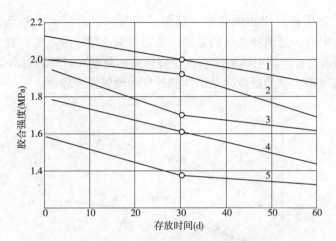

图 4-5　贮存过程中尿素中游离氨含量与胶合强度的关系

游离氨含量：1.0.0%；2.0.02%；3.0.035%；4.0.2%；5.0.4%。

　　c. 缩二脲含量　缩二脲是制造尿素过程中，在高温条件下两个尿素分子缩合脱去一个分子胺而产生的。尿素中的缩二脲含量低于 1.5% 时，对脲醛树脂性的质量没有明显的影响。但对采用低摩尔比(如 1 : 1.3)合成低游离甲醛脲醛树脂时，缩二脲含量>1% 时对树脂的质量影响都比较大。如图 4-6 所示：随着缩二脲含量的增加，树脂在贮存期间的羟甲基含量下降明显，贮存稳定性变差。同时，有研究表明，尿素中的缩二脲对胶合强度影响明显：如缩二脲含量为 1% 时，贮存两个月后强度就明显下降，含量应不超过 0.7%。

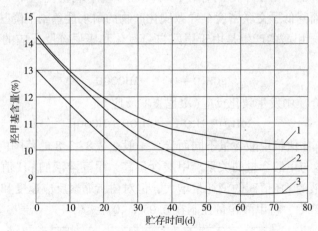

图 4-6　尿素中缩二脲含量不同时($U:F=1:1.3$)树脂贮存
过程中羟甲基含量的变化

缩二脲含量：1.0.8%；2.1.0%；3.1.5%。

　　②甲醛溶液的影响　甲醛溶液中甲醛含量、甲醇、甲酸和铁含量对脲醛树脂反应及其质量有一定影响。

　　a. 甲醛含量　甲醛溶液浓度直接影响反应速度和树脂的黏度。在同样配方工艺条件下，甲醛含量高，反应速度快，树脂固含量高；反之，甲醛含量低，反应速度慢，树脂固含量低。为了提高树脂固含量，就要进行脱水。甲醛含量越低，脱水量越大，不但延长了操作时间，还消耗大量的能源。所以，工业用甲醛浓度一般为37%±0.5%。

图4-7中所示为在不同甲醛浓度下，反应体系的黏度和时间的对应关系：在相同工艺条件下，较高甲醛含量的反应体系中树脂黏度的增加速度较快。

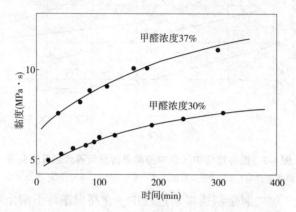

图4-7 在不同甲醛浓度下，反应体系黏度和时间的关系

b. 甲醇含量 甲醛水溶液不稳定，易聚合而从水溶液中析出，形成白色的聚甲醛，为了增强甲醛溶液的稳定性，常加入甲醇作为阻聚剂。浓度为37%~41%的甲醛溶液中通常加甲醇6%~12%。

甲醇除了对甲醛有阻聚作用外，还影响脲醛树脂的反应速度和贮存稳定性及使固化后树脂耐水性降低。由于甲醇的存在，可使羟甲基甲氧基化，而甲氧基化产物不能进一步交联，从而降低了交联密度，导致固化产物的耐水性急剧下降甚至完全丧失。

c. 甲酸含量 甲酸的产生是由于甲醛自身氧化和康尼查罗反应的结果。甲醛氧化生成甲酸：

$$2CH_2O + O_2 \longrightarrow 2HCOOH$$

甲醛在碱性介质中发生歧化反应(康尼查罗反应)：

$$2CH_2O + H_2O \longrightarrow CH_3OH + HCOOH$$

甲醛溶液的pH值依甲酸含量不同而异，一般在2.8~3.8的范围内。图4-8显示了甲醛溶液的pH值与甲酸含量的关系。甲酸含量高，甲醛溶液的pH值较低，制备脲醛树脂时调甲醛溶液的pH值碱的消耗量增大，但对树脂缩聚反应速度和贮存稳定性影响不大。在实际生产中，将甲酸含量控制在0.05%~0.1%。

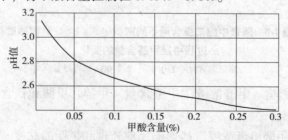

图4-8 甲醛溶液的pH值与甲酸含量的关系

d. 铁含量　甲醛中铁离子的产生，主要来自贮存容器，如长期贮存在铁桶容器中。铁离子大部分为二价铁，少部分以三价铁离子存在。当合成树脂用氢氧化钠调节反应体系 pH 值时，OH^- 便与 Fe^{2+} 和 Fe^{3+} 结合生成氢氧化亚铁和氢氧化铁。铁含量在规定范围内，制出的脲醛树脂为无色透明或乳白色液体，随着铁离子的增加，脲醛树脂的颜色由淡黄→黄→棕→红棕→以至变成灰黑色。同时，影响合成过程中 pH 值的准确性，且升温和脱水阶段容易起泡沫，给操作带来困难。

此外，甲醛中含有铁离子，可加速康尼查罗反应的进行，在树脂固化过程中延长固化时间，但对树脂固化后的胶合质量影响不大。

（3）制备工艺的影响

①反应体系 pH 值的影响　反应体系 pH 值不同，所生成树脂的结构与性能差别较大。

a. 加成反应阶段

pH 值为 11~13 时，一羟甲基脲和二羟甲基脲的形成极慢，羟甲基化不完全，且羟甲基脲之间失水易生成二亚甲基醚，使产物很快变浑，水溶性变差，故强碱性条件不可取。

pH 值为 7~9 时，即中性至弱碱性反应体系，能生成稳定的羟甲基脲：尿素与甲醛摩尔比>1，生成能溶于水的一羟甲基脲白色固体；当尿素与甲醛摩尔比<1 时，除生成一羟甲基脲外，还能生成二羟甲基脲白色结晶；如果甲醛过量很多，有可能生成三羟甲基脲和四羟甲基脲。

pH 值为 4~6 时，所生成的羟甲基脲进一步脱水缩聚生成亚甲基脲和以亚甲基醚键连接的低分子化合物。因此，可以采用尿素与甲醛一直在弱酸性介质中进行加成和缩聚反应的制备工艺。这种工艺不仅可节省酸和碱的用量，还能缩短反应时间。

pH 值小于 3 时，即在强酸性体系中反应，一羟甲基脲和二羟甲基脲易脱水生成亚甲基脲，并能很快转变成聚亚甲基脲$(C_2H_4N_2O)_n$，成为无定形不溶性产物，失去进一步交联的活性。因此，在脲醛树脂制造中应尽量避免生成亚甲基脲。

b. 缩聚反应阶段

酸性条件下，主要生成亚甲基键和少量醚键连接的低分子混合物，酸性越强反应速度越快。易生成不含羟甲基的聚亚甲基脲不溶性沉淀，使树脂溶解度降低，若控制不当容易凝胶。

碱性条件下，缩聚反应时的活泼基团降低，羟甲基脲之间不能直接形成亚甲基键 $(—CH_2—)$，而是脱水缩聚形成二亚甲基醚键 $(—CH_2—O—CH_2—)$，它又进一步分解放出甲醛，形成亚甲基键，但反应速度很慢。

所以，缩聚阶段 pH 值应根据摩尔比的高低，甲醛中甲醇含量高低而定，pH 值一般控制在 4~6。在实际生产中，一般采用先弱碱后弱酸的制备工艺。这样有利于在反应初期生成稳定的羟甲基脲，进而在弱酸环境下进行缩聚反应生成以亚甲基为主体的、带有羟甲基基团的、分子量不同的线型和支链型的初期树脂。

②反应温度的影响　提高反应温度，能加快反应速度，温度每增加 10℃ 反应速度增加 1 倍。在其他条件相同时，反应温度和反应速度呈直线关系，在酸性缩聚阶段尤为明显。

在酸性介质中，由于反应剧烈，尤其是在反应前期，若反应温度控制不当易导致暴沸而喷胶，且易导致黏度过大；在缩聚反应阶段，较高的反应温度易造成分子量过大和分子量不均匀、游离醛含量高、黏度过大等事故。但反应温度也不能过低，否则会造成反应时间延长、缩聚反应过慢、树脂聚合度低、黏度小、分子量太小、树脂固化速度过慢而使胶层的力学强度降低等不良后果。

由于在多种制备工艺中所采用的温度体系不同，因此，应视各反应阶段的具体条件而定。同时，在放热反应阶段，要缓慢或停止加热，待放热结束后再调节温度。

③反应时间的影响　反应时间关系到树脂缩聚程度和固含量，从而影响到胶合强度、耐水性等性能。对于某一特定要求的脲醛树脂来说，反应时间也是特定的。反应时间过长，树脂的聚合度高，分子量过大，黏度变大，水溶性变小，贮存稳定性下降。反应时间过短，缩聚反应不完全、固含量低、黏度小，游离醛含量高、胶层机械强度低。

同时，在确定反应时间时还需要考虑与其他条件的交互作用，如摩尔比、pH 值和反应温度等，不能将某一个因素看成是孤立的，一成不变的，综合考虑各因素相互之间的影响关系，才能获得理想的树脂。

在实际生产中，脲醛树脂的反应时间是以测定反应终点来控制的，反应终点的控制，决定着产品的物理化学性能。准确地控制好反应终点，就能制出好的产品来，否则就容易造成次品或质量事故。

4.2　三聚氰胺甲醛树脂胶黏剂

三聚氰胺树脂胶黏剂(MF)是三聚氰胺甲醛树脂胶黏剂的简称，由三聚氰胺和甲醛缩聚而成，通过加热或常温固化，是一种性能优良的胶黏剂和浸渍用树脂。由于成本较高，在木材工业中常与脲醛树脂、聚醋酸乙烯酯等胶黏剂配合使用。三聚氰胺甲醛树脂胶黏剂在加热情况下，有自固化性能，即不用添加固化剂可交联固化，也可采用加入强酸固化剂在室温固化，但室温固化极慢。

三聚氰胺于 1843 年就被 Liebig 所发现，但直到 1922 年 Franklin 用双氰胺和氨反应制得三聚氰胺以后，三聚氰胺的工业化生产才得到推广和应用。三聚氰胺树脂胶黏剂具有：很高的胶合强度、较高的耐沸水能力(能经受 3h 的沸水煮沸)；热稳定性高、硬度大、耐磨性优异、高温下保持颜色和光泽的能力佳；固化速度快、低温下固化能力强；较强的耐化学药剂污染能力、电绝缘性好。通过改性后的三聚氰胺胶黏剂中游离甲醛的含量可以大幅度下降，耐热和耐水性优于酚醛树脂胶和脲醛树脂胶，但贮存期短，胶层脆性大，一般需改性使用。常用改性方法在三聚氰胺树脂合成过程中加入适量的对甲苯磺酰胺，所得树脂可用于塑料装饰板表层的浸渍、贴合等。

三聚氰胺胶黏剂也是一种良好的改性剂，可对脲醛树脂、酚醛树脂、环氧树脂、有机硅树脂等多种高分子材料进行改性，以提高其性能。三聚氰胺树脂胶黏剂及其改性产品在木材工业中主要用于制造高级胶合板、刨花板、纤维板以及普通的胶合和浸渍用树脂，但三聚氰胺树脂胶黏剂价格较高。

4.2.1　合成原料

三聚氰胺树脂胶黏剂的主要原料是三聚氰胺和甲醛。三聚氰胺又称三聚氰酰、蜜胺。纯三聚氰胺为白色粉末状结晶物，分子式为 $C_3H_6N_6$，化学结构式为：

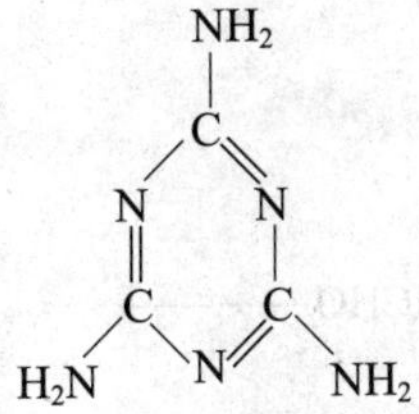

三聚氰胺为弱碱性，易溶于液态氨、氢氧化钠及氢氧化钾的水溶液中，难溶于水（在 100℃水中仅溶解 5%），低毒，常态下较稳定。但易水解，在水解过程中生成三聚氰酸，使得 pH 值发生较大的变化，对树脂的合成有较大的影响。

三聚氰胺为环状结构，6 个官能团，且氨基的全部氢原子都显活性：

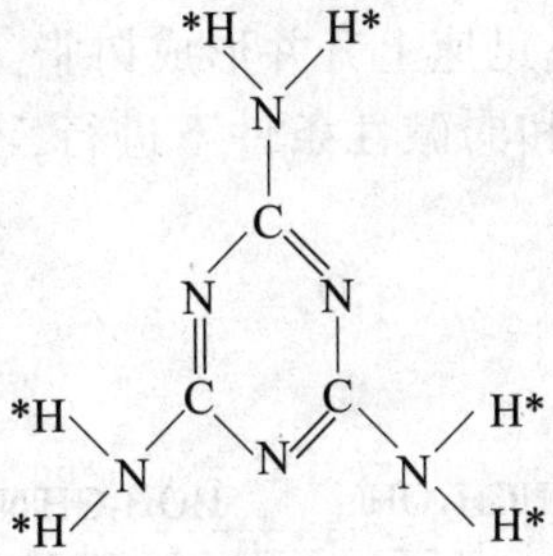

4.2.2　合成原理

在三聚氰胺树脂胶黏剂的制备中，主要是三聚氰胺和甲醛所进行的加成反应和缩聚反应。三聚氰胺甲醛树脂随反应物的量比不同而得到不同的产物。

4.2.2.1　加成反应

三聚氰胺分子中存在的 6 个活泼氢原子，在一定的条件下，能够直接与甲醛分子进行加成反应，形成一至六羟甲基三聚氰胺。当三聚氰胺和甲醛以 1∶3 摩尔比在中性或弱碱性介质中，通过羟甲基化和缩聚，使三聚氰胺与甲醛进行加成反应，形成三聚氰胺甲醛树脂低聚物。在三聚氰胺的分子中结合的羟甲基越多，则形成的树脂具有较高的稳定性。在中性或弱碱性条件下，一般来说，当 pH=7 时，反应较慢；pH>7 时，反应加快。三聚氰胺进行加成形成各种羟甲基化三聚氰胺同系物。其反应式可表示为：

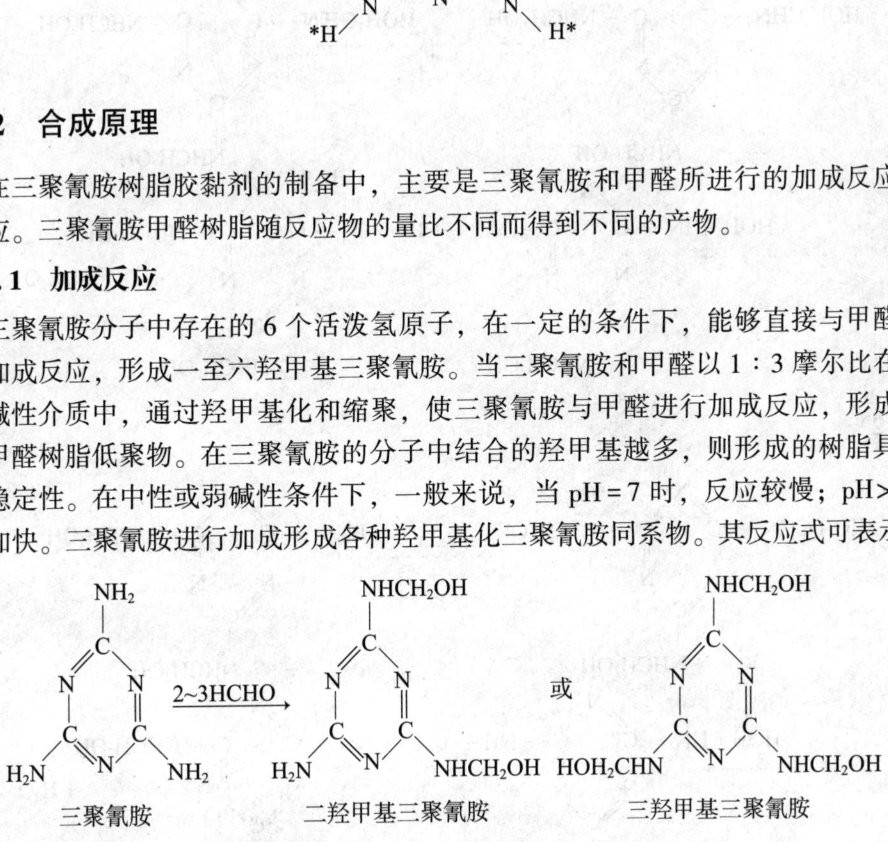

三聚氰胺　　　二羟甲基三聚氰胺　　　三羟甲基三聚氰胺

在反应体系为中性或弱碱性条件下，当甲醛用量为 12mol、反应温度为 80℃时，可生成六羟基三聚氰胺，反应式为：

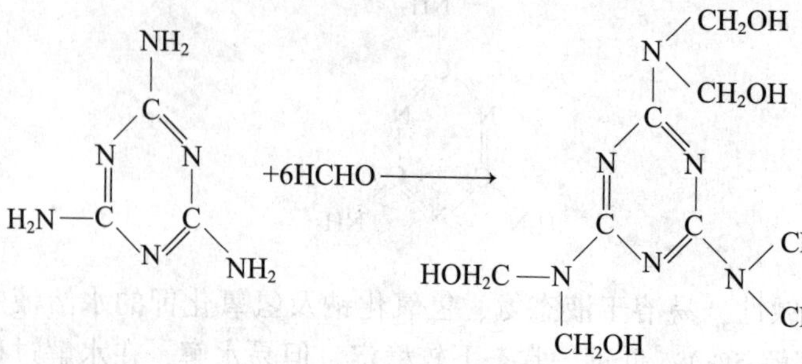

$$\text{三聚氰胺} + 6HCHO \longrightarrow \text{六羟甲基三聚氰胺}$$

4.2.2.2　缩聚反应

羟甲基三聚氰胺的缩聚反应是分子间或分子内失水或脱出甲醛形成亚甲基键或醚键的连接，同时低聚物的分子量迅速上升并形成树脂，三聚氰胺树脂的缩聚既可以在酸性条件下进行，也能在中性和弱碱性条件下进行，其缩聚反应可按下列几种方式进行：

（1）

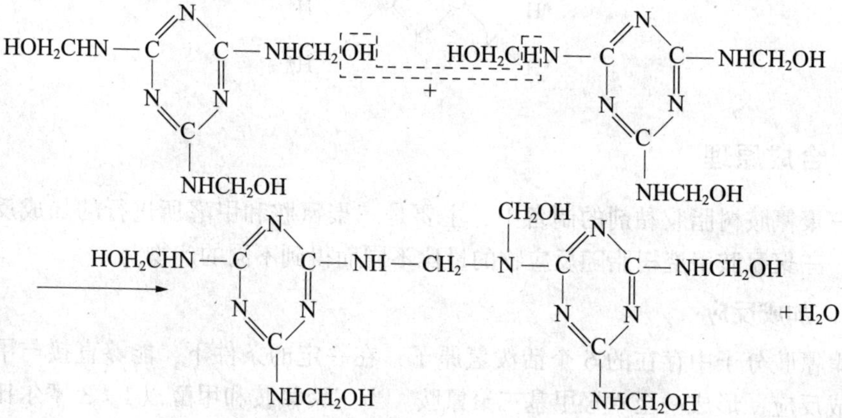

$$\longrightarrow \quad + H_2O$$

（2）

$$\longrightarrow \quad + H_2O$$

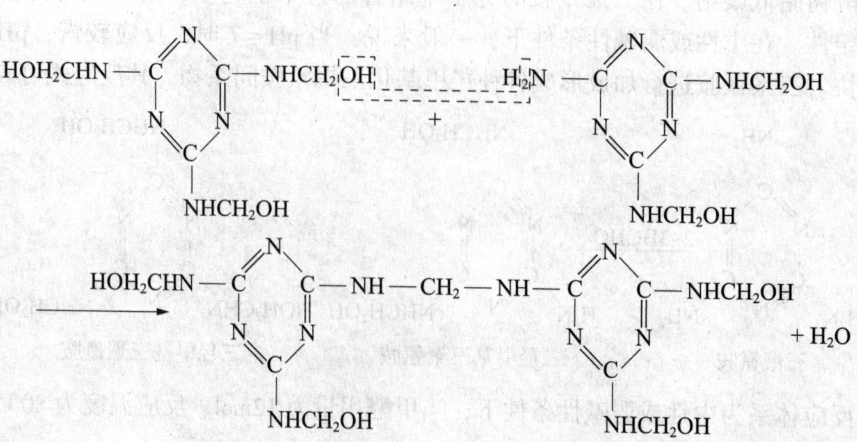

（3）

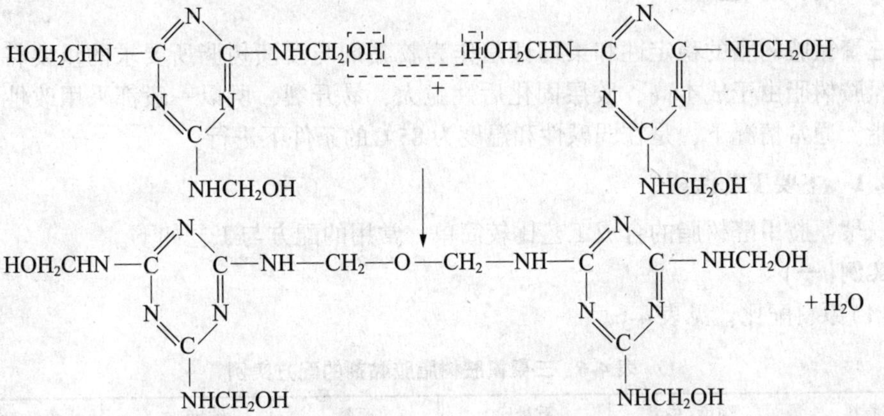

$$
\text{HOH}_2\text{CHN}-\text{C}\cdots\text{C}-\text{NHCH}_2[\text{OH} + \text{H}]\text{OH}_2\text{CHN}-\text{C}\cdots\text{C}-\text{NHCH}_2\text{OH}
$$

$$
\downarrow
$$

$$
\text{HOH}_2\text{CHN}-\text{C}\cdots\text{C}-\text{NH}-\text{CH}_2-\text{O}-\text{CH}_2-\text{NH}-\text{C}\cdots\text{C}-\text{NHCH}_2\text{OH} \quad +\text{H}_2\text{O}
$$

　　羟甲基三聚氰胺在酸性介质中可脱水生成二聚体羟甲基氰氨，也可与三聚氰胺反应脱水生成二聚体，二聚体再进一步缩聚，使反应深化，最终形成不溶不熔的体型结构高聚物。当三聚氰胺和甲醛的摩尔比为 1∶2 时，树脂中所形成的亚甲基居多；当摩尔比为 1∶6 时，树脂几乎全部由醚键连接。进一步缩聚，形成不溶不熔的体型结构。

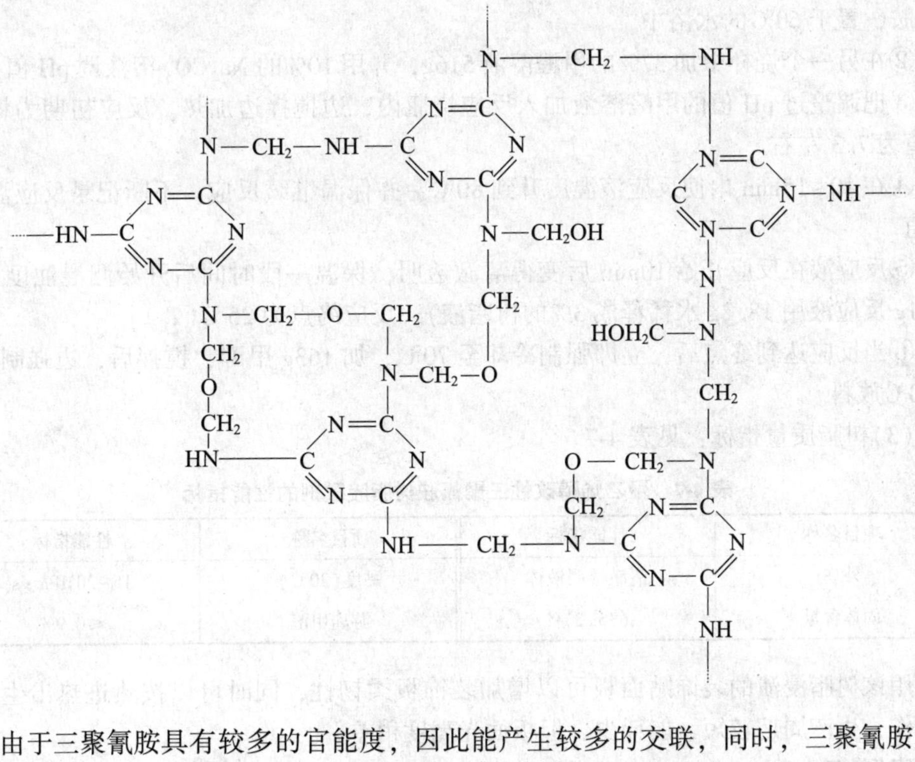

　　由于三聚氰胺具有较多的官能度，因此能产生较多的交联，同时，三聚氰胺本身又是环状结构，所以三聚氰胺树脂具有良好的耐水性、耐热性及化学稳定性。但在固化后的树脂中仍有游离的羟甲基，随着使用时间的延长，游离羟甲基逐渐减少而易导致树脂上的微隙，最终影响树脂的机械强度。

4.2.3　合成工艺

三聚氰胺树脂的稳定性和柔韧性是作为胶黏剂与浸渍树脂所要求的重要特性。纯三聚氰胺树脂由于成本高，胶层固化后性脆大，易开裂，所以一般都采用改性三聚氰胺树脂。通常情况下，是在弱碱性和温度为85℃的条件下进行。

4.2.3.1　主要工艺流程

三聚氰胺甲醛树脂的合成工艺比较简单，常用的配方与工艺如下。

实例（一）

（1）原料配比：见表4-6。

表4-6　三聚氰胺树脂胶黏剂的配方实例

原料	纯度(%)	重量比	原料	纯度(%)	重量比
三聚氰胺	99.5	320	碳酸钠	10	适量
甲醛	37	516	甲醇	工业	163

（2）生产工艺

①在装有电动搅拌器、温度计和回流冷凝器的 1 000mL 四口烧瓶中加入 320g 的三聚氰胺，置于60℃的水浴中。

②在另一个烧杯中加37%的甲醛溶液516g，并用10%的 Na_2CO_3 溶液调 pH 值至6。

③把调整过 pH 值的甲醛溶液加入反应烧瓶内，边搅拌边加热。反应初期为糊状，pH 值为7.3左右。

④在 10~15min 内使反应液温度升到80℃，并保温继续反应。不断记录反应温度、pH 值。

⑤反应液在反应开始10min后变得清澈透明，保温一段时间后开始测混浊度（T_c）（取 1g 反应液用 18.2g 水稀释成3%的树脂液），反应终点为25℃（T_c）。

⑥当反应达到终点后，立即强制冷却至70℃，加163g甲醇，搅拌后，边强制冷却至40℃放料。

（3）树脂质量指标：见表4-7。

表4-7　聚乙烯醇改性三聚氰胺树脂胶黏剂的性能指标

项目名称	性能指标	项目名称	性能指标
外观	清澈透明液体	黏度(20℃)	15~20MPa·s
固体含量	(35±2)%	游离甲醛	≤0.9%

用该树脂浸渍的装饰贴面板可以增加装饰板柔韧性，同时可以按热进热出生产工艺操作，生产周期较短，能耗少，但板面光亮度稍差。

实例（二）

使用对甲苯磺酰胺改性三聚氰胺树脂，同样可以增加树脂的柔韧性，具体实例如下：

（1）原料配比：见表4-8。

表 4-8　甲苯磺酰胺改性三聚氰胺树脂原材料配比表

原料	规格含量(%)	配比(质量份)
三聚氰胺	99.5	126
甲醛	37	243.2
水	—	56.8
对甲苯磺酰胺	—	17.1
乙醇	95	19.3
氢氧化钠	30	适量

（2）制造工艺

①将甲醛溶液和水计量后全部加入反应锅内，开动搅拌机，用浓度 30% 的氢氧化钠溶液调 pH 值 8.5~9.0。

②加入定量三聚氰胺，在 20~30min 内升温至 85℃，当温度升至 70~75℃ 时，反应液变成清澈透明的液体，此时 pH 值不应低于 8.5。

③在 85±1℃ 范围内保温 30min 后开始测定反应终点，当混浊度达到 29~32℃ 时（夏季为 29℃ 以内，冬季为 30℃ 左右）即为反应终点，立即降温，并同时加入乙醇和对甲苯磺酸胺，并使温度降至 65℃。

④在 65±1℃ 范围内保温 30min 后冷却至 30℃，用 30% 浓度的 NaOH 溶液调 pH 为 9.0，即可放料。

（3）树脂质量指标：见表 4-9。

表 4-9　甲苯磺酰胺改性三聚胺树脂胶黏剂的性能指标

项目名称	性能指标	项目名称	性能指标
外观	无色无沉淀透明液体状树脂	恩格拉黏度	3~4
固体含量	46%~48%	pH 值	9.0
游离甲醛	<1%		

该树脂用对甲苯磺酰胺改性后，脆性小，柔性增加，而且水溶性好，贮存期也较长。适用于浸渍装饰板的表层纸、装饰纸及覆盖纸。

4.2.3.2　关键影响因素

在三聚氰胺树脂胶合成的过程中，原辅材料的质量、组分的摩尔比、反应介质的 pH 值以及反应温度和反应时间等，都是影响树脂质量的重要因素。同时，生产过程控制对树脂的质量和性能也起重要作用。

（1）原材料质量的影响：甲醛是合成三聚氰胺甲醛树脂胶黏剂的主要原材料，但在生产与储存过程中有可能混入杂质和发生自聚而影响质量。甲醛中尤其是铁离子的含量不能超过标准，当铁含量较高时影响 pH 值的准确测定。同时，用氢氧化钠调节甲醛的 pH 值时 Fe^{3+} 将与 OH^- 结合生成 $Fe(OH)_3$ 沉淀，这在制备浸渍装饰纸时将严重影响表面质量。

甲醛溶液中会含有不同量的甲酸，在反应前需用碱中和。但是，在反应中仍有甲酸生成，若保持一定的 pH 值，甲酸盐的含量即增加。如果甲酸钠含量超过 0.10%，缩聚反应速度明显加快，将导致反应过程难以控制。

在碱性介质中，甲醇的存在常常使二亚甲基醚键的生成速度减慢。所以，甲醛溶液中甲醇的含量应以不超过 12% 为宜。

(2)原料摩尔比的影响：在三聚氰胺的分子上有 3 个全部氢原子都显活性的氨基（—NH$_2$），这对于甲醛来说共有 6 个可参与反应的活性点。不同摩尔比所得到的产物不同，且在整个反应过程中，需要大量的甲醛参加反应：在酸或碱的催化下，1mol 三聚氰胺可以和 1~6mol 的甲醛反应而生成相应的羟甲基三聚氰胺；在三聚氰胺与甲醛的摩尔比为 1：8、pH 值为 7~7.5、反应温度为 80℃ 的条件下，可生成五羟甲基三聚氰胺；当摩尔比为 1：12 时，则生成六羟甲基三聚氰胺。由此说明在合成过程中，能快速形成三羟甲基三聚氰胺，之后其再与甲醛继续反应(其反应速度相对比较慢)，吸收热量，生成四至六羟甲基三聚氰胺。因此，只有当过量的甲醛参加反应、且在高温条件下才能逐渐形成六羟甲基三聚氰胺。

同时，树脂的胶合强度也与三聚氰胺与甲醛的摩尔比直接相关。低级三聚氰胺甲醛树脂相应的性能主要取决于树脂中各类缩合产物之间的比例以及合成树脂过程中所采用的反应条件和工艺过程。有研究表明：作为木材胶合用的三聚氰胺树脂，其三聚氰胺与甲醛的摩尔比以 1：(2~3) 为宜。当摩尔比在 1：2 以下时，胶合件的干剪切强度下降，湿剪切强度有上升趋势；而摩尔比在 1：3 以上时，湿强度下降。

(3)反应体系 pH 值的影响：反应体系的 pH 值主要影响羟甲基衍生物进一步缩聚反应的速度。在中性或弱碱性介质中，三聚氰胺与甲醛反应可形成稳定的羟甲基衍生物，树脂的形成较为缓慢。在酸性介质中，羟甲基三聚氰胺可以进一步缩聚，以较快的速度形成树脂。这就是说，pH>7 时影响小；pH<7 时，则速度增大，有利于形成高相对分子质量的树脂。

如果反应一开始就在酸性条件下进行，易生成不溶的亚甲基三聚氰胺沉淀，其反应式如下：

生成的亚甲基三聚氰胺已失去反应能力，难以继续形成胶黏剂。所以，在反应初期要将甲醛的 pH 值调至 8.5~9.0(甲醛有康尼扎罗反应，pH 值会下降)，以保证反应过程中的 pH 值在 7.0~7.5 之间。实际上，反应介质 pH 值的不同，形成树脂稳定性的差别也很大：图 4-9 和图 4-10 中显示了不同 pH 值树脂黏度的变化情况，反应介质 pH 值太高或太低树脂的贮存稳定性均不理想，只有在 pH 值在 8.5~10 范围内时树脂黏度上升较慢，贮存稳定性相对要好。因此，可将 8.5~10 作为合成三聚氰胺甲醛树脂 pH 值的基本范围。

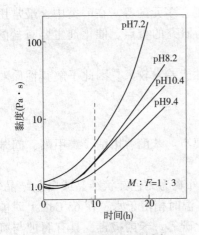

图 4-9　不同 pH 值下树脂
黏度的变化（70℃）

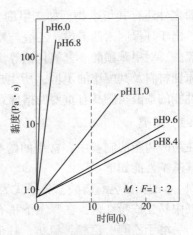

图 4-10　不同 pH 值下树脂
黏度的变化（70℃）

（4）反应温度影响：反应温度影响三聚氰胺在甲醛溶液中的溶解性，因而影响三聚氰胺与甲醛间的反应速度。同时，温度的高低也在一定程度上决定着反应体系中各分子之间的运动速度。反应体系温度在60℃以下，三聚氰胺在甲醛溶液中的溶解度很小，故反应速度很慢；超过60℃时，则三聚氰胺溶解，反应速度随温度升高而迅速加快。在实际生产中，一般将反应温度设定在75~85℃，这样既可以控制反应速度，又可以保证产品质量。

三聚氰胺树脂的固化同样与温度密切相关：在高温下不用固化剂也可以固化，但在常温条件下要加入强酸性盐作固化剂才能达到理想的固化效果。在较低的温度条件下，若 pH 值降至足够低时，三聚氰胺树脂也能固化，但很不完全，胶合强度太低，实用价值不大。

4.3　酚醛树脂胶黏剂

酚醛树脂（PF，phenolic resin）简称 PF 树脂，是由酚与醛在催化剂的作用下形成的缩聚产物，1872 年德国化学家拜尔首先合成。酚醛树脂胶黏剂按分子结构可分为线型 PF 树脂和体型 PF 树脂，又称为热塑性 PF 树脂和热固性 PF 树脂。同时，按反应阶段分为甲阶（A 阶）PF 树脂，乙阶（B 阶）PF 树脂和丙阶（C 阶）PF 树脂；按固化温度分为低温固化 PF 树脂（<120℃）、中温固化 PF 树脂（120~160℃）和高温固化 PF 树脂（>160℃）；按使用形态分为液体、粉末、胶膜；按溶解性分为水溶性、醇溶性、固体。用作胶黏剂的酚醛树脂的相对分子量一般在 500~1 000 之间。

酚醛树脂胶黏剂具有优异的胶合强度、耐水、耐热、耐磨及化学稳定性，特别是耐沸水性能最佳。缺点是颜色较深、有一定的脆性、易龟裂、成本较高、固化温度高、热压时间长、毒性大等，故在应用上也受到了一定的限制。

4.3.1　主要原料

合成酚醛树脂的原辅材料主要包括酚类、醛类和催化剂三大类等。其中的酚类除了苯酚之外还有其衍生物，如二甲酚、间苯二酚、多元酚等。在醛类中，最常用的是甲醛，出于环保因素的考虑，乙醛与糠醛也成为研究的重点。催化剂主要有盐酸、草酸、硫酸、对甲苯磺酸、氢氧化钠等。

原辅材料及其配比的不同，所生成树脂的性能差异较大。因此了解其性质对制备不同性能的酚醛树脂具有重要的指导意义。

4.3.1.1 酚类

在酚醛树脂的制备中，常用的酚类物质主要有：苯酚、甲酚、二甲酚、间苯二酚等，其基本性能如下：

(1)苯酚：俗名石碳酸，分子式为 C_6H_6O。外观为无色针状结晶或白色结晶熔块，在空气中易变成粉红色，在常温下稍有挥发。室温时稍溶于水，在65℃以上时能与水混溶。易溶于乙醇、乙醚、氯仿、甘油、二硫化碳等。苯酚极毒，具有腐蚀与刺激气味，能使蛋白质降解，较长时间接触会破坏皮肤组织，大量地接触能麻痹中枢神经系统而导致生命危险。空气中蒸汽的最大允许浓度为 0.005mg/L。当皮肤受到侵害时，可用大量的水冲洗，用酒精清洗，再擦3%丹宁溶液，并涂敷樟脑油。

苯酚分子中的羟基直接与苯环相接，由于共轭效应，氧原子的负电荷分散到整个共轭体系中，使苯氧负离子稳定，所以苯酚呈酸性。同时，苯酚的羟基系供电子基团，使苯环上的电子云密度增加，尤其是羟基的邻、对位增加的更多。因此苯环易发生亲电取代反应，并且取代基主要在酚羟基的邻、对位上，即苯酚有3个反应活性点。

(2)甲酚：分子式为 $CH_3C_6H_4OH$，分子量：108.1。有3种异构体，即邻甲酚、对甲酚和间甲酚。

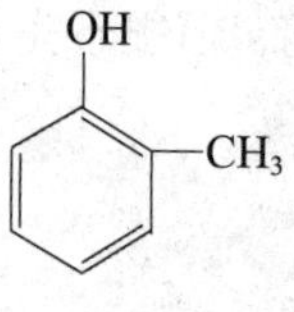

邻甲酚 　　　　　　对甲酚 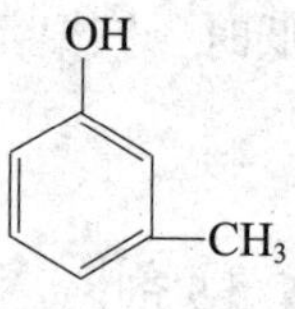　　　　　　间甲酚

工业甲酚系3种甲酚的混合物，密度 1.03～1.05，生产树脂时，也采用这种混合物。用邻甲酚和对甲酚与甲醛反应只能生成线性树脂，所以作为制造树脂的混甲酚，其中间甲酚的含量应大于40%。甲酚在水中的溶解度低于苯酚，能溶于碱的水溶液、乙醇和乙醚中，其毒性和腐蚀性与苯酚相似，对呼吸道、眼睛的黏膜尤其有害。

(3)二甲酚：无色或棕褐色的油状透明液体，分子式为 $(CH_3)_2C_6H_6OH$，含有两个甲基的一元酚，由从煤焦油分离出苯酚和甲酚后剩下的高沸点馏分中蒸馏所得，腐蚀性及毒性与苯酚相似。二甲酚有6种异构体：

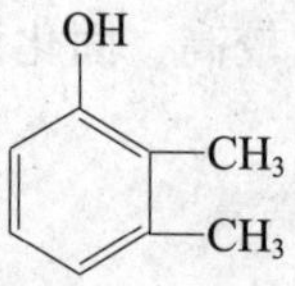

2，3二甲酚 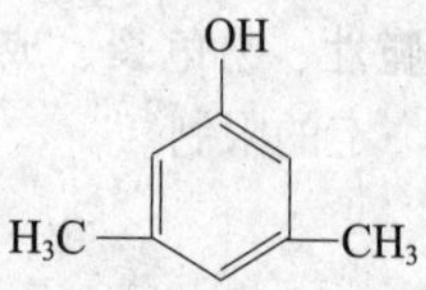　　　3，5二甲酚 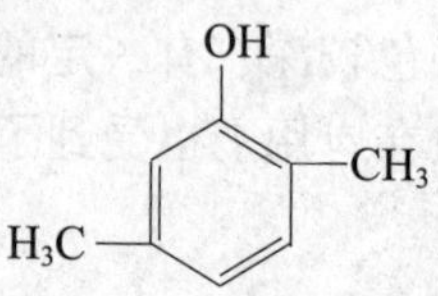　　　2，5二甲酚 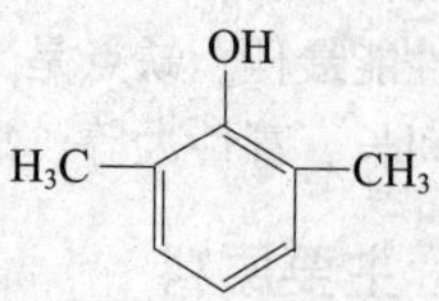　　　2，6二甲酚

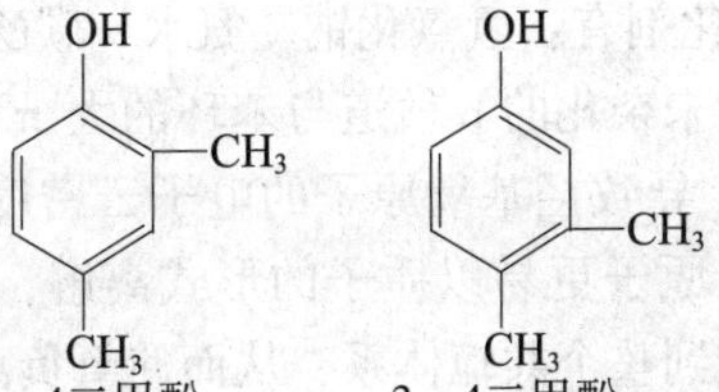

2，4二甲酚　　　　3，4二甲酚

由于结构的不同，二甲酚与醛反应的生成物相同，其中3，5-二甲酚有3个反应活性点，能与醛作用生成网状结构热固性树脂；2，3-二甲酚、2，5-二甲酚、3，4-二甲酚有2个反应活性点，只能生成线性热塑性树脂；而只有一个反应活性点的2，4-二甲酚和2，6-二甲酚不能参与反应形成树脂。

(4)间苯二酚：间苯二酚结构式为

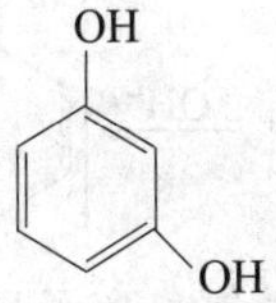

间苯二酚为无色或白色的针状结晶或粉末，味甜，在日光或空气中即缓慢变成粉红色。能溶于水、醇、醚、甘油，但难溶于苯。其化学性质与二元酸相似，与氢氧化钠、氨水等发生反应生成盐。

4.3.1.2　醛类

参看脲醛树脂胶黏剂部分。

4.3.1.3　催化剂

在酚醛树脂合成中，催化剂主要是碱和酸。通常用氢氧化钠的水溶液，要求其外观为白色或微红色、无机械杂质的液体。而酸性催化剂则主要采用盐酸，在树脂脱水干燥时盐酸可以蒸发出去。生产酚醛树脂对盐酸的技术要求为：外观无色或黄色透明液体，含量≥31%。

4.3.2　合成原理与固化机理

4.3.2.1　合成原理

酚醛树脂的合成反应主要是酚在酸性介质中易发生亲电反应，在碱性介质中发生亲核反应。而在实际的反应中，由于存在溶剂及分子间的氢键，导致情况更加复杂。根据原料的化学结构、酚和醛的用量(摩尔比)及介质 pH 值的不同，所生成的树脂有两种类型，即热塑性酚醛树脂和热固性酚醛树脂。热固性酚醛树脂是在碱性催化剂作用下苯酚与甲醛以摩尔比小于1的情况下反应制成。热塑性酚醛树脂是在酸性催化剂作用下苯酚与甲醛在摩尔比大于1的情况下反应制成。酚醛树脂胶黏剂有常温固化型和加热固化型(热固性)，热固性酚醛树脂胶黏剂又分为液状、粉末状和胶膜状。

(1)热固性酚醛树脂的合成原理：热固性酚醛树脂的缩聚反应一般是在碱性催化剂的作用下进行的，得到的树脂在一定的条件下可以再交联固化形成热固性的产物，也称为 Resol 树脂。常用的催化剂有：氢氧化钠、氨水、碳酸钠等。

①加成反应　酚羟基中未杂化的 p 轨道与苯环的大 π 键平行重叠，形成 p-π 共轭体系，由于 p-π 共轭效应，导致羟基氧原子的电子云密度降低，从而使 O—H 键的极性大大增强，酚羟基上的氢原子更易以质子的形式离解，解离后生成苯氧负离子，其负电荷能更好地离域而分散到整个共轭体系，从而使氧负离子比苯酚更稳定。

甲醛羰基中碳和氧以双键相连(一个 σ 键，一个 π 键)。由于氧的电负性较大，吸电子能力强，把流动性较大的 π 电子强烈地吸向氧原子一边，使其明显地带有部分负电荷，而碳原子明显地带部分正电荷，所以羰基是强极性基团。羰基易受到亲核试剂进攻而发生亲核加成。亲核试剂进攻带有部分正电荷羰基碳原子。

在碱性条件下加热苯酚，苯酚与催化剂 NaOH 作用，形成苯氧负离子：

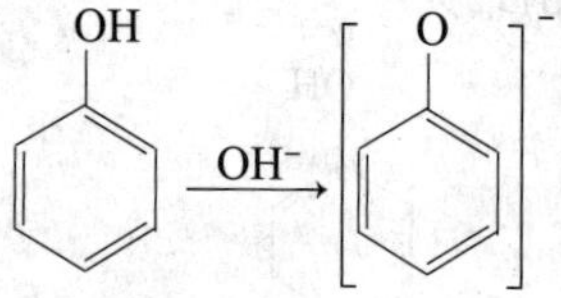

苯氧负离子的 3 种共振式，表明苯氧负离子是一个亲核试剂，进攻甲醛的 C ═O：

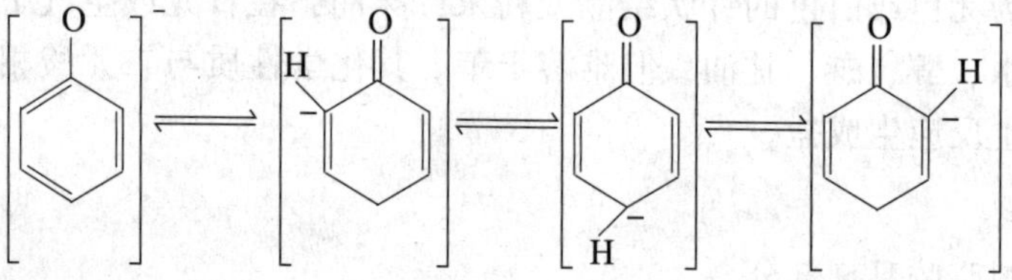

邻羟甲基酚的形成：

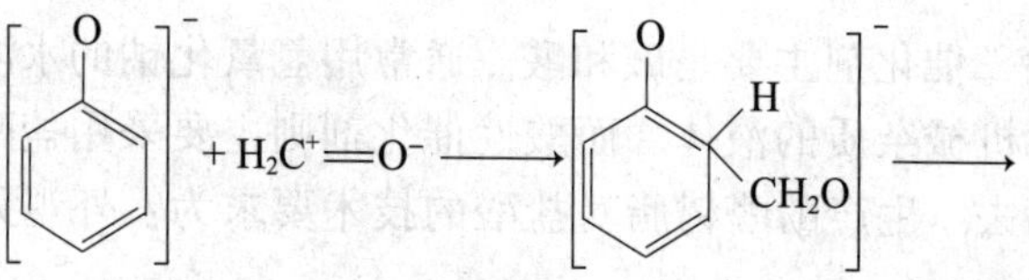

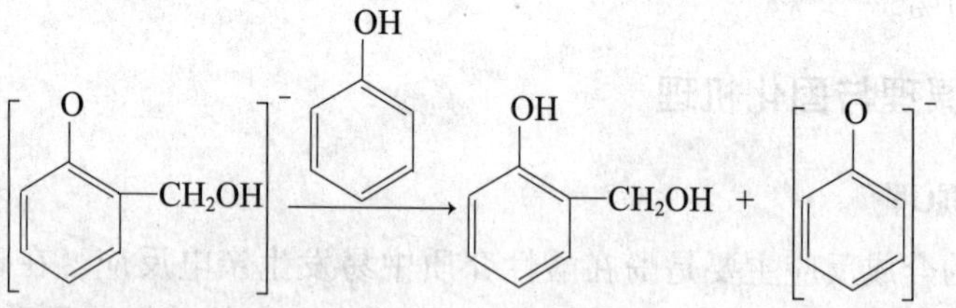

对羟甲基酚的形成：

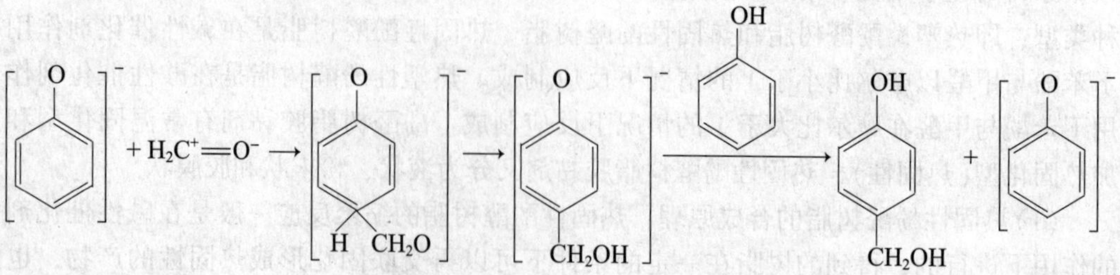

若醛过量，即两者摩尔比大于 1，羟甲基酚还可继续与甲醛发生加成反应而生成二羟甲基酚和三羟甲基酚。

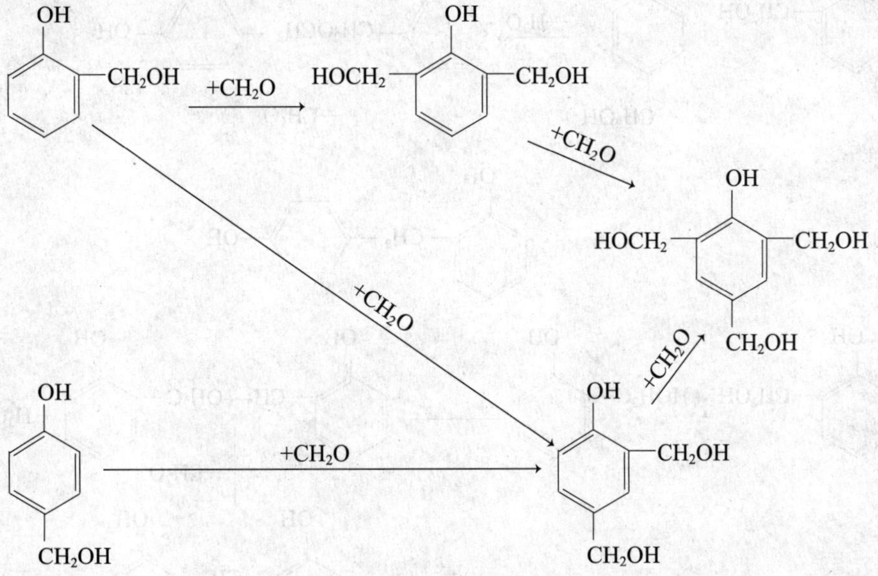

②缩聚反应   加成反应产物是一羟甲基酚和多羟甲基酚的混合物。这些羟甲基酚与苯酚作用或相互之间发生反应生成线型结构的酚醛树脂。包括：

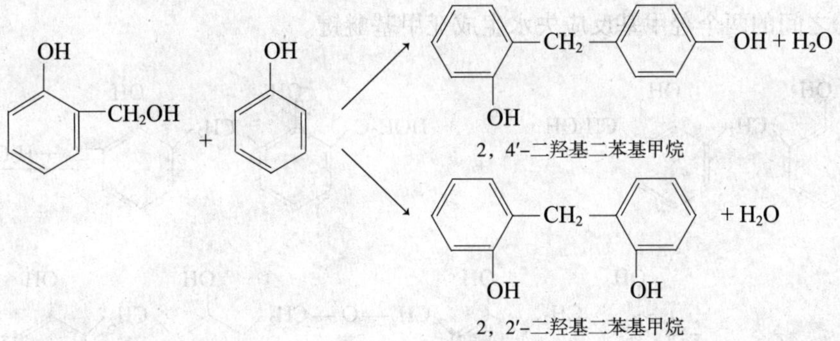

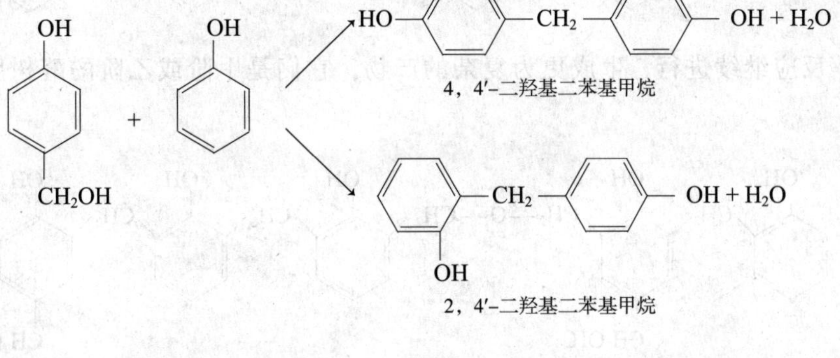

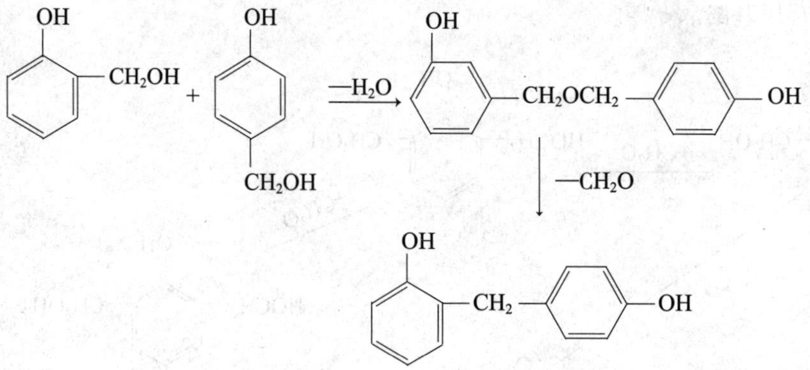

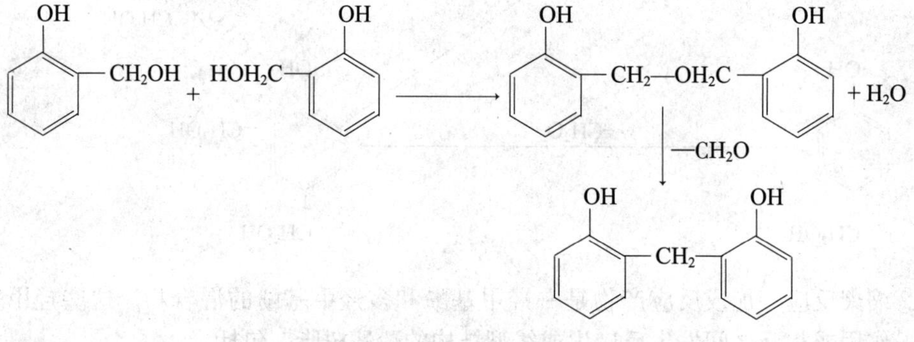

缩聚反应主要是以亚甲基键连接起来，反应继续进行会形成很大的羟甲基分子。羟甲基酚之间的两个羟甲基反应失水生成亚甲基醚键。

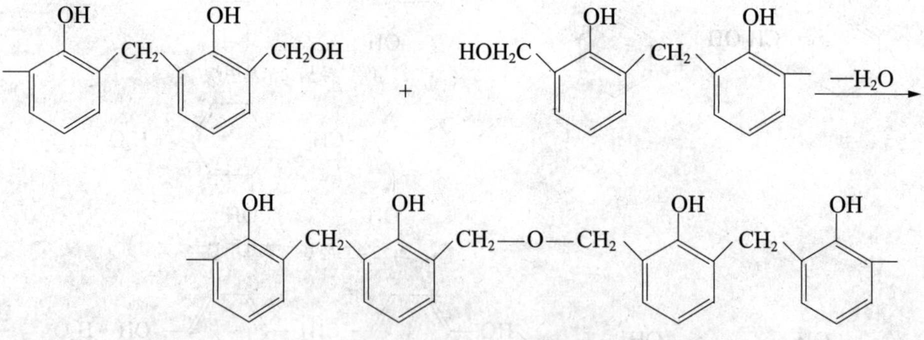

缩聚反应继续进行，生成更为复杂的产物，它们是甲阶或乙阶酚醛树脂的组成部分：

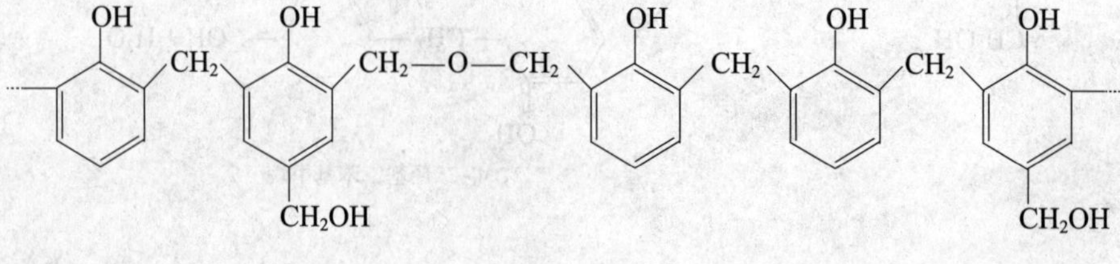

由上述反应形成的一羟甲基酚、多羟甲基酚及二聚体等在反应过程中不断地进行缩聚反应，树脂的分子量不断增大，若反应不加控制，最终生成不溶不熔的体型产物。

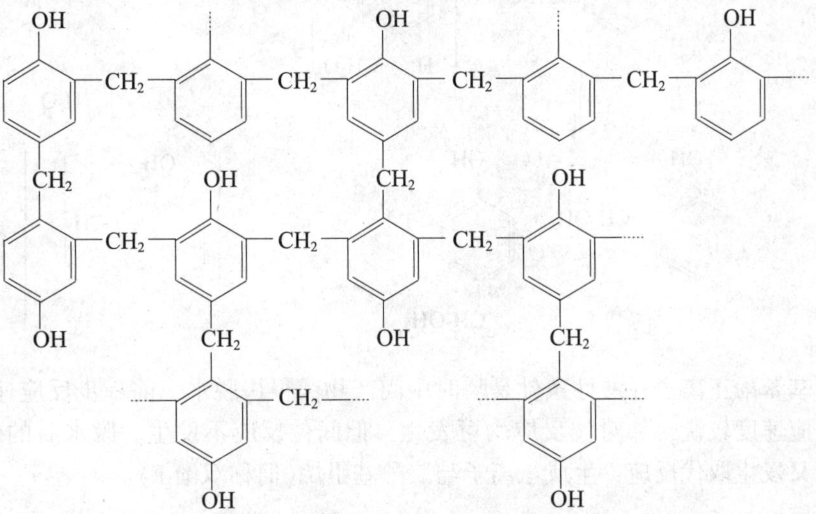

在凝胶点之前停止羟甲基酚的缩聚反应，可得甲阶酚醛树脂。碱性的甲阶酚醛树脂可溶于水，也称为水溶性酚醛树脂；溶于乙醇的甲阶酚醛树脂称为醇溶性酚醛树脂。甲阶酚醛树脂经低温真空干燥，可制成粉状的酚醛树脂。

通常，甲阶酚醛树脂为各种不同聚合度(分子量)树脂的混合物，树脂结构为线型，分子量较低，可溶可熔，并具有较好的流动性和湿润性，能满足胶合和浸渍工艺的要求。同时，具备可继续缩聚反应的基本条件，也可以和改性剂配制成改性酚醛树脂。一般合成的酚醛树脂胶黏剂均为此阶段的树脂。

甲阶酚醛树脂经加热或长期贮存可缩聚成乙阶酚醛树脂，是热固性树脂固化过程的中间阶段，亦称可凝酚醛树脂。此时树脂的分子量约为 1 000 左右，聚合度为 6~7，呈现出不溶不熔状态。但可部分溶于丙酮和乙醇等溶剂，并具有溶胀性。加热可软化，在 115~140℃ 下，可拉伸成丝，冷却后即变成脆性的树脂。

丙阶酚醛树脂是乙阶酚醛树脂继续反应缩聚而得到的最终产物，为不溶不熔的三维交联体型结构，机械强度、耐水、耐久性能优异，对酸性溶液稳定，但对强碱性溶液的稳定性差。

(2)热塑性酚醛树脂的合成原理：热塑性酚醛树脂的缩聚反应一般是在酸性催化剂的作用下进行的，得到的产物为线型的或者少量支化的热塑性缩聚物，又称为 Novalak 树脂。该树脂加入固化剂如六亚甲基四胺也可以交联形成不溶不熔的产物。

①加成反应　在酸性(pH<3)条件下，酚醛树脂的合成反应首先是酚与醛在水溶液中形成的甲二醇的质子性质有关的亲电取代反应。

$$H_2C = O + H_2O \rightleftharpoons HOCH_2OH$$

$$HOCH_2OH + H^+ \rightleftharpoons HOCH_2OH_2^+ \rightleftharpoons {}^+CH_2OH + H_2O$$

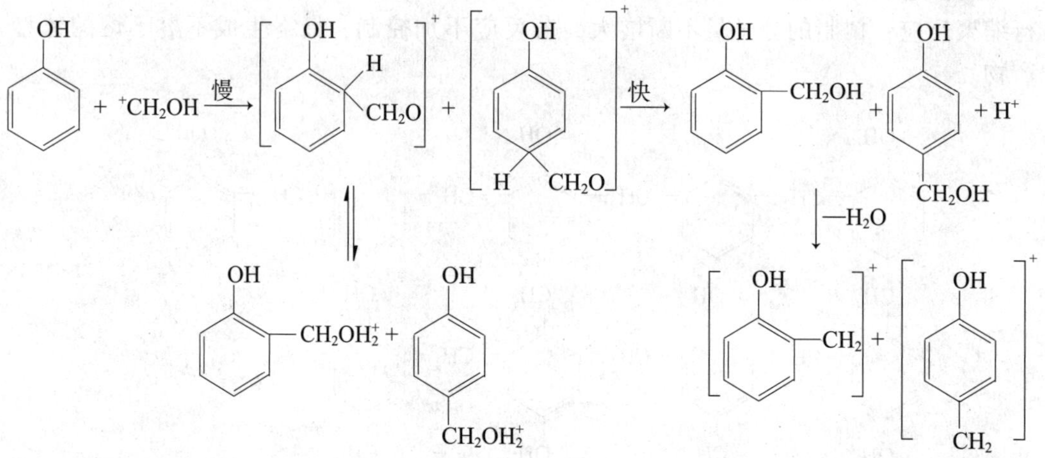

羟甲基苯酚正离子在酸性条件是瞬时中间产物，很快脱水，前一步反应速度较慢，后一步反应速度较快，邻对位反应均可发生，但间位反应不发生。脱水后的碳翁离子立即与酚又发生取代反应，生成氢离子与二酚基甲烷(简称双酚 F)。

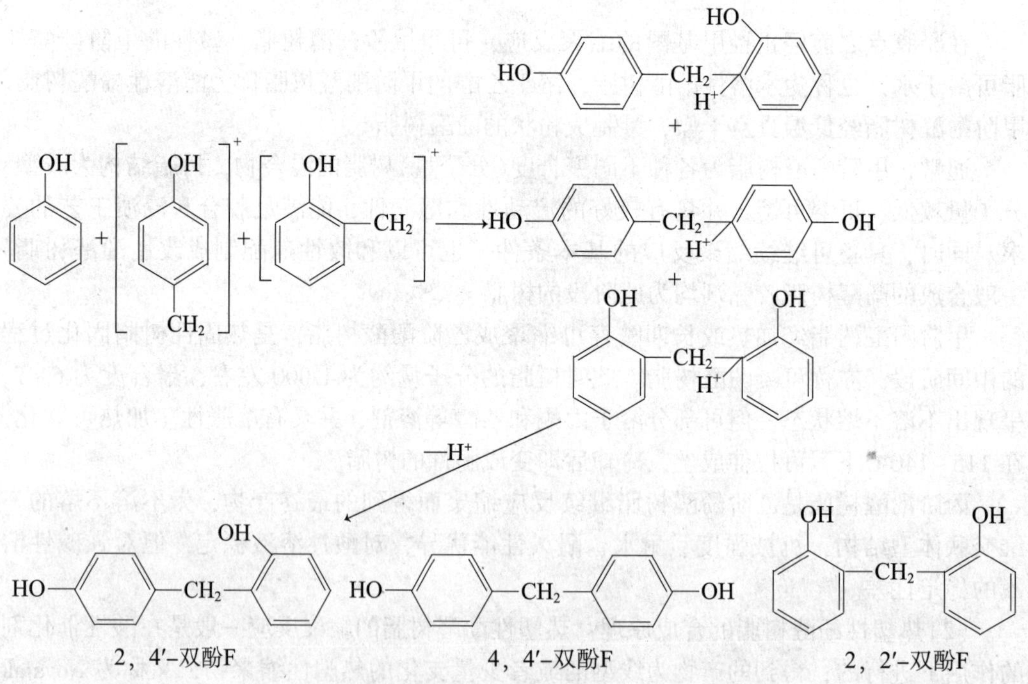

生成的二酚基甲烷，有不同的键接方式，它们同样在酚羟基的对位与邻位上，可与质子化的甲醛进行取代反应，而使分子链增长，但由于甲醛的量比较小，故增长有限。

②缩聚反应 热塑性树脂在强酸性条件下，缩聚主要发生在酚羟基对位上，因为对位比较活泼，因此，树脂中酚环主要通过对位相连，理想的热塑性酚醛树脂分子结构如下：

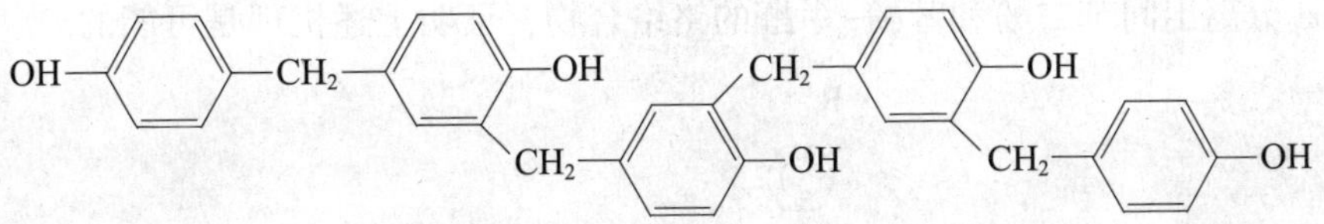

在 $F/P = 0.75\sim0.85$ 时，形成的线性分子中含有 4~12 个酚单元。酚单元的大小与反应混合物中苯酚过量的程度有关。

树脂的结构和热固性树脂不同点是：在缩聚体链中不存在没有反应的羟甲基，所以当树脂加热时，仅熔化而不发生继续缩聚反应。但是这种树脂由于酚基中尚存在有未反应的活性点，因而在与甲醛或六亚甲基四胺作用时就转变成热固性树脂，进一步缩聚则变成不溶不熔的体型产物。酸催化剂的热塑性酚醛树脂其数均分子量(Mn)一般在 400~1 200，它是各种组分且具分散性的混合物。

(3)高邻位热固性酚醛树脂的合成原理：在一般的酸、碱催化下，苯酚的对位具有比邻位更高的反应活性，故无论在热固性的甲阶酚醛树脂或线型树脂中余下的反应活性点多为活性较差的邻位。

高邻位酚醛树脂是在酚比醛过量，pH 值为 4~7 时的中等酸性介质中，二价金属离子如 Mn^{2+}、Zn^{2+}、Cd^{2+}、Mg^{2+}、Co^{2+}、Ca^{2+} 及 Ba^{2+} 作催化剂合成的。在高邻位酚醛树脂的制备过程中，由于金属离子的催化作用，使邻位的羟甲基化反应占优势，这就导致未固化的树脂具有比较高的邻-邻亚甲基键，余下了对位的活性位置，当用六亚甲基四胺作催化剂时，其固化速度远比一般酸、碱催化剂制得的树脂快(一般是 2~3 倍)，储存稳定性好，如 ZnO 催化的高邻位酚醛树脂能贮存 2~3 年，其性能指标无明显变化。

在中等酸性的条件下($pH = 4\sim7$)，二价金属离子在反应中形成不稳定的螯合物，然后再形成 2，2′-二羟基二苯基甲烷。

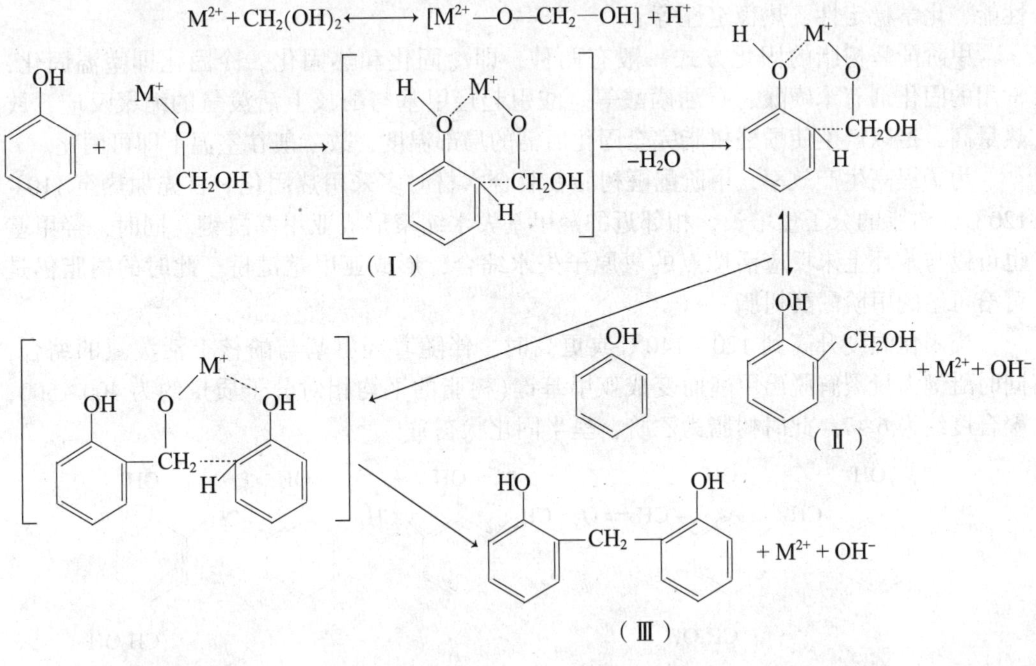

Pizzi 分离出间苯二酚和苯酚-甲醛的铬络合物，证明上述机理是可能的。

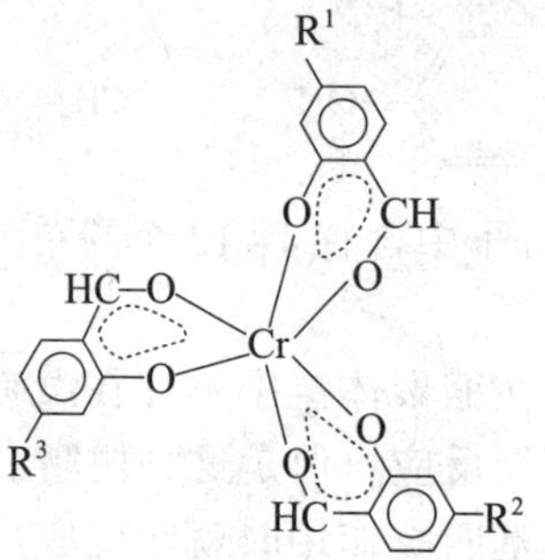

$$R^1 = R^2 = R^3 = —H, \ —OH$$

金属离子在溶液中的交换速率和生成络合离子的不稳定性是决定金属离子催化剂是加速还是抑制酚与醛反应的关键。因此络合离子(Ⅱ)越稳定，生成树脂(Ⅲ)的反应速率越小，完全稳定的络合离子(Ⅱ)会使生成树脂(Ⅲ)的反应终止。若络合离子(Ⅱ)是不稳定的，反应将会进行到生成树脂(Ⅲ)为止。

4.3.2.2　固化机制

热固性酚醛树脂是缩聚控制在一定程度内的产物，因此在合适的反应条件下可促使缩聚继续进行，交联成体型高聚物。热塑性酚醛树脂由于在合成过程中甲醛用量不足，形成线型的热塑性树脂，但是树脂分子内留有未反应的活性点，因此如果加入能与活性点继续反应的物质(固化剂)，如补足甲醛的用量，则能使缩聚继续进行，固化成体型高聚物。

（1）热固性酚醛树脂的固化：在合成初期，通过加成和缩聚反应所得到的树脂，通常是分子量不高的低聚物和各种羟甲基酚的混合体系，相对分子质量为 150~1 500。酚醛树脂只有在形成交联网状结构之后才具有优良的使用性能，包括力学性能、电绝缘性能、化学稳定性、热稳定性等。

甲阶酚醛树脂的固化方式一般有两种，即冷固化和热固化。冷固化即室温固化，常用的固化剂有苯磺酸、石油磺酸等。酸引起羟甲基与酚核上活泼氢的缩聚反应，放热量高，足以产生使酚醛树脂完全固化所需的局部温度，故一般在室温下即可固化。

为了提高生产效率，甲阶酚醛树脂在胶合木材时多采用热固化。首先加热至 110~120℃，树脂的分子量增长，相邻近的羟甲基失水缩聚形成亚甲基醚键。同时，羟甲基也可以与苯环上未反应活性点的氢原子失水缩合，形成亚甲基键桥。此时的树脂仍是可溶可熔的甲阶酚醛树脂。

当固化温度升高到 120~140℃ 或更高时，伴随着羟甲基与酚核上活泼氢的缩合，同时醚键大量裂解脱出甲醛而变成亚甲基键(树脂的平均相对分子质量约为 400~500，聚合度约为 6~7。此时树脂为乙阶，呈半固化状态)。

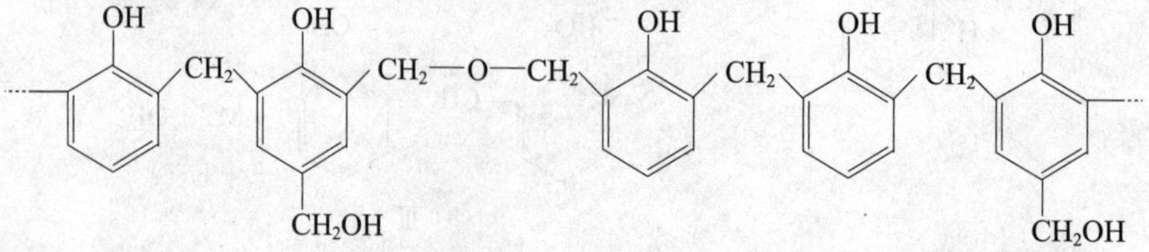

在此过程中，醚键裂解脱出的甲醛只有部分逸出，这是由于脱出的甲醛立即与树脂分子中酚核上的未反应的活泼氢失水缩合。如果酚核上已不存在活性点，则在此高温下甲醛可与亚甲基及酚羟基反应。

最后，在更高的温度(170~200℃)条件下进一步深度固化时，树脂中的亚甲基含量会进一步上升，并定量地转化为聚亚甲基醌。

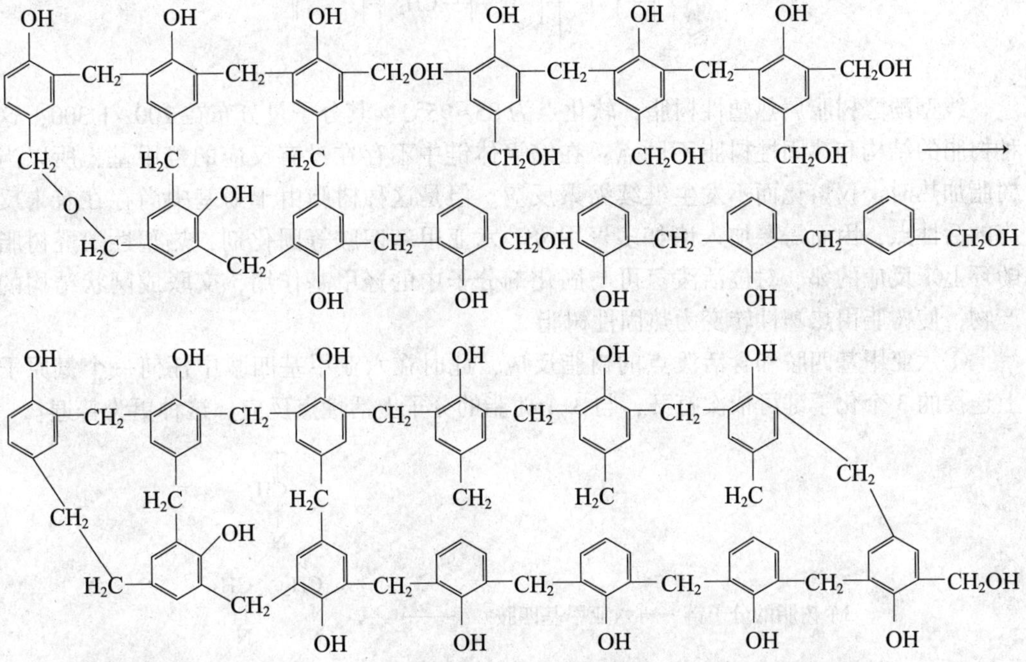

这些聚亚甲基醌在200~230℃下聚合成惰性树脂(即丙阶酚醛树脂)，同时产生少量的羟醛化合物。在此过程中，由于温度较高，易使树脂热解而产生少量的二甲酚及单、双酚醛等低分子裂解产物。

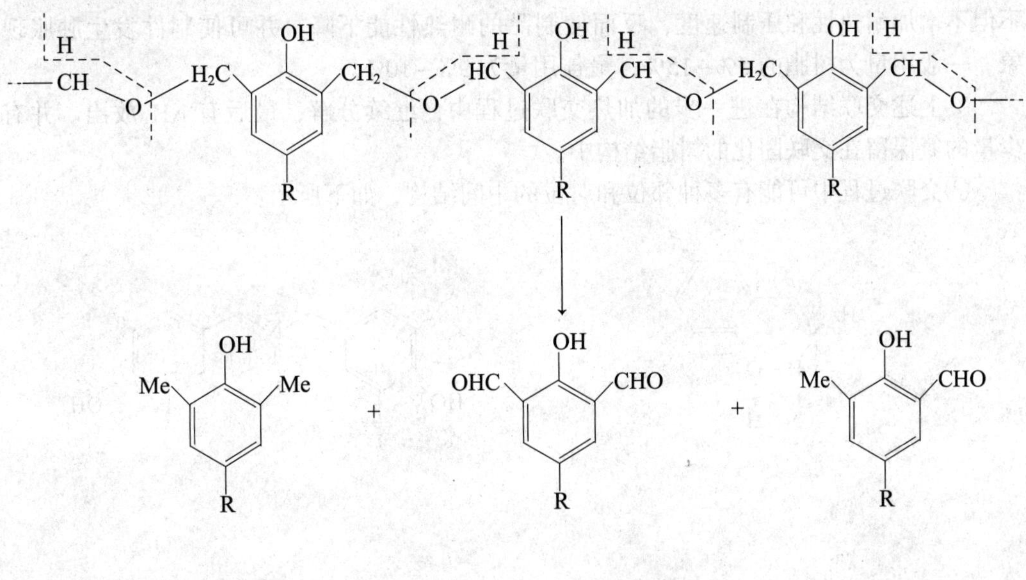

实际上, 热固性树脂转变为体型高聚物的速度(即从甲阶转变为丙阶时的速度), 对于树脂及其复合材料成型工艺非常重要, 在保证性能的前提下可有效提高生产效率。

(2)热塑性酚醛树脂的固化: Novalak 型树脂的结构, 一般可表示如下:

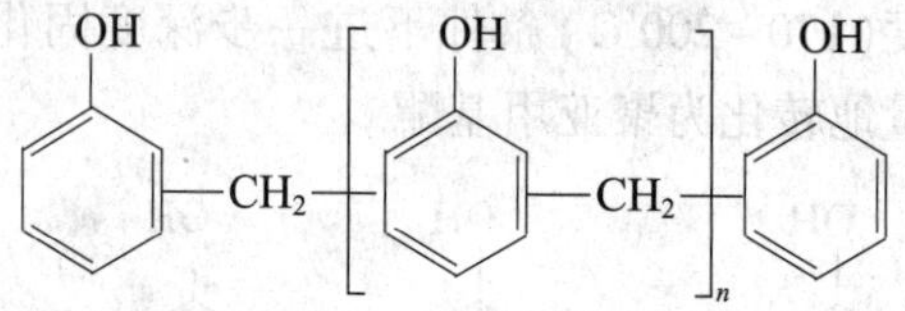

线型酚醛树脂属热塑性树脂, 软化点为 85~95℃, 其分子量分布在 200~1 300, 这种树脂的结构和热固性树脂不同点: 在缩聚体链中不存在没有反应的羟甲基, 所以当树脂加热时, 仅熔化而不发生继续缩聚反应。但是这种树脂由于酚基中尚存在有未反应的活性点, 因而需要加入诸如多聚甲醛、六亚甲基四胺等固化剂, 热塑性酚醛树脂酚环上未反应的邻、对位活泼氢可与固化剂分子中的羟甲基作用, 交联成网状结构的产物, 使树脂由热塑性转变为热固性树脂。

①六亚甲基四胺和含活泼点的树脂反应, 此时在六亚甲基四胺中任何一个氮原子上连接的 3 个化学键可依次打开, 与 3 个树脂的分子上活性点反应, 这种更为普遍:

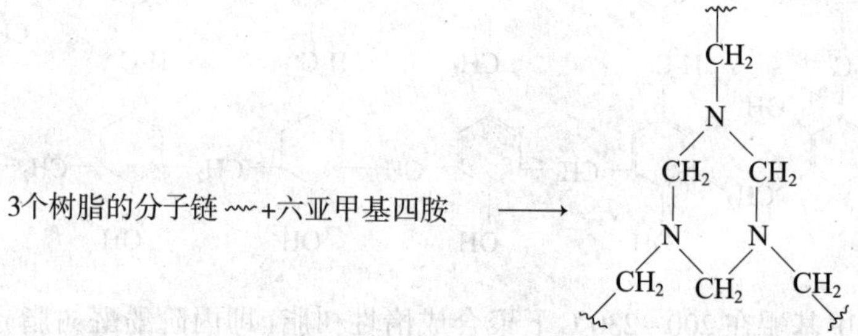

3个树脂的分子链 ∽∽ +六亚甲基四胺 ⟶

六亚甲基四胺的用量对树脂的固化速度和制品的耐热性等性能有很大影响。六亚甲基四胺用量不足, 将降低模压制品的压制速度与耐热性; 六亚甲基四胺用量过多, 不但不增加耐热性和压制速度, 反而使制品的耐热性能下降, 并可使制件发生肿胀现象。一般用量为树脂的 5%~15%, 最佳用量为 9%~10%。

②上述交联结构在进一步的加热交联过程中, 继续分解, 最后有 NH_3 放出。并有少量的氮保留在交联固化的树脂结构中。

③交联过程中可能有多种邻位和对位的中间结构, 如下所示:

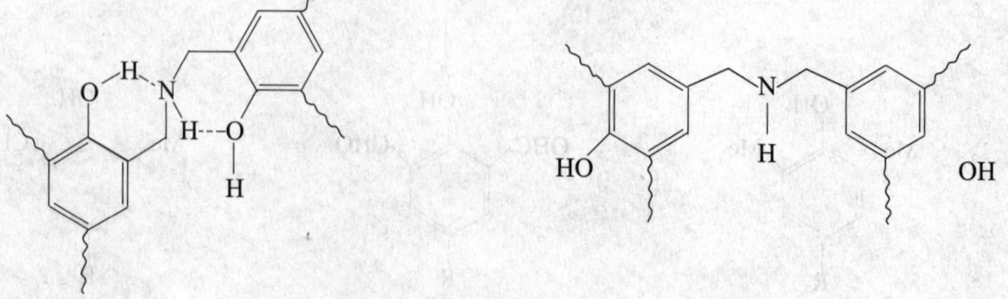

4.3.3　合成工艺

在酚醛树脂的合成中，由于采用工艺与原材料配比的不同，所得到的树脂类型有热塑性与热固性酚醛树脂之分。

4.3.3.1　热塑性酚醛树脂的合成

在 1 000mL 反应釜中加入 130g 苯酚（1.38mol）、13mL 水、92.4g 37%甲醛溶液（1.14mol）和 1g 二水合草酸，搅拌并加热混合物，回流 30min。再加 1g 草酸水合物，继续回流 1h，加入 400mL 水，待混合物冷却后，静置 30min，虹吸出上层水，并把冷凝换为真空蒸馏，加热，并在 6.67~13.34kPa 压力下，使釜温升到 120℃，直达到要求，可得到 140g 树脂，产率不大于 105%（按苯酚质量计）。

水对树脂熔点有显著影响，相对分子质量在 450~700 的树脂，含 1% 的水，可使树脂熔点降低 3.4℃。黏度受水影响更大，加 0.5% 的水可减少熔体黏度 50%。树脂与六亚甲基四胺的反应性随水量提高将提高，因此，尽量减少熔体的黏度，但树脂的流动性减少。游离酚含量对树脂的影响不及水明显，但对高相对分子质量树脂和树脂熔体黏度有重要影响。

4.3.3.2 热固性酚醛树脂的合成

Resol 树脂非常多，随催化剂的用量、类型、配方及反应条件而变化，用于浸渍纸、制胶合板、层压板、刹车片的酚醛树脂都不一样。如水溶性热固性酚醛树脂可用氢氧化钠作为催化剂，按配比投料，使反应物在回流温度下反应 45min 至 1h 即可出料，制得的树脂可用于生产胶合板或作木材的胶。

（1）水溶性酚醛树脂胶黏剂：制备如下 4 个步骤。

①原材料与配方　见表 4-10。

表 4-10　水溶性酚醛树脂胶黏剂配方

原　　料	配比/质量份	原　　料	配比/质量份
氢氧化钠水溶液（0.1mol/L）	128	水	68
甲醛溶液（37%）	60.5	苯酚	47

②制备方法　将针状无色苯酚晶体加热到 43℃，熔化后将它加入到三口瓶中，搅拌，加入氢氧化钠水溶液和水，升温至 45℃ 并保温 25min 然后加入甲醛总量的 80%，并于 45~50℃ 保温 30min，在 80min 内由 50℃ 升至 87℃，再在 25min 内由 87℃ 升至 95℃，保温反应 25min。再在 30min 内由 95℃ 冷却至 82℃，加入剩下的甲醛，于 82℃ 保温 15min。最后在 30min 内把温度从 82℃ 升至 92℃，于 92~96℃ 之间保温加 20min 后，取样测定黏度为 $(100~200) \times 10^{-5} m^2/s$ 时，立即通冷却水，温度降至 40℃ 时，出料。

③性能　见表 4-11。

表 4-11　水溶性酚醛树脂胶黏剂的基本性能

检测项目	技术指标	检测项目	技术指标
外观（目测）	红褐色透明黏稠液体	游离甲醛（%）	0.5~1.0
固体含量（%）	43~48	黏度（Pa·s，25℃）	120~400
游离酚（%）	≤2.5		

④应用　用于制造高级胶合板。

（2）醇溶性酚醛树脂胶黏剂：醇溶性酚醛树脂胶黏剂系苯酚与甲醛在氨水存在下进行缩聚反应，经减压脱水，树脂溶于乙醇中的棕色透明黏稠液体，可用乙醇继续稀释，但遇水易浑浊并出现分层现象。该树脂主要用于纸张及单板的浸渍，以生产船舶和高级耐水胶合板。

①原料配比　苯酚：甲醛＝1：1.2（物质的量比），苯酚：氨水＝100：6.8（质量比），乙醇适量。

②合成工艺　将已熔融的苯酚小心地加入反应釜，开动搅拌器，再加入甲醛，温度保持在40～45℃，搅拌10～15min；然后加入氨水，使反应液在20min内升温至65℃，并在此温度下保温反应20min；继续升温，并保持在60min内升温至95℃（注意防止暴沸，仔细观察釜内反应的变化），反应20min。当釜内的反应液出现浑浊现象后，在94～96℃条件下继续反应25min。停止加热并进行减压脱水（注意内温不得高于65℃），反应液透明后内温不超过75℃。当反应液透明后20min，取样测聚合速率不大于70s时，停止脱水，加入乙醇，其质量约等于苯酚的质量，同时内温保持在65～75℃，待树脂全部溶解后，冷却至50℃下即可放料。

该树脂要求贮存于密闭的铁桶中，场所严禁烟火，常温下可贮存2～4个月。

③产品性能　醇溶性酚醛树脂基本性能见表4-12。

表4-12　醇溶性酚醛树脂的基本性能

检测项目	技术指标	检测项目	技术指标
外观（目测）	红褐色透明黏稠液体	游离甲醛（%）	0.5～1.0
固体含量（%）	43～48	黏度（Pa·s，25℃）	120～400
游离酚（%）	≤2.5		

4.3.3.3　高邻位酚醛树脂的合成

（1）Novolak 树脂：用缓和的酸性催化剂二价金属钙、镁、锌等乙酸盐，在 $P:F=1:0.8$ 的配比下反应，甲醛常用高浓度水溶液如50%，并分批或逐渐加入，通常分二批进行，以减少放热和出现凝胶，即缩聚阶段和高温蒸馏阶段（达145℃）。用甲苯和二甲苯做共沸溶剂，这样易于除水，能有效地控制反应热和反应速度；可使用双催化剂系统。

（2）Resol 树脂：在 pH＝4～7 下，控制 $P:F=1:(1.5～1.8)$，用金属盐催化剂系统，甲醛水溶液或多聚甲醛加入，缩合水通过共沸溶剂（甲苯或二甲苯）除去，反应需6～8h，温度100～125℃，脱水至含水量<2%，得到中性树脂。在室温下，树脂固体含量高、黏度低、贮存比较稳定。也可以用气体甲醛通入熔融的苯酚或取代酚来制备高邻位快速固化的酚醛树脂。

4.3.4　质量影响因素

酚醛树脂的质量主要受酚与醛的化学结构、摩尔比、催化剂的种类及用量、反应体系的pH值等多种因素的影响。

4.3.4.1　原辅材料的影响

（1）酚类官能度及取代基的影响：官能度是指某化合物在化学反应中所具备的活性部位的数目。研究表明，在合成过程中需要5个反应点酚醛树脂才能形成体型结构，而醛为 2 官能度的单体，因此，酚必须含 3 官能度。常见的 3 官能度的酚有苯酚、间苯二酚、3，5-二甲苯酚、2，6-二甲苯酚等。

苯环上的取代基种类对反应速度有很大影响，酚类与甲醛的反应能力与反应速度和甲基在苯环上的位置和数量有关。表 4-13 列出了不同酚与甲醛的反应能力。

表 4-13　不同酚与甲醛的反应能力

酚的种类	相对反应能力（以苯酚为 1）	酚的种类	相对反应能力（以苯酚为 1）
3，5-二甲酚	7.77	2，5-二甲酚	0.70
间甲酚	2.87	对甲酚	0.35
2，3，5-三甲酚	1.49	邻甲酚	0.26
苯酚	1.00	2，6-二甲酚	0.16
3，4-二甲酚	0.83		

从表 4-13 中可以看出，间甲酚的反应能力是苯酚的 2.87 倍，3，5-二甲酚的反应能力是苯酚的 7.77 倍。取代基在苯环上的位置不同，对反应速度也有影响，例如，3，5-二甲酚的反应能力是 2，5-二甲酚的 11 倍，是 2，6-二甲酚的 49 倍。

（2）摩尔比的影响：从酚醛树脂的分子结构可以看出，生产热固酚醛树脂时，苯酚与甲醛的摩尔比一定要小于 1，若大于 1 则因不能产生足够的羟甲基而致使缩聚反应无法进行到底，到一定阶段反应即停止。若摩尔比为 1 时，只能生成线型树脂。

要形成理想的体型热固性酚醛树脂，必须要有足够的甲醛提供官能度来生成次甲基键。当甲醛和苯酚的摩尔比为 1.5:1、且碱作催化剂时，初期的加成反应有利于酚醇的生成。为了形成更多的亚甲基结构，工业上常用醛与酚的摩尔比为（1.1~1.5）:1.0。

如果使酚的摩尔比大于醛，则因醛量不足而使酚分子上的活性点没有完全利用，反应开始时所生成的羟甲基就会与过量的苯酚反应，最后只能得到热塑性树脂。例如，以 3mol 苯酚和 2mol 甲醛反应，可生成如下所示的线性结构缩合物：

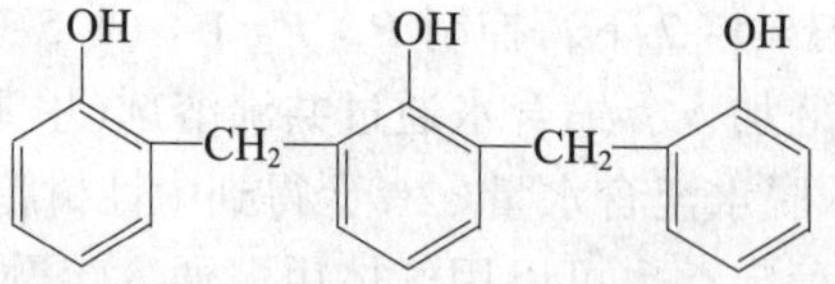

4.3.4.2　制备工艺的影响

（1）介质 pH 值及催化剂的影响：生产酚醛树脂胶黏剂常用的催化剂有碱性催化剂、酸性催化剂及碱土金属氧化物催化剂 3 类。苯酚与甲醛在不同 pH 值介质中反应的机理及生成物结构与性能均不相同。pH = 3.0~3.1 称为酚醛树脂的"合成点"，即在此范围内很难发生反应，在此基础上调节 pH 值，反应立即发生。在酸性催化剂作用下，苯酚与甲醛之间的反应速度随反应介质中氢离子浓度的增加而加快。而在碱性催化剂及二价金属离子催化剂作用下，当氢离子或金属离子的浓度超过某一数值时，浓度再增加对反应速度几乎无影响。

当 F/P 摩尔比>1、pH<3 时可合成热塑性酚醛树脂；pH＝4~7、二价金属离子催化剂作用下可合成高部位酚醛树脂；在 F/P 摩尔比<1、pH＝7~11 条件下可合成热固性酚醛树脂。

①碱性催化剂　热固性酚醛树脂都用碱性催化剂，强碱性催化剂催化作用较强，反应速度快，能增加树脂的水溶性。但树脂中会残留碱，同时，甲醛在强碱溶液中，易发生歧化反应。为了避免发生歧化反应，强碱的投入也是采用分次投料的方法。弱碱性催化剂催化作用缓和，反应平稳，易于控制。若用氨水作催化剂，树脂的水溶性下降，便于脱水浓缩。常用的碱性催化剂有氢氧化钠、氢氧化钙、氢氧化钡、氢氧化铵等。前两种多用于制造热固性的水溶性酚醛树脂，氢氧化钡多用于制造冷固性的水（醇）溶性酚醛树脂，氢氧化铵则用于制造醇溶性酚醛树脂。氢氧化钠、氢氧化铵和氢氧化钡的用量一般为苯酚用量的 10%~15%、0.5%~3.0% 和 1.0%~1.5%。

碱土金属氧化物也可用于酚醛树脂的合成，常用的有 BaO、MgO 和 CaO，其催化作用缓和，反应易于控制，反应时间较长，游离酚含量较高，但可形成高邻位的酚醛树脂。

②酸性催化剂　热塑性酚醛树脂一般采用酸催化剂。常用的酸性催化剂有盐酸、硫酸、碳酸、草酸及各种苯磺酸等。盐酸的用量 0.05%~0.30%。碳酸及有机酸（草酸、苯磺酸）作催化剂用量较大，用量在 1.5%~2.5% 之间，使用草酸的优点是缩聚过程较易控制，生成的树脂颜色较浅，且有较好的耐光性。

一般为在木材工业中，极少使用线型酚醛树脂，只有少数冷固化酚醛树脂胶黏剂采用石油磺酸及对甲苯磺酸作固化剂，它可提高酚醛树脂的固化速度。

（2）反应温度和反应时间的影响：当苯酚与甲醛混合时，化学反应就已经开始，只是在低温条件下，即使有催化剂存在反应仍进行得很缓慢，达到一定的聚合度所需较长时间；而升高温度，反应速度则迅速提高。由于在树脂化过程中初期酚醛树脂的质量对其性能影响较大，故树脂生产阶段的反应温度与反应时间是不可忽视的因素。

在反应初期，一般升温速度不宜太快，这样更利于形成一羟甲基酚、二羟甲基酚等。由于是放热反应，在这个过程中反应体系的温度迅速升高，所以在反应釜内升温至 55~65℃ 之后即可停止加热，反应中放出的热量即可以提高反应体系的温度。

虽然苯酚与甲醛的缩聚反应一般是在沸腾情况下进行的，但强烈的沸腾不仅不能带来任何好处，反而会增加热量与冷却用水的消耗。而且，树脂的形成不是简单地由羟甲基酚变成树脂，而是连续不断地形成许多缩聚程度不同的中间产物，经过大分子的破裂、小分子的缩聚而形成分子量分布比较均匀的最终产物。而较长的反应时间有利于分子量的均匀分布，以此来改善树脂贮存期和树脂胶合后的物理力学性能。

在反应中后期，主要是分子量较低的产物相互缩聚，此时反应中的放热要比反应初期释放的热量小很多，因此必须及时加热以保证反应体系所需要的温度。此阶段树脂形成的特点是随着缩聚程度的提高分子量增大，因此树脂的黏度逐渐增加。

与此同时，反应温度和升温速度还与催化剂催化作用的强弱有关。采用快速升温时，可选用较缓和的催化剂，如氨水。但也要避免升温过快、时间过短、缩聚不充分，造成树脂分子大小相差悬殊、游离酚含量过高、胶合强度和耐老化性能下降等不利影响。若缓慢地升温，则使用氢氧化钠，其缩聚程度均匀、游离酚含量少、树脂得率高、胶合性能好。由此可见，在实际生产中，选用的反应温度和催化剂要相互匹配。

苯酚与甲醛在树脂化过程中，可采用高温缩聚或低温缩聚两种方式。高温缩聚的温度为90℃以上，低温缩聚的温度为70℃以下，一般根据树脂的用途来选择缩聚温度。

高温缩聚树脂的分子量分布较窄，平均分子量较高，黏度高、水溶性好，适用于胶合板及刨花板等的制造。低温缩聚树脂的平均分子量较低，分子量分布较宽，游离酚含量较高，黏度低，适用于浸渍用。

此外，酚醛树脂固化阶段的温度也有讲究，可分为高温固化型、中温固化型和常温固化型酚醛树脂胶黏剂。

①高温固化型酚醛树脂胶黏剂　用强碱作为催化剂，反应介质 pH 值>10，在130~150℃下固化；用弱碱作为催化剂，反应介质 pH 值<9，形成的初期酚醛树脂用酒精溶解，在130~150℃下固化。

②中温固化型酚醛树脂胶黏剂　用强碱作为催化剂，反应介质 pH 值>12，在反应釜中缩聚到接近中期树脂的程度，在105~115℃下固化。

③常温固化型酚醛树脂胶黏剂　用强碱作为催化剂，形成初期酚醛树脂，以有机溶剂溶解；在酸性条件下常温固化。

(3)缩聚次数的影响：一次缩聚，在弱碱(如氨水)的催化下，苯酚与甲醛1次投料进行缩聚反应，特点是反应平稳，易于控制，有利于降低水溶性，便于脱水浓缩，但不利于降低游离酚；二次缩聚，在强碱(如氢氧化钠)的催化下，甲醛分两次投料，有助于减缓反应中产生的自发热，易于控制，同时有利于减少游离酚。

在实际生产中，一般醇溶性酚醛树脂胶黏剂及高邻位酚醛树脂多采用一次缩聚工艺，水溶性酚醛树脂胶黏剂则多采用二次缩聚。

(4)浓缩与未浓缩处理的影响：浓缩处理时，初期酚醛树脂达到反应终点后，进行减压脱水处理以达到规定的固体含量。特点是：黏度大、固体含量高、游离酚含量较低、树脂无分层现象。但生产周期长、能耗大、成本高。此类树脂主要用于胶合板的制造。未浓缩处理时，初期树脂达到反应终点后，不进行脱水处理。特点是：固体含量低、黏度低、游离酚含量较高。但生产周期短、能耗小、成本低。此类树脂主要用于刨花板、纤维板等的制造。

(5)生产操作方法的影响：生产预定结构和性能的酚醛树脂，还应注意生产操作方法的影响。如原料和催化剂投入反应釜的时间差；各反应阶段温度、时间控制的调配；脱水干燥的方法、速度等都会影响酚醛树脂相对分子质量及其分布，当然也就影响到树脂的稳定性和工艺性能。

4.4　三醛树脂胶黏剂的改性

4.4.1　脲醛树脂胶黏剂改性

脲醛树脂是由亚甲基($—CH_2—$)和亚甲基醚键($—CH_2—O—CH_2—$)链接的若干羟

甲基(—CH₂OH)端基的尿素分子构成的聚合物和游离甲醛、游离尿素等的复杂混合物。其中的游离甲醛易挥发污染环境；同时，羟甲基易与—NH₂发生交联，使其易凝胶、贮存期短；且羟甲基具有亲水性，固化后，树脂中尚存的羟甲基使其耐水性变差；此外，脲醛树脂固化后产生内应力使胶层变脆、易龟裂而导致耐老化性差。故可根据不同的目的有针对性的进行改性，以获得具有不同性能的脲醛树脂。

4.4.1.1　降低游离甲醛

(1)脲醛树脂释放甲醛的机理：制品释放甲醛的原因是十分复杂的，并且是不可避免。脲醛树脂胶制成的人造板产生甲醛释放的最直接、最主要的原因还是胶液中的游离甲醛和树脂微观结构的不合理。一般认为脲醛树脂释放甲醛的机理主要有以下几方面。

①树脂合成过程中未参加反应的游离甲醛

$$CH_2O + H_2O \Longrightarrow HO—CH_2—OH$$

$$H_2N—\overset{\displaystyle O}{\overset{\|}{C}}—NH_2 + HO—CH_2—OH \longrightarrow H_2N—\overset{\displaystyle O}{\overset{\|}{C}}—NHCH_2OH + H_2O$$

$$O=C\begin{matrix} NH_2 + HO—CH_2—OH \\ NH_2 + HO—CH_2—OH \end{matrix} \longrightarrow O=C\begin{matrix} NH—CH_2OH \\ NH—CH_2OH \end{matrix} + 2H_2O$$

$$\xrightarrow{HO—CH_2—OH} O=C\begin{matrix} NH—CH_2OH \\ N—CH_2OH \\ | \\ CH_2OH \end{matrix}$$

②反应的可逆性　根据 Schildnecht 的论述，尿素和甲醛的加成反应(羟甲基反应)，在中性或弱碱性条件下最为顺利，其反应过程是一个可逆平衡过程：

$$\begin{matrix} NH_2 \\ | \\ C=O \\ | \\ NH_2 \end{matrix} + CH_2O \Longrightarrow \begin{matrix} NHCH_2OH \\ | \\ C=O \\ | \\ NH_2 \end{matrix}$$

$$\begin{matrix} NHCH_2OH \\ | \\ C=O \\ | \\ NH_2 \end{matrix} + CH_2O \Longrightarrow \begin{matrix} NHCH_2OH \\ | \\ C=O \\ | \\ NHCH_2OH \end{matrix}$$

根据可逆反应的特点，即使正反应和逆反应达到平衡，混合液中始终有单体甲醛存在，这就决定了常规反应条件下，若无另外物质参与反应，脲醛树脂中永远存在游离甲醛。当脲醛树脂胶黏剂加入到被胶合的木材中，残留在树脂中未反应的甲醛被木材吸收，在使用过程中，一部分甲醛逸出，一部分还残留在木材空隙中，随着时间的推移，逐步扩散到空气中。

③缩聚反应阶段产生甲醛

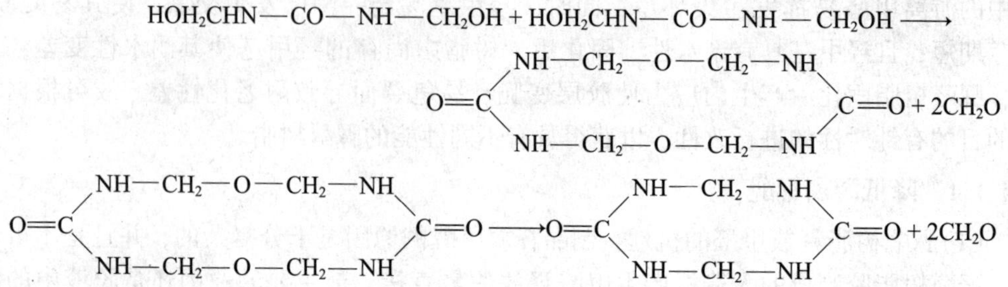

$$HOH_2CHN—CO—NH—CH_2OH + HOH_2CHN—CO—NH—CH_2OH \longrightarrow$$

$$O=C\begin{smallmatrix}NH—CH_2—O—CH_2—NH\\ \\NH—CH_2—O—CH_2—NH\end{smallmatrix}C=O + 2CH_2O$$

$$O=C\begin{smallmatrix}NH—CH_2—O—CH_2—NH\\ \\NH—CH_2—O—CH_2—NH\end{smallmatrix}C=O \longrightarrow O=C\begin{smallmatrix}NH—CH_2—NH\\ \\NH—CH_2—NH\end{smallmatrix}C=O + 2CH_2O$$

④树脂固化过程中，释放出甲醛

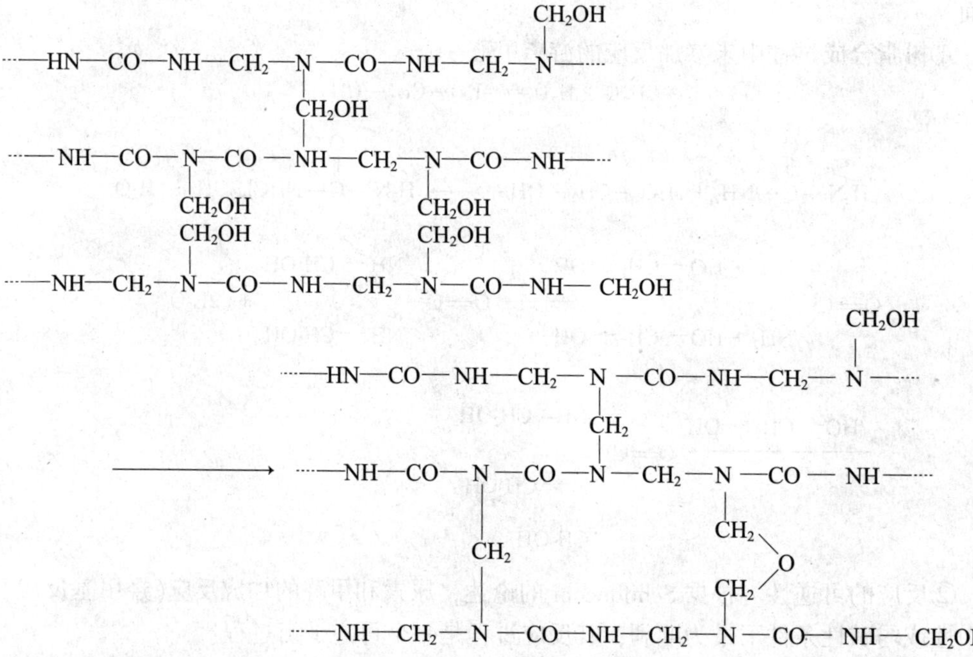

$$\cdots—HN—CO—NH—CH_2—N—CO—NH—CH_2—N(CH_2OH)—\cdots$$
（以下为交联网状结构示意）

⑤制品在使用过程，受到温度、湿度、酸碱、光照等环境因素影响，发生降解而释放甲醛。

a. 亚甲基醚键的断裂

通常情况下，脲醛树脂是通过亚甲基($—CH_2—$)的形成来增加分子链长度的，但在某些情况下分子链中的某些增长链段是通过亚甲基醚键($—CH_2—O—CH_2—$)这类副反应来完成的。在碱性条件下，缩聚容易形成亚甲基醚键，碱性 pH 值越高，反应速度越高，这种副反应进行得越充分。

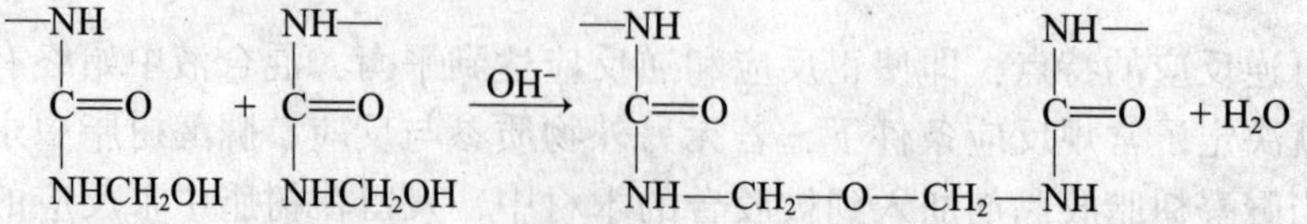

$$\overset{—NH}{\underset{NHCH_2OH}{C=O}} + \overset{NH—}{\underset{NHCH_2OH}{C=O}} \xrightarrow{OH^-} \overset{—NH}{\underset{NH—CH_2—O—CH_2—NH}{C=O}}\overset{NH—}{C=O} + H_2O$$

而亚甲基醚键在脲醛树脂受热固化过程中，将裂解而释放出甲醛，在酸性介质及有水的条件下，分解反应加速。

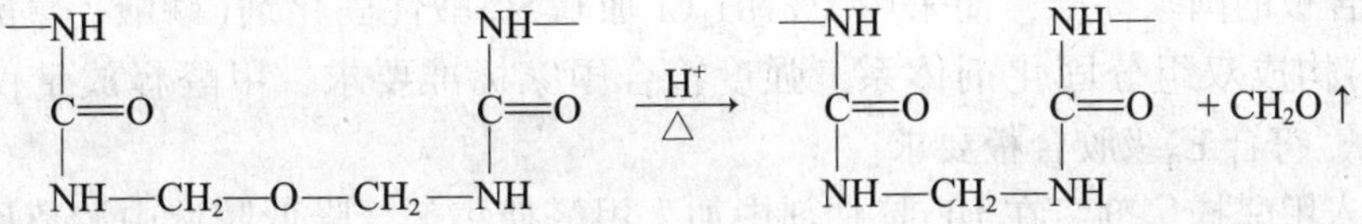

$$\text{—NH} \quad \text{NH—} \quad \xrightarrow[\triangle]{H^+} \quad \text{—NH} \quad \text{NH—} \quad + CH_2O\uparrow$$

（对应结构式）

b. 羟甲基的分解

脲醛树脂结构中的羟甲基是一种活性基团，是树脂化反应和胶合反应的关键。胶液形成后，脲醛树脂分子结构中仍含有一定的羟甲基，一般10%以上（对固含量50%左右的树脂），羟甲基在受热的情况下，尤其是在126℃以上的温度下，将分解释放甲醛，且酸性环境和有水分存在的条件下都能加速分解。故将脲醛树脂的热压温度控制在120℃以下，有利于减缓羟甲基的分解反应而降低甲醛释放量。

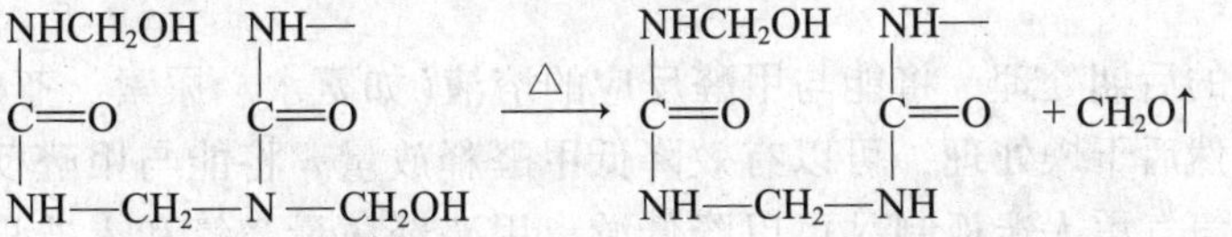

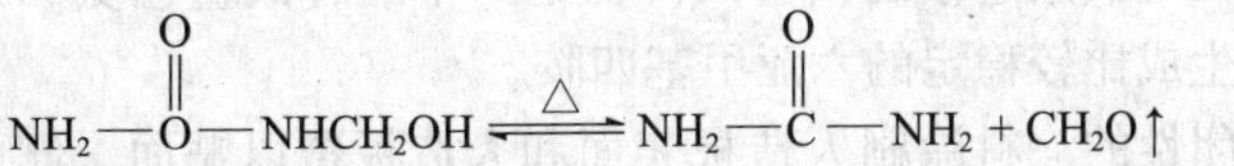

$$\text{NHCH}_2\text{OH} \quad \text{NH—} \quad \xrightarrow{\triangle} \quad \text{NHCH}_2\text{OH} \quad \text{NH—} \quad + CH_2O\uparrow$$

$$NH_2—O—NHCH_2OH \xrightleftharpoons{\triangle} NH_2—C—NH_2 + CH_2O\uparrow$$

由此可见，脲醛树脂的甲醛释放来自于游离甲醛和以羟甲基和亚甲基醚键形式存在于脲醛树脂中的结合甲醛。

（2）降低甲醛释放量的方法归纳起来大致有以下几种：

①降低 F/U 摩尔比　降低 F/U 摩尔比是降低脲醛树脂甲醛释放量最常用的方法，但有个限度：摩尔比太低，会引起其他负效应，如树脂的水溶性下降，贮存稳定性降低，固化时间延长，胶合强度下降等。降低甲醛与尿素摩尔比的关键是选择一个合适的比值，使它既能保证胶黏剂有优良的性能，又使甲醛释放量能达标。

一般情况下，F/U 摩尔比越低，游离甲醛含量越低。Fizzi 报道 E_1 级刨花板所用的脲醛树脂 F/U 摩尔比在 0.9~1.1 之间，0.96 最好。根据作者的经验，E_1 级胶合板、细木工板所用的脲醛胶，摩尔比在 1.1~1.2 之间为好。E_1 级中密度纤维板用脲醛胶的 F/U 摩尔比与刨花板类似。

②真空脱水　真空脱水抽提游离甲醛也是一个常用的办法，但此法存在一些问题，会排出含醛废水，生成周期长，设备费用高。

③多次加入尿素　除了 F/U 摩尔比外，合成工艺也是重要的影响因素。尿素的添加方法及添加尿素时的 pH 值，对合成树脂的稳定性、黏度的影响较大。一般采用多阶段缩聚工艺即分多次加入尿素可有效降低游离甲醛的含量。在实际生产中，尿素采用 2~3 次添加为好。

④采用复合固化剂体系　对于低 F/U 摩尔比的脲醛树脂胶，由于游离甲醛含量低，使用 NH_4Cl 等酸性盐固化剂不能使脲醛树脂的 pH 值下降致使其完全固化，采用含酸类固化剂的复合固化剂体系可以控制胶层的酸度而达到完全固化的要求，如三聚氰胺用量 8.5%（以 UF 树脂计）$F/(U+M)$ 摩尔比 1.01~1.03 的 E_1 级胶合板用脲醛树脂胶，仅以 1%NH_4Cl 为固化剂压制的杨木三合板甲醛释放量为 0.5mg/L 左右，但胶合强度达不

到Ⅱ类胶合板的国家标准，而采用 $1\% NH_4Cl$ 加 0.5% 酸性固化剂（磷酸、草酸、甲酸、酒石酸等）构成双组分固化剂体系，强度符合国家标准要求，甲醛释放量仅为 $0.2 \sim 0.43mg/L$，符合 E_0 级胶合板要求。

⑤加入甲醛捕集剂　在 UF 胶黏剂中加入甲醛捕集剂，降低胶液中游离甲醛含量，并可吸收胶黏剂固化过程中析出的甲醛及木制品使用过程中因胶黏剂水解等原因而产生的甲醛。甲醛捕集剂的品种较多，从广义上讲，凡是在常温下能与甲醛发生化学反应的物质，均可用作甲醛捕集剂，效果显著的有以下几种：调胶时加入尿素、酚类、三聚氰胺、亚硫酸（氢）钠、单宁、凹凸棒粉、聚乙烯醇、氨水、铵盐、酰胺、树皮粉（含单宁）、苯酚、间苯二酚、膨润土、硫脲、聚丙烯酸胺等可有效地消除固化时释放的甲醛。德国 BASF 公司的"液态 Kaupotal950"、Zika 公司的"Rewelit220"均为商品捕集剂。

⑥人造板的后期处理　将能与甲醛反应的溶液（如氨水、尿素、亚硫酸钠等）喷涂人造板表面，然后干燥处理，可以有效降低甲醛释放量。将能与甲醛反应的气体熏制人造板，如用氨气熏人造板制品可以降低游离甲醛释放量，氨和人造板中的游离甲醛起化学反应，生成比较稳定的六亚甲基四胺。

用具有封闭性的涂料涂刷人造板表面和人造板覆以贴面，侧面进行封边处理，这样可以将人造板内的游离甲醛密封在制品内部，防其泄漏而污染环境；在相同条件下，经过饰面与封边处理的人造板材的甲醛释放量是未经处理素板的 1/10 左右。

4.4.1.2　改进耐水性

脲醛树脂的耐水性主要是指其制品经水分或湿气作用后能保持其胶合性能的能力。UF 树脂胶黏剂耐水性差的原因，主要在于固化后的树脂中存在着羟基、氨基、亚氨基等亲水性基团。同时，酸性固化剂的使用导致胶层固化后显酸性，易使胶黏剂中的羟甲基分解。因为 NH_4Cl 作固化剂时，它与甲醛反应生成盐酸：

$$6CH_2O + 4NH_4Cl \Longrightarrow (CH_2)_6N_4 + 4HCl + 6H_2O$$

因此，减少上述亲水基团的数量或降低亲水基团的亲水性是提高脲醛树脂耐水性的有效手段，通常可以采用共混与共聚的方法。

（1）共混改性

①添加树脂　在一定范围内，可以通过向脲醛树脂中加入胶合性能好的疏水性树脂如聚乙烯醇缩醛、酚醛树脂、三聚氰胺甲醛树脂以及少量环氧树脂等是提高耐水性的重要方法，同时还可以引入环状衍生物，如 Uron 环等。此外，利用麸朊、凝胶淀粉、淀粉碳酸酯等天然高分子材料也不失为一种有效的方法。

②外加填料　在调胶时加入一些填料，如木粉、豆粉、面粉、草木灰、氧化镁、膨润土等，也可以提高耐水性能。还有向脲醛胶中加入 $Al_2(SO_4)_3$、$AlPO_4$、白云石、矿渣棉等无机盐或填料，也可明显提高其耐水性。

③合成胶乳　利用各种合成胶乳对 UF 进行改性，改性后，胶黏剂的耐水性及耐久性达到甚至超过 PF。可用于这种胶黏剂体系的合成胶乳较多，如丁苯胶乳、羧基丁苯胶乳、丁腈胶乳、氯丁胶乳以及各种丙烯酸酯胶乳等，其中以苯及羧基丁苯胶乳效果最佳，且成本低廉。利用羧基丁苯胶乳对脲醛树脂胶黏剂进行改性，同时在脲醛树脂

合成过程中加入一定数量的玉米淀粉等改性剂，进一步提高改性脲醛树脂的综合性能，降低生产成本。

④异氰酸酯　异氰酸酯基（—N＝C＝O）与脲醛树脂的羟甲基（—CH₂OH）、—NH₂以及氨基中的—NH—发生反应，用异氰酸酯改性的脲醛树脂有如下固化反应，通过这样反应脲醛树脂耐水性提高。

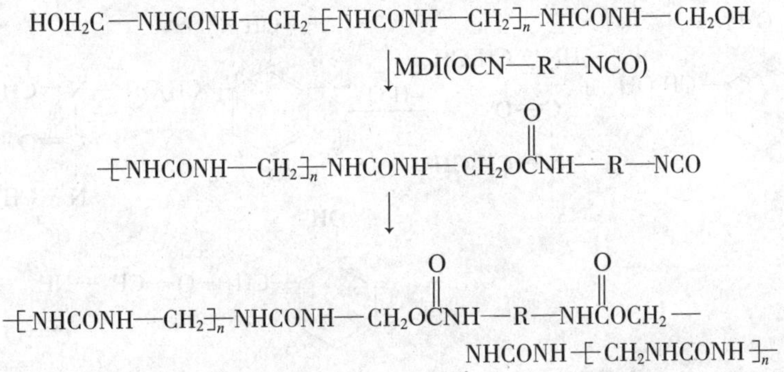

$$HOH_2C-NHCONH-CH_2\underset{n}{\overbrace{+NHCONH-CH_2}}-NHCONH-CH_2OH$$

$$\downarrow MDI(OCN-R-NCO)$$

$$\overset{O}{\underset{n}{\overbrace{+NHCONH-CH_2}}}-NHCONH-CH_2\overset{\parallel}{O}CNH-R-NCO$$

$$\downarrow$$

$$\overset{O}{\underset{n}{\overbrace{+NHCONH-CH_2}}}-NHCONH-CH_2\overset{\parallel}{O}CNH-R-\overset{\parallel}{N}HCOCH_2-$$

$$NHCONH\underset{n}{\overbrace{+CH_2NHCONH}}$$

⑤丙烯酸酯共聚乳液改性　丙烯酸酯共聚乳液本身具有优良的耐水性，又可与脲醛树脂低聚物中的活性基团反应，能降低胶层固化后保留亲水基团的量，并可与木材上的—OH、—CH₂OH反应形成化学键，提高胶层耐水性。与此同时，还能阻止水对胶层的侵入和破坏，提高胶接接头的耐老化性。

丙烯酸酯共聚乳液是一种线型高分子化合物，它加入到脲醛树脂中可以起到增韧作用，使脲醛树脂的韧度和脆性下降，提高抗龟裂能力。

（2）共聚改性：采用加入能参与尿素和甲醛共聚的化合物如苯酚、三聚氰胺、间苯二酚、苯胺及糠醛等，通过共缩聚的方法向树脂中引入疏水基团。若在树脂合成后期加入一些醇类如丁醇、糠醇等使羟甲基醚化，也可以提高脲醛树脂的耐水性。如果同时采用物理共混合共缩聚方法改性脲醛树脂，则效果更好。常见改性方法如下：

①糠醇改性　在微酸性条件下，糠醇与脲醛树脂分子中羟甲基反应，形成醚键。糠醇改性是由糠醇改性的脲醛树脂和固化剂（氯化铵、硝酸铵等）及一些助剂配成。它与纯脲醛树脂相比，耐水性好，具有一定的耐酸、耐碱能力，胶合强度也比脲醛胶高，剪切强度可达 9.8MPa。

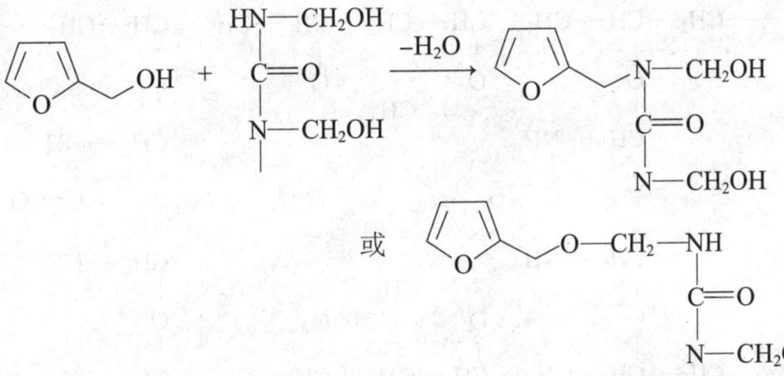

②苯酚改性　苯酚与甲醛在碱性介质中，形成羟甲基酚，羟甲基酚与甲醛和尿素形成的羟甲基脲缩聚，形成共聚树脂。在脲醛树脂胶黏剂中引入苯环，一方面增多了反应部位，减少了分子中的—OH 数目；另一方面通过酚羟基的缩合，引进了柔性较大的—O—链，改善了产品的耐水性和脆性。同时，胶固化后增加了较多的苯环邻对位刚性链，提高了产品的机械强度。

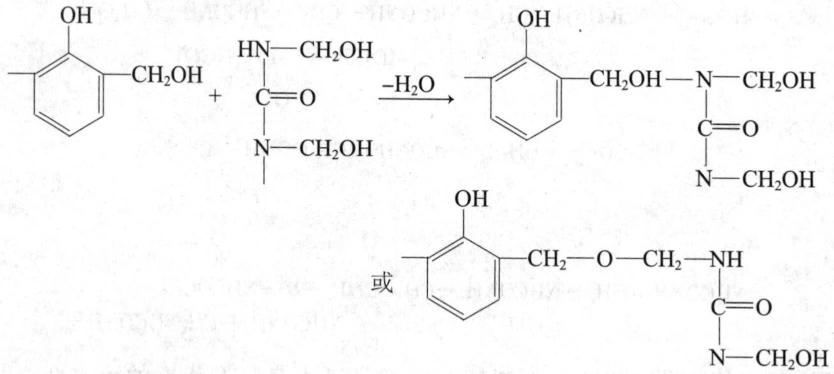

③聚乙烯醇改性　在尿素和甲醛缩合的反应中加入聚乙烯醇，在酸性条件聚乙烯醇与甲醛反应生成聚乙烯醇缩甲醛，反应式如下：

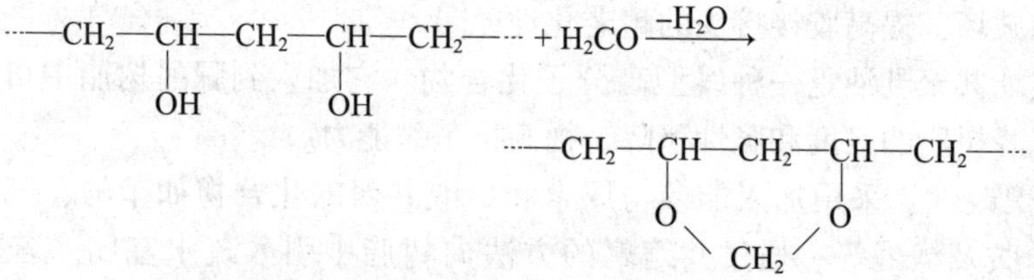

尿素与甲醛加成反应生成的主要产物是二羟甲基脲，然后聚乙烯醇与二羟甲基脲交联生成不同分子量脲醛树脂。

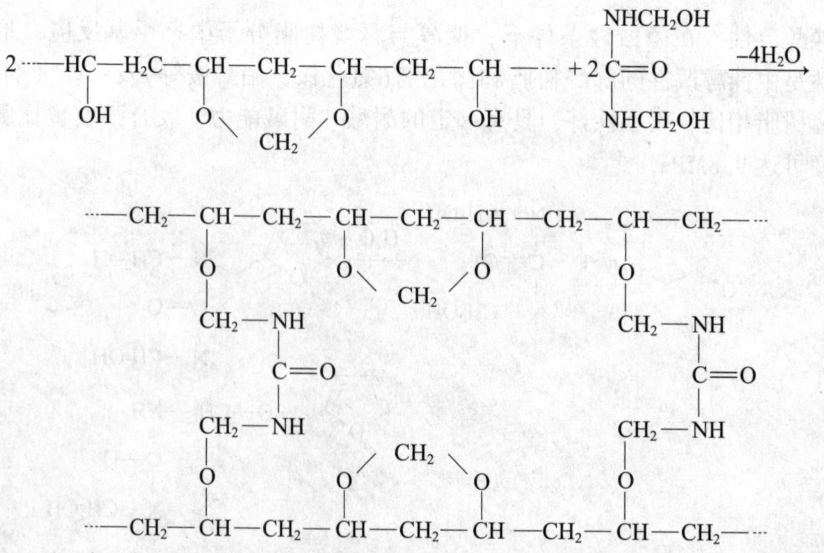

从结构式上看，聚乙烯醇的引入改善了脲醛树脂的结构，也降低了脲醛树脂中亲水基团游离羟甲基的含量，提高了脲醛树脂的耐水性。由于聚乙烯醇本身环状结构的存在，也能增加树脂的初黏性。同时，经过聚乙烯醇改性的脲醛树脂的剪切强度明显高于普通脲醛树脂胶。

④间苯二酚改性 间苯二酚活性较大，可与初期脲醛树脂反应形成间苯二酚脲醛共聚树脂，在反应过程中，酰胺键水解，亲水性基团减少，并在树脂结构中引入较稳定的苯环，因而提高了脲醛树脂胶黏剂的耐水性。

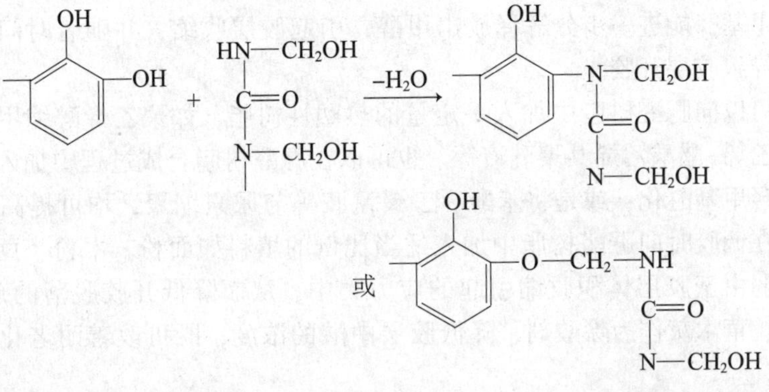

⑤三聚氰胺改性 三聚氰胺具有一个环状结构和6个活性基团(通常只有3个参加反应)，这就在很大程度上促进了脲醛树脂的交联，并在初期脲醛树脂中形成三氮杂环，进而形成三维网状结构。同时封闭了许多吸水性基团，如—CH_2OH等，从而可大大提高脲醛树脂的耐水能力和耐热性。

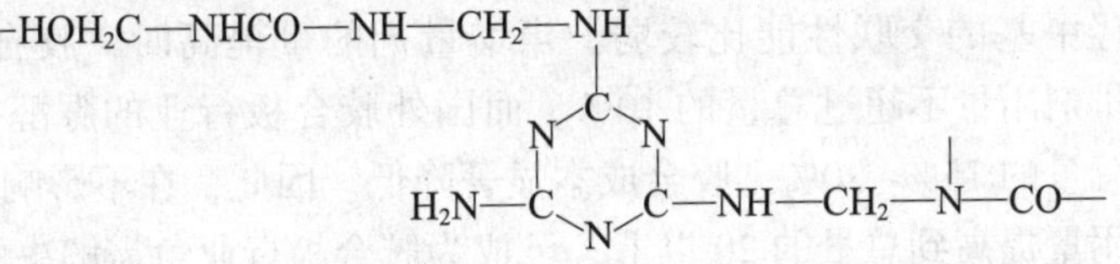

4.4.1.3 提高稳定性

贮存期短是脲醛树脂的主要缺点之一。脲醛树脂的稳定性与合成工艺、缩聚物的分子结构及 pH 值有关。在一定范围内，由于高摩尔比含羟基多，甚至有醚键化合物，稳定性好，因此摩尔比越高，树脂稳定性越好；而低摩尔比的脲醛树脂含亚甲基多，未参加反应的氨基、亚氨基多，稳定性相对较差。

一般来讲，树脂聚合度越大，水溶性越差，贮存期缩短；缩聚物中所含氨基、亚氨基越多，越容易发生交联，树脂的稳定性也越差；树脂固含量越高，黏度越大，稳定性越差。

①调节 pH 值 在脲醛树脂贮存过程中，体系的 pH 值会逐渐降低而导致早期固化，故在实际生产中经常将树脂的 pH 值保持在 8.0～9.0，这样可延长脲醛树脂的贮存期。同时，向脲醛树脂中加入5%的甲醇、变性淀粉及分散剂、硼酸盐、镁盐组成的复合添加剂等也可以减缓聚合反应的发生，提高脲醛树脂的贮存稳定性。

②控制原料质量 尿素和甲醛的质量对脲醛树脂的稳定性有一定影响。如当尿素

中缩二脲含量高于 1% 时，贮存两个月后胶合强度明显下降。同时，工业甲醛溶液中一般含甲醇 6%~12%，甲醇除对甲醛有阻聚作用外，还影响脲醛树脂的缩聚反应速度和贮存稳定性。当甲醇含量高于 6% 时反应速度比较平衡，贮存稳定性较好；而低于 6% 时，贮存稳定性变差。

4.4.1.4 改善耐老化性

脲醛树脂的老化性指固化后的胶层逐渐产生龟裂，开胶脱落的现象。影响脲醛树脂老化的因素是多方面的，其中主要原因是固化后的脲醛树脂中仍含有部分具有亲水性的游离羟甲基，能进一步分解释放出甲醛，引起胶层收缩，并随着时间的推移，亚甲基键断裂导致胶层开胶。

因此，可以向脲醛树脂中加入一定量的热塑性树脂，如聚乙烯醇缩甲醛、聚醋酸乙烯乳液、乙烯-醋酸乙烯共聚乳液等。也可以在脲醛树脂合成过程中加入乙醇、丁醇及糠醇，将羟甲基醚化；或是将苯酚、三聚氰胺等与尿素缩聚，均可提高其抗老化能力。此外，在调胶时向脲醛树脂中加入适当比例的填料如面粉、木粉、豆粉、膨润土等，能够削弱由于胶层体积收缩引起的应力集中，从而降低开胶脱落的现象。另外，采用氧化镁、草木灰作为除酸剂，降低胶层中酸的浓度，既可改善耐老化性能，又可提高耐水性。

4.4.1.5 降低成本

脲醛树脂在使用过程中，为了降低胶料成本，同时不降低胶合强度，且符合工艺要求，一般要加入适量的增量剂。胶合板生产企业用普通面粉作增量剂。因为面粉具有来源广泛、使用方便、价格低廉等优点，但不足之处是由于其主要成分是淀粉，与脲醛树脂中的羟甲基的交联性能比较弱，当增量剂的量提高时，胶合强度明显下降。因此，一般增量剂用量不超过总量的 10%。而国外胶合板行业的脲醛树脂的增量剂用量一般可达到总量的 15%~20%，胶合成本显著降低。因此，在不影响胶合强度的前提下，把增量剂用量提高到总量的 20 以上，已成为胶合板行业急需解决的问题。

上述几种改性方法，即可单独使用，也可联合使用，均能在一定程度上改善脲醛树脂的综合性能。

4.4.2 三聚氰胺甲醛树脂胶黏剂改性

三聚氰胺胶黏剂的特点是化学活性高，热稳定性好，耐沸水性、耐化药品性和电绝缘性好，耐热和耐水性优于酚醛树脂和脲醛树脂胶黏剂，但三聚氰胺树脂中还存在具有较强反应活性的羟基(—OH)、亚氨基(—NH—)，储存过程中这些活性基团会相互发生交联反应导致贮存期短，固化后脆性大，所以很少单独使用，一般需要改性后使用；同时，三聚氰胺树脂价格较贵，通过改性可以降低成本。因此，三聚氰胺树脂胶黏剂的改性可以从提高柔韧性、增加稳定性和降低生产成本 3 个方面展开。

4.4.2.1 提高柔韧性

三聚氰胺树脂的固化是通过亚甲基或二亚甲基醚键相互交联实现的，因亚甲基两端连有位阻很大的三嗪环，并且多个亚甲基同三嗪环间相互交错，所以固化后树脂硬度大、韧性低。

在三聚氰胺甲醛树脂制备的过程中加入改性剂，与羟甲基反应生成醚键，活性基团被封闭，从而可使三聚氰胺胶黏剂的交联度下降，脆性减小。如聚乙二醇、聚乙烯醇、糠醛等与甲醛和三聚氰胺羟甲基衍生物发生化学反应，能改变树脂结构，使交联密度下降。也可用对甲苯磺酰胺或鸟粪胺改性，它们与甲醛和三聚氰胺羟甲基衍生物发生化学反应，能改变树脂结构，使交联密度下降。还可加入一些塑性物质，如水溶性聚酯、聚酰胺等使树脂柔韧性增加，若加入糖和丙二醇以及含有羟基的辅助增塑剂，能提高树脂的稳定性。

在树脂合成时加入聚乙烯醇与三聚氰胺和甲醛进行共缩聚，生成聚乙烯醇缩甲醛，三聚氰胺与甲醛反应生成三羟甲基三聚氰胺，然后聚乙烯醇缩甲醛与三羟甲基三聚氰胺作用形成交联环状结构：

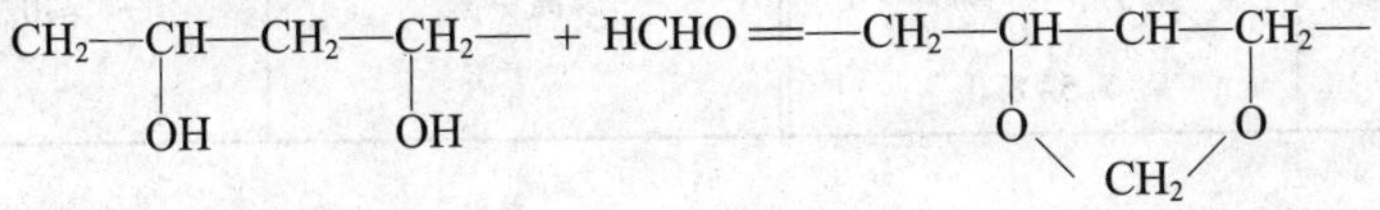

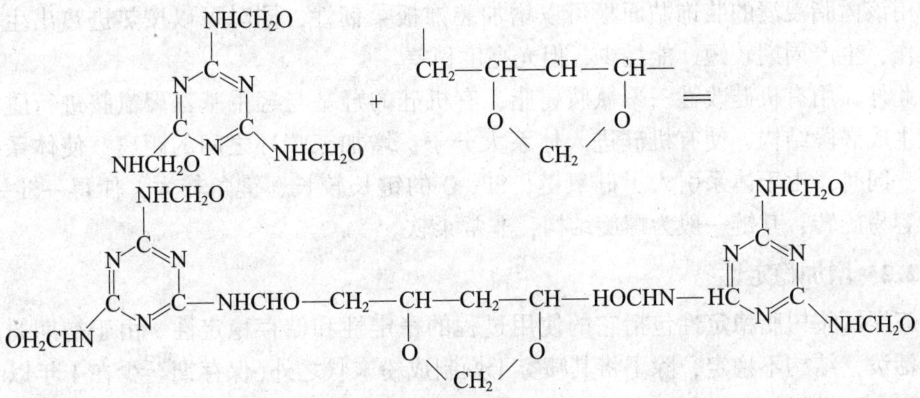

用聚乙烯醇改性三聚氰胺甲醛树脂的配方与制备工艺如下：

（1）原料配比，见表4-14。

表4-14　聚乙烯醇改性三聚氰胺树脂原材料配比表

原料	规格含量(%)	配比(质量份)
三聚氰胺	99.5	126
甲醛	37	220
聚乙烯醇	工业 1799 牌号	2.51
乙醇	50	184
水		50.8
氢氧化钠	30	适量

（2）制造工艺

①将37%的甲醛220kg加入反应釜内，开动搅拌器，用30%浓度的氢氧化钠调pH值8.5~9.0。

②加三聚氰胺 126kg 和聚乙烯醇 251kg，在 30min 左右使釜内温度上升至 92℃±2℃。当釜内温度升至 70℃以上时，应变成清澈透明的液体。

③在 92℃下保温 1h 后开始测混浊度(T_c)，当 T_c=25~27℃时，立即降温。

④测定反应液的 pH 值，调节 pH 值至 8.5 以上，在 70~75℃下保温测水稀释度，当达到要求后立即加 50%乙醇溶液 184kg，降温至 30℃以下，调 pH 值 8.5 以上，即可出料。

（3）树脂质量指标，见表 4-15。

表 4-15　聚乙烯醇改性三聚氰胺树脂胶黏剂的性能指标

项目名称	性能指标	项目名称	性能指标
外观	清澈透明液体	黏度（20℃）	15~23mPa·s
固体含量	31%~36%	游离甲醛	≤0.5%
pH 值	7.5~8.0		

用该树脂浸渍的装饰贴面板可以增加装饰板柔韧性，同时可以按热进热出生产工艺操作，生产周期较短，能耗少，但光亮度稍差。

此外，用有机硅改性三聚氰胺树脂，有机硅的羟基与羟甲基三聚氰胺进行醚交换反应生成嵌段结构，使有机硅进入体系大分子，增加三嗪环之间的距离，使体系变得柔顺。同时，由于体系引入了硅氧键，Si—O 的键长较长、键角较大，使得—Si—O—之间容易旋转，其链一般为螺旋结构，非常柔软。

4.4.2.2　增加稳定性

三聚氰胺树脂稳定性包括它的使用过程的稳定性和储存稳定性。由于初期树脂性质极活泼，结构不稳定，除了将其喷雾干燥制成粉末状之外（保存期至少在 1 年以上），还可以有醇类对树脂进行醚化，对部分三聚氰胺进行封端，降低羟甲基活性从而提高树脂的储存稳定性。

用聚乙二醇改性三聚氰胺树脂，就可大大改善树脂的储存稳定性，使储存稳定性达到 3 个月之久。聚乙二醇与三聚氰胺缩合生成双-三嗪环结构化合物，反应式为：

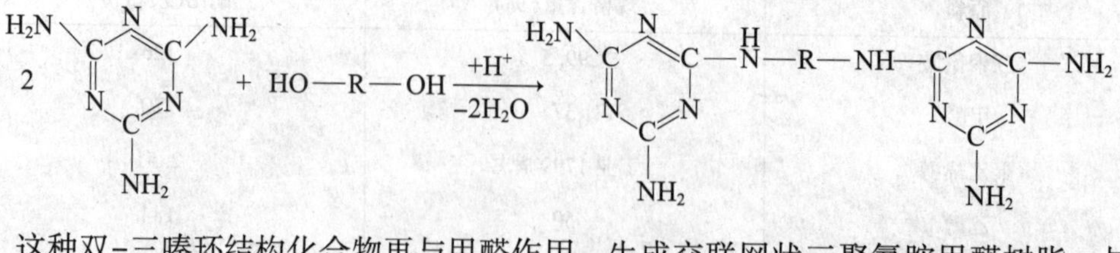

这种双-三嗪环结构化合物再与甲醛作用，生成交联网状三聚氰胺甲醛树脂。与改性前相比，其中部分连接 2 个三嗪环的亚甲基被聚乙二醇所代替，使得相邻三嗪环之间距离变大。并且反应过程中增加了醚键和亚乙基，可提高三聚氰胺树脂的变形能力，进而改善其柔韧性。因此，稳定性得到改善，同时弹性及韧性也得到提高。

在改性过程中，有 3 种工艺可以选择：

①三聚氰胺与聚乙二醇先反应一定时间，然后加入甲醛让反应继续进行。

②三聚氰胺与甲醛、聚乙二醇同时加入，通过控制 pH 值使反应进行。

③分别让甲醛、聚乙二醇同三聚氰胺反应，制取两种树脂，然后将两种树脂共混。

4.4.2.3　降低生产成本

当三聚氰胺作为高分子胶黏剂使用时，一般常加入尿素与三聚氰胺甲醛进行共缩聚以降低成本。

用尿素改性制备三聚氰胺树脂胶黏剂主要有 2 种方法：共缩聚法和共混合法。共缩聚法是通过将三聚氰胺和尿素一起投入到反应釜中，与反应釜中的甲醛共同反应生成共缩聚树脂；共混合法是将三聚氰胺和尿素分别与甲醛发生反应生成树脂，然后将 2 种树脂按照一定比例混合使用。此外还有一种方法是将共缩聚和共混合法同时采用，效果也很好。由于尿素的成本很低，故能够降低生产成本，同时，由于尿素的加入，游离甲醛的含量在一定程度上也能得到降低。

在弱碱性反应体系中，在三聚氰胺加入体系时，首先与甲醛发生加成反应，生成羟甲基三聚氰胺，尿素与甲醛反应而生成羟甲基脲，而后羟甲基三聚氰胺与羟甲基脲进一步缩合，发生共缩聚反应。另外，三聚氰胺在酸性体系中比羟甲基较易参加反应，且反应速率快。共混法中三聚氰胺的添加量适宜范围是 35%~50%，共缩聚方法三聚氰胺的使用范围是 1%~10%。

在尿素-三聚氰胺-甲醛共缩聚树脂的配制过程中，当尿素与甲醛反应到某一阶段时，加入三聚氰胺，在特定的介质环境中它与甲醛起加成反应，生成羟甲基三聚氰胺，随着甲醛量的增加，可生成一羟甲基三聚氰胺、二羟甲基三聚氰胺、六羟甲基三聚氰胺。接着，生成的羟甲基三聚氰胺又与羟甲基脲进一步缩聚，形成尿素-三聚氰胺-甲醛共聚树脂（UMF），反应式为：

$$HOH_2C—HN—CO—N—CH_2—NH—$$

（结构式：三嗪环，下方连接 —NH—CH₂—N—CO—）

（1）原料配比

尿素 100g，37%甲醛 322g，三聚氰胺 66g 和 40%的 NaOH 适量。

（2）制备工艺

①在反应釜中加入 37%甲醛溶液 322g，在搅拌下加入 40%NaOH 溶液，调节甲醛溶液的 pH=6~8；

②加入 100g 尿素、66g 三聚氰胺，将反应物加热至 45~50℃，停止加热；此时，反应物温度在 25~30min 内自动升高至 80℃；

③达到 80℃后，每隔 5min 取出样品进行分析（1mL 加入 5mL 冷水，观察是否出现浑浊），直到不出现浑浊时，由此时开始保持一定时间的缩聚反应；

④持续的反应时间，根据反应体系的 pH 值决定：当 pH=6 时，在 80℃缩聚的时间为 40~50min；当 pH=6.5~7.0 时，缩聚时间为 60~70min；pH=7.5~8 时，缩聚反应时间为 70~90min；

⑤反应结束后，调节树脂的 pH 值为 6.5~7.5，再在 65~70℃温度下真空脱水，得到固含量为 60%、黏度为 0.37~0.7Pa·s、游离甲醛含量为 0.5%~1.5% 的改性树脂。

研究表明，加入尿素在降低生产成本的同时也会将影响胶黏剂的耐水性，故要掌握好比例。表 4-16 中列出了不同尿素加入量与三聚氰胺树脂耐水性与胶合强度的关系。从表 4-16 可以看出，当三聚氰胺与尿素的质量比为 7:3 的共缩聚树脂与纯三聚氰胺树脂相比，其耐沸水胶合强度变化不大，但当尿素比例超过这个范围时，耐水性显著下降。

表 4-16　不同尿素加入量与耐水性和胶合强度的关系

原料比(质量比)		胶合强度(100℃沸水煮 3h)(MPa)			
三聚氰胺	尿素	桦木	椴木	榆木	柞木
10	0	2.00	1.36	1.76	1.90
7	3	2.10	1.28	1.69	1.20
5	5	1.76	0.88	1.52	0.96
3	7	1.47	0.43	1.56	0.71

4.4.3　酚醛树脂胶黏剂改性

酚醛树脂胶黏剂虽然具有胶合强度高、耐水、耐热、耐磨及化学稳定性好等优点，可用于制造耐候、耐热的木材制品，但还是存在颜色较深、有一定的脆性、易龟裂、成本较高、固化温度高、热压时间长、毒性大等不足而使其应用范围受到一定限制。通过改性处理可以改善酚醛树脂的一些不足，常用的改性方法是将柔韧性好的线型高分子化合物(如合成橡胶、聚乙烯醇缩醛、聚酰胺树脂等)混入酚醛树脂中进行物理共混改性；也可以将某些黏附性强的或者是用化学方法将耐热性好的高分子化合物或单体与酚醛树脂制成接枝或嵌段共聚物，从而获得有各种综合性能的胶黏剂。

4.4.3.1　共混改性

将酚醛树脂胶黏剂与一种以上的聚合物按照适当的比例共混，可以得到酚醛树脂本身无法达到的性能。这既可以使各组分性能互补，并可根据实际设计需要进行设计。如为了改善酚醛树脂胶黏剂的柔性，可引入合成橡胶、聚乙烯醇缩醛、聚酰胺树脂等柔性高分子化合物。共混改性是实现酚醛树脂高性能、精细化、功能化的重要途径。

如用 N-(4-羟基苯基)马来酰亚胺(HPM)取代一部分苯酚与甲醛反应得到 HPM 改性的酚醛树脂(HPM-PF)，然后将其与丁腈橡胶改性的酚醛树脂(NBR-PF)进行共混，得到了马来酰亚胺-丁腈橡胶改性的酚醛树脂。研究发现：HPM 通过化学键引入至 PF 的主链中，改性 PF 的硬度和冲击强度均比普通 PF 的有显著提高，耐热性得到大幅度提高，最终分解温度为 610℃。又如采用的是溶解度参数(SP)7~15 的热塑性树脂与酚醛树脂共混，不仅具有良好的混容性，同时拥有良好的韧性、模量和耐热性高等特点。

常用的和热塑性酚醛树脂（Novolac）共混的热塑性树脂主要有聚乙烯醇、聚乙烯醇缩醛、聚对苯二甲酸丁二醇酯、聚酰胺、聚苯醚、聚环氧乙烷等，可改善树脂脆性。与三聚氰胺、间苯二酚共混能提高树脂固化速度。

此外，还可以加入某种填充物进行共混，比如加入线型的酚醛树脂粉末、碳酸钠、碳酸丙烯酯促进固化；加入椰子壳粉、木粉、面粉等填充剂促进固化，不仅可以提高酚醛树脂的固化速度，而且可以降低酚醛树脂固化过程中的体积收缩率或赋予其某些特殊的性能，同时，改进酚醛树脂的工艺性能及使用性能。

4.4.3.2　共聚改性

通过引进其他组分与酚醛树脂发生化学反应，也可以用化学的方法将某些黏附性强或者耐热性好的高分子化合物或单体与酚醛树脂制成接枝或嵌段共聚物，从而获得具有各种综合性能的改性酚醛树脂。同时，也可以从生产成本的角度来进行共聚改性设计。下面介绍一些重要的共聚改性。

（1）三聚氰胺改性：通过向酚醛树脂结构中引入三聚氰胺可改善酚醛树脂的耐热性，从而得到耐候、耐热、耐磨、高强度及稳定性好的、满足不同要求的三聚氰胺-苯酚-甲醛（MPF）树脂胶黏剂。由于其分子中氨基氮原子的共用电子对与苯环上的电子云形成共轭体系，使得氨基上的氢原子活性增强，易与甲醛进行羟基化反应，生成各种羟甲基三聚氰胺或羟甲基苯胺。然后，这些羟甲基化合物与苯酚和甲醛反应生成的各种羟甲基苯酚之间进行缩合反应，于是制得三聚氰胺改性酚醛树脂。反应式如下：

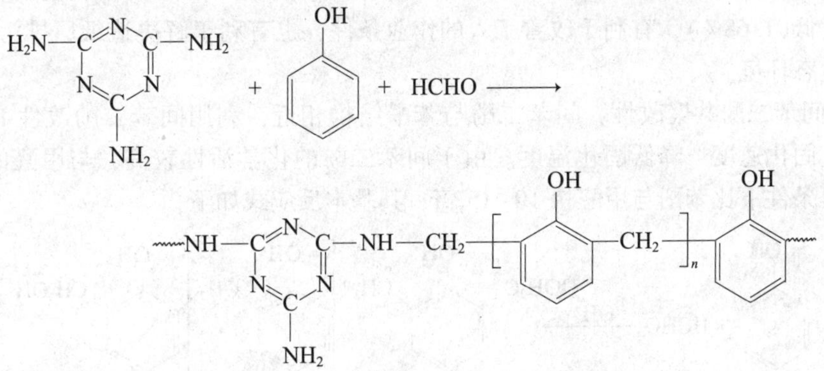

（2）尿素改性：多年来，人们在致力于提高酚醛树脂胶黏剂性能的同时，也在考虑降低生产成本。目前，降低 PF 树脂胶黏剂成本的主要途径之一是引入价廉的尿素，即加入尿素进行共缩聚反应或是与脲醛树脂相混合使用。尿素的用量可为苯酚摩尔数的 5%~20%，而且仍然可采用碱性催化剂。尿素可在反应一开始加入，也可在反应中间阶段加入。基本生产工艺与原酚醛树脂的相近。以苯酚为主的苯酚-尿素-甲醛（PUF）树脂胶不但降低 PF 树脂的价格，而且还可以降低游离酚和游离醛。此外，也可以在使用时直接将脲醛树脂混入酚醛树脂中，用量一般不超过 20%。

（3）木质素改性：木质素（亦称木素），是广泛存在于自然界植物体内的天然酚类高分子化合物，分子结构主要由含环烃结构的长分子链组成。木质素广泛存在于自然界，但在很多时候并没有得到充分利用，如在造纸生产过程中，黑液中就含有 50%~60% 的木素磺酸盐而被作为废料进行处理。

木质素在其分子结构中含有大量的羟基、醛基等多种具有反应活性的官能团，这些官能团的存在完全可以替代或部分替代苯酚合成木质素改性酚醛树脂（LPF）。合成的木质素改性酚醛树脂为体型分子结构，同时含有木质素链段和酚醛树脂链段，在发生交联反应后将形成三维网络"互穿"结构，极大的提高其交联密度。同时，木质素的成本低廉，不仅能较大程度的降低树脂成本，还可以有效改善树脂性能。

目前常用的方法有两大类，一是直接用浓缩黑液作为合成树脂的初始原料；二是对黑液木质素预处理，以增强木质素的反应活性。即去离子化、超滤和阴离子转化后再应用。

有研究表明，采用木质素改性的酚醛树脂胶黏剂完全可以取代普通酚醛树脂胶生产的胶合板，各项性能指标达到Ⅰ类胶合板的要求，且由于酚醛树脂改性胶黏剂的游离酚含量低（1.68%），有利于改善工人的作业条件，也有利于解决造纸厂排污难问题，保护了生态环境。

（4）间苯二酚共聚改性：间苯二酚与苯酚结构相近，利用间苯二酚改性 PF 树脂，可提高其固化速度，降低固化温度。由于间苯二酚的化学活性较高，与甲醛的反应速度在同等条件下比苯酚与甲醛快 10~15 倍，其基本反应式如下：

　　通过缩合反应，产物分子中还有许多未反应的活性位剩余，以便在提供足够的次甲基后，再生成网状结构并固化。间苯二酚共聚改性酚醛树脂能在酸性或碱性催化剂条件下室温迅速固化，很适宜胶合木材，能避免木材受酸性介质的作用而发生水解破坏。同时，耐候性能好，胶合木材时能满足所有规格的最高要求，可用于高级胶合板以及在恶劣环境中使用的结构件。

　　(5)聚乙烯醇缩醛改性：向 PF 树脂中引入高分子弹性体可以提高胶层的弹性，降低内应力，克服老化龟裂现象，同时，胶黏剂的初黏性、黏附性及耐水性也有所提高。常用的高分子弹性体有聚乙烯醇及其缩醛、丁腈乳胶、丁苯乳胶、羧基丁苯乳胶、交联型丙烯酸乳胶。

　　利用热塑性的聚乙烯醇缩醛树脂改性酚醛树脂，制得的胶黏剂称为酚醛—缩醛胶黏剂。酚醛—缩醛胶黏剂具有力学强度高、柔韧性好、耐寒、耐疲劳、耐大气老化性能突出的特点。在固化过程中，缩醛的羟基可以和酚醛树脂的羟甲基缩合，从而提高交联密度。

　　聚醋酸乙烯酯水解生成的聚乙烯醇分子中除含有水解羟基外，还含有一定量的未水解的酯基：

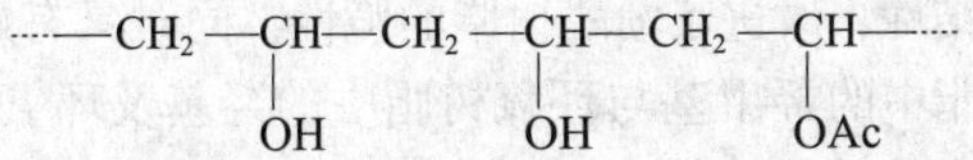

$$\cdots\!-\!CH_2\!-\!\underset{\underset{OH}{|}}{CH}\!-\!CH_2\!-\!\underset{\underset{OH}{|}}{CH}\!-\!CH_2\!-\!\underset{\underset{OAc}{|}}{CH}$$

用于改性酚醛树脂的聚乙烯醇缩醛的结构通式为：

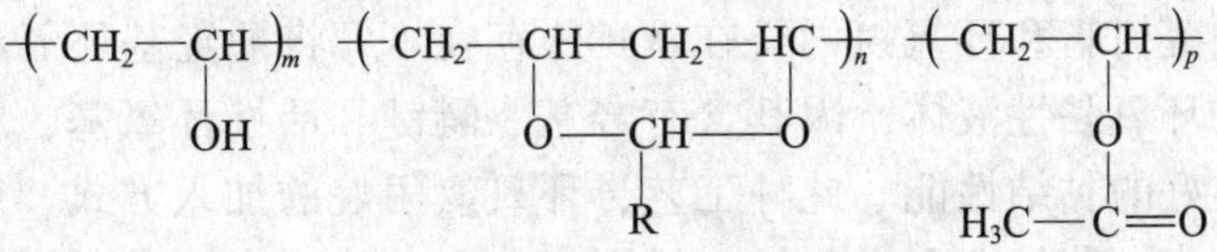

　　根据 R 基的不同，具体品种有聚乙烯醇缩丁醛、缩甲醛、缩甲乙醛、缩丁糠醛等。有研究表明，聚乙烯醇缩丁醛改性的酚醛树脂胶黏剂的韧性较好，而聚乙烯醇缩甲醛改性的酚醛树脂的耐热性较好。聚乙烯醇缩甲醛能与酚醛树脂的羟甲基发生缩合反应生成接枝共聚物：

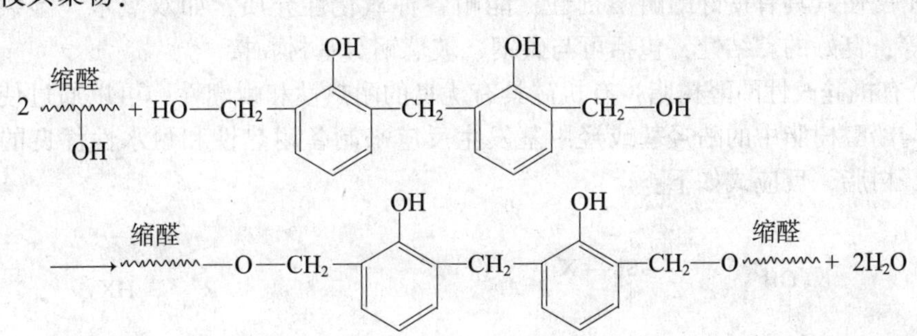

　　羟基与酚醛树脂中的羟甲基进行缩合反应，形成交联结构。聚乙烯醇缩醛的种类、羟基含量的多少、相对分子质量大小等均对胶的性能有较大的影响。常用缩醛的相对分子质量为数万到 20 万，相对分子质量越大，抗剪强度越高，但剥离强度下降。聚乙烯醇缩甲醛比缩丁醛的高温抗剪强度大，耐蠕变性好，但剥离强度低。

酚醛-缩醛胶黏剂综合了两者的优点，乙烯醇中的羟基与酚醛树脂中的羟甲基在固化过程中缩聚形成内增韧结构，有效提高了酚醛树脂的韧性，并使其耐热性能下降较低，能形成具有优良的抗冲击强度及耐高温老化性能的结构胶。

（6）环氧树脂改性酚醛树脂：环氧树脂改性酚醛树脂反应式如下。

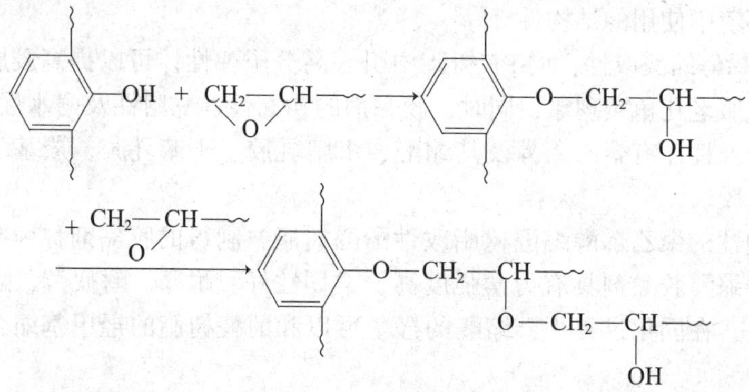

利用环氧树脂改性酚醛树脂的实施方法有多种。

①在酚醛树脂中加入环氧树脂，二者固化后形成了共同的体型缩聚物。这种混合物具有环氧树脂优良的黏结性，改进了酚醛树脂的脆性，同时具有酚醛树脂优良的耐热性。这种改性是通过酚醛树脂中的羟甲基与环氧树脂中的羟基及环氧基进行化学反应而实现的。例如：用40%的胺催化的甲阶热固性酚醛树脂和60%的二酚基丙烷型环氧树脂混合物可以兼具有两种树脂的优点，改善它们各自的缺点，从而达到良好的改性目的。

②将线性酚醛树脂和环氧氯丙烷在 NaOH 存在下，将酚羟基环氧化，缩合成以酚醛树脂为主链的环氧黏性液体，因其含有羟基、醚键和活性环氧基，所以对许多金属与非金属都有良好的黏结性能。此种工艺，环氧氯丙烷的加入方式、加入量对树脂的加工性能影响很大，若加入方式和加入量不当，会导致不当的交联形成复杂的体型结构，结块而无法使用。

③先制成高环氧值、多官能的酚醛树脂，再与甲基丙烷酸反应可制成酚醛环氧乙烯基酯树脂。树脂具有较高的热变形温度（达150℃），并具有良好的力学性能；自身的高交联密度使其具有良好的耐溶剂性；能耐各种氧化性介质，如双氧水、湿氯气、二氧化氯等；良好的黏结性，包括可与碳钢、玻璃钢等基材黏接。

（7）有机硅改性酚醛树脂：有机硅具有优良的耐热性和耐潮性、可以通过使用有机硅单体与酚醛树脂中的酚羟基或羟甲基发生反应来制备耐热性和耐水性优良的有机硅改性酚醛树脂，反应式如下：

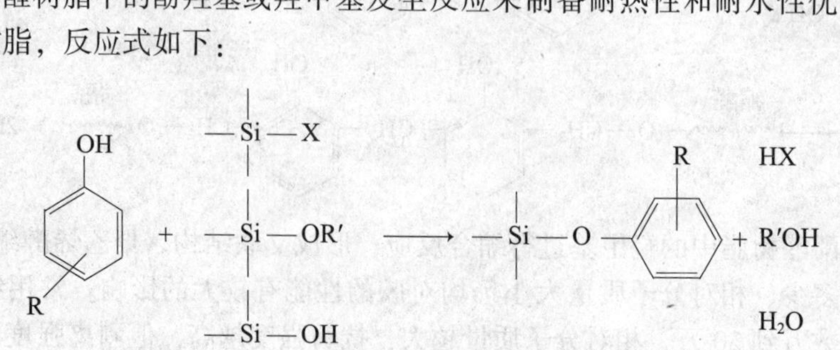

耐热性能提高的根本原因是有机硅中 Si—O 键能（372kJ/mol）比 C—C 键能（242kJ/mol）高得多，而耐水性改善是因为有机硅的优良的憎水性。

制备有机硅改性酚醛树脂的通用方法是先将有机硅单体与酚醛树脂混合，它们之间的反应是在预成型及成型过程中完成，使用不同类型的有机硅可得到不同性能改性的酚醛树脂，并应用于不同领域。采用在有机硅树脂中加入氢氧化钠使之水解后再加入苯酚、甲醛缩聚，制备热固性有机硅改性酚醛树脂，用于制单组分改性酚醛树脂胶黏剂。该胶具有耐高温、柔韧性好等特点，最高使用温度达 400℃。有报道，当采用有机硅树脂、糠醛树脂共同改性酚醛树脂，可制得耐热、耐腐蚀性能优良的树脂，用于制备腐蚀性玻璃钢制品。

思 考 题

1. 酚醛树脂具有哪些主要的性能？

2. 热固性酚醛树脂的合成必须具备什么条件？经过哪几类化学反应？

3. 请分别写出热固性酚醛树脂的加成产物。

4. 热塑性酚醛树脂的合成必须具备什么条件？如何将热塑性酚醛树脂转变成热固性酚醛树脂？

5. 热固性树脂、热塑性树脂、热固化树脂、冷固化树脂如何区别，它们之间存在什么关系？

6. 甲醛在什么情况下易聚合成多聚甲醛？甲醛液中保存甲醇的目的是什么？

7. 酚类与醛类的摩尔比如何影响酚醛树脂的性质和质量？酸、碱催化剂如何影响酚醛树脂的加成产物和反应速度？

8. 热固性酚醛树脂的树脂化过程分成哪几个阶段，如何从它的外观加以区分，各阶段树脂具有什么特点和性能？

9. 尿素在稀酸、稀碱中会发生什么变化？

10. 不同的 pH 值条件对尿素与甲醛形成羟甲基脲有什么影响？

11. 羟甲基脲形成树脂的缩聚形式主要有几种？

12. 在脲醛树脂生产工艺中，反应介质 pH 值的控制常采用什么方法？

13. 在脲醛树脂生产中，缩聚次数指什么？多次缩聚具有什么优点？

14. 如何降低脲醛树脂胶接制品中游离甲醛的释放？

15. 脲醛树脂胶和三聚氰胺甲醛树脂胶各具有那些主要的性能？

16. 为什么三聚氰胺-甲醛树脂的适用期比脲醛树脂的适用期短？

17. 为什么三聚氰胺-甲醛树脂不能与脲醛树脂一样，采用碱-酸-碱方式合成？试解释其中原因？

18. 为什么要对三聚氰胺-甲醛树脂进行改性，一般改性的方法有哪些？

19. 结合化学反应式，论述三聚氰胺甲醛树脂胶黏剂的合成原理，为什么其与脲醛树脂相比具有良好的耐水、耐热及较高的硬度？

第 5 章

烯类树脂胶黏剂

烯类树脂胶黏剂主要是指聚乙酸乙烯酯胶黏剂和丙烯酸酯类胶黏剂两大类。聚醋酸乙烯酯乳液胶黏剂就是俗称的"白乳胶"，属于热塑性树脂，具有较好的环保性。胶层透明不污染制品、具有韧性不伤刀具的优势。但耐水、耐热、耐寒性较差，适合用于室内制品的胶合。可通过改性后提高其各项性能指标。

丙烯酸酯胶黏剂是以各种类型的丙烯酸酯树脂为基料制备的胶黏剂，分为热塑性和热固性两种，具有使用方便、可室温固化、强度高、抗冲击及剪切力强、耐候性佳、耐油性、耐溶剂性等优势。丙烯酸酯胶黏剂品种繁多，常用的有 α-氰基丙烯酸酯胶黏剂、丙烯酸压敏胶黏剂、丙烯酸热熔树脂胶黏剂等多种。同时，近年来，水性丙烯酸树脂在胶黏剂与水性涂料方面因其性能优良而使用广泛。此外，经过改性后的丙烯酸酯双组分结构胶黏剂因其胶合强度高、固化速度快而受到各行各业的青睐。

5.1 聚乙酸乙烯酯胶黏剂

聚乙酸乙烯酯胶黏剂是以乙酸乙烯酯(VAc)作为单体在分散介质中经乳液聚合而制得，也称聚醋酸乙烯酯胶黏剂或聚乙酸乙烯酯均聚乳液胶(缩写为 PVAc)，俗称"白乳胶"，也有人称"白胶"，是目前大批量生产的聚合物乳液品种之一，在我国其产量仅低于丙烯酸系聚合物乳液，居第二位。

聚乙酸乙烯酯是一种热塑性聚合物，近年来作为胶黏剂工业的原料而得到广泛应用。这种聚合物乳液胶合强度大、无毒、使用方便，且价格便宜，已广泛地应用于木材胶合、织物层合、商品包装、纸品加工、皮革整饰等诸多工业部门。聚乙酸乙烯酯可以是改性的或不改性的、溶液型的或乳液型的、均聚物或共聚物，这种多方面的适应性使其能用于胶合各种基材，其中聚乙酸乙烯酯乳液胶黏剂是水基型的，无毒，环保性好，而且对木材和木制品能够产生高强度且耐久的胶合，因此已成为用途广泛的通用胶黏剂。

但聚乙酸乙烯酯乳液聚合物耐水性、耐热性、抗冻性及抗蠕变性差，大大限制了其应用范围。长期以来，人们一直致力于聚乙酸乙烯酯乳液的改性研究中，通过共聚、共混、交联、后缩醛化等方法来克服聚乙酸乙烯酯乳液聚合物固有的缺点，改善了聚合物的性能，大大拓宽了其应用领域。在诸多改性聚乙酸乙烯酯乳液中，用乙烯改性生产的 VAE 乳液、用乙酸乙烯酯与多官能团的 N-羟甲基丙烯酰胺生产的乙酸乙烯酯-N-羟甲基丙烯酰胺共聚乳液、用丙烯系单体改性生产的醋丙乳液、用顺丁烯二酸二丁酯改性所生产的顺醋乳液以及用叔碳酸乙烯酯改性的叔醋乳液等均已见于工业规模生产。

5.1.1　乳液与乳液聚合

5.1.1.1　乳液

乳液又称乳浊液、乳状液，是指一种或多种液体以液珠形式分散在与它不相混溶（或不完全相混溶）的液体中所形成的多相分散体系的乳状物，这种形成乳液的作用称为乳化作用。乳液的液珠直径一般都大于 0.1μm，属粗分散体。在乳液体系中，以微细液珠状形式分散存在的相称为内相，由于其不连续性又称为不连续相或分散相；另一相称为外相，由于其是连续的又称为连续相或分散介质。

一般来讲，乳液不太稳定，容易发生相分离现象。实际上，将两种纯的、互不相混溶的液体混在一起，无论怎样搅拌，稍经放置，很快就会分成两层，但加入少量称为乳化剂的表面活性剂后就可得到稳定的乳液。这是因为，表面活性剂可以吸附在体系界面上形成单分子膜，有降低体系界面张力及阻止液珠并聚的作用而使乳液稳定。

根据乳液的制备方法不同，乳液可以分为分散乳液和聚合乳液两类。分散乳液是指在乳化剂的存在下靠机械的强烈搅拌使树脂、油等分散在水中而形成的乳液；聚合乳液是指在乳化剂存在下，在机械搅拌过程中，由单体聚合而成的小粒子团分散在水中组成的乳液。

根据分散相的不同可将乳液分为以下几种：

（1）水包油型乳液：与水不相溶的油状液体呈细小的油滴被分散在水里，这种类型称为水包油型乳液，以 O/W（Oil in Water）表示。在这种乳液中，水是连续相（或叫外相），油是分散相（或叫内相），如人乳、牛乳等。O/W 型乳液可以用水稀释。

（2）油包水型乳液：水呈很细小的水滴被分散在油里，这种类型称为油包水型乳液，以 W/O（Water in Oil）表示。它和 O/W 型乳液相反，在这种乳液中，油是连续相（外相），水是分散相（内相），如原油，一些化妆品等。W/O 型乳状液只能用油稀释，而不能用水稀释。

（3）多重型乳液：以水相和油相互为内外相、一层一层交替包覆的乳液称为多重型乳液，是乳液中的乳液，用［O/W（W/O）］表示。多重乳液有许多特点，如三相共存且互不作用、缓释功能、包裹作用等。此种乳液较少，一般存在于原油中，由于这种多重型乳液的存在，给原油的破乳带来很大的困难。

乳液广泛应用于生产和日常生活，例如，油漆、涂料工业的乳胶；化妆品工业的膏、霜、露、液；食品工业制造冷饮、糖果、糕点、油脂；机械工业的高速切削冷却润滑液、铺路面的乳化沥青、油井喷出的原油、农业上杀虫用的喷洒药液、印染业的色浆等，均为乳液。牛奶和橡胶汁是天然的乳液。

5.1.1.2　乳液聚合

乳液聚合是单体借助乳化剂和机械搅拌，使单体分散在水中形成乳液，再加入引发剂引发单体聚合。在用乳液聚合体系中，主要有单体、水、乳化剂和引发剂 4 种主要成分组成，可根据具体情况加入缓冲剂、活化剂、调节剂等助剂。具有聚合反应速度快、分子量高；聚合热易扩散、聚合反应温度易控制；适于制备高黏性的聚合物；用水作介质，生产安全及减少环境污染；可直接以乳液形式使用。聚乙酸乙烯酯乳液胶黏剂的制备，就是一种典型的乳液聚合方法。

目前，乳液聚合技术发展迅速，有非水介质的乳液聚合、无皂乳液聚合、核壳乳液聚合、微乳液聚合及聚合物微乳液、辐射乳液聚合、反应性聚合物微凝胶、超浓乳液聚合等多种聚合方法。

5.1.2　合成原料

在聚乙酸乙烯酯乳液合成时，乙酸乙烯酯为主体单体，除了主体单体外，还需要共聚单体、分散介质、引发剂、乳化剂、保护胶体、增塑剂、冻融稳定剂以及各种调节剂等。

5.1.2.1　单体

在聚乙酸乙烯酯乳液中，单体的种类和用量决定着乳液聚合物的力学性能（如硬度、拉伸强度、断裂伸长率、冲击强度、弹性、韧性、耐磨性、耐久性、抗划伤性等）、化学性能（如耐水性、耐酸性、耐碱性、防腐性、耐油脂性、耐溶剂性能等）、胶合性能（胶合强度、黏附性）、耐候性、光学性质（如光泽性、透明性等）、抗污性及施工性能等。针对聚合物乳液的某一具体用途，合理选择进行乳液聚合的单体是至关重要的。

（1）主单体：乙酸乙烯酯分子式 $CH_3COOCH =\!\!= CH_2$，为无色可燃液体，具有甜的醚香，微溶于水，它在水中的溶解度 28℃时为 2.5%，而且容易水解，水解产生的乙酸会干扰聚合。

乙酸乙烯酯蒸气有毒，具有麻醉性，对中枢神经系统有伤害作用，能刺激眼睛并引起流泪，长期接触乙酸乙烯酯液体有可能产生皮炎。同时，乙酸乙烯酯易聚合，当有少量氧化物存在时聚合即可发生，未加稳定剂（也称阻聚剂）时存放时间不可超过24h，但在较低温度下可保存比较长的时间。最有效的稳定剂为二苯胺（用量为0.01%~0.02%）、两价金属（Ca，Zn，Mg）的松脂酸盐、苯酚、对苯二酚等。由于乙酸乙烯酯单体的活性比较大，有些烯类单体在聚合前必须先除去才能聚合（如使用苯酚稳定剂可直接聚合，但使用二苯胺稳定剂必须在聚合前除去）。

（2）共聚单体：共聚单体是指为了改性乳液性质而加入的其他单体。乙酸乙烯酯单体常与多种单体共聚，制得共聚物乳液。醋酸乙烯的共聚乳液通常是将乙酸乙烯酯与一种或多种其他单体经乳液聚合而制得，其性能因所加入的共聚单体而异。引入的共聚单体不仅可改善其耐水性和抗蠕变性能，有的还可降低成本等性能。由于能与乙酸乙烯酯共聚的单体很多，因而共聚乳液的品种有多种。

共聚单体多数是和乙酸乙烯酯一起加入反应器内进行共聚的，但也有先将其他单体聚合，然后再添加乙酸乙烯酯进行共聚，或者先将乙酸乙烯酯聚合制成乳液，然后再添加其他单体进行共聚。可用于共聚的单体很多，主要如下：

①乙烯酯　丙酸乙烯酯、丁酸乙烯酯、硬脂酸乙烯酯、支链高级脂肪酸乙烯酯等。

②不饱和羧酸酯　甲基丙烯酸甲酯、甲基丙烯酸丁酯、丙烯酸甲酯、丙烯酸乙酯等。

③不饱和酰胺化合物　丙烯酰胺、甲基丙烯酰胺、羟甲基丙烯酰胺。

④不饱和腈　丙烯腈。

⑤不饱和羧酸　丙烯酸、甲基丙烯酸、马来酸、富马酸、衣康酸等。

⑥丙烯基化合物　醋酸丙烯酯、烯丙基失水甘油醚、甲基丙烯酸烯丙酯等。

⑦含氮化合物　乙烯基吡啶、乙烯基咪唑。

⑧不饱和磺酸　乙烯基磺酸、苯乙烯磺酸。

⑨碳氢化合物　乙烯、丙烯、己烯、辛烯、苯乙烯、甲基苯乙烯、丁二烯等。

⑩含卤化合物　氯乙烯、溴乙烯、偏二氯乙烯等。

5.1.2.2　分散介质

乳液聚合过程中分散介质必不可少。由于水便宜易得，没有任何危险，因此常规的乳液聚合通常都以水为分散介质。同时，以水为分散介质，在制备过程中放热反应容易控制，有利于所制备的产物均匀。通常，水为总反应组分质量的 60% ~ 80%，因此其质量对聚合过程和最终产物都有很大的影响。由于水中通常含有 Fe^{3+}、Cl^-、SO_4^{2-}、氮和其他有机物等杂质，当杂质含量过高时，需进行除氧和去离子处理后方可使用。为了降低成本，在工业生产中多采用优质的井水、离子交换水或锅炉冷凝水等。

5.1.2.3　引发剂与乳化剂

(1)引发剂：又称自由基引发剂，指一类容易受热分解成自由基(即初级自由基)的化合物。聚醋酸乙烯乳液聚合常用过氧化物作引发剂，使用过硫酸钾($K_2S_2O_8$)、过硫酸铵[$(NH_4)_2S_2O_8$]的较多，也有使用单体重量 0.1% ~ 1% 过氧化氢作为引发剂的。过硫酸钾和过硫酸铵的引发性能非常相似，但由于室温下过硫酸钾在水中的溶解度很小，而过硫酸铵在水中的溶解度可达 20% 以上，故用过硫酸铵更为经济、方便。

(2) 乳化剂：实际上是表面活性物质，可以形成胶束、降低水的表面张力，使互不相溶的油(单体)-水转变为稳定、难以分层的乳液。乳化剂分子是由亲水的极性基团和疏水(亲油)的非极性基团所组成，常用的阴离子型表面活性剂有高级醇的硫酸盐、二烷基硫代琥珀酸盐；非离子表面活性剂有聚氧乙烯的各种烷基醚、烷基酯、烷芳基醚或者缩水山梨糖醇烷基醚等。例如常用的十二烷基硫酸钠的分子结构中，十二个碳链为非极性基团构成分子结构中的亲油(疏水)部分，而硫酸根离子是极性基团，它构成分子结构中的亲水(疏油)部分。

当乳化剂分子分散到水中时，其亲水基受到水的亲和力，而亲油基则受到水的排斥力，以致使较多的乳化剂分子聚集在空气-水界面上，亲水端朝向水，而亲油端则指向空气。由于原来的水-空气界面被油-空气界面所代替，且油的表面张力小于水的表面张力，所以，向水中加入乳化剂，水的表面张力会降低趋于平稳。此时，乳化剂分子开始由 50 ~ 100 个聚集在一起，形成胶束。

在聚乙酸乙烯酯乳液的制备过程中，常用的乳化剂有 OP-10、烷基硫酸钠、烷基苯磺酸钠、油酸钠等。在制备过程中，应按照产品的需求选择合适的乳化剂，可以是单一品种，也可以是两种或两种以上的混合剂。乳化剂用量为水乳液重量的 0.01% ~ 5%，可以在最初加入，也可以在连续添加单体时逐步加入。

5.1.2.4 保护胶体

水溶性聚合物对聚合物乳液的稳定作用称为保护作用。保护胶体在黏性的聚合物表面形成保护层，以防止合并与凝聚。在乙烯基单体乳液聚合体系中，动物胶、明胶、聚乙烯醇、聚乙烯吡咯烷酮、纤维素衍生物、丙烯酸盐等物质均可作为保护胶体使用，其中以聚乙烯醇的应用最为广泛。在实际生产中，为了控制乳胶粒尺寸、粒度分布以及增大乳液的稳定性，多将这些物质和乳化剂复合使用。

乙酸乙烯酯乳液聚合常采用聚乙烯醇作为保护胶体，它既是保护胶体，同时也能起乳化剂的作用。常用的聚乙烯醇有 1788 型(聚合度 1700，醇解度 88%)和 1799 型(聚合度 1700，醇解度 99%)两种。通常情况下，1788 型制备的乳液较 1799 型的更稳定、更耐低温。

聚乙烯醇的用量对乳液的黏度有重要的影响。一般情况下，总用量为乳液重量的 1% ~ 4%，可以一次加入，也可最初加一部分，余下的在反应过程中逐步计量加入，但聚乙烯醇的用量大会降低耐水性。当需要黏度较高的乳液时，最好用聚合度较大的聚乙烯醇，如平均聚合度 2000 以上的聚乙烯醇。

5.1.2.5 助剂

(1)调节剂：调节剂又称链转移剂。在自由基型聚合反应过程中，常常加入调节剂来调控聚合物的分子量。调节剂加入以后虽然可降低聚合物的分子量，但对聚合反应速率却没有太大的影响。常用的调节剂有四氯化碳、硫醇、多硫化物等，用量为单体质量的 2% ~ 5%。

(2)缓冲剂：主要用来保持反应体系的 pH 值。pH 值对乙酸乙烯的聚合速度有重要影响：反应体系的 pH 值太低引发速度太慢；pH 值越高，引发剂分解得越快，形成的活性中心越多，聚合速率就越快。因此，可以通过缓冲剂来调节 pH 值，最终达到控制聚合速度的目的。常用的缓冲剂有碳酸盐、磷酸盐、醋酸盐等，用量为单体质量的 0.3% ~ 5%。

(3)增塑剂：聚乙酸乙烯酯的玻璃化温度为 30℃，加入增塑剂后能改善胶膜的机械性能，使胶膜有较好的成膜性和胶合力，同时还能降低乳胶的最低成膜温度。如未加增塑剂的聚醋酸乙烯乳液在低于 15℃ 的时成膜性就较差，而加入 10% 的邻苯二甲酸二丁酯后，其最低成膜温度可降至 5℃ 以下。常用的增塑剂有酯类，特别是邻苯二甲酸烷基酯类，如邻苯二甲酸二丁酯和芳香族磷酸酯等。增塑剂的用量视要求不同而异，用量为单体质量的 10% ~ 15% 左右，用量不宜太多，否则会增加胶膜的蠕变性。值得注意的是，增塑剂会随着时间的延长而挥发或迁移，使胶合强度降低。

增塑剂可在制造时加入，也可以在乳液制成后加入，但不管何时加入，它都仅仅只起机械的掺和作用，并不发生化学反应。有试验表明，用邻苯二甲酸二丁酯和邻苯二甲酸二辛酯按比例 1:1 混合作增塑剂，用量为 8.8% 时，可使木材的胶合强度提高 15% ~ 25%。

（4）冻融稳定剂：聚乙酸乙烯酯乳液在低温下会发生冻结，冻结和消融都将影响乳液的稳定性，冻结的乳液消融之后表面黏度升高，甚至造成乳液的凝聚。因此，需在乳液中加入冻融稳定剂以降低聚合物乳液的冻结温度。常用的冻融稳定剂有甲醇、乙二醇及甘油等，一般用量为总投料质量的 2%~10%。

（5）防腐剂：乙酸乙烯酯乳液本身并不容易受细菌的侵蚀，但在乳液中加入其他组分，特别是淀粉或纤维素类添加剂时，则必须加入防腐剂。常用的防腐剂有甲醛、苯酚、季铵盐等，一般用量为总投料质量的 0.2%~0.3%。

（6）消泡剂：为了消除乳液胶黏剂使用时所产生的气泡，需要加少量的消泡剂。常用的消泡剂主要有硅油或高级醇类化合物，用量为总投料质量的 0.2%~0.3%。

5.1.3　合成原理

5.1.3.1　成核机制

聚醋酸乙烯乳液胶黏剂多采用乳液聚合的方法生产。乳液聚合是单体在水介质中，由乳化剂分散成乳液状态进行的聚合方法。

（1）聚合场所：体系主要组分为单体、分散介质、引发剂、乳化剂等，如图 5-1 所示。聚合发生前，单体和乳化剂分别以下列 3 种状态存在于体系中：

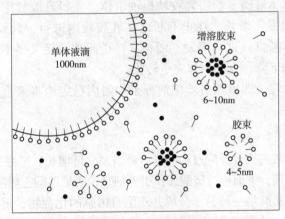

图 5-1　乳液聚合示意

①极少量单体和少量乳化剂分子以分子分散状态溶解于水中；

②大部分乳化剂形成胶束，直径 4~5nm，胶束内增溶有一定量的单体，胶束的数目为 $10^{17}~10^{18}$ 个/cm^3；

③大部分单体分散成液滴，直径约 1μm，表面吸附着乳化剂，形成稳定的乳液，液滴数约为 $10^{10}~10^{12}$ 个/cm^3。

由于胶束是油溶性单体和水溶性引发剂相遇的场所，同时，胶束内单体浓度很高，比表面积大，提供了自由基扩散进入引发聚合的条件，因此，绝大部分聚合发生在胶束内。随着聚合的进行，水溶单体进入胶束，补充消耗的单体，单体液滴中的单体又复溶解于水中。此时，体系中存在 3 种粒子：单体液滴、发生聚合的胶束和没发生聚合的胶束。

（2）成核机理：胶束进行聚合后形成聚合物胶粒子，生成聚合物乳胶粒的过程，又称为成核过程。乳液聚合成核有胶束成核和均相成核两个过程：自由基由水相扩散进入胶束，引发增长进行胶束成核；另一个过程是均相成核，即溶液聚合生成的短链自由基在水相中沉淀出来，沉淀粒子从水相和单体液滴上吸附乳化剂分子而稳定，接着又扩散入单体，进行均相成核。在聚合时将是哪种成核过程取决于单体的水溶性和乳化剂的浓度：单体水溶性好及乳化剂浓度低时有利于均相成核；反之，则有利于胶束成核。

（3）聚合过程：在聚合过程中，当反应体系的温度升高到使引发剂分解产生自由基时，水相中的自由基直接进入胶束，或在水相中引发游离单体生成低聚自由基进入胶束，在胶束内进行引发、增长，不断形成乳胶粒。同时，水相中单体也可引发聚合，吸附乳化剂分子形成胶乳。当第二个自由基进入乳胶粒时，则发生终止。随着聚合的进行，乳胶粒内单体不断消耗，液滴中单体溶入水相，不断向乳胶粒扩散补充，以保持乳胶粒内单体的浓度恒定。随着聚合的进行，乳胶粒内体积不断增大，为保持稳定，必须从溶液中吸附更多的乳化剂分子，单体乳液上的乳化剂分子也不断补充吸附在乳胶粒上。当水相中乳化剂浓度低于临界胶束浓度（CMC）值时，未成核的胶束变得不稳定，将重新分散于水中，最后未成核胶束消失。从此，不再形成新的乳胶粒，乳胶粒数将固定下来。

聚合过程中，单体液滴不断向乳胶粒提供单体，使得乳胶粒中聚合物和单体的比例保持一个常数，引发、增长、终止不断地在乳胶粒内进行，乳胶粒体积继续增大。当乳胶粒中的单体不断继续进行引发、增长、终止而被消耗又得不到补充时，自由基链终止速率常数急剧下降，直到单体完全转化。

经过上述聚合过程，即得到由乳化剂分子均匀而稳定地将聚合物乳胶粒分散在水相中的乳液。

5.1.3.2　聚合机理

聚乙酸乙烯酯乳液的聚合反应过程一般由链引发、链增长、链终止和链转移等组成。聚合可使用多种引发剂，下面以过硫酸铵作引发剂来说明聚乙酸乙烯酯的聚合机理。

（1）链引发：引发剂是一种易于分解并产生自由基的化合物，链引发反应是形成单体自由基活性的反应。在聚乙酸乙烯酯乳液聚合的过程中，过硫酸铵分解成硫酸根离子型自由基，然后再与醋酸乙烯单体结合，形成单体自由基：

①过硫酸铵分解，形成初级游离基

$$(NH_4)_2S_2O_8 \xrightarrow[\text{分解}]{\triangle} 2NH_4SO_4 \xrightarrow{\text{分解}} 2NH_4^+ + 2SO_4^- \cdot$$

②初级游离基与乙酸乙烯加成，形成单体游离基

$$SO_4 \cdot + CH_3COOCH = CH_2 \longrightarrow SO_4 - CH_2 - \underset{\underset{CH_3COO}{|}}{CH} \cdot$$

单体自由基形成以后，继续与其他单体加聚，而使链增长。

（2）链增长：在链引发阶段形成的单体游离基，继续与其他单体加聚就进入了链增长阶段，形成更多的链游离基。如此不断反复，使链游离基不断增长，而形成高分子的聚合物。

$$SO_4^- - CH_2 - \underset{CH_3COO}{CH} \cdot + CH_3COOCH = CH_2 \longrightarrow SO_4^- - CH_2 - \underset{CH_3COO}{CH} - CH_2 - \underset{CH_3COO}{CH} \cdot \longrightarrow$$

$$SO_4^- \left[CH_2 - \underset{CH_3COO}{CH} \right]_x CH_2 - \underset{CH_3COO}{CH} \cdot$$

(3)链终止：链自由基不断增长，相互作用就会失去活性中心而终止。自由基终止有偶合终止和歧化终止两种方式。

①偶合终止　两链自由基的电子相互结合成共价键的终止反应称作偶合终止，偶合终止的结果为大分子两端均为引发残基，链增长即告终止。在链终止以后，则整个反应结束，即得到聚乙酸乙烯酯。

$$SO_4^- \left[CH_2 - \underset{CH_3COO}{CH} \right]_x \left[CH_2 - \underset{CH_3COO}{CH} \right] \cdot + \cdot \left[\underset{CH_3COO}{CH} - CH_2 \right] \left[\underset{CH_3COO}{CH} - CH_2 \right]_y SO_4^- \longrightarrow$$

$$SO_4^- \left[CH_2 - \underset{CH_3COO}{CH} \right]_{x+1} \left[\underset{CH_3COO}{CH} - CH_2 \right]_{y+1} SO_4^-$$

②歧化终止　某链自由基夺取另一自由基的氢原子或其他原子的终止反应，称作歧化终止。歧化终止的结果是聚合度与链自由基重复单元数相同，每个大分子只有一端为引发剂残基，另一端为饱和或不饱和，两者各半。

$$SO_4^- \left[CH_2 - \underset{CH_3COO}{CH} \right]_x CH_2 - \underset{CH_3COO}{CH} \cdot + \cdot \left[\underset{CH_3COO}{CH} - CH_2 \right] \left[\underset{CH_3COO}{CH} - CH_2 \right]_y SO_4^- \longrightarrow$$

$$SO_4^- \left[CH_2 - \underset{CH_3COO}{CH} \right]_x CH_2 - \underset{CH_3COO}{CH_2} + CH = CH \left[\underset{CH_3COO}{CH} - CH_2 \right]_y SO_4^-$$

(4)链转移：在自由基聚合过程中，链自由基有可能从单体、溶剂、引发剂等低分子或大分子上夺取一个原子而终止，并使这些失去原子的分子成为自由基，继续新链的增长，使聚合反应继续进行下去，这一反应称作链转移反应。自由基转移后不再引发单体聚合，最后只能与其他自由基双基终止。

有时为了避免分子量过高，特地加入某种链转移剂(例如，十二硫醇)，加以调节，这种链转移剂在功能上则称作分子量调节剂。

在完成上述各个反应后，最终得到聚乙酸乙烯酯。

5.1.4　合成工艺及影响因素

5.1.4.1　合成工艺特点

聚乙酸乙酯乳液合成时的投料方式和反应温度是合成工艺操作的关键，直接关系到乳液的质量。

（1）投料方式：投料方式一般可分为 3 种。

①将分散介质、乳化剂、单体、引发剂及其他各种所需要的添加剂一次性加入反应釜中，边搅拌边加热，在反应过程中控制反应温度和速度，直到反应结束。

②先将分散介质、乳化剂、引发剂及其他各种所需要的添加剂加入反应釜中搅拌均匀，再连续滴加单体，边搅拌边加热，进行反应。

③将分散介质、乳化剂、引发剂等组分先后加入水相中，搅拌均匀后加入单体总量的 1/3~1/2 的单体和 30%~50% 左右的引发剂，待搅拌升温至回流正常后再开始连续滴加单体，在滴加的过程中按照一定的时间间隔加入引发剂。pH 值调节剂和增塑剂、冻融稳定剂、防腐剂均在反应结束冷却到 50℃ 以下后加入，搅拌均匀即放料。

比较以上 3 种方式，第一种由于反应过于剧烈而基本没有采用，现在一般都采用后两种方式，国内生产中多采用第三种加料方式，由于部分单体首先被加入，减少了滴加时间，且采用这种方式生产的乳液颗粒小、稳定性好。

（2）反应温度：控制反应温度是保证乳液质量的关键。前期反应温度一般在 70~78℃，后期单体滴加完毕后，升温至 90~95℃ 并在此温度下保持一定的时间，冷却至 50℃ 以下再放料。

由于是放热反应，在反应过程中一般是通过控制单体的滴加速度和调节解加热温度来使聚合温度维持在 70~78℃ 左右，滴加速度慢，反应所产生的热量低，需要提高加热温度；滴加速度快，反应剧烈，需降低加热温度，因此，在合成过程中需要时刻根据温度的变化来控制加热温度。

5.1.4.2　影响因素分析

在乳液聚合系和乳液合成过程中，多种工艺参数都会对乳液聚合能否正常进行、聚合物乳液及乳液聚合物的质量产生至关重要的影响，如单体的浓度、乳化剂的种类和浓度、引发剂的种类和浓度、搅拌强度、反应温度等。

（1）单体浓度的影响：乳胶粒中单体浓度越大，聚合速率和聚合物的聚合度也越大，根据动力学计算，聚合速率和聚合物的平均聚合度都与乳胶粒的单体浓度成正比。

$$r_P = k_P' [M][I]^{2/5}[E]^{3/5} \tag{5-1}$$

式中　[M]——单体浓度；

　　　[I]——引发剂浓度；

　　　[E]——乳化剂浓度；

　　　k_p'——链增长速率常数。

平均聚合度：
$$X_n = K[M][I]^{-3/5}[E]^{-3/5}$$

式中　K——系数。

（2）乳化剂的影响：当其他条件一定时，增加乳化剂，乳胶粒数目增加，乳胶粒粒径变小，有利于提高聚合反应速度，能得到颗粒度较细、稳定性好的乳液。但乳化剂的用量较大时会降低胶黏剂的耐水性。

乳化剂的种类对乳液的性能也有较大的影响。乳化剂种类不同，其临界胶束浓度 CMC（乳化剂开始形成胶束时的浓度，称为临界胶束浓度，简称 CMC，约 0.01%~0.03%）、聚集数及单体的增溶度各不相同。当乳化剂用量和其他条件相同时，CMC 越小、单体增溶度越大的乳化剂成核概率大，所生成的乳胶粒多，即乳胶粒数目越多，乳胶粒直径越小，聚合反应的速率越大及平均分子量越小。

（3）引发剂的影响：引发剂用量的多少直接影响到乙酸乙烯酯聚合反应的速率和聚合物聚合度的大小。

由式（5-1）可知，乳液聚合速率与引发剂浓度的 2/5 次方成正比，[M] 与 [E]$^{3/5}$ 成反比。引发剂用量多时，初级游离基也产生得多，因此会加速聚合反应。

在反应体系中，增加引发剂用量虽能增加链游离基的数量，但也同时增加了链终止的机会，而这两种作用都会使分子量降低，从而影响乳液胶合强度。一般情况下过硫酸铵的用量为单体质量的 0.2%。

（4）保护胶体的影响：在乙酸乙烯酯乳液聚合过程中，PVA 作为保护胶体，其用量的多少及聚合度高低对乳液黏度有直接影响，PVA 用量越多，乳胶黏度越大，PVA 用量的提高会导致低温凝胶化，造成贮存稳定性降低。同时，PVA 聚合度越高，PVAc 乳液黏度越高，初黏力和胶合强度也较高。

（5）前期反应温度的影响：前期聚合温度是影响聚乙酸乙烯酯乳液性能的一个重要因素，它对乳胶粒直径、数目及乳液的稳定性都有较大的影响。

①对反应速率和平均分子量的影响　当引发剂浓度一定时，提高反应温度，自由基生成速率增加，导致乳胶粒中链终止速率增大，聚合物平均分子量降低。同时，链增长速率常数也随着增大，聚合反应速率提高。

②对乳胶粒直径和数目的影响　反应温度较高时，反应体系的活性增加，自由基生成速率增大，使水相中自由基浓度提高，导致自由基从水相向乳胶粒中扩散速率增大，即成核速率增大，最终导致粒径减小，乳胶粒数目增多。同时，水相中的链增长速率常数增大，聚合反应加快，可生成更多的低聚物链。

③对乳液稳定性的影响　当反应温度升高时，乳胶粒布朗运动加剧，使乳胶粒之间进行碰撞而发生聚集的速率增大，导致乳液稳定性降低。同时，温度升高时，也会使乳胶粒表面上的水化层减薄，也将导致乳液稳定性下降，尤其是当反应温度等于或大于乳化剂的浊点时，乳化剂就失去了稳定作用而会导致破乳。

此外，若聚合温度过低，引发剂自由基生成速率下降，将导致前期聚合反应不完全。因此，聚合温度一般为 70~80℃。

（6）聚合时间的影响：聚合时间的长短主要影响乳液的外观及乳胶粒的粒径。单体及引发剂滴加速度快，产生的乳胶粒粒径大，乳液粗糙，可见明显的细小颗粒；滴加速度适宜，乳液细腻，表观状态良好，可得到细腻、性能优越的乳液胶黏剂。当聚合反应时间为 2h 或 3h 时，乳液表观粗糙，且转化率不高；当聚合反应时间为 4h 或超过 4h 时，乳液表观细腻，转化率相近。因此，在考虑试验效率的前提下，选择乳液聚合时间为 4~6h。

（7）pH 值的影响：用过硫酸盐作引发剂时乳液的 pH 值必须进行控制，因为在用 $S_2O_8^{2-}$ 作引发剂进行自由基聚合反应的过程中，由于下列反应的发生：

$$S_2O_8^{2-} + H_2O \rightarrow HSO_4^- + HSO_4^- \tag{5-2}$$

$$HSO_4^- \rightarrow H^+ + SO_4^{2-} \tag{5-3}$$

可见在反应中加入过硫酸盐会使反应液的酸性不断增加，体系中的 pH 值逐渐降低，而 $S_2O_8^{2-}$ 的热分解速度与体系中的 $[H^+]$ 有如下关系：

$$\frac{d[S_2O_8^{2-}]}{dt} = k_1[S_2O_8^{2-}] + k_2[H^+][S_2O_8^{2-}] \tag{5-4}$$

显然，随着聚合反应的进行，体系中 $[H^+]$ 增加，引发剂 $S_2O_8^{2-}$ 的分解速率必然加快，其结果是聚合反应快速进行，反应热难以及时导出，支链、缠绕、交联的几率增大，使乳液粒子变粗，这会影响 VAc 的反应速率，有时也会破坏乳液聚合反应的正常进行，甚至会使反应时间过长或使反应无法进行。若所用聚乙烯醇是碱醇解的产品，水溶液呈弱碱性，则在反应前可不调整 pH 值，而在反应结束后加入碳酸氢钠中和至 pH 值 5~7。

(8) 其他影响因素

① 增塑剂的影响　在聚乙酸乙烯酯乳液加入增塑剂后能改善胶膜的机械性能，使胶膜有较好的柔韧性和附着力，同时能降低乳胶的最低成膜温度。如不加增塑剂的聚乙酸乙烯酯乳液在低于 15℃ 的条件下就不能很好成膜，而加入 10% 的邻苯二甲酸二丁酯后，其最低成膜温度可降至 5℃ 以下。

② 搅拌强度的影响　在乳液聚合过程中，搅拌的一个重要作用是把单体分散成单体珠滴，并有利于传质和传热。但搅拌强度又不宜太高，搅拌强度太高时，会使乳胶粒数目减少，乳胶粒直径增大及聚合反应速率降低，同时会使乳液产生凝胶，甚至导致破乳；但搅拌强度太低时，影响单体分散性，在局部过浓，甚至会发生分层现象，导致凝胶。同时，这些单体局部过浓区还会从乳液中捕集乳胶粒，这又助长了凝胶的生成。在实际生产中，搅拌器的转速选择 180~240r/min。

③ 操作方法的影响　对于不同型号的设备，即使是相同的操作方法所获得的乳液的性能也不一定相同，需要根据反应的具体情况来进行调整与修正。在乙酸乙烯酯聚合过程中，开始反应时加入过硫酸盐作引发剂，由于回流和连续慢慢加入单体，温度可在一段时间内无需加热和冷却而保持在 70~78℃ 左右，随着反应继续进行，需加少量过硫酸盐以维持反应，温度不会下降，经过反复试验，就能在不同的设备条件下摸索出最适宜的单体滴加速度、回流大小、每小时补加过硫酸盐的数量等操作控制条件。使反应能稳定在 70~78℃ 之间，使聚合反应能平稳地进行。

在实际操作中需严格控制热量平衡，操作时如果反应剧烈，温度上升很快，则应少加或不加引发剂，并适当降低单体滴加速度；如果温度有些偏低，则可提高加入量，并适当加快单体滴加速度。反应时如果回流很小，也可加快醋酸乙烯的滴加，反之就要适当减慢加入单体的速度，甚至暂停住片刻，待回流正常后再继续加入单体。

④ 设备的影响　制备乙酸乙烯酯乳液时，要求所有管路、阀门和反应釜应为不锈钢或耐酸搪瓷的，因为杂质或金属离子会影响乳液聚合的进行。

因此，选择合适的乳化剂、引发剂、温度、pH 值、搅拌速度等对制备高质量的产品都是十分必要的。

5.1.4.3　合成工艺与配方实例

根据不同的使用要求，合成聚乙酸乙烯酯乳液的配方和工艺有多种，以下是 2 种常见的配方及生产工艺。

实例(一)

(1)配方：见表 5-1。

表 5-1　聚乙酸乙烯酯配方

原料名称	用量(质量份)	原料名称	用量(质量份)
乙酸乙烯酯	44	辛基苯酚聚氧乙烯醚(OP-10)	0.1~0.3
水	65	碳酸氢钠	0.1~0.3
聚乙烯醇	12~13	邻苯二甲酸二丁酯	3~7
过硫酸铵	1.2~1.8		

(2)合成工艺：将聚乙烯醇和水加入反应釜中，搅拌并升温至 95℃，溶解后得到聚乙醇溶液。将聚乙烯醇溶液冷却至 66℃，加入 20 g 乙酸乙烯酯，再加入滴乳化剂 OP-10 14 滴和 0.8 g 过硫酸铵，升温 72~76℃，进行聚合反应，直至 74℃ 下回流明显变小。在此期间如发现大量起泡应冷却降温。反应约 1 h 后在 64~66℃ 下将剩余的混合液缓慢滴入反应釜中(约需 1 h)。滴加期间每小时补加 0.3 g 过硫酸铵。滴加完毕，以不起大量泡沫为前提，逐步升温至 90℃，并保温反应 0.5 h。将反应体系冷却至 50℃，加入 5.0 mL 邻苯二甲酸二丁酯，0.2~0.3 g 碳酸氢钠。搅拌 20min，进一步用冷水冷却室温得到聚乙酸乙烯酯乳液，其质量指标见表 5-2。

表 5-2　聚乙酸乙烯酯乳液质量指标

指标	质量要求
外观	乳白色黏稠液体，均匀而无明显的粒子
固体含量	50±2%
黏度	3.5~4.5 Pa·s
粒度	1~2μm
pH 值	6~8

实例(二)

丙烯酸类单体与 VAc 的共聚制备防水、防冻型乳胶的典型配方。

(1)配方：见表 5-3。

表 5-3　丙烯酸类单体与 VAc 的共聚改性的典型配方

原料	质量(g)	原料	质量(g)
乙酸乙烯酯(VAc)	100	丙烯酸(AA)	7
丙烯酸丁酯(BA)	15	聚乙烯醇(1799)	10
OP-10	3	邻苯二甲酸二丁酯(DBP)	12.5
$ZnCl_2$	5	乙醇	5
过硫酸铵	1.5	去离子水	200

（2）制备：在装有电动搅拌器、回流冷凝器、温度计及滴液漏斗的 500mL 四口瓶中，依次加入去离子水、聚乙烯醇，搅拌升温至 90℃左右使聚乙烯醇完全溶解。降温至 60℃加入 OP-10 和 1/3 过硫酸铵及 1/3VAc，AA，BA 混合单体。乳化 30min 后升温至 72~76℃，当反应物料有蓝色荧光时，滴加剩余的 2/3 混合单体和引发剂，控制在 2~3h 滴完。温度保持在 80~85℃继续反应 1h。升温至 90℃补加引发剂，再反应 30min。降温至 70℃，加入 DBP 和中和剂 Na_2CO_3，冷却至 60℃加入 $ZnCl_2$ 和乙醇，搅拌 10min 出料。

5.1.5 质量事故及预防措施

5.1.5.1 聚醋酸乙烯凝胶现象及其危害

在醋酸乙烯酯乳液聚合过程中，常常由于聚合物乳液局部胶体稳定性的丧失而引起乳胶粒的聚结，形成宏观或微观的凝聚物，这就是凝胶现象。对于较大块状的凝胶块大多可用沉降法或过滤法除去。但有时会形成大量肉眼看不到的微观凝胶，用普通的方法很难分离出去，这些微观凝胶颗粒的存在使乳液蓝光减弱、颜色发白、细腻感消失、外观变得粗糙。

在某些情况下，整个乳液体系失去稳定性，产生大量凝胶，甚至整个体系完全凝聚，使产品报废。而在另外一些情况下，在乳液聚合期间，凝聚物会沉积在反应器壁面、顶盖、挡板、搅拌轴及搅拌器叶轮、内部换热器、温度计套管以及其他内部构件上，越积越多，结上厚厚的一层凝聚物，这种现象叫作粘釜或挂胶。粘釜和挂胶是另一种形式的凝聚现象。

在乳液聚合过程中出现的凝胶现象会带来如下一系列的危害。

①凝胶的产生及粘釜或挂胶现象的出现会使聚醋酸乙烯酯乳液产率降低，质量下降，同时会影响搅拌和正常生产，甚至使产品报废。

②若在聚合物乳液中含有非常小的，甚至肉眼看不见的凝胶颗粒时，会使乳液聚合物的力学性能大幅度下降；同时这样的乳液在作乳液涂料时会使涂膜变得粗糙，光泽度和透明度显著降低。若是每次凝聚物情况不同，会造成各批之间的粒子大小、固含量、黏度等的差异。

③粘釜和挂胶会使反应器内壁面上黏附上一层聚合物，大大降低总传热系数，严重地影响反应器的热量传递。

④对于间歇乳液聚合反应器来说，粘釜或挂胶出现后需要彻底清釜，这就延长了非生产时间，降低了生产效率；对连续反应器来说，粘釜和挂胶达到一定程度后，必须停工，进行清理，这会缩短运转周期，影响正常生产。

⑤醋酸乙烯酯乳液聚合过程中所产生的凝胶含有大量单体，其中的聚合物被单体溶胀，有毒，难以处理，会造成污染。

5.1.5.2 凝胶的预防措施

由于凝胶严重影响产品质量，所以有必要深入研究在醋酸乙烯酯乳液聚合过程中凝聚物生成机理，以及寻找避免或减少凝聚的方法。为了避免聚合过程中凝胶的发生，在实际生产中常采用如下方法进行预防：

(1)补加乳化剂：在醋酸乙烯酯乳液聚合过程中，乳液稳定性会发生变化。当乳胶粒不断长大，乳化剂在乳胶粒表面上的覆盖率逐渐下降，这使乳胶粒表面上的电荷密度减小，电位降低而导致乳液的稳定性下降，乳液稳定性也达最低限，此阶段为在乳液聚合过程中稳定性的危险期，最容易产生凝胶，此时可按一定程序适当补加一定量的乳化剂，将乳化剂在乳胶粒表面上的覆盖率控制在 30%~70%，这样就可以控制因乳液稳定性的下降而导致的凝胶。

(2)适时调节 pH 值：在采用过硫酸盐引发剂时，随着醋酸乙烯乳液聚合反应的进行和引发剂的分解，体系的 pH 值会逐渐下降，这将导致聚合物乳液稳定性的降低，故易出现凝胶现象。为了减少凝胶，可向乳液聚合体系中加入 pH 缓冲剂或 pH 调节剂，把 pH 值控制在一定的范围内。

(3)合理控制搅拌速度：搅拌不仅可以把单体分散成单体珠滴，而且还可以强化传质和传热，使体系混合均匀，保持恒温，防止局部过热。但搅拌太弱时，影响单体的分散，会造成单体局部过浓甚至发生分层现象，这样容易造成局部的本体聚合而发生凝胶现象。同时，搅拌太弱时，体系传热不良而导致不同区域产生温差，高温区乳液容易丧失稳定性，也容易产生凝胶。但搅拌太强时，物料内部剪切作用太大，一方面会导致聚醋酸乙烯乳胶粒表面电荷脱吸，或水化层减薄；另一方面，过强的搅拌将赋予乳胶粒很大的动能，当乳胶粒的动能超过乳胶粒间的势能屏障时，乳胶粒也会发生聚结，产生凝胶现象。因此，在实际操作中，可以在不同的阶段采用不同的搅拌强度使体系保持恒温。

(4)正确选用反应釜：反应釜结构不合理同样会导致凝胶。反应釜内壁面应当光滑、无缺陷，最好采用玻璃衬里或搪瓷釜，若采用不锈钢釜，其内壁面应当充分抛光；在清理反应釜时应绝对保证不损伤其内壁面，因损伤后的疤痕将成为凝胶产生的核心；应尽量减少反应釜的内部构件。同时，若反应釜内部存在死角或盲区，应当考虑到物料的流动畅通，否则会造成反应不均衡而产生凝胶，所以其底盖应设计成折边形的或球形的；此外，反应釜的进料口或出料口的位置应该适当，以保证进入的物料和反应釜中的原有物料能够迅速混合均匀。

如果反应釜传热不良、温度难以控制，同样容易产生凝胶。所以在选择反应釜时应当注意有足够的传热面积，且让换热夹套尽量多地覆盖反应釜外表面，这样可使壁面温度均匀，减小壁面和物料主体之间的温差，并降低温度的波动，以减少凝胶的生成。

(5)优化加料工艺：在醋酸乙烯乳液聚合过程中，单体珠滴中的聚合反应所生成新的乳胶粒的直径很大。大粒子不稳定，容易以其为核心发生乳胶粒的聚结而产生凝胶。为了避免或减少这种情况，可采用连续地滴加单体的加料工艺，单体一旦加进来马上就进行了聚合反应，在体系中无单体的积累，把单体珠滴的数目减少到最低限度，并缩短了单体珠滴在体系中存在的时间，这样就有效地减少了单体珠滴中的成核，因而也就减少了凝胶。

(6)提升聚合工艺：在醋酸乙烯乳液聚合体系中，在反应釜液面上方的气相中有单体蒸汽，也有可产生自由基的氧气，故在气相中会发生聚合反应而生成低聚物，这些低聚物达到一定分子量后会落入釜内液体中。低聚物碰到釜壁或内部构件就会黏结在上面形成黏接层，进而吸收乳液中的单体和自由基而发生表面聚合，越积越厚，结果就导致了粘釜或挂胶。为了克服由此而产生的凝胶现象，可采取：

①选用油溶性引发剂，采用种子乳液聚合法，减少在水相中的聚合反应，进而抑制水相中低聚物的生成。对于连续种子乳液聚合来说，可以克服瞬态现象，可防止釜内乳胶粒浓度、乳化剂浓度和乳液的表面张力发生波动，从而达到减少凝胶生成的目的。

②在连续或半连续乳液聚合过程中把单体加料管通入液面以下，以减少单体挥发，降低气相中的单体浓度。

③在反应过程中通氮气保护，以降低气相中氧的浓度。

此外，为了避免凝胶，应尽量减少乳液聚合体系中的总浓度；在后续加入引发剂时应尽量稀释到很低的浓度；降低乳液聚合配方中单体和水的质量比，即相比不应太大等。

5.2　丙烯酸酯胶黏剂

丙烯酸酯类胶黏剂是以各种类型的丙烯酸酯树脂为基料，经化学反应得的胶黏剂，可分为热塑性和热固性两种。其特点是使用方便、可室温固化、强度高、抗冲击及剪切力强、耐候性佳、可油面胶合、应用范围广泛。

丙烯酸树脂是指分子末端具有丙烯酸酯(或甲基丙烯酸酯)基团的预聚体，或由丙烯酸酯组成的均聚物或共聚物，丙烯酸或丙烯酸酯是合成该树脂的单体，丙烯酸或丙烯酸酯的分子结构可以用如下通式表示：

$$\begin{array}{c} O \\ \| \\ \text{H}\text{C} \\ \diagdown\diagup\diagdown \\ \text{C}\text{O}-\text{R}^2 \\ \diagup\diagdown \\ \text{H}\text{R}^1 \end{array}$$

常见的单体见表 5-4。

表 5-4　常用丙烯酸(酯)的结构和名称

R^1	R^2	中文名称	英文缩写
—H(丙烯酸)	H	丙烯酸	AA
—CH₃(甲基丙烯酸)	CH₃	甲酯	MA
—CN(氰基丙烯酸)	CH₂CH₃	乙酯	EA
	C₄H₉	丁酯	BA
	C₈H₁₇	辛酯	OA
	C₂H₄OH	羟乙酯	HEA
	C₃H₆OH	羟丙酯	HPA

R^1一般为氢、甲基或氰基，分别称为丙烯酸、甲基丙烯酸和氰基丙烯酸；R^2可以是氢有机基团，分别称为(甲基、氰基)丙烯酸或(甲基、氰基)酯。

丙烯酸酯类胶黏剂主要分为两大类：一类是热塑性聚丙烯酸酯或丙烯酸酯与其他单体的共聚物；另一类是反应型丙烯酸酯类胶黏剂。前者大量应用于压敏型、热熔型和水乳型胶黏剂的制造，可称为非反应型胶黏剂。后者主要用于瞬干胶、厌氧胶、光敏胶、丙烯酸酯结构胶和微胶囊型丙烯酸酯胶等，胶接时经化学反应而固化，因此称为反应型胶黏剂。

工业上已大规模生产。这些单体在不同的催化剂或引发剂的作用下，通过引发、链增长和链终止等步骤得到聚合物，聚合物溶液或聚合物乳液。

在合成胶黏剂中，丙烯酸酯胶黏剂的性能独特、品种繁多、专利报告不胜枚举，具有一系列明显的优点：

①胶液黏度低、使用方便。

②可以室温快速固化，且固化时不需要压力。

③具有良好的透明性。

④耐介质、耐药品和耐候性能优良。

⑤能胶合同种或异种材料，性能良好。

在丙烯酸酯类胶黏剂中，常用的有 α-氰基丙烯酸酯胶黏剂、丙烯酸酯压敏胶、丙烯酸酯厌氧胶和丙烯酸酯结构胶等。

5.2.1　α-氰基丙烯酸酯胶黏剂

α-氰基丙烯酸酯胶黏剂于 1958 年在美国问世，因以室温快速固化而著称，故又称为"瞬干胶"和"快速胶"，常用的 502 胶就属于此类，主要是以 α-氰基丙烯酸酯为原材料制备而成。其具有特点：单液、黏度低、固化快；胶合强度高，有些可用作结构胶黏剂，能对多种基材胶合且能达到很高的强度；胶层无色透明，无溶剂、毒性小；但脆性大，不能承受冲击和振动，且耐久、耐热、耐水、耐溶剂、耐候性都比较差，胶合不能持久。

5.2.1.1　合成原理

工业化合成路线以氰基丙烯酸乙酯合成为例简要论述，其他酯的合成方法类同。首先，氯代乙酸与氰化钠发生亲核取代反应，然后再与乙醇发生酯化反应，生成氰乙酸乙酯。

$$\mathrm{ClCH_2COOH + NaCH \longrightarrow CNCH_2COOH + NaCl}$$
$$\mathrm{CNCH_2COOH + C_2H_5OH \longrightarrow CNCH_2COOC_2H_5 + H_2O}$$

氰乙酸乙酯与甲醛缩合形成聚氰基丙烯酸酯预聚物，预聚物裂解再生成 α-氰基丙烯酸酯。

$$n\mathrm{CH_2O} + n\mathrm{CH_2(CH)COOR} \xrightarrow{\text{碱催化剂}} \begin{array}{c} \mathrm{CN} \\ | \\ \mathrm{[CH_2-C]_n} \\ | \\ \mathrm{COOR} \end{array} + n\mathrm{H_2O}$$

$$\begin{array}{c} \text{CN} \\ | \\ \text{-[CH}_2\text{-C-]}_n \\ | \\ \text{COOR} \end{array} \xrightarrow{\text{加热裂解}} \begin{array}{c} \text{CN} \\ | \\ n\text{CH}_2\text{=C} \\ | \\ \text{COOR} \end{array}$$

预聚物的合成阶段是氰乙酸乙酯合成的关键阶段，许多学者对预聚物的合成进行了大量的研究。研究热点主要集中在提高预聚物的分子量，降低成本，提高收率和简化工艺方面。

氰乙酸乙酯分子中亚甲基同时与氰基和酯基相连，氰基和酯基都是强吸电子基，1mol氰乙酸乙酯与1mol的甲醛反应，可得线形聚合物，反应式示意如下：

$$\text{CNCH}_2\text{COOC}_2\text{H}_5 + \text{HCHO} \longrightarrow \begin{array}{c} \text{CN} \\ | \\ \text{H-C-CH}_2\text{OH} \\ | \\ \text{COOC}_2\text{H}_5 \end{array}$$

$$\begin{array}{c} \text{CN} \\ | \\ \text{H-C-CH}_2\text{OH} \\ | \\ \text{COOC}_2\text{H}_5 \end{array} + \text{CNCH}_2\text{COOC}_2\text{H}_5 \longrightarrow \begin{array}{c} \text{CN} \quad\quad \text{CN} \\ | \quad\quad\quad | \\ \text{H-C-CH}_2\text{-C-H} \\ | \quad\quad\quad | \\ \text{COOC}_2\text{H}_5 \; \text{COOC}_2\text{H}_5 \end{array} + \text{H}_2\text{O}$$

$$\begin{array}{c} \text{CN} \quad\quad \text{CN} \\ | \quad\quad\quad | \\ \text{H-C-CH}_2\text{-C-H} \\ | \quad\quad\quad | \\ \text{COOC}_2\text{H}_5 \; \text{COOC}_2\text{H}_5 \end{array} + \text{HCHO} \longrightarrow \begin{array}{c} \text{CN} \quad\quad \text{CN} \\ | \quad\quad\quad | \\ \text{H-C-CH}_2\text{-C-CH}_2\text{OH}\cdots \\ | \quad\quad\quad | \\ \text{COOC}_2\text{H}_5 \; \text{COOC}_2\text{H}_5 \end{array}$$

$$\longrightarrow \begin{array}{c} \text{CN} \quad\quad\quad \text{CN} \\ | \quad\quad\quad\quad | \\ \text{-H-C-CH}_2\text{-C-CH}_2\text{-C-} \\ | \quad\quad\quad\quad | \quad\quad | \\ \text{COOC}_2\text{H}_5 \; \text{COOC}_2\text{H}_5 \; \text{COOC}_2\text{H}_5 \end{array} \quad\quad (\text{A})$$

$$或 \quad \begin{array}{c} \text{CN} \quad\quad \text{CN} \quad\quad \text{CN} \\ | \quad\quad\quad | \quad\quad\quad | \\ \text{-H-C-CH}_2\text{-C-CH}_2\text{-C-CH}_2\text{OH} \\ | \quad\quad\quad | \quad\quad\quad | \\ \text{COOC}_2\text{H}_5 \; \text{COOC}_2\text{H}_5 \; \text{COOC}_2\text{H}_5 \end{array} \quad\quad (\text{B})$$

由上可知，形成的低聚物可能以羟甲基(结构式 B)封端，也可能以 H(结构式 A)进行封端。氰乙酸乙酯与甲醛反应形成的聚合物是一低聚物，分子量不太高。形成的线形缩聚物的分子量与原料的摩尔比和转化率有关。

5.2.1.2 合成原料与结构设计

α-氰基丙烯酸酯胶黏剂是目前在室温下固化时间最短的一种胶黏剂，其单体是由氰乙酸酯和甲醛在碱性介质中进行缩合反应，生成的低聚物经加热裂解制备而成，其合成原料主要有：

(1)单体：α-氰基丙烯酸酯。

(2)增稠剂：聚甲基丙烯酸酯、聚丙烯酸酯、聚氰基丙烯酸酯、纤维素衍生物等。

(3)增塑剂：邻苯二甲酸二丁酯、邻苯二甲酸二辛酯等。

(4)稳定剂：二氧化硫、对苯二酚等。

实际上，α-氰基丙烯酸酯胶黏剂有多种类型以适合胶合不同的材料和不同场所的使用。在配方设计时，要根据被胶合对象来选择单体的类型，如甲酯的固化速度最快，耐热性较好，力学强度最高，但胶层脆性最大，因此就不宜胶合有一定韧性要求的制品，而应该选用高碳链烷酯这一类具有柔韧性好的单体。又如在胶合木材这一类多孔材料时，就需要加入增稠剂，减少胶液的流失。此外，为了改善胶黏剂固化后胶层的脆性，还需酌情加入增塑剂。此外，为了防止胶液在贮存过程中发生聚合作用，还应添加对苯二酚之类的阻聚剂（用量为单体重的 0.01%~0.05%）。表 5-5 为 α-氰基丙烯酸酯瞬干胶黏剂的典型配方，并对其各组分的作用进行了分析。

表 5-5 α-氰基丙烯酸酯胶黏剂典型配方分析

配方组成/质量份		各组分作用分析	配方组成/质量份		各组分作用分析
α-氰基丙烯酸甲酯	100	α-氰基丙烯酸酯单体，基体材料	邻苯二甲酸二丁酯	3	增塑剂，改善固化后胶层脆性
聚 α-氰基丙烯酸甲酯	3	增稠剂，提高胶液黏度	二氧化硫	0.1	阻聚剂，提高贮存稳定性
对苯二酚	1	阻聚剂，延长贮存期	KH-550	0.5	偶联剂，提高胶合强度

由于 α-氰基丙烯酸酯在水的作用下易发生阴离子聚合反应，所以单体的贮存稳定性与其水分含量有很大关系，含水量超过 0.5%的单体很不稳定。为了配制成便于贮存和使用的胶黏剂，必须在 α-氰基丙烯酸酯单体中加入其他辅助成分。

α-氰基丙烯酸酯是一种低黏度的液体，黏度为 0.001~0.003Pa·s，胶合过程中通常会造成胶接件缺胶，加入增稠剂可使黏度上升到 2Pa·s，特别是在胶接多孔性物质或有缝隙的物质时，增稠更有必要。所以常在胶黏剂配制时加入高分子聚合物做增稠剂，常用的有丙烯酸酯-甲基丙烯酸酯共聚物、氰基丙烯酸酯-马来酸二烯丙酯共聚物、丙烯酸甲酯-丙烯腈共聚物等。如添加 5%~10%的聚甲基丙烯酸甲酯（分子量约 $30×10^4$）能使黏度显著提高，而胶合强度无明显下降。

为了提高 α-氰基丙烯酸酯的韧性，还可加入适当的增塑剂，如磷酸三甲酚酯、邻苯二甲酸二丁酯、邻苯二甲酸二辛酯、癸二酸二乙酯等。最新的研究表明，通过向丙烯酸混合物中加入氯磺化聚乙烯橡胶，能极大地改善其性能。

5.2.1.3 配方与工艺

表 5-6 为 2 种常用的 α-氰基丙烯酸酯胶黏剂的配方。

表 5-6 α-氰基丙烯酸酯胶黏剂配方

配方 I 组分	质量份	配方 II 组分	质量份
氰乙酸乙酯（>95%）	150	α-氰基丙烯酸甲酯	96
甲醛（37%）	100	α-氰基丙烯酸异丁酯	0~3
邻苯二甲酸二丁酯	34	邻苯二甲酸二丁酯	3
哌啶	0.3	对苯二酚	1
二氯乙烷	35	二氧化硫	微量
		KH-550 偶联剂（2%无水乙醇）	少量

以表 5-6 中配方 I 为例，其合成工艺为：

(1)在缩聚裂解釜中加入氰乙酸乙酯和哌啶、溶剂，控制 pH 值在 7.2~7.5 之间，逐步加入甲醛液，此时保持反应温度 65~70℃和充分地搅拌，加完后再保持 1~2h 使反应完全。

(2)加入邻苯二甲酸二丁酯，在 80~90℃下回流脱水至脱水完全。加入适量 P_2O_5、对苯二酚，将 SO_2 气体通过液面，作稳定保护用。

(3)在减压和夹套油温 180~200℃下进行裂解，先蒸去残留溶剂，收集粗单体。粗单体加入精馏釜中再通入 SO_2 后，进行减压蒸馏，取 75~85℃/1.33 Pa 馏分即为纯单体。

(4)成品于配胶釜中加入少量对苯二酚和 SO_2 等配成胶黏剂。

上述方法生产的 α-氰基丙烯酸酯胶黏剂使用温度为-50~100℃，固化速度快，强度较高，但胶层较脆，且不耐碱、高温、高湿。

5.2.2　丙烯酸压敏胶

压敏胶黏剂(PSA)是指对压力很敏感，无需加热或溶剂活化，只要轻度施以接触压力，就能实现粘贴的一种胶黏剂。丙烯酸酯压敏胶为无色透明的黏液，它与橡胶类压敏胶的主要区别在于它不能添加增黏树脂和增塑剂等组分，具有耐氧化性、耐油性、耐溶剂性等优异性能；对各种材料都有一定的胶合力；透明性好，且具有较高的剥离强度，能够耐受冲击、振动；无毒无害，对皮肤无影响，可制取医用胶黏带；但耐热性、耐溶剂性、耐久性较差。

压敏胶一般有橡胶型和合成树脂两类，丙烯酸酯压敏胶属于合成树脂型。由于具有许多优点，在压敏胶中处于领先地位，而丙烯酸酯压敏胶又是丙烯酸酯胶黏剂中产量最大的一个品种。常制成压敏胶黏带和胶黏片，施工方便快捷，粘之容易，揭去不难，剥而无损，人们常用的医用橡皮膏和绝缘胶布便是最早、最典型的压敏胶制品。

5.2.2.1　合成原料与结构设计

乳液型压敏胶黏剂是由形成聚合物的单体、增黏剂、填料、防老剂及交联剂等组成。所采用的聚合物有丙烯酸酯类、橡胶类、乙烯-醋酸乙烯共聚物类、聚酯类和聚氯乙烯类等，但以丙烯酸酯为主。

在丙烯酸酯压敏胶的制备中，虽然对于溶液型、乳液型、热熔型、液态固化型等的各种单体的要求不一样，但各种单体在胶中所起的作用表现出 3 种情况，即黏附成分、内聚成分、改性成分 3 种。

作黏附成分的单体是丙烯酸压敏胶的主单体，在工业生产中多使用丙烯酸异辛酯和丙烯酸丁酯、丙烯酸 α-乙烯己酯等，单体在压敏胶中需占 50%以上，使压敏胶具有足够的润湿性和黏附性，以提高其剥离强度。

作为内聚成分的单体，一般使用短侧链的烷基酯、甲基丙烯酸烷基酯、乙酸乙烯酯、丙酸乙烯酯、偏氯乙烯、苯乙烯及丙烯腈等，这些内聚成分不仅提高胶的内聚性能，而且对黏附性、耐水性、透明度及工艺性的提高有特殊作用。内聚单体同样可以是一种，也可以是复合单体，在压敏胶中约占 20%~40%。

为了提高内聚强度及黏附性、促进聚合反应速度、提高聚合稳定性可使用单体对其进行改性，选用的改性单体均能与黏附成分及内聚成分进行共聚的带有官能团（羧基、羟基、氨基、环氧基、羟甲基、酰氨基等）的单体。常用的有丙烯酸、甲基丙烯酸、衣康酸、巴豆酸、马来酸酐、丙烯酸-2-羟乙酯、氨基乙基丙烯酸酯、丙烯酸缩水甘油酯、羟甲基丙烯酰胺等。改性材料可以是一种单体，也可以是复合单体，用量占 5%~20%。

5.2.2.2　配方及合成工艺

丙烯酸压敏胶按形态可分为溶液型、乳液型、热熔型、液态固化型。

（1）溶剂型丙烯酸酯压敏胶：溶液型丙烯酸酯压敏胶是将单体和引发剂溶解在酯类、芳香族烃类及酮类等有机溶剂中进行聚合反应而制得的，表 5-7 中所列为溶剂型丙烯酸酯压敏胶的合成配方实例。

表 5-7　合成实例配方

原料名称	用量（质量份）	试剂级别
丙烯酸丁酯	24.9~60.1	聚合级
丙烯酸-2-乙基己酯	12.5~29.5	工业级
丙烯酸乙酯	2.5~6.9	聚合级
丙烯酸	0.8~3.4	CP
过氧化苯甲酰	0.5~1.3	CP
羟甲基交联剂	0.6~2.7	工业级

制备工艺：

①在装有电动搅拌器、回流冷凝器、温度计及滴液漏斗的 250mL 四口烧瓶中，先投入 2/3 的丙烯酸乙酯和全部的甲苯，升温至丙烯酸乙酯回流温度，加一半混合单体（溶有全部引发剂），开动搅拌器，开始反应。

②1.5h 后，滴加剩余的一半单体，1h 内滴完。

③滴完后再补加少量引发剂。

④保持在回流温度反应 2h，得无色或淡黄色黏稠液体，加稀释剂。

⑤保温 0.5h，冷却至 50℃，结束反应。

胶带制作：称取少量胶液均匀涂布于蜡纸上，将蜡纸置于 130℃ 的烘箱中，高温交联 10min，趁热将压敏胶转移到 PE- PVC 薄膜上，胶样厚度约为 20~35μm。

（2）乳液型丙烯酸酯压敏胶：乳液型丙烯酸酯压敏胶是将单体借助乳化剂分散在水中进行乳液聚合而制得的，表 5-8 中列出了 3 组合成配方实例。

表 5-8 合成实例配方

组分	质量份	组分	质量份
丙烯酸丁酯(BA)	50~80	乳化剂 B(阴离子)	0.1~1.0
甲基丙烯酸甲酯(MMA)	5~20	丙烯酸-2-乙基己酯(2-EHA)	10~30
过硫酸铵	0.1~0.8	碳酸氢钠	0~1
丙烯酸(AA)	1~4	十二烷基硫醇	0~0.2
丙烯酸异羟丙酯(HPA)	0.5~5	氨水	适量
乳化剂 A(非离子型)	1~5	蒸馏水	80

制备工艺：在装有电动搅拌器、回流冷凝器、温度计及滴液漏斗的 250mL 四口瓶中，加入已配制好的乳化剂混合液(乳化剂 A、乳化剂 B、碳酸氢钠、过硫酸铵、十二烷基硫醇、蒸馏水)的 1/3。另将单体混合液(BA、2-HEA、MMA、AA、HPA)与余下的乳化剂混合液在另一个三口瓶中于室温下快速搅拌乳化 15min，取其 4/5 注入滴液漏斗中，同时将余下的 1/5 注入四口烧瓶内。开始搅拌并升温，控制搅拌速度约 120r/min，在 80℃下反应 0.5h，降温至 60℃以下，用少许氨水调节 pH 值 9 后出料；放置过夜或数天后会自然下降至 pH 值 7.2 左右。

(3)热熔型丙烯酸酯压敏胶：热熔型丙烯酸酯压敏胶以聚丙烯酸酯弹性体为主体成分，与相应的增黏树脂混合配制而成，是固含量为 100%的固体胶料，涂胶时必须将胶加热熔化(一般为 150~200℃)后后再进行涂布，冷却后固化。特点是快速涂布，不需干燥，固化快，无公害。缺点是高温胶合性能差，蠕变大，需要特殊的涂胶工具，操作温度高，也可制成纸基或布基的胶带。

热熔型压敏胶由聚合物、增黏剂、添加剂(如增塑剂、填料、防老剂)染色剂等组成，其中聚合物主要是聚丙烯酸酯、乙烯—丙烯酸乙酯的共聚物以及丁基橡胶、聚苯乙烯等与丙烯酸丁酯的接枝共聚物、SIS、SBS 热塑性弹性体、乙烯-醋酸乙烯(EVA)共聚物等。具体配方见表 5-9。

表 5-9 合成实例配方

原料名称	用量(质量份)	原料名称	用量(质量份)
丁基橡胶	50	过氧化苯甲酰	0.3
丙烯酸丁酯单体	50	二异丙基过氧化物	0.4

制备工艺：将 50 份丁基橡胶溶于 50 份丙烯酸丁酯单体中，加入 0.3 份过氧化苯甲酰和 0.4 份二异丙基过氧化物，在 100℃聚合 2h，再在 180℃加热 30min，得到 200℃时熔体黏度为 32 Pa·s 的弹性体，可以制成热熔压敏胶。

5.2.3　丙烯酸酯厌氧胶

丙烯酸酯厌氧胶是聚丙烯酸酯胶黏剂中最重要的一类，是由(甲基)丙烯酸酯、引发剂、促进剂、稳定剂(阻聚剂)、增塑剂和填料等按一定比例配合在成的胶黏剂。厌氧胶的最大特性是与氧气或空气接触时不会固化，一旦隔绝空气后，便很快聚合固化。此外，丙烯酸酯厌氧胶还具有：单组分，使用方便；低黏度，具有良好的浸润性，特别适用于间隙在 0.1mm 以下的缝隙的胶接和密封；常温固化，采用促进剂可加速固化；耐热、耐压、耐油、耐盐水、耐酸碱介质性能好；无溶剂，挥发性及毒性低；在空气下的胶液贮存期长等特性。缺点是胶合强度和韧性较差，耐水性也不太好。

5.2.3.1　合成原料及配方设计

丙烯酸酯厌氧胶的合成原料主要由丙烯酸酯单体和配合剂所组成：

(1)单体：单体一般分为聚醚型丙烯酸酯、聚酯型丙烯酸酯、环氧型丙烯酸酯、带极性基团的丙烯酸酯(如羟乙酯、羟丙酯)、含氨基的甲酸酯基和异氰酸酯的丙烯酸酯等几种类型，使用量约占总质量的 80%~85%。

(2)配合剂：配合剂主要包括引发剂、促进剂、稳定剂和助促进剂等。

①引发剂　丙烯酸酯厌氧胶在隔绝空气后靠引发剂产生自由基，引发单体聚合。如果不用引发剂，大多数厌氧胶是不能产生胶合强度的。多用有机过氧化物如异丙苯过氧化氢、过氧化苯甲酰、叔丁基过氧化氢等。用量是单体质量的 0.1%~10%，通常用量为 2%~5%，用量过多会影响贮存稳定性，过少则引发速度太慢。

②促进剂和助促进剂　贮存稳定性和快速固化特性是厌氧胶中相互矛盾的问题，常通过添加促进剂和助促进剂来进行调节。只要有引发剂存在，即使不加入促进剂和助促进剂，厌氧液仍可固化，只是需要经历较长的固化时间。为了提高生产效率，常在丙烯酸酯厌氧胶液配制时加入一些既不影响贮存稳定性和胶合强度，又能使胶层快速固化的促进剂。此外，有时还需加入一些能加速促进剂固化作用的助促进剂，但是后者单独使用时并无促进固化作用。

常用的促进剂含氮化合物(N,N-二甲基苯胺)，含硫化合物(如四甲基硫脲)，肼类化合物。助促进剂：亚胺和羧酸类应用最多、效果最好的是邻苯磺酰亚胺(即糖精)，其用量一般为 0.01%~5%。

③稳定剂　丙烯酸酯厌氧胶中使用的稳定剂是一类既能延长胶的贮存期，又不至于使胶的各项性能发生变化的化合物。常用的稳定剂有两类：一类是能与游离基结合而使游离基失去活性的化合物，如酚类、多元酚、醌类、胺类和铜盐等阻聚剂；另一类稳定剂是一些多芳环的叔胺盐、卤代脂肪单羧酸、硝基化合物和金属螯合剂等。

④增稠剂　增加胶的初黏力，常用的有聚丙烯酸酯、纤维素衍生物等。

5.2.3.2　配方与工艺

根据使用用途的不同，丙烯酸酯厌氧胶黏剂有多种配方，表 5-10 中列出了常用的 2 种。

表 5-10　丙烯酸酯厌氧胶黏剂配方

配方Ⅰ组分	质量份	配方Ⅱ组分	质量份
二缩三乙二醇双甲基丙烯酸酯	930 份	309 树脂(含阻聚剂)	100
对苯二酚	适量	异丙苯过氧化氢(70%)	5
乙二胺四乙酸	适量	糖精	0.3
糖精	15	丙烯酸	2
苯甲酰肼	15	三乙胺	2
亚甲蓝	适量	白黑炭	0.3
香草醇	10		
三正丁胺	5		
叔丁基过氧化氢	25		

以表 5-10 中配方Ⅰ为例，其合成工艺为：

①将二缩三乙二醇双甲基丙烯酸酯加入反应釜加温至 60~90℃，逐步加入乙二胺四乙酸，高速搅拌处理 2h；

②树脂中的金属离子络合后，放入贮槽静置 15h；

③吸入反应釜以去掉树脂中的 EDTA 和金属离子，升温至 40~50℃，加入除叔丁基过氧化氢外的其余材料，混合搅拌 2h 以上至全部溶解；

④冷却至室温，最后加入叔丁基过氧化氢，搅拌 1h 以上至均匀，即可灌装。

固化工艺：隔绝空气，28~30℃固化。

5.2.4　丙烯酸酯结构胶

通常所说的丙烯酸酯结构胶黏剂实际上是指经过改性后的快固丙烯酸酯胶黏剂，多为双组分，属反应型丙烯酸酯胶黏剂，又名第二代丙烯酸酯胶(SGA)。主体单体主要是丙烯酸酯和带有两个活性基团的丙烯酸酯。如甲基丙烯酸-β 羟丙酯、甲基丙烯酸缩甘油酯、甲基丙烯酸甲酯、甲基丙烯酸乙酯、甲基丙烯酸丁酯、甲基丙烯酸等。

由于主体单体带有两个活性基团，因此其化学性质非常活泼，在接近室温的条件下就能发生聚合反应。丙烯酸酯结构胶具有操作方便、反应活性高、固化速度快、胶合性能佳、储存稳定的特点。已经成为结构胶黏剂的佼佼者，应用领域更广，备受各方青睐。

5.2.4.1　基本性能

丙烯酸酯结构胶黏剂既有环氧树脂胶黏剂的高强度，又有聚氨酯胶黏剂的高韧性，还有 α-氰基丙烯酸酯胶黏剂的快固性，且能在油面上进行胶合，耐久性好，耐油性好，耐热性比较高，对很多被黏物都有良好的胶合性能，其主要特点为：

(1)室温快速固化：一般几十秒或十几分钟便可固化，24h 完全固化。

(2)使用非常方便：虽是双组分，但不需精确计量，可混合后使用，也可将两组分单独涂刷，然后叠合胶合。

(3)表面处理简单：不需要严格的表面处理，即使附着薄油层，仍有较大的强度。

(4)胶合强度高：胶合金属的室温剪切强度 20~40MPa，韧性好，剥离强度和冲击强度均高。

(5)收缩性小：百分之百的反应型聚合固化。

(6)耐温性好：低温、高温性能良好，可在-60~150℃使用。

(7)耐久性优：耐湿热和大气老化。

(8)耐介质性强：耐油性甚佳，耐水性较好。

(9)用途广泛：不仅对同种材料具有良好的胶合性能，更宜进行异种材料的胶合。

虽然快固丙烯酸酯结构胶黏剂有许多优点，但也存在着稳定性差、贮存期短、单体挥发气味大、湿热耐受性较差、易燃、有毒等问题，可以通过如下途径进行改性：

(1)加入锌、镍、钴的乙酸盐、丙酸盐，甲酸、乙酸、甲基丙酸的铵盐以及 2,6-二叔丁基-4-甲基苯酚等均可改进其贮存性能而不影响固化速度。

(2)使用丙烯酸十八烷酯、(甲基)丙烯酸异辛醇酯、丙烯酸四氢呋喃甲醇酯等高沸点代替甲基丙烯酸甲酯挥发性单体，降低挥发性，减小气味。

(3)添加 γ-氨丙基三乙氧基硅烷、γ-(2,3-环氧丙氧基)丙基三甲氧基硅烷、乙烯基三氯硅烷等硅烷偶联剂，以增强耐水性。

5.2.4.2　合成原料与结构设计

丙烯酸酯结构胶黏剂主要是由丙烯酸酯类单体或(官能)预聚物、(官能)高分子弹性体、引发剂、促进剂、稳定剂、增稠剂、触变剂等组成的。

(1)单体和预聚物：反应性单体有单官能单体、多官能单体。常用的单体主要是甲基丙烯酸甲酯，还可以加入乙酸乙烯酯、丙烯酰胺、苯乙烯等单体来改善性能。为了改善胶黏剂的硬度、柔韧性、化学药品耐受性等性能通常加入环氧丙烯酸酯、聚酯丙烯酸酯、聚氨酯丙烯酸酯以及纯丙烯酸酯等单聚物。

(2)高分子弹性体：胶黏剂体系中的弹性体多用于提高韧性、耐冲击性、耐疲劳性、耐久性和胶合强度。在自由基聚合过程中，部分弹性体参与聚合反应生成接枝共聚物；部分则会聚集成球形颗粒在丙烯酸树脂交联网络构成的连续相中成为分散相，(粒径在几微米以下)。同时，弹性体的加入还可调节黏度，降低固化时收缩率。常用的弹性体有氯磺化聚乙烯、丁腈橡胶、氯丁橡胶、丙烯酸酯橡胶、聚醚橡胶、SBS(苯乙烯和丁二烯的嵌段共聚物)等。也可以加入 ABS(丙烯腈、丁二烯和苯乙烯的三元共聚物)、MBS(甲基丙烯酸甲酯-丁二烯-苯乙烯三元共聚物)、MBAS 等工程塑料。如1975 年 DuPont 公司公布的专利(US3 890 407)以具有活性支链的弹性体或带有多个活性端基的弹性体为主要成分，而把(甲基)丙烯酸酯当做活性稀释剂，又是聚合的单体，两者构成胶黏剂的主剂，当胶黏剂固化时，(甲基)丙烯酸酯可以接枝到弹性体的主链上，从分子内部进行改性，这样能显著地改善聚合物的韧性，提高抗冲击性能。

(3)引发剂：通常是过氧化物，有 BPO(过氧化苯甲酰)、CHP(异丙苯过氧化氢)、BHP(叔丁基过氧化氢)、MEKP(过氧化甲乙酮)、DCP(过氧化二异丙苯)等，其中 CHP 和 BHP 在反应性、安全性和贮存稳定性方面都优于其他过氧化物，尤其是 CHP 室温下为液体，处理容易，使用方便。引发剂的参考用量为 0.2%~5.0%。

（4）促进剂和助促进剂：促进剂与有机过氧化物组成一个强有力的氧化-还原引发体系。有胺类（如 N，N-二甲基苯胺、乙二胺、三乙胺等），硫酰胺类（如四甲基硫脲、乙烯基硫脲等）。促进剂的参考用量为 0.04%~4%。助促进剂的加入，能够加快氧化还原体系产生活性自由基物质加快反应。有机金属盐，如环烷酸钴、油酸铁、环烷酸锰等都可作为丙烯酸酯结构胶的助剂。在实际生产中环烷酸钴使用较多。

（5）稳定剂：为保证在单体中加入引发剂之后，不立即引发聚合，而保持一定的室温贮存稳定性，需要加入稳定剂，如对苯二酚、对甲氧基苯酚、2，6-二叔丁基-4-甲基苯酚、吩噻嗪以及硝基化合物等。一些有机酸和无机酸的碱金属盐、锌盐、镍盐和铵盐也可以提高贮存稳定性，参考用量为 0.1%~0.5%。

（6）其他助剂：根据需要可以加入增稠剂、触变剂、填充剂、颜料等。例如气相二氧化硅具有增稠和触变的作用，石蜡有隔绝氧气和降低单体挥发的作用，糖精有促进固化的作用，硅烷偶联剂可以提高耐水性、黏结强度，有的还能抑制胶液中甲基丙烯酸对金属的腐蚀。

5.2.4.3 配方与工艺

丙烯酸树脂结构胶黏剂由 A、B 两组分组成，A、B 两剂均为 100% 固含量。表 5-11 为常用丙烯酸酯结构胶黏剂的配方，其中的丁腈橡胶即为弹性体。

表 5-11　丙烯酸酯结构胶黏剂配方

A 组分	质量份	B 组分	质量份
甲基丙烯酸甲酯	100~220	甲基丙烯酸甲酯	120~180
甲基丙烯酸羟乙酯	30	甲基丙烯酸羟乙酯	35~95
丁腈橡胶（固体）	35~50	丁腈橡胶（固体）	30~40
异丙苯过氧化氢	1	还原剂胺	少量
甲基丙烯酸酯增强剂	15	甲基丙烯酸	15

合成工艺：

（1）在配胶釜中投入甲基丙烯酸甲酯、稳定剂和颜料（红色），搅拌溶解后，依次投入甲基丙烯酸羟乙酯、增强单体、塑炼过的丁腈橡胶，室温放置使橡胶溶胀。

（2）夹套热水加热，搅拌，保持釜内温度在 55%~70%，时间 3~6h，待丁腈橡胶完全溶解后停止加热，冷却，加入过氧化物搅至均匀分散，出料得 A 组分。

（3）在配胶釜中投入甲基丙烯酸甲酚和颜料（蓝色），搅拌溶解后，依次投入甲基丙烯酸羟乙酯、增强单体、塑炼过的丁腈橡胶，室温放置使橡胶溶胀。

（4）夹套热水加热，搅拌，在 50~60℃ 下投入甲基丙烯酸和还原剂，并保温搅拌 6h。

（5）停止加热，冷却，加入促进剂搅匀，出料得 B 组分。

该胶黏剂可在 15~20℃ 下，15min 基本固化，24h 完全固化。

在施工过程中，双主剂型通常是将 2 组分混合均匀后再涂胶，这样更有利于两组分的充分混合，但量不宜太大，如果一次配量超过 10g，混合后在 110min 内就会自动放热而产生暴聚现象。如果涂胶量比较大时，可采用双主剂型分开涂胶的方式，然后加压胶合，胶合效果并不比混合的差。对于易挥发性单体制备的快固丙烯酸酯结构胶黏剂涂胶后不必晾置，应当迅速叠合(如以甲基丙烯酸甲酯为主要单体的)，如选用低挥发性单体制备的胶黏剂，其晾置时间甚至延长至 30min 胶合强度变化不大。无论是哪种胶黏剂，涂胶叠合之后，压紧到初固化不能再打开或松动，在 1~5min 和 30~60min 即可达实用强度，若用红外线或热风加热，胶合件固化速度会更快。

目前，在第二代快固丙烯酸酯胶黏剂的基础上，研发了第三代丙烯酸类胶黏剂(TGA)，这是由低黏度丙烯酸酯单体或丙烯酸酯低聚物、催化剂、弹性体组成，经紫外线照射几秒钟即固化，也可添加增感剂促进固化速度。TGA 胶在 SGA 的基础上降低了毒性，甚至无毒，其无污染、快速、高效的特点代表当今胶黏剂的发展趋势。

5.2.5　水性丙烯酸树脂

水性丙烯酸树脂的组成及其结构都会对涂膜的性能产生很大的影响，通过不断地调整各组分原料间的用量配比可以有效地调节其组成和结构，使其达到使用所需的性能要求。多元醇水分散体组分是双组分水性丙烯酸酯涂料的主剂，其结构与组成对涂膜的性能有很重要的影响。

以成膜方式分类，水性丙烯酸树脂按成膜方式可以分为热固性和热塑性两大类。

5.2.5.1　分类

(1)热固性水性丙烯酸树脂：热固性水性丙烯酸树脂也称为反应交联型树脂，是指在结构中带有一定的官能团，成膜过程中官能团交联反应，形成网状结构。一般来说，热固性树脂相对分子量较小，性能优秀。热固性丙烯酸涂料有优异的丰满度、光泽、硬度、耐溶剂性、耐候性、在高温烘烤时不变色、不返黄。最重要的应用是和氨基树脂配合制成氨基-丙烯酸烤漆，目前在汽车、摩托车、自行车、卷钢等产品上应用十分广泛，也可以用在防腐涂料。

(2)热塑性水性丙烯酸树脂：一般来说，热塑型水性丙烯酸树脂分子量较大。热塑型水性丙烯酸树脂主要靠水挥发使大分子或大分子颗粒聚集融合成膜，成膜过程中没有交联反应发生，属非反应型，是单组分体系，施工方便。具有较好的物理机械性能，耐候性、耐化学品性及耐水性优异，保光保色性高。但也存在一些缺点：固含量低(固含量高时黏度大，喷涂时易出现拉丝现象)，涂膜丰满度差，低温易脆裂、高温易发黏，溶剂释放性差，实干较慢，耐溶剂性不好等。热塑性丙烯酸树脂在汽车、电器、机械、建筑等领域应用广泛。

5.2.5.2　合成原料与原理

(1)主料与合成原理：合成水性丙烯酸树脂的单体一般由两部分组成，第一部分作为主单体，通常包括硬单体和软单体，调整它们的比例可以使共聚物的玻璃化温度(Tg)在一个较广的范围内变化，从而根据使用需要来调节聚合物的硬度、柔韧性等物理性能。第二部分是功能性官能团单体，这部分是为了使制得的树脂具备某些特殊性能，使之能满足特殊的需要。

　　选取丙烯酸丁酯(BA)和甲基丙烯酸甲酯(MMA)两种合成丙烯酸树脂最为常见的软硬单体作为反应的主单体;选择丙烯酸(AA)作为带有亲水基团的功能单体,通过中和盐化,来实现树脂的水溶性,同时改善树脂的硬度、耐溶剂性和附着力等性能;若选择丙烯酸羟乙酯(HEA)作为提供羟基组分的单体,可通过调 HEA 的用量控制树脂的羟基含量,使树脂膜更好的交联固化。因合成树脂的单体均为丙烯酸类单体,竞聚率相差并不很大,可一次投料进行反应。

　　相关反应式如下:

　　①单体的自由基共聚反应

$$
m\mathrm{H_2C{=}CH} + n\mathrm{H_2C{=}CH} + \mathrm{LH_2C{=}\overset{CH_3}{\underset{|}{C}}} + O\mathrm{H_2C{=}CH} \longrightarrow
$$
$$
\text{(COOH)}\quad\text{(COOCH}_2\text{CH}_2\text{OH)}\quad\text{(COOCH}_3\text{)}\quad\text{(COOC}_4\text{H}_9\text{)}
$$

$$
{-}\Big[\mathrm{CH_2{-}\underset{COOH}{CH}}\Big]_m\Big[\mathrm{CH_2{-}\underset{COOCH_2CH_2OH}{CH}}\Big]_n\Big[\mathrm{CH_2{-}\underset{COOCH_3}{\overset{CH_2}{C}}}\Big]_l\Big[\mathrm{CH_2{-}\underset{COOC_4H_9}{CH}}\Big]_o{-}
$$

　　②三乙胺(TEA)的中和反应

$$
{-}\Big[\mathrm{CH_2{-}\underset{COOH}{CH}}\Big]_m\Big[\mathrm{CH_2{-}\underset{COOCH_2CH_2OH}{CH}}\Big]_n\Big[\mathrm{CH_2{-}\underset{COOCH_3}{\overset{CH_3}{C}}}\Big]_l\Big[\mathrm{CH_2{-}\underset{COOC_4H_9}{CH}}\Big]_o{-} + \mathrm{N(C_2H_5)_3}
$$

$$
\longrightarrow {-}\Big[\mathrm{CH_2{-}\underset{COO^-[(C_2H_5)_3NH]^+}{CH}}\Big]_m\Big[\mathrm{CH_2{-}\underset{COOCH_2CH_2OH}{CH}}\Big]_n\Big[\mathrm{CH_2{-}\underset{COOCH_3}{\overset{CH_3}{C}}}\Big]_l\Big[\mathrm{CH_2{-}\underset{COOC_4H_9}{CH}}\Big]_o{-}
$$

　　(2)辅助物料的选择

　　①引发剂的选择　链引发剂是控制聚合速率的关键物质,因此选择合适的引发剂非常重要。根据自由基共聚合中溶液聚合的机理,引发剂可以分为两大类:热分解引发剂和氧化还原系统引发剂。溶液聚合常用的引发剂有 AIBN 和 BPO,通常选择引发剂时主要考虑的是其分解速度、半衰期和温度范围。由于本实验所选择的单体的沸点不高,控制在 65℃左右就行。

　　偶氮二异丁腈有很多优点,AIBN 性质稳定,储存安全;分解反应呈一级反应,无诱导分解,只产生一种夺氢能力弱的烷基自由基,可以减少链段的支化,降低分子量的分布。当采取溶液聚合的方法合成水性丙烯酸树脂时,一般选择使用油溶性热分解引发剂。因此在实验过程中选用偶氮二异丁腈(AIBN)作反应的引发剂。

　　②转移剂的选择　在自由基聚合中,链转移反应是极为重要的环节之一,所谓链转移是链自由基 Mx· 夺取另一分子 YS 中结合得较弱的原子 Y(如氢、卤原子)而终止,而 YS 失去 Y 后则成为新自由基 S·,转移速率常数为 k_{tr}。

$$Mx \cdot + YS \rightarrow MxY + S \cdot$$

如果新自由基有足够的活性，就可能再引发单体聚合。

$$S \cdot + M \rightarrow SM \cdot \rightarrow SM_2 \cdot$$

自由基聚合发生链转移的结果，使聚合度降低，如果新生的自由基活性不减，则聚合速率不变；如果新自由基活性减弱，则出现缓聚现象，极端情况成为阻聚。所谓链转移剂就是能有效地使链增长自由基发生自由基转移的物质，用以调节聚合物的相对分子质量，故又名相对分子质量调节剂。链转移剂的加入对反应速度无大的影响，只是缩短链的长度，可以用于控制聚合物的链长度，亦即控制聚合物的聚合度，或聚合物的黏度。通常链转移剂添加量越多，聚合物的链越短，黏度也越小，以此达到调节聚合物的相对分子质量的目的。水性丙烯酸树脂因其涂装要求黏度适中，当平均分子量在 3 000~8 000 以内时，能够满足一定的涂膜性能，故须加入适当量的链转移剂控制其分子链的长度。

用作自由基聚合的链转移剂有脂肪族硫醇和十二烷基硫醇。巯基乙醇在链转移后再引发时可在大分子链上引入羟基，这样可以减少合成过程中羟基单体的消耗；巯基乙醇能溶于水降低其挥发性，且气味的难闻情况比恶臭的硫醇好得多。考虑到目标化合物羟基也是较为重要的基团，因此选择巯基乙醇作为链转移剂，调控目标化合物的分子量与羟值。

③溶剂的选择　在选择溶剂时既需要考虑到溶剂的环保性，又要考虑溶剂无链转移活性，即不会参与反应，聚合到分子链中；沸点适宜，具有水溶性，以及不会与多异氰酸酯组分中的—NCO 发生反应等要求。在室温下醇类和醚醇类溶剂会与异氰酸酯基团反应，因此用于室温固化的丙烯酸树脂多元醇组分不可以使用这两类溶剂。作为环保涂料，也不能用含三苯(苯、甲苯、二甲苯)的溶剂作为溶剂。丙酮沸点为 48~56℃，与单体混合后，共沸点回流温度刚好为 65℃，便于加热控温，结合环保、成本两方面要求，选取丙酮作为共聚溶剂是非常合适的。

5.2.5.3 配方与合成工艺

(1)典型配方：表 5-12 为食品包装薄膜复合用水性丙烯酸酯胶黏剂的配方。

表 5-12　食品包装薄膜复合用水性丙烯酸酯胶黏剂原料表

原料	配比(g)	原料	配比(g)
丙烯酸乙酯	41	去离子水	150
丙烯酸丁酯	20	异丙基萘磺酸钠	0.3
甲基丙烯酸甲酯	33	丁二酸二异辛酯磺酸钠	0.1
甲基丙烯酸丁酯	2.5	$(NH_4)_2S_2O_8$	0.6
丙烯酸	2	$NaHCO_3$	0.25
丙烯酸羟丙酯	1.5	十二烷基苯硫醇	0.3

(2)合成工艺：将总量50%的去离子水、90%的乳化剂投入到总量50%的混合单体中进行预乳化得到预乳化液Ⅰ。将剩余的去离子水、乳化剂和反应单体投入到聚合反

应釜中乳化得到乳化液Ⅱ，并将其升温至 70~75℃，加入总量 20%的过硫酸铵进行聚合反应，20~30min 后加入分子量调节剂调节分子量。然后滴加预乳化液Ⅰ，3~4h 内滴加完毕，并不断补充剩余的过硫酸铵溶液，同时用碳酸氢钠溶液调节 pH 值在 3~4 之间。滴加完成后，在 80~85℃下保温反应 1~2h，最后降温至 50℃以下，用氨水调节 pH 值至 6~7，得到水性丙烯酸树脂胶黏剂。

5.3　烯类热熔胶

5.3.1　概述

热熔树脂胶黏剂简称为热熔胶，是一种热塑性树脂的混合物。它在低温下呈固态，加热熔融呈液态，涂布、润湿被黏物表面上，经压合、冷却之后就能通过硬固或化学反应固化而实现胶合的一类胶黏剂。热熔胶因其胶合快、效率高、不污染、无毒、易贮运等优异特性而受到重视，获得迅速发展。

热熔胶有天然热熔胶(如石蜡、松香、沥青等)和合成热熔胶(如共聚烯烃、聚酰胺、聚酯、聚氨酯等)，其中以合成热熔胶用量较大。在大多数情况下，它是一种不含水或溶剂的 100%固含量胶黏剂。

热熔胶主要特点：胶接迅速。整个胶合过程只需要几秒或几十秒钟，有利于生产的自动化、连续化，且成本低；不含溶剂；可以反复熔化胶接；可以胶接多种材料。缺点是热稳定性差、胶合强度偏低。

5.3.2　热熔胶的主要性能参数

5.3.2.1　熔融黏度(或熔融指数)

熔融指数(MI)：是指热塑性高聚物在规定的温度、压力条件下，熔体在 10min 内通过标准毛细管的质量值。单位 g/10min，是体现热熔胶流动性能大小的性能指标。

5.3.2.2　软化点

软化点是指以一定形式施以一定负荷，并按规定升温速率加热到试样变形达到规定值的温度，是热熔胶开始流动的温度，可作为衡量胶的耐热性、熔化难易和晾置时间的大致指标。

5.3.2.3　热稳定性

热熔胶在长时间加热下抗氧化和热分解的性能，它是衡量胶的耐热性的重要指标。必须根据胶的热稳定性来确定每次熔胶量和胶的加热熔融时间，并以此来设计熔胶槽的容量。一般以使用温度下胶不产生氧化，黏度变化率在 10%以内，所能经历的最长时间为衡量标准。主要取决于其组成成分的耐热性。

5.3.2.4　晾置时间(露置时间)

晾置时间：是指热熔胶从涂布到冷却失去润湿能力前的时间，即可操作时间。
固化时间：是指热熔胶涂布后从两个黏接面压合到黏接牢固的时间(图 5-2)。

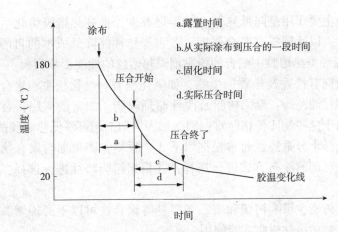

图 5-2　热熔胶的固化过程

5.3.3　热熔胶的合成原料

热熔性树脂胶黏剂一般是由聚合物基体、增黏剂、蜡类和抗氧剂等混合配制而成。为了改善其黏附性、流动性、耐热性、耐寒性和韧性等，常常适当的加入增塑剂、填料和其他的低分子聚合物等助剂。

5.3.3.1　聚合物基体

聚合物基体是热熔胶的主要成分，对热熔胶性能起关键作用，赋予其必要的胶合强度和内聚强度。并决定胶的结晶、黏度、拉伸强度、伸长率、柔韧性等性能。

多种热塑性聚合物如乙烯—醋酸乙烯共聚树脂、乙烯—丙烯酸乙酯共聚树脂、聚氨酯树脂、聚酯树脂等，均可作为热熔胶的基本聚合物。目前，国内外在木材胶合方面用得最多的是乙烯—醋酸乙烯共聚树脂，其次是乙烯丙烯酸乙酯共聚树脂。

作为主体材料的聚合物基体，应该具有以下性能：

①受热时易熔融。

②具有较好的热稳定性，在熔融温度下不发生氧化分解，并有一定的耐久性。

③具有耐热和耐寒性，具有一定的柔韧性。

④与配合的各组分有一定的相容性。

⑤对被黏物适应性强，有较高的胶合强度。

⑥在一定温度下黏度具有可调性。

⑦色泽尽量浅，不能影响被黏物的外观颜色。

5.3.3.2　增黏剂

增黏剂是指相对分子质量为几百到几千、软化点为 $60\sim150℃$ 的一类无定形热塑性聚合物总称。增黏剂的玻璃化温度在室温以上，常温下呈固态，几乎没有强度。聚合物基体在熔融时，熔融黏度相当高，故对被黏物的润湿性和初黏性不太好，一般不单独使用，常加入增黏树脂混合使用。要求增黏剂与主体材料相容性好（溶解度参数接近），胶合力强，热稳定性好，增黏剂的添加量为 20～150 份（以 100 质量份主体材料计）。此外增黏剂还可以调整热熔胶的耐热温度及露置时间。

增黏树脂的主要作用是降低热熔胶的熔融黏度，提高热熔胶熔化后对被胶合物的润湿性和初黏性，以达到提高胶合强度、改善操作性能降低成本的目的。在热熔胶尤其是 EVA、聚烯烃类热熔胶中配合的增黏剂对热熔胶的性能影响很大。

常用的增黏剂有松香及松香衍生物，如氢化松香、歧化松香、聚合松香、松香甘油酯、聚合松香甘油酯等；萜烯树脂及改性萜烯树脂，如萜酚树脂；石油树脂及热塑性酚醛树脂。由于这些物质价格便宜，因此加入增塑剂还可降低热熔胶的成本。

增黏剂的选择十分重要，通常根据以下 3 个原则：①根据与聚合物的相容性进行选择；②根据胶黏剂的涂布方式进行选择；③根据树脂特性进行选择，通常用一种或几种混合使用。

除了聚酰胺树脂、聚酯树脂和聚乙烯等基本聚合物可以不必加增黏树脂外，其他基本聚合物都需要加增黏树脂才能使用。

常用增黏剂如下：

（1）松香及其衍生物：这是热熔胶中使用最多的一种增黏剂。

①松香　其主要成分是松香酸，是不饱和酸，含有共轭双键，因而与 EVA 树脂等有极性的基本聚合物相容性好。但其软化点不高（70～85℃），且由于分子中有共轭双键，易被氧化，因此热稳定性与抗氧化性较差。

②改性松香　有氢化松香、歧化松香、聚合松香等。松香经改性后软化点提高，不存在共轭双键，因而热稳定性及抗氧化性都较好。

③氢化松香　松香熔化后，在催化剂存在下，于高温下通入氢气氢化制得。

④聚合松香　是松香的共轭双键在硫酸、三氟化硼等催化剂存在下，以苯、甲苯等为反应介质，于-10～65℃温度下进行聚合反应的产物。主要是二聚体。

⑤歧化松香　在催化剂存在下，借无机酸和热的作用，使松香的一部分被氧化，另一部分被还原，发生歧化反应的产物。

（2）萜烯树脂及其改性树脂

①萜烯树脂　由松节油中所含萜烯类化合物聚合而得。它性质稳定，遇光、热不变色，耐稀酸稀碱，电性能也较好。萜烯树脂和 EVA、SBS 等极性树脂相容性较差，为了增加与极性树脂的相容性，常对萜烯树脂进行改性。

②萜酚树脂　一种苯酚改性的萜烯树脂。萜酚树脂胶接力强，内聚力大，耐热性能好，耐老化，与树脂和橡胶相容性好，软化点高，80～145℃，耐酸碱性能优良。

（3）石油树脂：石油裂解副产物中不饱和烃馏分的聚合物。根据原料馏分，可将石油树脂分为脂肪族（C_5 馏分）、芳香族（C_9 馏分）、脂环族及它们的改性树脂等种类。

5.3.3.3　蜡类

蜡类是热熔胶的重要组分之一，它的主要作用是降低熔融黏度，改善流动性、润湿性，提高胶合强度，防止热熔胶结块，增加表面硬度及降低成本等。但用量过高，胶的收缩性变大，胶合强度反而降低，故在需要具有较大的胶合强度时，很少使用蜡类，一般木工用热熔胶中用得较少。

常用的蜡类有烷烃石蜡、微晶石蜡、合成蜡。用量一般为 30% 以下。微晶石蜡在提高热熔胶的柔韧性、胶合强度、热稳定性和耐寒性等方面均优于烷烃石蜡，但价格较高。合成蜡与基本聚合物的相容性好，并有良好的化学稳定性、热稳定性和电性能，使用效果又优于前两种石蜡。

5.3.3.4 抗氧剂

抗氧剂的作用是防止热熔胶长时间处于高的熔融温度下氧化和热分解。一般认为热熔胶在 180~230℃加热 10h 以上或所用的组分热稳定性差(如烷烃石蜡、脂松香等)时，有必要加抗氧剂。如果使用耐热性好的组分(如氢化松香、松香脂)，并且不在高温下长期加热，可以不用抗氧剂。常用的抗氧剂有 2,6-二叔丁基对甲苯酚、4,4′-硫代双(3-甲基-6-叔丁基)苯酚等。抗氧剂用量通常为 0.1%~1.5%。

5.3.3.5 增塑剂

增塑剂的作用是加快聚合物基体的熔融速度，降低熔融黏度，改善对被胶合物的润湿性，提高热熔胶的柔韧性和耐寒性。

常用的增塑剂有邻苯二甲酸二丁酯(DBP)、邻苯二甲酸二辛酯(DOP)、邻苯二甲酸丁苄酯(BBP)。增塑剂用量不宜太多，否则会降低胶层的内聚强度。另外，增塑剂在使用过程中会散逸，也会降低胶合强度和耐热性。故一般热熔胶很少用增塑剂。增塑剂的用量一般在基本聚合物重量的 40%以下。

5.3.3.6 填料

填料的作用是降低热熔胶的成本，减少热熔胶固化时的收缩性，防止透胶，提高热熔胶的耐热性和热容量，延长可操作时间。加入的填料要求干燥，粒度以细为好。热熔胶中填料的量不宜太多，量大导致熔融黏度增高，润湿性和初黏性变差，胶合强度降低，填料用量一般为 15%以下。

一般木工用的热熔胶大多都加填料，常用的填料有硫酸钡、碳酸钙、氧化钛、氧化镁、碳酸镁、黏土、滑石粉、石棉粉、硅酸铝、炭黑等。

5.3.4 常用烯类热熔胶

5.3.4.1 乙烯-乙酸乙烯酯共聚热熔胶(EVA)

木材工业中用量最多的热熔胶为乙烯-乙酸乙烯酯共聚树脂热熔胶，乙烯-乙酸乙烯酯共聚热熔胶是以乙烯-乙酸乙烯酯共聚树脂为基本聚合物，加入其他助剂而制得。由于乙烯链节的增塑作用和化学惰性，大大地改善了醋酸乙烯酯乳液聚合物的性能，这种热熔胶的优点是黏附力强、胶膜强度高、韧性好，能同时满足耐热、耐寒性的要求，与其他添加剂的相容性好，用途广，能黏附许多不同性质的基材，熔融黏度低，施胶方便，价格适宜。

(1)乙烯-醋酸乙烯共聚物-EVA：乙酸乙烯-乙烯共聚物的基本分子结构为(以乙烯摩尔数占 25%为例)：

$$—CH_2—CH—CH_2—CH_2—CH_2—CH—CH_2—CH—$$
$$\quad\quad\quad CH_3COO\quad\quad\quad\quad\quad CH_3COO\quad\quad CH_3COO$$

EVA 树脂是一种无臭、无味、无毒，白色或浅黄色粉状或粒状低熔点聚合物，由于它的结晶度低，弹性大，呈橡胶状，同时又含有足够的起着物理交联作用的聚乙烯结晶，因此具有热塑性弹性体的特点。EVA 的性能与醋酸乙烯(VA)含量和 EVA 分子量有关。

当 MI 一定时，VAc 含量增高，其弹性、柔韧性、黏接性、相容性、透明性、溶解性均有所提高；VAc 含量降低时，则性能接近于聚乙烯，刚性增大，耐磨性及绝缘性上升。作为热熔胶的原料，其 VAc 含量一般要求在 20%~30%，通常在 30%左右，熔融指数为 1.5~400g/10min。

EVA 树脂具有良好的柔软性、橡胶般的弹性、加热流动性、透明性和光泽性好，与其他配合剂的相容性良好。

EVA 树脂的最大缺点是高温性能不够好，强度低，不耐脂肪油等，使其应用范围受到限制。

改性方法为用交联型 EVA 和断链型丁基橡胶或异丁基橡胶在有机过氧化物存在下加热混炼得到一种共聚物，用它作热熔胶可显著提高耐热性和胶合强度。

EVA 可与耐热性较好的羧基化合物如马来酸酐等共聚改善 EVA 的耐高温性能。

（2）增黏剂：为了增加对被黏物体的表面黏附性、胶合强度及耐热性，多数的 EVA 型热熔胶配方中需加增黏剂。增黏剂加入量一般为 20~200 份。EVA 和增黏剂配方中二者的比例范围很宽，主要取决于性能要求。一般随着 EVA 用量增加，柔软性、耐低温性、内聚强度及黏度增加。随着增黏剂用量增加，流动性、扩散性变好，能提高胶接面的润湿性和初黏性。但增黏剂用量过多，易使胶层变脆，内聚强度下降。设计热熔胶配方时，选择增黏剂的软化点和 EVA 软化点最好同步，这样配制的热熔胶熔化点范围窄，性能好。要想提高热熔胶耐热性，就得选择高软化点的材料，热熔胶配方的软化点随着材料的软化点增高而增高。

选择热熔胶用增黏剂时，应着重考虑增黏剂的化学组成、软化点、价格、颜色、热稳定性和与热熔胶其他组分的相容性。其中软化点和相容性又是最重要的两个性能。一般说来，极性越大，与 VA 含量高的 EVA 相容性越好。相容性好的热熔胶室温下的柔韧性好。

（3）蜡类：蜡类是 EVA 型热熔胶配方中常见的材料。在配方中加入蜡类，可以降低熔融黏度，缩短固化时间，减少抽丝现象，可进一步改善热熔胶的流动性和润湿性，可防止热熔胶存放结块及表面发黏，一般地加入量不超过 30%。因为，用量过多，会使胶合强度下降。

蜡的选择主要考虑它的熔点、结晶度、含油量、熔体黏度、分子量分布及分子结构等。高结晶蜡意味着正烷烃含量高；高熔点的蜡，广泛用于要求耐高温、快凝固的包装用热熔胶中，而微晶蜡则多用于要求低温性能和柔软性好的热熔胶中。

（4）抗氧剂：为了防止热熔胶在高温下施工时氧化和热分解以及胶变质和胶合强度下降，延长热熔胶的使用寿命，一般加入 0.5%~2%抗氧剂。在常用的配方中，大多选用抗氧剂 264 或抗氧剂 1010。

（5）填料：有时在热熔胶中加入一些填料，可降低收缩率，增加填隙性，降低成本。常用的填料有碳酸钙、滑石粉、二氧化硅等。

表 5-13　EVA 热熔胶主要组分及作用

成分	种类	作用
乙烯-醋酸乙烯酯(EVA)	熔体指数 10~1 000g/10min 醋酸乙烯含量 20%~30%	胶接力、凝聚力、低温特性、柔软性
增黏树脂	松香类、萜烯类、石油树脂类、苯并呋喃-茚树脂	胶接力、胶合力、降低熔融黏度
蜡	链烷烃(石蜡)微晶合成链烷烃(石蜡)	降低熔融黏度、调整露置时间、调整硬度、改善蠕变性、防止发黏
抗氧剂	2,6-二叔丁基对甲酚4,4-双(6-叔丁基间甲酚)硫醚	阻止热氧化降解
填料	碳酸钙、硫酸钡、黏土	减少收缩、调节黏度、防止渗漏

EVA 型热熔胶主要组分及作用见表 5-13。

目前，乙烯-醋酸乙烯热熔胶在木材工业中最大的用途是用于人造板的封边、拼接单板或用作拼接单板胶线。

木材工业用 EVA 生产实例

①原材料与配方　见表 5-14。

表 5-14　人造板封边用 EVA 配方

原料	配比/质量份	原料	配比/质量份
EVA28/150	30	酚醛树脂	20
萜烯树脂	10	$CaCO_3$	20
氢化松香甘油酯	10	抗氧剂	2
高分子蜡-Ⅱ	—	—	—

②制备方法　向置于 160℃恒温油浴中带搅拌广口反应瓶中依次加入高分子蜡-Ⅱ、萜烯树脂、EVA 28/150 热塑性树脂搅拌熔融后加入填料继续搅拌 1h，体系均匀后出料，冷却成形即可。

③性能　该热熔胶黏剂耐热性、耐湿性均好。其中常态、水浸处理条件下的抗剪切强度比进口胶高 25%左右，比现有国产胶高出许多。热处理条件的抗剪切强度与进口胶相近(表 5-15)。

表 5-15　几种热熔胶剪切强度比较

树脂种类	剪切强度(MPa)					
	常态		水浸 6h		热处理	
	平均值	min~max	平均值	min~max	平均值	min~max
进口胶	4.14	3.25~4.74	2.26	1.28~3.07	3.20	1.26~4.48
国产胶	2.51	1.73~2.95	1.52	1.00~1.91	1.68	0.74~2.52
自制胶	5.11	2.34~7.77	3.97	2.53~5.43	2.49	1.46~4.88

④应用　主要用于人造板封边，也可用于其他方面的胶合。

5.3.4.2　乙烯-丙烯酸乙酯共聚热熔胶

乙烯-丙烯酸乙酯是以乙烯和丙烯酸乙酯经共聚反应而得到的产物，乙烯-丙烯酸共聚树脂的结构式为：

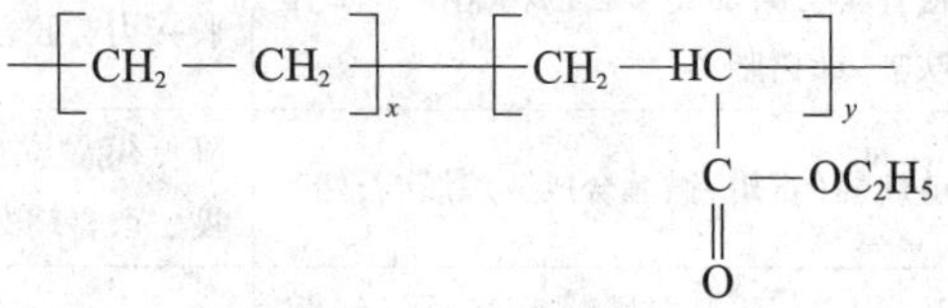

$$\left[CH_2-CH_2\right]_x\left[CH_2-HC\underset{\underset{O}{\overset{\|}{C}}-OC_2H_5}{}\right]_y$$

它具有低密度聚乙烯的高熔点和高 VAc 含量的 EVA 树脂的低温性。其结构与 EVA 类似，但使用温度范围较宽，而且热稳定性较好。

①耐热性比 EVA 优良，热分解温度高 30~40℃；

②低温特性比 EVA 更优良，玻璃化转变温度低 10~15℃，低温柔性和耐应力开裂性强；

③极性比 EVA 低，但与增黏剂和蜡相容性等同。对极性材料和非极性材料都有很好的胶接性，特别对聚烯烃这类非极性材料能发挥其独特的作用。用作热熔胶基体的 EEA 树脂，其丙烯酸乙酯含量一般为 23%左右。

由于乙烯-丙烯酸乙酯共聚树脂本身有优良的低温柔韧性，故增塑剂可不用或减少用量。但是如果需要在低温下，具有特别的柔韧性和黏附性时，除可用低分子量的增塑剂外，也可用磷酸盐与聚酯树脂等作为增塑剂，抗氧剂常用丁基化羟基甲苯、亚磷酸盐衍生物等。

乙烯-丙烯酸乙酯热熔胶在木材行业主要用于人造板封边。乙烯-丙烯酸乙酯热熔胶使用时，也和其他热熔胶一样，需要加入一些助剂来改善其使用性能，现举一配方实例：

乙烯-丙烯酸乙酯热熔胶的调制，先将石蜡在调胶锅内熔融、搅拌，并升温至 163~190℃，然后加入抗氧剂和乙烯-丙烯酸乙酯树脂，并强烈搅拌，待其全部熔融后，再加入其他助剂，搅拌均匀，即可使用，其基本配方见表 5-16。

表 5-16　乙烯-丙烯酸乙酯共聚热熔胶配方

原料	配比/质量份	原料	配比/质量份
乙烯-丙烯酸乙酯共聚树脂	40	石蜡	20
增黏剂	20	抗氧剂	0.1

思 考 题

1. 生产 PVAc 需要哪些原料，各种原料的作用是什么？
2. 请简述 PVAc 的合成原理。
3. 请简述 PVAc 分子量的大小与哪些因素有关？要获得较大分子量的聚乙酸乙烯酯乳液需采取什么方法？

4. 聚乙酸乙烯酯乳液的合成工艺?

5. 请简述国内常用的生产 PVAc 的工艺。

6. PVAc 乳液胶黏剂具有哪些优缺点? 与三醛胶黏剂比较,最为突出的优点与缺点是什么?

7. PVAc 乳液胶黏剂改性的方法有哪些? 试举例说明一种共聚改性的方法。

8. 请简述丙烯酸酯胶黏剂的性能?

9. 试说明 α-氰基丙烯酸胶黏剂和丙烯酸压敏胶的突出特点。

10. 请简述热熔胶的概念、特点及组成。

11. 什么是软化点,晾置时间、熔融黏度?

第6章

天然胶黏剂

天然胶黏剂是人类最早应用的胶黏剂，至今已有数千年的历史，在人类社会发展和进步过程中发挥了巨大的作用。如我国古长城的建造就用到了糯米和明矾；古埃及在制作木乃伊时用天然树脂来密封防腐。在人类文明的进程中，像骨胶、鱼胶、生漆、浆糊等多种天然胶黏剂均用于日常用品、家具、乐器、工艺美术品、文教用品和武器等的制作。

天然胶黏剂原料来源广泛，价格低廉，使用方便，一般为水溶性，且多为低毒或无毒。因此尽管合成高分子胶黏剂的迅速发展在相当程度上取代了天然胶黏剂，但目前天然胶黏剂仍在木材、纸张、皮革、织物等材料的胶合上有广泛应用。特别是近年来，随着环保意识的逐步增强，进一步促进了天然胶黏剂的应用和发展。由于天然胶黏剂存在诸如胶合强度不够理想、耐水性差等不足而限制了其应用。近年来，人们正致力于对天然胶黏剂的改性研究，拟提高性能、扩大应用范围。

天然胶黏剂主要包括动物胶、植物胶和矿物胶。按其化学组成成分可分为蛋白质胶、生物质胶、天然树脂胶和无机胶黏剂四大类。

6.1　蛋白质胶黏剂

植物蛋白和动物蛋白均可制作胶黏剂，主要有豆蛋白胶、皮胶、骨胶、鱼胶、血朊胶、酪素胶和蛋白混合胶等。其中的骨胶、皮胶、鱼胶等溶于水后可直接使用，而血胶、酪素胶、豆胶和蛋白混合胶等则需加入一些化学药品，经调制后方可使用。无论是动物还是植物蛋白均是天然多肽的高聚物，组成单位是氨基酸，蛋白质的化学结构可简单描述为：

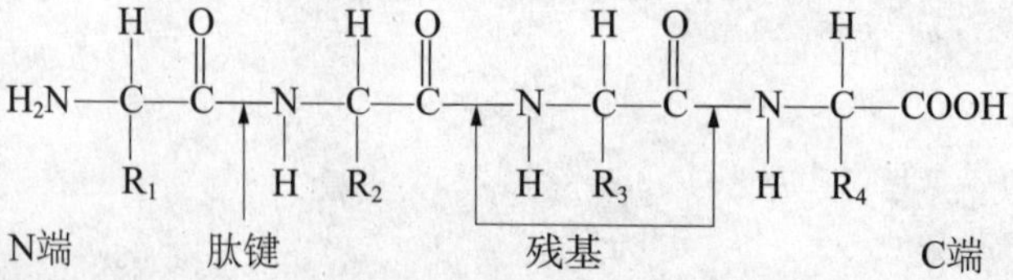

$$H_2N-\underset{R_1}{C}-\underset{\underset{N端}{}}{\overset{H\ O}{C}}-\underset{\underset{肽键}{}}{N}-\underset{R_2}{C}-\overset{H\ O}{C}-\underset{\underset{残基}{H}}{N}-\underset{R_3}{C}-\overset{H\ O}{C}-\underset{\underset{C端}{H}}{N}-\underset{R_4}{C}-COOH$$

这是一个链状的结构，称为肽链，肽链的氨基酸一端称为 N 端，羧基一端称为 C 端。经水解后，将肽键断裂，转变成一系列氨基酸，链中相当于氨基酸的单元结构称为残基。

6.1.1　豆蛋白胶黏剂

简称豆胶，蛋白来源于大豆，所制备的胶黏剂呈胨状、淡黄色，系豆科植物种子内所含的植物蛋白与氢氧化钙或氢氧化钠等化学药品作用制得。因豆科植物的产地和品种不同，其蛋白含量也不一致，同时由于大豆中含有油脂，会对胶合强度产生一定的影响。

豆胶的原料丰富、价格便宜、使用方便。如压制胶合板时对单板的含水率要求不高，在 15%~20% 之间即可，且既可热压又可冷压。豆胶胶合板没有臭味，具有较好的环保性，适用于制造食品(如茶叶)的包装材。蛋白质胶的配方有多种，常用的配方见表 6-1。

表 6-1　豆胶的配方

名称	配方(质量份)			
	1	2	3	4
豆粉	50	50	50	40
水	150	145	140	20~80
石灰乳	10	9	10	12
氢氧化钠	8	9	10	23
硅酸钠	15	15	20	18

调胶：

(1) 将豆粉和水加入调胶桶中搅拌 10min，搅拌速度 60~80r/min。

(2) 将调好的石灰乳加入调胶桶，搅拌 5min。

(3) 加入氢氧化钠溶液，搅拌 3~5min。

(4) 加入硅酸钠，继续搅拌 10min，成胶后 10~20min 即可使用。

6.1.2　明胶

明胶是将动物体中的胶原蛋白经适度水解和热变性后所制得的高分子化合物，是动物皮、骨、腱中重要的蛋白质组分，是由 20 种不同的氨基酸组成的多肽链式结构：

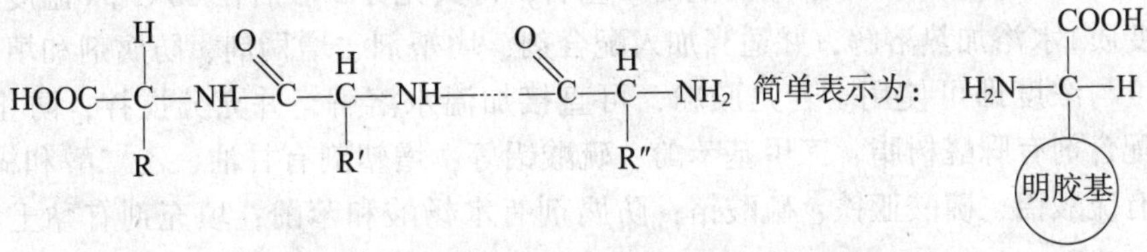

明胶上的羧基和氨基可以与环氧衍生物反应生成相应的酯和胺：

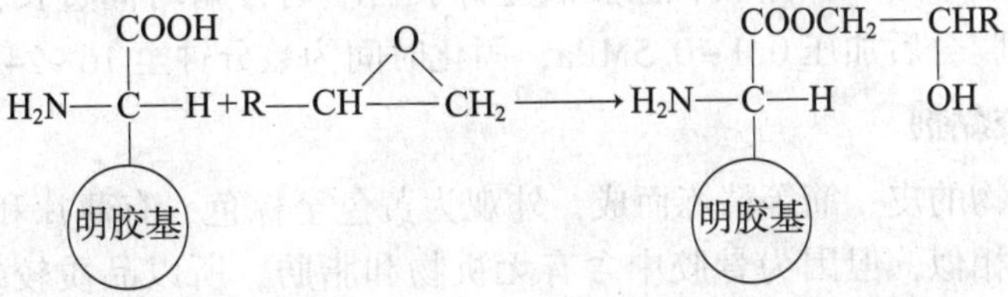

$$\underset{明胶基}{H_2N-\overset{\overset{\displaystyle COOH}{|}}{\underset{|}{C}}-H} + R-\overset{\displaystyle O}{\overset{\displaystyle /\backslash}{CH}}-CH_2 \longrightarrow RCHCH_2NH-\underset{明胶基}{\overset{\overset{\displaystyle COOH}{|}}{\underset{|}{C}}-H}$$
$$\underset{OH}{|}$$

此外，明胶中的羧基还可以发生酰氯化反应、加成反应等，这些反应可用于明胶的改性上。常用的明胶胶黏剂有骨胶、皮胶和鱼胶。

6.1.2.1　骨胶胶黏剂

骨胶是骨胶朊衍生蛋白质的总称。以动物的软骨、结缔组织为原料加工而成，属硬蛋白，一般呈浅棕色，溶于热水、甘油和乙酸，不溶于乙醇和乙醚。骨胶加水分解便变成为明胶，反应式如下：

$$C_{102}H_{149}O_{38}N_{31} + H_2O \rightleftharpoons C_{102}H_{151}O_{39}N_{31}$$

骨胶的黏度随温度、盐含量和体系 pH 值变化而变化。在 40℃ 以上时较稳定，40℃以下易凝聚，呈塑性流动。如果浓度较高时，30℃ 以上即成胶液，30℃ 以下则变为凝胶。常用骨胶胶黏剂配方见表 6-2。

表 6-2　骨胶胶黏剂配方

名称(质量份)	木材用	涂漆纸用	增韧用
牛皮胶	70	100	30
尿素	14	—	—
苯酚	—	2	—
甲醛	7	—	—
蓖麻油酸	—	60	—
山梨糖醇甘油(3:7)	—	—	1
液状石蜡	1	—	—
水	55~74	200	28

配制时将干骨胶放入冷水中浸泡 24h 左右，待其充分膨胀后在 60℃ 下(温度过高易使胶液变质)水浴加热溶解，并适当加入配合剂、增塑剂、增稠剂、防腐剂和填充剂等调节黏度与浓度即可使用。若是胶粉，可直接加温水溶解，并充分搅拌，防止结块。常用的配合剂有脲醛树脂、三甲基苯酚、硫酸铝等；增塑剂有甘油、乙二醇和糊精等；增稠剂有硫酸铝、硫酸亚铁、硫酸铬；防腐剂有水杨酸和苯酚；填充剂有黏土和碳酸钙等。

使用时，一般采用双面涂胶，涂胶后立即胶合。若停留时间过长，胶液温度降低后易出现凝胶。胶合后加压 0.1~0.5MPa，固化时间为数分钟至 16~24h。

6.1.2.2　皮胶胶黏剂

皮胶是由动物的皮、筋等精炼而成，外观为黄色至棕色，有薄片和粉粒两种状态。骨胶与皮胶性能相似，但因为骨胶中含有无机物和脂肪，所以品质较差。皮胶耐油性好，耐水差，易发霉，可以通过添加改性剂来提高其性能：如加入 10% 的甲醛溶液可提高耐水性；加入 3%~5% 的对硝基酚溶液可增强抗霉性；加入 2%~3% 的甘油，能提高胶层韧性。

配制时把 100 份胶溶解在 200~300 份水中，然后加入 40% 的硝酸水溶液 3~5 份，再加热搅拌使其完全溶解，然后用碳酸钙中和即制得胶液。皮胶主要用于胶合砂布、砂纸、纸盒等。在木材胶合方面，主要用于胶合家具、木箱、铅笔、木模型、玩具、乐器等，在合成胶黏剂出现之前是一种常用的木工用胶黏剂之一。

6.1.2.3　鱼胶胶黏剂

鱼胶与骨胶相似，是一种骨胶朊型蛋白质，由鱼片提取。鱼胶的分子量低，黏度和胶合强度不如皮胶和骨胶，主要用作日常用胶或作其他胶黏剂的改性剂。

成品鱼胶为冻胶状或液态(鱼皮胶)，其液态浓度一般为 45% 左右，黏度为 400~700mPa·s(20℃)。冷至 4℃ 以下时，凝固成凝胶，升至室温时变为液体，相对分子质量约为 3 万~6 万。鱼胶极易溶解于水，并易受热和酶的作用而分解，易受细菌和生物酶作用而变质，因此使用范围较小。为改善脆性可加入甘油、乙二醇增塑；加入硫酸铝、硫酸镁、铬矾、酸性铬酸盐、甲醛、戊二醛及乙二醛等可以提高耐水性；加入香料和杀菌剂可以防止变质。

6.1.3　血朊胶黏剂

血朊胶黏剂是利用猪和牛等动物血液中所含的蛋白质与氢氧化钙等作用而制得的，是主要由血清和血球等多种蛋白质组成的混合物，含多极性基团，呈螺旋状或球状。

动物鲜血通过机械搅拌或酸沉淀，除去血液中的纤维朊，添加防腐剂，得到由血清白蛋白、球蛋白及血蛋白组成的胶状悬浮液，再经干燥得到血粉。用于配胶的血粉可分为可溶血粉、部分可溶血粉和不溶血粉等。

将血粉浸泡在水中 1~2h，充分搅拌，缓慢加入碱液，搅拌均匀即成胶黏剂。加入甘油、乙二醇等可以提高胶膜韧性，加入尿素等可稳定 pH 值，提高耐水性和耐老化性能。

取血粉 100 份加入水中，搅拌后加入氨 4 份和消石灰水溶液 3 份所得到的胶黏剂用于胶合木材，在 0.25~0.5MPa 压力下、120℃ 下固化 10min，剪切强度可达 6~8MPa。

6.1.4　酪素胶黏剂

酪素是从牛乳中提取的蛋白质，呈半透明、无味无臭的固体。有"自然发酵法"和"加酸法"两种。"自然发酵法"是将牛乳在适当温度下，使其自然发酵生成乳酸，再将其加热至 55℃，由于酸性的作用酪素便凝固而与水分离，将酪素捞出经水洗压榨后在 55℃ 干燥即得酪素。

酪素胶黏剂就是将酪素溶于碱性水溶液中，呈胶体状的悬蚀液。常用的碱有硼砂、硅酸钠、碳酸钠、氨水、石灰水等，用量为 5%~15%。在同样的碱度下，使用硅酸钠比使用其他钠盐配制胶液活性期长。酪素胶的优点是无毒、抗震性好，可以在低温(≥0℃)下操作和固化，胶合强度较好。但耐水性、抗腐性差，配制不便，固化时间长，是非结构性胶黏剂。

酪素胶的配制有 3 种方法：①碱性液单独配制法；②氢氧化钙单独配制法；③氢氧化钙与钠盐混合配制法。其中配制法①具有可逆性，是不耐水的。配制法②无可逆性，耐水，但活性期极短。最好的是配制法③氢氧化钙、钠盐与酪素配合使酪素变成不可逆性的蛋白质钙盐，因而具有耐水性。同时氢氧化钙与钠盐并用，能使胶液有较长的活性期。具体组分与标准配比见表 6-3。

表 6-3　酪素胶各组分的标准配比

名称	用量（g）	名称	用量（g）
酪素	100	硅酸钠	5.5
氢氧化钠	20~30	水	250~500

6.1.5　蛋白混合胶

为了提高蛋白混合胶的耐水性和胶合强度，常用豆粉与血粉相混合，制成的混合胶。常用配方见表 6-4。

表 6-4　蛋白混合胶配方

原料名称	配方（质量份）			
	1	2	3	4
血粉	30	70	40	40
豆粉	10	20	40	10
氟化钠	—	—	—	2~2.4
氢氧化钠（7%）	10	5	9	—
石灰乳（1:4）	—	45	35	15~18
水	110	350~380	160~180	270~280

调胶时先将血粉用 4 倍的 20~25℃水浸泡 3h 以上，使血粉全部溶解，开动搅拌器，以 20~25r/min 的速度搅拌均匀，再依次加入豆粉、氢氧化钠、石灰乳，最后将所需的全部水加入后继续搅拌 30min，即可成胶。

6.2　生物质胶黏剂

植物中的淀粉、纤维素和阿拉伯树胶等生物质材料均可用于制备胶黏剂，其制作简单、使用方便，一般无毒。但耐水性、耐生物分解性差，可通过改性加以改善。

6.2.1　淀粉类胶黏剂

淀粉胶黏剂是以天然淀粉为主剂，经糊化、氧化、络合以及其他改性技术制备的胶黏剂。其价格低廉、来源广泛。

6.2.1.1 组成

制备淀粉胶黏剂的原材料主要有：淀粉(如玉米、土豆、小麦、木薯、甜薯和大米等)、氧化剂(过氧化氢、次氯酸钾、高锰酸钾等)、糊化剂(氢氧化钠)、还原剂(硫代硫酸钠)、催化剂(Cu、Co、Ni 等的过渡金属盐)等。为了提高其胶合性能，往往还需加入改性剂(如聚乙烯醇、脲醛、聚丙烯腈、聚丙烯酸等树脂)制成改性胶黏剂。

(1)淀粉：淀粉是由许多葡萄糖结构单元($C_6H_{12}O_6$)互相连接而成的多糖，来源于植物的块根和种子，是植物光合作用形成的天然高分子，分子式为($C_6H_{10}O_5$)n，相对密度为 1.4~1.5 左右，水分含量为 10%~20%，因来源不同而成分和性能各异。淀粉可分为直链淀粉和支链淀粉：直链淀粉由 α-1，4 葡萄糖苷键连接而成，聚合度约为 70~350，在淀粉中约占 23%，可溶于热水，不含磷质，不生糊，其结构如图 6-1 所示。支链淀粉是由右旋葡萄糖生成的，含有磷酸酯，主链以由 α-1，4 葡萄糖苷键连接而成，支链以由 α-1，6 葡萄糖苷键连接，平均聚合

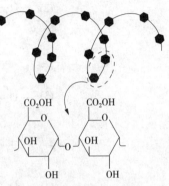

图 6-1　直链淀粉结构示意

度为 280~5 100，在淀粉中约占 77%，可生成糊，其结构如图 6-2 所示。淀粉之所以能够成为一种良好的胶黏剂，就是因为其含有可生成糊的支链淀粉和能促进发生凝胶的直链淀粉。

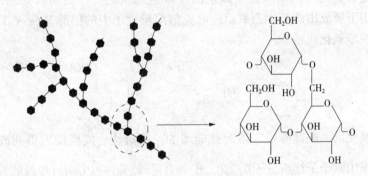

图 6-2　支链淀粉结构示意

①非改性淀粉　此类淀粉是经过对谷物或块茎进行酸水浸泡、粉碎，除去其中所含蛋白质、干燥后制得。

②改性淀粉　由于淀粉分子中 2、3、4、6 位上的 3 个羟基具有较大的化学反应活性，可用不同的化学基团进行取代，只要淀粉分子中有低程度的取代，淀粉胶的性能就能有较大的提高。因此，可采用氧化、酸化、酯化、交联及接枝等方法制备改性淀粉胶黏剂，以改善胶合强度与耐水性。目前主要的改性方法有以下几种：

a. 淀粉氧化改性：通过氧化作用，使淀粉葡萄糖的苷键部分断裂而降解，致使聚合度降低，分子量减少，水溶性和亲和力增加，同时因氧化作用使淀粉的羟甲基变为醛基，部分变为羧基，从而提高胶黏剂的综合性能。

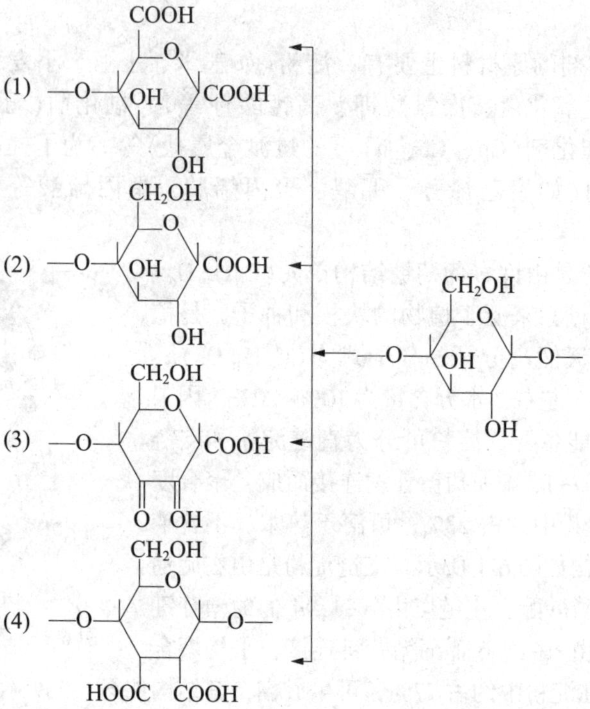

氧化剂与淀粉分子中葡萄糖环上 C_2、C_3、C_4、C_6 的羟基都可以反应。从理论上讲，C_6 上的伯醇基具有更大的反应性，其余的 3 种羟基次之。在淀粉胶黏剂制备过程中，在氧化剂作用下所放出的新生态氧(O)可先将淀粉分子中的伯醇基(—CH$_2$OH)氧化成醛基，再进一步氧化成羧基：

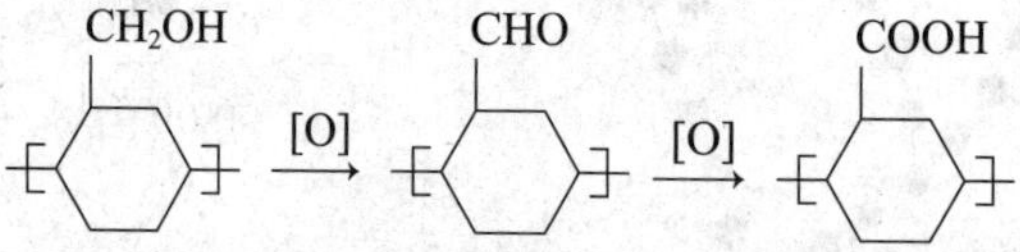

淀粉经氧化后，黏度降低，溶解性能增加，渗透性、成膜能力得到改善，黏结力增强。氧化作用赋予了淀粉分子羰基(C=O)、羧基(—COOH)等新的官能团，减少了淀粉分子中羟基(—OH)的数量，使淀粉分子中缔合受阻，即降低了分子之间氢键的结合能力；而分子中糖苷键(C—O—C)的断裂、大分子的降解增加了淀粉的溶解性能。因此，在一定程度上使得胶黏剂的性能稳定、不易老化。

那些含有醛基和羧基分子结构的、分子量较低的变性淀粉不溶于水，更不具有胶黏性，只有通过加碱处理后才能成为胶黏剂。碱与氧化淀粉中未被氧化的羟基结合，破坏部分氢键，使其分子间作用力减弱，同时使羧基变为钠盐，改善其水溶性。同时，通过添加交联剂与氧化淀粉的羧基或羟基进行交联，以提高交联度和初黏性。这样就制成了氧化度不等、分子量不同的氧化淀粉和残留未被氧化的多种状态的混合物，即胶黏剂。

b. 淀粉酸化改性：利用氢离子的降解作用，降低淀粉大分子上的苷键的活化能，对淀粉起催化水解作用。淀粉经酸化后所制备胶黏剂的流动性好，且透明性及稳定性均得到提高。一般情况下，淀粉的酸化通常是在淀粉的其他改性中完成的，如在硫酸的酸化改性中，酸化是在氧化过程中完成的：一方面氧化剂提供了一个酸性环境，另一方面对淀粉起酸化作用；而磷酸则是另一种情况，它在酯化的同时起到了酸化的作用。

c. 淀粉酯化改性：酯化淀粉属于非降解类淀粉，它通过淀粉分子中的羟基与其他物质发生酯化反应，而赋予淀粉新的官能团，从而使淀粉胶黏剂的性能得到改善，不同的酯化淀粉得到的胶黏剂性能不同，常用的酯化试剂有：脲醛树脂、磷酸、醋酸乙烯酯。

如淀粉浸入 pH = 5 ~ 11.5 的三偏磷酸钠溶液后，过滤、干燥，再加热到 100 ~ 160℃，则可生成淀粉磷酸双酯。

$$2StOH + \text{（三偏磷酸钠）} \longrightarrow StO-\underset{\underset{ONa}{|}}{\overset{\overset{O}{\|}}{P}}-OSt + Na_2H_2P_2O_7$$

d. 交联改性：利用具有两个以上官能团的化学试剂与淀粉作用，不同的淀粉分子间的羟基经醚化或酯化交联起来，这样的产品称为交联淀粉。由于交联键的出现，交联淀粉在水中受热时氢键被削弱或破裂，但淀粉颗粒靠化学键仍以不同程度保持联系，因此具有耐热性和剪切力强等优点。常用的交联剂有硼砂、草酸，另外三氯氧磷、环氧氯丙烷、三偏磷酸钠、甲醛、己二酸等也可用作交联剂。

如：环氧氯丙烷与淀粉反应生成交联淀粉称为双淀粉甘油醚。

$$2StOH + H_2C\overset{O}{\overbrace{\quad}}CH-CH_2Cl \overset{OH}{\longrightarrow} St-O-\underset{H_2}{C}-\overset{OH}{\underset{|}{CH}}-\underset{H_2}{C}-O-St + HCl$$

以甲苯二异氰酸酯（TDI）和环氧氯丙烷为交联剂，对氧化淀粉进行两步交联改性，可提高淀粉胶黏剂的胶合强度与耐水性。实验表明，先用 0.8% TDI 对氧化促淀粉交联改性，再在弱碱性条件下用 1.0% 的环氧氯丙烷对其进行二次交联，可以使淀粉胶黏剂耐水时间从 0.4h 提高到 20h。在两步交联改性之间，用 1.0% 过硫酸铵对淀粉分子进行适度的氧化降解，可以降低体系黏度。而以过硫酸铵为引发剂制备的相对分子质量低的聚丙烯酰胺、再以次氯酸钠为氧化剂制备了氧化淀粉，然后通过二者的缩合反应制得聚丙烯酰胺接枝淀粉胶黏剂的主剂，最后以 2-甲基氮丙啶为交联剂制备的环保耐水型木材用胶黏剂，胶合强度可达到 5.30MPa，耐水时间达 33h。

e. 接枝改性-共聚：通过一定的方式在淀粉的大分子上产生初级自由基，然后引发接枝单体，进行接枝共聚，使某些烯烃单体以一定的聚合度接枝到淀粉的分子上，在淀粉链上合成高聚物分子链，简单表示如图 6-3，图中 AGU 为淀粉链的脱水葡萄糖单位，M 为合成单体。合成单体在接枝反应中，一部分聚合成高分子链，接枝到淀粉分子链上，另一部分聚合，但没有接枝到淀粉分子上。

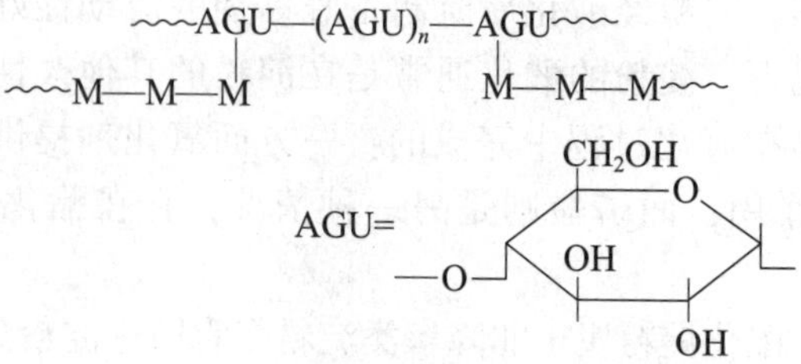

$$\sim\sim AGU—(AGU)_n—AGU\sim\sim$$
$$\sim\sim M—M—M\sim\sim \qquad M—M—M\sim\sim$$

AGU=

图 6-3　淀粉接枝共聚结构示意

从而改变淀粉胶黏剂的性能。常用接枝共聚试剂有聚乙烯醇、聚丙烯腈、环氧氯丙烷、丁二烯、醋酸乙烯等。

如以玉米淀粉为接枝骨架，过硫酸铵为引发剂，与单体乙酸乙烯酯-丙烯酸丁酯进行接枝共聚反应，制取淀粉基木材胶黏剂。该淀粉接枝共聚物的热稳定性优于纯玉米淀粉胶黏剂，特别是压缩剪切干强度远远超过了国家标准。

f. 醚化淀粉：是一类淀粉分子的一个羟基与烃化合物中的一个羟基通过氧原子连接起来的淀粉衍生物。淀粉的醚化反应主要发生在淀粉中缩水葡萄糖单元第 6 个碳原子的羟基和第 2 个碳原子的羟基上，主要包括羟烷基淀粉、羧烷基淀粉、烷基淀粉醚和不饱和淀粉醚。如：淀粉与一氯醋酸在氢氧化钠存在下起醚化反应，葡萄糖单位中醇羟基被羧甲基取代，其反应式为

$$淀粉—OH + NaOH \longrightarrow 淀粉—O—Na + H_2O$$
$$淀粉—ONa + ClCH_2COOH + NaOH \longrightarrow 淀粉—O—CH_2COONa + NaCl + H_2O$$

所得产物为羧甲基钠盐，习惯上称为羧甲基淀粉。

对淀粉进行醚化作用是为了保持黏度的稳定性，特别是在高的 pH 值条件下，醚化淀粉比氧化淀粉和酯化淀粉性能更为稳定，所以应用范围较为广泛。

g. 复合改性：对淀粉同时采用两种或两种以上的改性方法而获得的产物，当前主要有交联-氧化复合淀粉、磷氨双变性淀粉等产品。

交联-氧化淀粉是通过原淀粉与具有两个或两个以上官能团的化学药品，如甲醛、环氧氯丙烷、三偏磷酸钠等作用所得交联淀粉，然后再经氧化即可得交联-氧化淀粉。这类淀粉比单一的改性淀粉用途广，交联后的淀粉更易氧化，这是因为交联阻止了在干燥时分子结构的重排，提供了一种更加敞开的内部扭曲的结构，使氧化剂等小分子更加容易进入淀粉团的内部，从而增大了氧化程度，进而使淀粉胶黏剂的某些性能得以提高。

从发展的趋势看，改性淀粉胶黏剂是胶黏剂工业的发展主流，改性的途径还有待改进和开发。淀粉的氧化变性是其他改性途径的基础，比其他改性途径更加普遍，能为淀粉胶黏剂工业的发展提供更加广阔的前景。

（2）水：用于调节淀粉与水的比例。水比过高，胶黏剂的水含量过大，影响干燥速度和黏度，上机易跑楞；水比太小，胶黏剂的流动性和胶层薄膜抗水性差。

（3）氧化剂：用于氧化淀粉，淀粉氧化后葡萄糖苷键断裂，引入羰基、醛基和羧基。常用的氧化剂有过氧化氢、次氯酸钠、高锰酸钾等。

（4）糊化剂：糊化对于胶黏剂来说是一必不可少的步骤。该过程可破坏团粒结构，

导致团粒润胀，与淀粉分子水合和溶解，淀粉的糊化状态能提高胶黏剂的黏结力。采用碱性条件的糊化，使用氢氧化钠作糊化剂。其作用为调节 pH 值，保证碱性氧化条件，与淀粉中的羟基结合，破坏部分氢键，减弱大分子间的作用力，降低糊化温度，使之易于溶胀和糊化；将溶胀后的淀粉链束拆开，反应基团暴露，有利于氧化反应的进行；使氧化淀粉的羧基变为钠盐，增加亲水性和溶解性。糊化剂用量为淀粉用量的 8%~10%。

（5）催化剂：用于提高氧化反应速度，缩短反应时间，需加入催化剂，一般用硫酸亚铁。催化剂用量要适当。量少，淀粉氧化不完全，所得的胶黏剂稳定性差，量多，会使淀粉氧化过度，胶黏剂失去黏接能力。催化剂用量为淀粉用量的 1%~1.5%。

（6）络合剂：在淀粉胶黏剂中可提高黏合力，尤其是初始黏合力，具有交联增黏作用，使淀粉胶黏剂的黏度和表面张力增加，内聚力和稳定性改进，并使其黏结性和耐水性提高。一般用硼砂，硼砂与溶胀后氧化淀粉的羧基、醛基结合为配位体，具有交联增黏作用。

交联剂用量多少直接影响淀粉胶黏剂的黏结力。多了，交联过激，纸品吸不上胶，胶黏剂上胶困难和失去黏性；少了，交联不够，黏结力差。硼砂用量应控制在淀粉用量的 0.1%~0.5% 为宜。

（7）其他相关助剂：表面活性剂、消泡剂、增黏剂、增塑剂、防腐剂、填充剂等。

6.2.1.2　制备

淀粉胶制备方法有加热法、碱熟法、淀粉酶法和冷制法等多种，其中以加热法和碱熟法为主。加热法是将 10~15 份淀粉加入 85~90 份水中，搅拌调混均匀，然后边加热边搅拌至 90℃ 左右，再保持 10~15min 即可。碱熟法淀粉胶是将 10%~15% 的淀粉水混合物，不断搅拌加入 5~10 份 10% 的氢氧化钠溶液，在室温下糊化制得。

为改善淀粉胶的性能，在实际制备时，可按不同要求，加入各种不同的添加剂。常用淀粉胶黏剂配方见表 6-5。

表 6-5　常用淀粉胶黏剂

成分	日用浆糊	厚纸板用胶黏剂	耐水纸用胶黏剂	木材用胶黏剂
小麦淀粉	100			
玉米淀粉		32	24	
土豆淀粉			150	320
参茨淀粉				46.7
氢氧化钠(30%)	25mL	23.3	9.6	
硼砂			0.7	
甲醛	10mL			
油酸钠	1			
1%淀粉磷酸酶			15ml	

（续）

成分	日用浆糊	厚纸板用胶黏剂	耐水纸用胶黏剂	木材用胶黏剂
氯化镁			5	
3%过氧化氢				10mL
碳酸氢钠				0.65
盐酸（20%）	适量			
水	300	58L	40L 850	500
制备工艺	淀粉与水混合后加入苛性钠，搅拌1h，中和至pH7.5，再加入其他组分	两组分分别制备、混合，胶合时加热固化	经70℃、45min加入Ca(ClO)₂1g，脲醛15g和水75mL，混合均匀	16~18℃下搅拌8h

目前多数厂家以加热低温催化氧化法为主。常规工艺流程为：

①制淀粉糊　在反应釜中加入水，升温至60~65℃，然后在搅拌下缓慢加入淀粉，搅拌溶解成糊状。

②氧化　将催化剂溶于热水中，再加入到淀粉糊中，拌匀之后缓慢加入氧化剂并不断搅拌30min，再加入氢氧化钠，在60~65℃下保温1.5~2h，使淀粉充分氧化。

③糊化　将一定量的氢氧化钠缓慢加入釜中，并持续搅拌50min，若加氢氧化钠后立刻变稠，以至无法搅动，可停机静置10min，稍稀释后即可搅动。

④交联　将交联剂溶入水中，然后向糊化后的淀粉中加入交联剂，边加边搅拌，直至不缠丝、不浓稠、浓度适中为止。

⑤调整pH值　向淀粉胶中加入氢氧化钠，调pH值。

6.2.2　复合多糖类胶黏剂

复合多糖类胶黏剂主要指由阿拉伯树胶、黄蓍树胶、刺槐树胶等复合多糖类化合物制备的胶黏剂，其具有悠久的历史，至今仍有重要意义。

（1）阿拉伯树胶：阿拉伯树胶是由阿拉伯、非洲及澳大利亚等地生长的胶树所得树胶的总称，呈白色至深红色的硬脆固体，相对密度在1.3~1.4之间，能溶于水及甘油，不溶于有机溶剂。是阿拉伯胶素酸（$C_{10}H_{18}O_9$）的钾、钙、镁盐等转变成半乳糖、阿拉伯糖和葡萄糖醛酸而形成的长链聚合物，在水中可溶解成酸性的黏稠状透明液体，结构为：

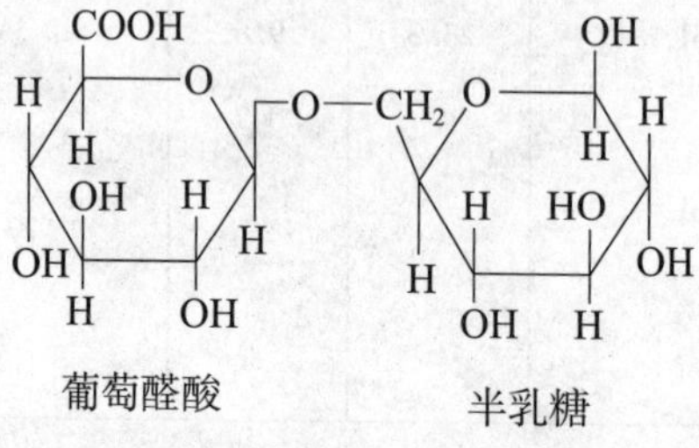

葡萄醛酸　　　　　半乳糖

阿拉伯树胶的水溶液干燥后能形成坚固的薄膜，但脆性较大，加入乙二醇、甘油、聚乙二醇等增塑剂可改善韧性。阿拉伯树胶作为胶黏剂水溶性好，配制十分简便，既不要加热也不需要促进剂，将所有组分混合、搅拌、溶解至均匀透明即可。配方举例见表 6-6。

表 6-6　阿拉伯树胶胶黏剂配方

名称(质量份)	商标用	邮票上胶用
阿拉伯树胶	130	100
黄蓍树胶	30	—
甘油	4	2
百里酚	4	—
淀粉	—	2
水	550	130

阿拉伯树胶主要用于光学镜片、食品包装等的胶接，用作邮票、商标标贴的上胶材料、潜性固化胶黏剂微胶囊的外膜材料，也可用作药物的赋形剂等。

(2)黄蓍树胶：黄蓍树胶是黄蓍树分泌物形成的树胶，主要成分为黄蓍酸的酸性多糖盐类化合物和以 1-阿拉伯糖为主的中性多糖混合物。为白色至黄色，有粉状、片状和带状，多产于伊朗、土耳其和南美洲。不溶于水，但可溶胀成黏性分散体。用于印染、食品、制革、药品和文具用品等方面。

(3)刺槐树胶及其他树胶：刺槐树胶是刺槐树分泌物形成的树胶，多产于印度。浸于水中可制得透明凝胶，分散液黏度为黄蓍胶的一半。主要用于纤维、化妆品和食品工业。刺槐豆胶是由地中海长豆制得，主要成分为半乳糖、甘露聚糖。刺槐豆胶胶合性能良好，可胶合纤维和其他材料。刺槐豆胶还可酚化和醚化，以改进其溶解性、流动性和耐药品性等。

瓜耳树胶是由瓜耳树种子中提取的一种树胶，多产于印度。主要成分为半乳糖和甘露聚糖，与刺槐豆胶相似。瓜耳树胶溶于水，胶液稳定，低温溶解性好，黏度变化不大。胶膜可挠性大，比淀粉及阿拉伯胶好，常用于造纸业。

6.2.3　纤维素类胶黏剂

以纤维素分子中的羟基与化学试剂发生酯化或醚化反应后的生成物称为纤维素衍生物。按照反应生成物的结构特点可以分为：纤维素醚、纤维素酯以及纤维素醚酯三大类。

纤维素是构成植物细胞壁的主要成分，与淀粉不同，纤维素完全为直链结构，结晶部分多，不溶解于水，分子结构如下：

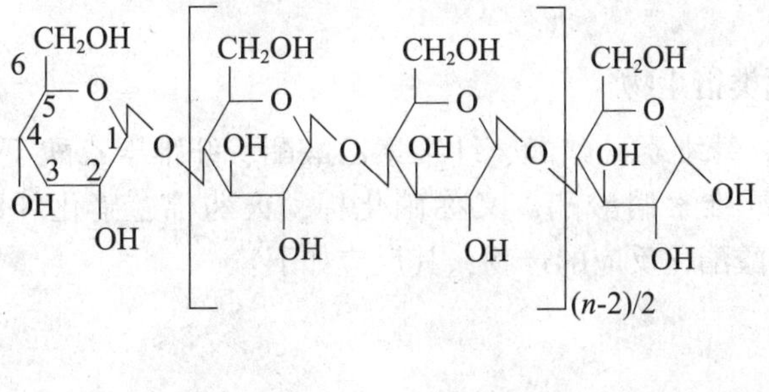

纤维素分子中具有羟基，因此可与酸进行酯化反应生成纤维素酯，通过酯化与醚化反应能得到纤维素衍生物——纤维素酯类与纤维素醚类，可用作胶黏剂。

6.2.3.1 纤维素醚类衍生物

可作胶黏剂的纤维素醚类衍生物主要有甲基纤维素、乙基纤维素、羟乙基纤维素和羟丙基纤维素 4 种。

（1）甲基纤维素：简称 MC，首先制备碱纤维素，然后再与氯代甲烷反应制得：

$$Cell{-}OH + NaOH \rightleftharpoons [\,Cell{-}O^{\ominus}Na^{\oplus}\,]$$

$$[\,Cell{-}O^{\ominus}Na^{\oplus}\,] + CH_3Cl \longrightarrow Cell{-}OCH_3 + NaCl$$

甲基纤维素可溶于冷水，而在热水中却不溶（除严重裂解的之外）。当温度提高时，甲基纤维素多半会从水溶液中析出，或者是溶液发生凝胶。由于醚化度和聚合度不同，甲基纤维素在水中的溶解度也不一致。若醚化度相同，聚合度越低，生成凝胶的能力越高。

（2）乙基纤维素：又称纤维素乙醚，简称 EC，为白色粒状热塑性固体，相对密度 1.07~1.18，软化点 100~130℃。醚化度在 0.7~1.3 的乙基纤维素可溶于水，耐寒性优良，-40℃时仍有足够的弹性，不易燃烧，吸湿性小，透明度高，化学稳定性好。乙基纤维素由碱纤维素与氯乙烷醚化而得，反应式为：

$$Cell{-}OH \cdot NaOH + CH_3CH_2Cl \longrightarrow CellOCH_2CH_3 + NaCl + H_2O$$

（3）羟乙基纤维素：简称 HEC，是由环氧乙烷与纤维素在碱性条件下醚化而成的：

$$Cell{-}OH + NaOH \rightleftharpoons [Cell{-}O^{\ominus}Na^{\oplus}] + H_2O$$

$$[Cell{-}O^{\ominus}Na^{\oplus}] + H_2C\!\!\overset{\displaystyle}{\underset{\displaystyle O}{-}}\!\!CH_2 \longrightarrow Cell{-}OCH_2CH_2O^{\ominus}Na^{\oplus}$$

$$\Updownarrow H_2O$$

$$Cell{-}OCH_2CH_2OH + NaOH$$

由于含有亲水性的羟乙基（$-CH_2CH_2-OH$），因此易溶于水，加热时不出现凝胶化现象，成膜性好。其水溶液可制成透明的薄膜，软化点大于 140℃，分解温度为 205℃。羟乙基纤维素胶液可用于卷烟纸和宣传画的胶合，以及织物上浆和醋酸乙烯胶乳的增黏剂等。

（4）羟丙基纤维素：简称 HPC，羟丙基纤维素是一种非离子型的纤维素醚，可溶于水与许多有机溶剂，具有表面活性，羟丙基纤维素的制备原理与羟乙基纤维素极为相似，即用碱纤维素与环氧丙烷反应而成。

$$Cell{-}OH \cdot NaOH + H_3C\!\!\overset{H}{\underset{O}{-}}\!\!C\!\!-\!\!CH_2 \longrightarrow Cell{-}O\!\!-\!\!\overset{H_2}{C}\!\!-\!\!\overset{OH}{CH}\!\!-\!\!CH_3 + NaOH$$

6.2.3.2 纤维素酯类衍生物

纤维素酯类有：纤维素硝酸酯、纤维素乙酸酯、纤维素乙酸丁酸酯和纤维素黄酸酯。使用最多的为纤维素硝酸酯，又称硝化棉、火药棉、硝化纤维素，缩写代号为 CN，为纤维素与硝酸酯化反应的产物，其反应如下：

$$\text{Cell} - (\text{OH})_3 + n\text{HNO}_3 \underset{}{\overset{\text{H}_2\text{SO}_4,\ \text{H}_2\text{O}}{\rightleftharpoons}} \text{Cell} \underset{(\text{OH})_{3-n}}{\overset{(\text{ONO}_2)_n}{\big\langle}} + n\text{H}_2\text{O}$$

硝酸纤维素配制胶黏剂时，需适当配合树脂、增塑料、溶剂和助剂等。可用于纸张、布、皮革、玻璃、金属和陶器等的胶合，但易燃，发脆。用乙酸和乙酐混合液使之乙酰化，然后加稀乙酸水解到所需酯化度的产物。其溶剂型胶黏剂可用于胶合眼镜、玩具等塑料制品。

6.2.4 木质素胶黏剂

木质素是木材的主要组分之一，约占 25%，资源极为丰富，但很难从木材中直接提取，主要来源是纸浆废液。木质素的结构单元是苯丙烷，同时在苯环上具有甲氧基存在。作为木质素的主体结构，目前认为以苯丙烷为结构主体，共有 3 种基本结构(非缩合型结构)，即愈创木基结构、紫丁香基结构和对羟苯基结构：

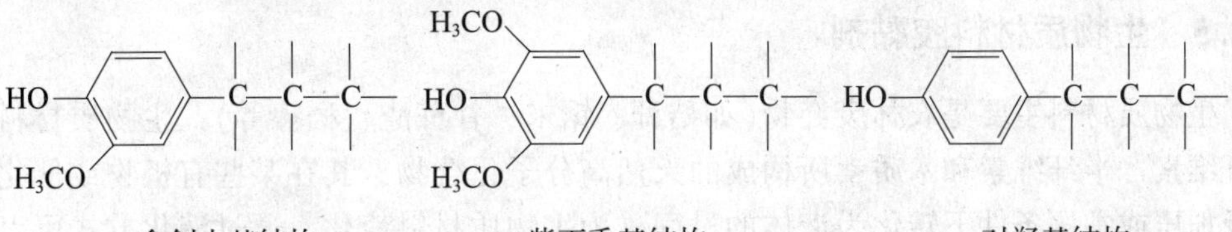

愈创木基结构　　　　　紫丁香基结构　　　　　对羟基结构

愈创木基丙烷结构中，芳环上有游离的 C5 位，也即酚羟基的邻位，是能够进行反应交联的游离空位，也是木质素可以作为胶黏剂的主要依据。木质素的结构单元上既有酚羟基又有醛基，因此在合成木质素-酚醛树脂时，木质素既可用作酚与醛反应，又可用作醛与酚反应，这样既可节约甲醛，又可节约苯酚。

用木质素-酚醛胶黏剂制备的胶合板的湿强度偏低，通过将木质素羟甲基化后用有机酸调整反应物的黏度，再制备胶黏剂，就可提高胶合板的湿强度。

羟甲基化可提高木质素的反应活性点，羟甲基化既可在芳环上发生，也能在芳环及侧链上发生，反应原理如下：

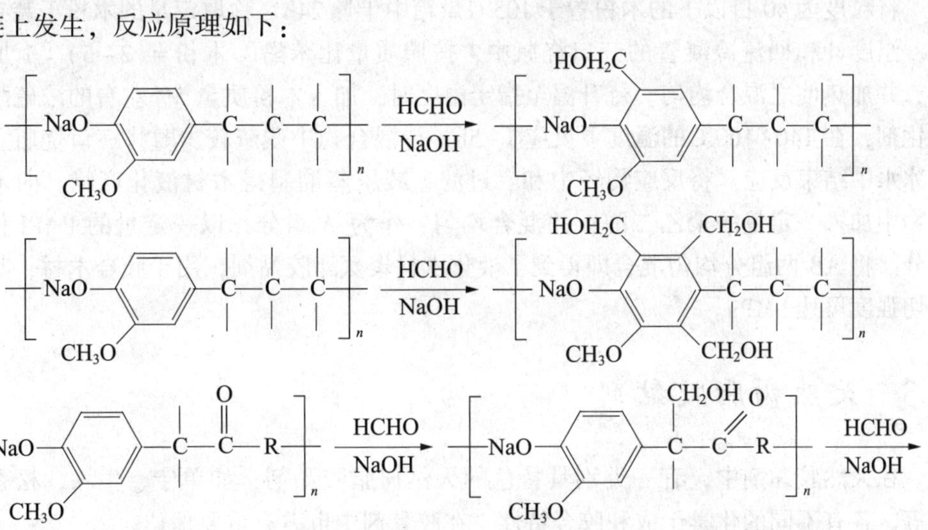

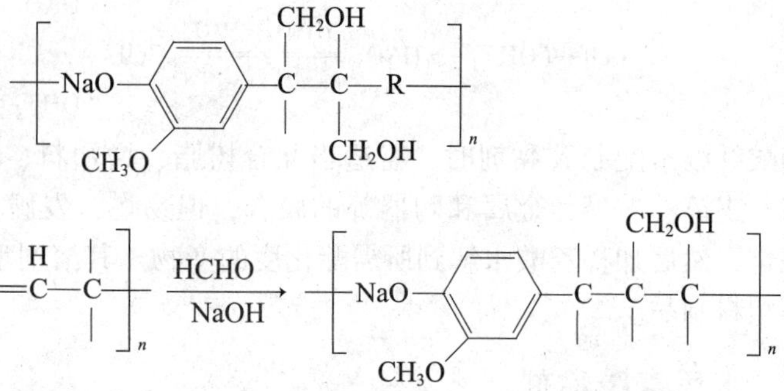

利用木质素酚羟基与甲醛作用获得类似酚醛树脂的聚合物，木质素酚羟基还可与环氧异氰酸酯、苯酚、间苯二酚、环氧树脂等其他化合物并用，以改进耐水性能。木质素—环氧树脂胶黏剂，性能几乎与一般酚醛树脂相同。主要用于制造胶合板和刨花板等，但黏度高，色泽深。

6.2.5　生物质材料胶黏剂

生物质材料主要是农林废弃物（如秸秆、锯末、甘蔗渣、稻糠等），生物质材料是由纤维素、半纤维素和木质素所构成的天然高分子化合物，其在某些有机物或催化剂以及加压或常压条件下转化为液体的过程称为生物质材料液化。通过液化方式可以将固态生物质材料大分子降解成具有反应活性的液态小分子，从而使生物质材料转化为醇类、可燃性油或其他带有特定官能团的化合物。当前生物质材料液化方法主要分为两种：一种为酚存在的条件下，以酸为催化剂的中温反应，或无催化剂的高温液化；另一种为多元醇存在的条件下，以酸为催化剂的木材液化。当前较为常用的方法是在酸性催化剂条件下的生物质材料苯酚液化。生物质材料酚解产物可用于制备酚醛树脂和环氧树脂，醇解产物可用于制备聚氨酯材料。下面以液化木材为例，说明其生产过程。

将粒度为40目以下的木粉置于105℃烘箱中干燥24h。称取定量的木粉于装有搅拌器、温度计和回流冷凝管的三口烧瓶中，按照质量比苯酚：木粉＝（2～5）：1加入苯酚，并加热使之混合均匀。待升温至指定温度时，加入木粉质量5%左右的浓硫酸作为催化剂，在140～160℃的温度下反应1～5h，待混合物中残渣较少时将三口烧瓶立即置于冰水中结束反应。将反应物经中和、过滤、减压蒸馏制得木材液化产物。向木材液化物中加入一定量的聚乙二醇，并混合均匀，作为A组分；以一定量的PAPI作为B组分。将AB两组分均匀混合即得到了液化木材聚氨酯胶黏剂，用于胶合木材，其拉伸剪切强度可达5MPa。

6.3　天然树脂胶黏剂

在天然胶黏剂中，有一类别具特色的天然树脂胶黏剂，如单宁、生漆、松香、虫胶等，各有不同的化学组成和胶合特性，在胶黏剂中也占有重要地位。

6.3.1　单宁胶黏剂

单宁是一种含有多元酚基和羧基的有机化合物的混合物，广泛存在于植物干、皮、根、叶和果实中。单宁溶于水、乙醇和丙酮，略带酸性，有涩味。主要来源于木材加工中树皮下脚料和单宁含量较高的植物，如金合欢树等。

单宁可以分为两大类，即水解类单宁和凝缩类单宁。水解类单宁存在于栗木、诃木和云实等树种中，是简单酚化合物如焦棓酚、鞣花酸等和糖的酯（主要是葡萄糖与棓酸和双棓酸生成的酯）的混合物。水解类单宁的组成和结构如下：

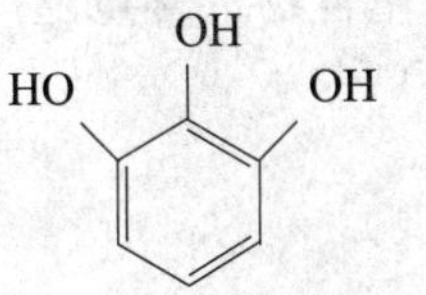

Ⅰ
焦棓酚

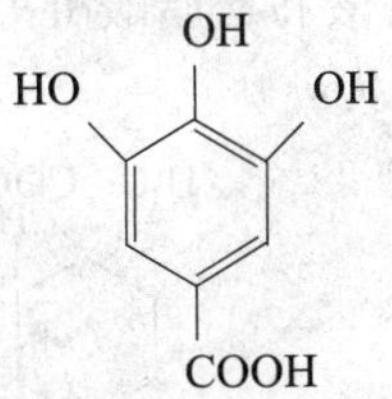

Ⅱ
棓酸

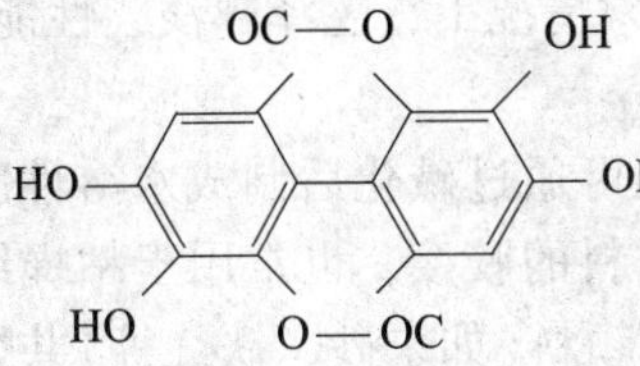

Ⅲ
鞣花酸

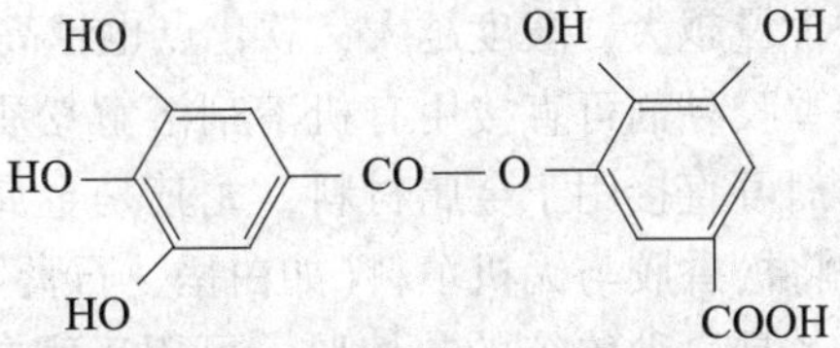

Ⅳ
间双棓酸

水解类单宁可以代替部分苯酚制造酚醛树脂。由于其亲核性较低，与甲醛反应速度很慢，产量也有限等，作为化学原料资源开发的经济意义不大。

凝缩类单宁占世界单宁产量的 90%，在胶黏剂和树脂的生产方面作为化学原料具有经济开发价值。凝缩类单宁在自然界分布较广，特别是在金合欢、白破斧木、铁杉以及漆树等树种的树皮或木材中大量存在。凝缩类单宁是由缩合度不同的类黄酮单体、碳水化合物以及微量的氨基酸和亚氨基酸按固定的结构方式构成的，类黄酮的化学反应特性如下：

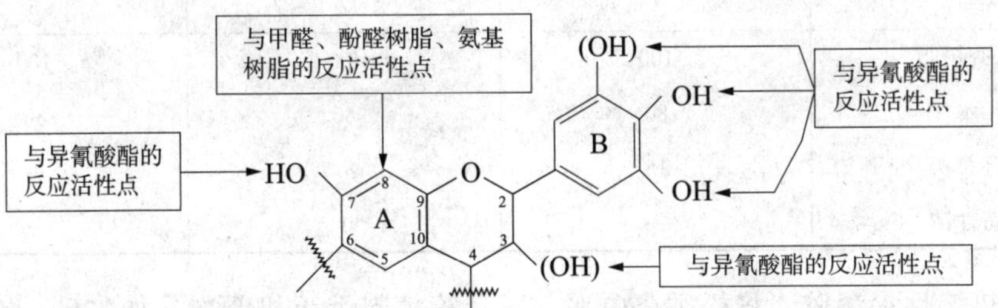

单宁中含有交多酚羟基，通过加热与甲醛反应，生成酚醛型树脂。将单宁、甲醛与水混合，加热，得酚醛型树脂；将单宁、异氰酸酯与水混合，加热，得聚氨酯树脂。单宁胶黏剂具有良好的耐湿热性能，胶合木材性能与酚醛树脂相似。

6.3.2 松香胶黏剂

松香胶黏剂是以松香为黏料配制而成的胶黏剂。松香由松树分泌的松香树脂(又称生松香或松脂)经蒸馏去除松节油后而得，呈透明、浅黄色至深棕色的玻璃状，性脆，有特殊气味。不溶于水，溶于乙醇、乙醚、丙酮、苯、二硫化碳、松节油、油类和碱溶液。主要成分为松香酸和松脂酸酐等不饱和化合物，含量随产地而异，通常含松香酸 80%~90%，其结构为：

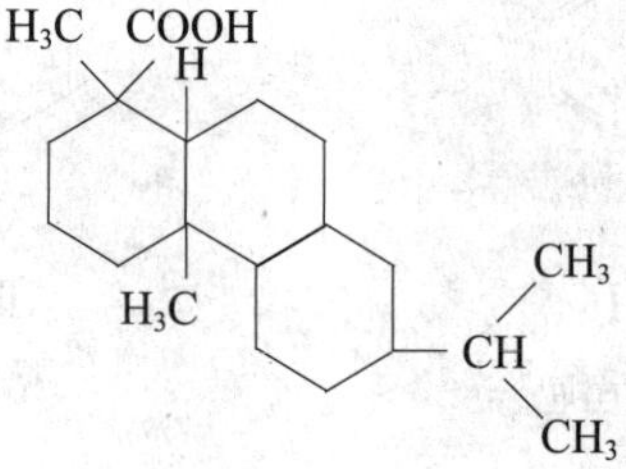

由于含有羧基(—COOH)，具有较大的活性。通常情况下，色泽越浅，性能越好；松香酸含量越大，酸度越大，软化点也越高。

松香胶黏剂可直接用有机溶剂溶解松香而得，也可通过碱化后制成水溶性胶。松香胶黏剂可直接用于金属材料，尤其是金属箔包装材料的胶接，也常用于粘蝇纸等的制造。将松香胶与无机填料(如白垩、石膏等)、无机颜料(如朱砂、铁红等)共熔制得的火漆，是一种传统的热熔胶，可用于密封文件、仪表等。另外，松香胶也是压敏胶及热熔胶常用的增黏剂。松香胶黏剂可分为溶剂型和水基型及热熔胶 3 种：

(1)溶剂型胶黏剂：将松香溶于有机溶剂，加热、搅拌，即成胶液。用低沸点乙醚、丙酮和苯作溶剂，胶液持黏性短；用高沸点蓖麻油等作溶剂胶液持黏性长。

(2)水基型胶黏剂：将松香加水、碱化、加热搅拌，即成水基胶液。碱化时，需将适量碱液加热至 $130\sim140$℃，慢慢加入松香粉；或加热至 $120\sim135$℃，慢慢加入适量碱液。采用过量碱法时，应保持搅拌 $5\sim6h$，再连续加热 $1\sim2h$ 至游离碱消失，呈乳状，冷却后得透明物，可用于纸制品加工和造纸工业。配方举例见表 6-7。

表 6-7 碱化松香树脂配方

名称	1	2	3
松香树脂	100	100	100
水	80	80	80
苏打灰	15	13.7	—
苛性钠	—	1	—

(3)热熔性火漆胶：将松香、白垩、石膏等填料及无机颜料，如朱砂、铁红等共熔、混合，即得热熔性火漆胶。火漆胶主要用于制造、包装用金属箱、粘蝇纸；密封

文件和仪表；作压敏胶，橡胶增黏剂，其他水溶性树脂增黏剂或干燥剂；改性松香与间苯二酚型树脂缩合，可以制得耐水性聚合物。

6.3.3　生漆胶黏剂

生漆是从漆树割取的乳白色液体，除去水、橡胶质和含氮化合物后成为高黏度黏稠体，主要成分(含量 40%~70%)为漆酚，结构式如下：

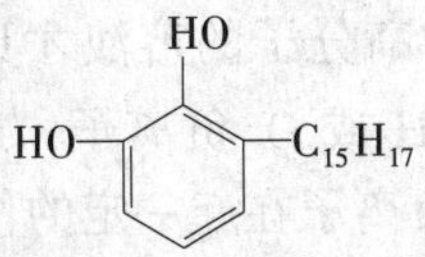

$$\text{漆酚结构式}$$

漆酚呈棕黄色，在空气中氧化易变成深棕色至黑色，溶于乙醇、二甲苯等，稍溶于水。漆酚耐腐蚀，对皮肤有刺激作用。将生漆与淀粉(如小麦粉、米粉)或无机填料混合即成胶黏剂，适用于胶合红木家具、美术工艺品、陶瓷等。表 6-8 为生漆胶黏剂配方。

表 6-8　生漆胶黏剂配方

组分	木材、陶器	木材、布	木材、纸
生漆	7~10	7~8	5
淀粉糊	10	10	10
小麦粉	3~4	—	—

6.4　无机胶黏剂

无机胶黏剂(简称无机胶)是由无机盐、无机酸、无机碱和金属氧化物、氢氧化物等组成的一类范围相当广泛的胶黏剂。

无机胶黏剂的突出优点是耐高温性极为优异，而且又能耐低温，可在 -183℃ ~ 2 900℃广泛的温度范围内使用。另外，它耐油性优良，在套接、槽接时有很高的胶合强度，而且原料易得，价格低廉，使用方便，可以室温固化。其缺点是耐酸碱性和耐水性差，脆性较大，不耐冲击，平接时的胶合强度较低，而且耐老化性不够理想。

无机胶黏剂种类很多，按化学结构分：金属氧化物、无机盐类等；按化学成分分：硅酸盐、磷酸盐、硫酸盐、硼酸盐、氧化物等。按照固化条件及应用方式可分成 4 类，即气干型、水固型、热熔型和反应型。

6.4.1　气干型无机胶黏剂

这类胶黏剂是指胶黏剂中的水分或其他溶剂在空气中自然挥发，从而固化形成胶合的一类胶黏剂。由于制造过程简单、使用方便、安全无毒等优点广泛应用于纸制品、包装材料、建筑材料等领域。

在气干型无机胶黏剂中使用最多的是硅胶，其碱性溶液为硅酸钠溶液，俗称水玻璃，分子结构为：

$$
\begin{array}{ccccccc}
& \text{OH} & & \text{OH} & & \text{OH} & \\
& | & & | & & | & \\
\text{O}\cdots\cdots\text{ONa}-\text{Si}-&\text{O}-&\text{Si}-&\text{O}-&\text{Si}-&\text{NaO} \\
& | & & | & & | & \\
& \text{OH} & & \text{OH} & & \text{OH} &
\end{array}
$$

硅酸钠是由纯净的石英砂与纯碱或硫化钠加热熔融来制备，主要单元组成是正硅酸钠 $Na_2O \cdot SiO_2$ 和胶体 SiO_2，一般表示为 $Na_2O \cdot nSiO_2$。商品水玻璃是无色、无臭的黏稠液体，pH 值在 11~13 之间，能与水互溶。硅酸钠溶液具有一定的黏度，只有含有极少量的 SiO_2 和大量上式所表示的高分子的溶液才具有胶黏剂的作用。虽然其分子中也含有许多支链，但大量的是—OH 或 O^- 负离子，所以胶合木材时主要是—OH 起作用，而对胶合金属时则可能是 O^- 负离子在起一定的作用。

不同的 SiO_2/Na_2O 比的水玻璃，其性质是有差异的，发生胶合作用实质上是二氧化硅溶胶变成二氧化硅凝胶的过程。硅酸在水中的溶解度很小，但水玻璃中的 $nSiO_2$ 是硅酸多分子的聚合体构成的胶态微粒。由于水合作用，胶体带有相当的负电荷，而周围是等量的氢离子(H^+)，碱金属离子的作用在于保持平衡稳定。当水玻璃与被黏基材脱水反应或形成氢键时，从溶液中析出 SiO_2 胶体，新生态的 SiO_2 具有极大的活性，将基材胶合起来，形成 SiO_2 凝胶的胶合接头。

水玻璃胶黏剂的溶液黏度由被胶合基材表面的性质、环境的湿度及温度、胶合操作要求、固化的时间等决定。同时，黏度与固含量、SiO_2/Na_2O 比、温度及添加剂有关：黏度随着固含量的增加而增大；随着 SiO_2/Na_2O 比的增大、温度的提高而降低。以下是几种不同性能水玻璃胶黏剂的制备方法：

①耐水胶的配方(质量份)　石棉水泥 2.268、硅酸钠 3.785、氧化亚铅 226、松香 0.113、甘油 0.113。以硅酸钠做结合剂，以金属氧化物或氢氧化物做固化剂，并以氧化硅或氧化铝作骨材，既可低温固化又可加热(110~130℃)固化，其低温固化物有较高的耐水性。

②耐酸水泥的配制　为了提高耐酸性，需增加硅石的摩尔比，但耐水性会有所降低，可加入氟硅化钠加以改善，其反应式为

$$4NaHSiO_3 + Na_2SiF_6 + 3H_2O \longrightarrow 6NaF + 5H_2SiO_3$$

值得注意的是，加入氟硅化钠加会导致强度略有下降，因此在使用中必须把握好比例。

③耐热水泥的配制　在硅酸钠溶液中加入烧结黏土、石英粉、砂子、石墨或矿粉等以提高耐热性。例如在 $SiO_2/Na_2O = 3$、相对密度为 1.2 的 45 份硅酸钠中加入明矾矿粉(已取走明矾)100 份，固化后可耐 1 750℃温度。又如以相对密度 1.38 的硅酸钠 1 份与粗石英粉 5 份相混合，不仅耐热还能耐酸。

6.4.2　水固型无机胶黏剂

水固型无机胶黏剂，是遇水就可固化的物质，这类材料主要有硅酸盐水泥、铝酸盐水泥、氧镁水泥、石膏等，广泛应用于建筑行业。

6.4.2.1　硅酸盐水泥

硅酸盐水泥是由石灰岩和黏土以 4:1 的质量比在回转窑中煅烧，并加入少量石膏

磨碎制得。其中含 CaO 62% ~ 69%，SiO_2 20% ~ 24%，Al_3O_4 4% ~ 7%，Fe_3O_2 2% ~ 5%。基本成分为：硅酸三钙（$3CaO \cdot SiO_2$）37.5% ~ 60%、硅酸二钙（$2CaO \cdot 5SiO_2$）15% ~ 37.5%、铝酸三钙（$3CaO \cdot Al_2O_3$）7% ~ 15%、以及铁铝酸四钙（$4CaO \cdot Al_2O_3 \cdot Fe_2O_3$）0% ~ 18%。这些无水熟料具有强吸水性，当其与水混合会发生水化作用，相应的化学反应为：

$$3CaO \cdot SiO_2 + nH_2O \longrightarrow 2CaO \cdot SiO_2 \cdot (n-1)H_2O + Ca(OH)_2$$
$$2CaO \cdot SiO_2 + nH_2O \longrightarrow 2CaO \cdot SiO_2 \cdot nH_2O$$
$$3CaO \cdot Al_2O_3 + nH_2O \longrightarrow 3CaO \cdot Al_2O_3 \cdot nH_2O$$
$$4CaO \cdot Al_2O_3 \cdot Fe_2O_3 + nH_2O \longrightarrow 3CaO \cdot Al_2O_3 \cdot n_1H_2O + CaO \cdot n_2H_2O$$

配制方法：硅酸盐水泥单独与水混合时，发热量较大，收缩率高，而且强度也不高，应与砂子、石子相配合；或者与石棉、重晶石、硅石或纸筋等混合。一般按容积比以水泥 1 份、砂子 2 份配成泥灰，配制混凝土时再以 4 份石子混合。

6.4.2.2 石膏胶泥

将生石膏（$CaSO_4 \cdot 2H_2O$）在 110℃以上加热，可制得烧石膏（$CaSO_4 \cdot 1/2H_2O$），进一步在 400 ~ 500℃下煅烧，得到无水石膏。

烧石膏粉末与水拌和，还原成石膏而固化。因而可用它作为胶黏剂，虽然固化物的强度不高，但固化速度快、无毒，使用方便，因此有一定应用范围。

在烧石膏粉末中水量必须恰当，过多的水分不仅会延迟凝结时间，而且影响黏合强度。表 6-9 中列出了不同加水量对石膏性能的影响。

表 6-9　烧石膏中水的含量对凝结性能和强度的影响

水与石膏之比（mL/g）	凝结时间（min）	凝结时的膨胀（%）	固化后的强度（MPa）
0.45	3.75	0.51	27.1
0.60	7.25	0.29	18.6
0.80	10.5	0.24	11.4

6.4.3　熔融型无机胶黏剂

这类胶黏剂是指黏料本身受热到一定程度后即开始熔融，然后润湿被黏材质，冷却后重新固化达到胶合目的的一类胶黏剂，其主要特点是除具有一定的胶合强度外、还具有较好的密封效果。如以 $PbO—B_2O_3$ 为主体，按适当比例加入 Al_2O_3、ZnO、SiO_2 等制成的各类低熔点玻璃及再经适当热处理后形成的具有微细的陶瓷状结构的玻璃陶瓷。作为这类胶黏剂的一个分支正日益广泛地应用于金属、玻璃和陶瓷的胶合，以及真空密封等领域上。

6.4.4　反应型无机胶黏剂

这类胶黏剂是指由胶料与水以外的物质发生化学反应固化形成胶合的一类胶黏剂。固化温度可以是室温也可以是 300℃以下的中低温，固化时间随固化温度的高低而有所不同，从几小时到几十小时不等。其显著特点是胶合强度高、操作性能好、可耐800℃以上的高温等。该类胶黏剂属无机胶黏剂中品种最多，成分最复杂的一类，主要包括硅酸盐类、磷酸盐类、胶体二氧化硅、胶体氧化铝、硅酸烷酸、齿科胶泥、碱性盐类、密陀僧胶泥等，其中有一些的胶合机理至今仍处在研究、探讨阶段。

反应型无机胶主要由3个部分组成，即结合剂、固化剂和骨架材料，还常常添加一些补助成分，如固化促进剂、分散剂及无机颜料。硅酸盐类和磷酸盐类是两类典型的反应型无机胶。

6.4.4.1 硅酸盐类无机胶黏剂

以碱金属以及季铵、叔胺的硅酸盐为基体，按实际需要适当加入固化剂和骨架材料等调和而成，可耐1 200℃以上高温。它在胶合碳钢套接时压剪强度可大于60MPa；拉伸强度大于30MPa，可用于胶合金属、陶瓷、玻璃、石料等多种材料，具有良好的耐油、耐有机溶剂、耐碱性，但耐酸性较差。

硅酸盐类无机胶黏剂的基体一般由硅酸盐与有机胺配制成水溶液，可选用硅酸钠、硅酸钾、硅酸锂等，其中以硅酸钠为最常用，胶合强度也最高，但耐水性较差。

固化剂的种类很多，主要有碱土金属的氧化物和氢氧化物、硅氟化物、磷酸盐及硼酸盐等，大致包括2~4价的金属氧化物、1~3价的金属磷酸盐或聚磷酸盐、1~2价的金属氟化物或氟硅酸盐等。采用不同的固化剂可获不同性能的胶液，例如采用磷酸盐可提高耐水性；采用聚磷酸硅可使固化均匀；采用氟硅酸盐可促进快速固化等。

6.4.4.2 磷酸盐型无机胶黏剂

磷酸盐类胶黏剂是以浓缩磷酸为黏料的一类胶黏剂，主要有硅酸盐–磷酸、酸式磷酸盐、氧化物–磷酸盐等众多的品种。可用于金属、陶瓷和玻璃等众多材质的胶合。与硅酸盐类胶黏剂相比，具有耐水性更好、固化收缩率更小、高温强度较大以及可在较低温度下固化等优点。其中氧化铜–磷酸盐胶黏剂是开发最早应用最广的无机胶黏剂之一，现在主要用于耐高温材料的胶合，其中添加一些高熔点氧化铝和氧化锆等，可耐1 300~1 400℃的高温。

氧化铜–磷酸盐胶黏剂是由特制氧化铜粉和经特殊处理的磷酸铝(浓磷酸加少量氢氧化铝)溶液配制而成。通常为双组分，现用现配。

思 考 题

1. 天然胶黏剂的种类、特点有哪些？
2. 蛋白质胶黏剂的种类、特点有哪些？
3. 无机胶黏剂有什么特点？如何分类？
4. 淀粉胶黏剂的特点有哪些？
5. 天然胶黏剂按其化学成分可分为哪几类？
6. 淀粉胶黏剂主要的改性方法有哪些？
7. 无机胶黏剂按照固化条件及应用方式可分为哪几类？

第 7 章

其他常用胶黏剂

其他常用胶黏剂主要包括聚氨酯胶黏剂、环氧树脂胶黏剂、不饱和聚酯胶黏剂、有机硅胶黏剂等几种。这些胶黏剂在工农业生产与日常生活中应用广泛。

(1)聚氨酯胶黏剂是由异氰酸酯和含羟基化合物如聚醚、聚酯、蓖麻油或其他多元醇化合而得到的，其分子链中含有氨基甲酸酯基团(—NHCOO—)和/或异氰酸酯基(—NCO)，能够在大分子链之间形成氢键。可通过调节分子链中软链段与硬链段比例及结构，控制硬度和伸长率而达到将胶合层从柔性到刚性可任意调节，在多个领域得到了广泛应用。

(2)环氧树脂胶黏剂简称环氧胶，分子中平均含有一个以上的环氧基，能形成三维交联状。双组分环氧树脂使用较多，加入固化剂后交联形成网状体型结构，是功能最为丰富的高性能胶黏剂，其胶合强度高、机械强度好、收缩率小、性能稳定性、使用温度范围大。同时具有密封、堵漏、绝缘、防腐、耐磨、导电、导热、加固、修补等多种功能。

(3)不饱和聚酯胶黏剂能形成具有庞大的网状分子，在引发剂存在的条件下发生自由基共聚反应，经交联固化后成为体型结构的热固性树脂。但具有一定的脆性，可以通过改变树脂结构来调节分子链的柔韧性、通过添加其他组分形成多相结构来达到增韧的目的，还可以用其他的树脂进行改性。主要用于玻璃钢、聚苯乙烯、有机玻璃、聚碳酸酯、玻璃、陶瓷、混凝土等的黏接，也可用于制造大理石，家具涂料及人造板表面装饰等。

(4)有机硅胶黏剂是以有机硅树脂为基料的胶黏剂和以硅橡胶为基料的胶黏剂。硅树脂是由以—Si—O—键为主链的立体结构组成，进一步缩合成为高度交联的硬而脆的树脂；而硅橡胶则是一种线型的以硅-氧键为主链的高分子量弹性体，必须在固化剂及催化剂的作用下才能缩合。有机硅胶黏剂兼有无机和有机化合物双重特性，但也存在诸如需高温固化、固化时间长、大面积施工不方便、对底层的附着力差、耐磨性、耐有机溶剂性差等缺陷，需要进行改性处理。

7.1 聚氨酯胶黏剂

聚氨酯胶黏剂是指在分子链中含有氨基甲酸酯基团(—NHCOO—)和/或异氰酸酯基(—NCO)的胶黏剂。是由异氰酸酯和含羟基化合物如聚醚、聚酯、蓖麻油或其他多元醇化合而得到。聚氨酯胶黏剂能够在大分子链之间形成氢键，具有高度的活性和极性，具有优越的胶合性能，是合成胶黏剂中的主要胶种之一。具有性能优异，应用广泛的特点。德国拜尔公司的聚氨酯胶黏剂专家 Gunter Festel 指出：聚氨酯胶黏剂的多样性几乎为每一种黏接难题都准备了解决的方法。

1849 年，德国化学家 Wurts 用烷基硫酸盐与氰酸钾进行复分解反应，首次合成了脂肪族异氰酸酯化合物；1850 年，德国化学家 Hoffman 用二苯基甲酰胺合成了苯基异氰酸酯；1884 年，Eentschel 用胺或胺盐与光气反应合成了异氰酸酯，成为工业上合成异氰酸酯的方法。1937 年，聚氨酯工业的奠基人德国化学家拜尔，发现异氰酸酯能与含活泼氢的化合物发生反应，从而奠定了聚氨酯化学基础，并首次利用异氰酸酯与多元醇化合物制得聚氨酯树脂。

目前，聚氨酯胶黏剂的发展主要有 3 个趋向：水性化、热熔化和 100% 液体反应型。虽然胶黏剂总的发展趋势是非有机溶剂化，但聚氨酯溶剂型胶黏剂由于其优良的工艺和黏接性能，特别是在目前还未研究出性能可完全达到溶剂型水平的非有机溶剂型胶黏剂情况下，溶剂型聚氨酯胶黏剂仍将在较长时间内存在。

7.1.1　分类与性能

7.1.1.1　聚氨酯胶黏剂的分类

聚氨酯胶黏剂的类型和品种很多，其分类方法也很多，一般可按照反应物成分、溶剂形态、反应组分、固化方式等方法分类。

（1）按反应物成分分类

①多异氰酸酯胶黏剂　由多异氰酸酯单体或其低分子衍生物组成的胶黏剂，属于反应型胶黏剂，是聚氨酯胶黏剂中的早期产品，胶合强度高，特别适合于金属与橡胶、纤维等的胶合。常用的异氰酸酯单体有：三苯基甲烷三异氰酸酯、二异氰酸酯二聚体、甲苯二异氰酸酯三聚体、4，4″-二苯基甲烷二异氰酸酯、多芳基多异氰酸酯等。将其配成浓度为 20% 的溶液即可作为胶黏剂使用。常用的溶剂有二氯甲烷、二氯乙烯、氯苯、二氯苯、乙酸乙酯、苯和甲苯等。该胶中异氰酸酯分子体积小且溶于有机溶剂中，故易渗入多孔性材料中，提高了胶合强度，但毒性大、柔韧性大，不适应于结构件胶接。

②预聚体类聚氨酯胶黏剂　由异氰酸酯和两端含羟基的聚酯或聚醚以摩尔比 2：1 反应而生成的端基含异氰酸酯基的聚氨酯预聚体（弹性体胶黏剂）——单组分型预聚体类聚氨酯胶黏剂，它既可由室温下空气中的潮气固化，也可加入氯化铵、尿素等催化剂加速固化，还可以加热固化。湿固化型胶黏剂因有二氧化碳的释放，胶层常有气泡而导致缺陷。

③端封型聚氨酯胶黏剂　该类胶黏剂是一种水溶液或乳液型胶黏剂，采用活性氢化物（如苯酚、己内酰胺、醇类等）暂时将所有的异氰酸根封闭，实际上就是把—NCO 基团保护起来，使其在常温下没有反应活性，变成稳定的"基团"，可解决在贮存中吸收空气中的水分而固化的缺点。涂胶后升高温度，发生离解，封闭解除，异氰酸根的活性得到恢复，与活性氢化合物（如多元醇、水等）发生化学反应，生成聚氨酯树脂，发挥正常胶黏剂的作用，反应式如下：

$$O=C=N-R-N=C=O + 2Ar-OH \rightleftharpoons Ar-O-\overset{\overset{O}{\|}}{C}-NH-R-NH-\overset{\overset{O}{\|}}{C}-O-Ar$$

（2）按溶剂形态分类

①溶剂型 该胶黏剂中酯基的高极性赋予胶黏剂对多种材料（尤其对塑料）的胶合性，加之聚酯段的结晶性以及酯基和氨基甲酸酯基团链节间氢键的形成，均可提高对被黏物的胶合强度。

②水基型 水基型聚氨酯胶黏剂的最大优点是不易中毒、着火，且适用于易被有机溶剂侵蚀的基材。同时，其黏度不随聚合物相对分子质量的改变有明显不同，可使聚合物高相对分子质量化，以提高其内聚强度，可制得高固含量（50%~60%）产品。

③热熔型 此类胶黏剂是以热塑性聚氨酯为黏料制成的一种热熔胶，聚氨酯弹性体通常是由端羟基聚酯或聚醚、低相对分子质量二元醇、二异氰酸酯三组分聚合成的具有软性链段和硬性链段的嵌段聚合物。

（3）按反应组分类别分类

①单组分聚氨酯胶黏剂 此类胶黏剂可直接使用，无需调配混合，无计量失误，操作很方便。

②双组分聚氨酯胶黏剂 通常是甲、乙两个组分分开包装的，使用前按一定比例配制即可。甲组分是含游离异氰酸酯基团（主剂）的组分，乙组分是端—OH 基的多元醇（固化剂）组分；或端—NCO 基的聚氨酯预聚体（主剂）的组分和多元胺（固化剂）构成。根据固化剂的种类，可以室温固化，也可以加热固化。

双组分聚氨酯胶黏剂的特点

a. 属反应性胶黏剂，在两个组分混合后，发生交联反应，产生固化产物；

b. 制备时可调节两组分的原料组成和分子量，使之在室温下有合适的黏度，可制成高固含量或无溶剂双组分胶黏剂；

c. 可室温固化，固化速度可调，初黏力较大，可加热固化，其最终胶合强度能满足结构胶黏剂的要求；

d. 两组分用量在一定范围内可调。

（4）按固化方式分类

①热固性聚氨酯胶黏剂 在高温的条件下（如 150℃）胶黏剂才能完成固化。

②常温固化型聚氨酯胶黏剂 在不需要加热的条件下胶黏剂就能完成固化。

③湿固化型聚氨酯胶黏剂 也称预聚体型聚氨酯胶黏剂，是通过异氰酸酯基与大气中的水分反应后生成胺与二氧化碳，胺再继续与异氰酸酯基反应而获得链增长的聚合物（固化）。

④紫外光固化型聚氨酯胶黏剂 添加光聚合引发剂，在紫外光照射下，数秒钟即可固化。

7.1.1.2 基本性能及影响因素

（1）性能特点：聚氨酯胶黏剂属于反应型胶黏剂，胶合强度高，特别适合金属与橡胶、纤维等的胶合，主要性能如下：

①优点

a. 聚氨酯胶黏剂中含有很强极性和化学活性的异氰酸酯基（—NCO）和氨酯基（—NHCOO—），能与含有活泼氢的材料之间产生的氢键作用使分子内力增强，会使胶合更加牢固，对多种材料有着优良的胶合强度。

b. 在配方设计时通过调节分子链中软链段与硬链段比例及结构，可制成不同硬度和伸长率的胶黏剂，从而达到将胶合层从柔性到刚性可任意调节的设计思路，从而满足不同材料的胶合。

c. 胶合工艺简便，操作性能良好，容易浸润，适用期长。

d. 固化属于加聚反应，无副反应产生，不易使胶合层产生缺陷。且加热与常温下均可固化。

e. 能溶于几乎所有的有机原料中，而且异氰酸酯的分子体积小，易扩散，能渗入被胶合材料中而提高胶合力。具有良好的耐冲击、耐振动、耐疲劳、耐磨、耐油、耐溶剂、耐化学药品、耐臭氧以及耐细菌等性能。

f. 低温和超低温性能特别优良，超过所有其他类型的胶黏剂。其胶合层可在-196℃，甚至-253℃下使用。

②缺点

a. 耐强酸、强碱和热性能较差，在高温、高湿条件下易水解，且—NHCOO—基具有毒性。

b. 固化速度慢，胶合金属的强度不如丁腈、酚醛、缩醛等胶黏剂。

（2）性能影响因素

①结构对性能的影响　聚氨酯可看作是含软链段和硬链段的嵌段共聚物。软链段由低聚物多元醇组成，硬链段由多异氰酸酯或其与小分子扩链剂组成，使之具有较高的强度、硬度、黏附力；同时兼顾较好的柔顺性、优越的低温性、较好的耐水性。聚酯和聚醚中侧基越小、醚键或酯键之间亚甲基数越多、结晶性软段分子量越高，结晶性越高，机械强度和胶合强度越大。

②相对分子质量、交联度的影响　相对分子质量小则分子活动能力和胶液的润湿能力强，这是形成良好胶合的一个条件。倘若固化时相对分子质量增长不够，则胶合强度仍较差。同时，胶黏剂中预聚体的相对分子质量大则初始胶合强度好，相对分子质量小则初黏力小。

一定程度的交联可提高胶黏剂的胶合强度、耐热性、耐水解性、耐溶剂性。过分的交联影响结晶和微观相分离，可能会损害胶层的内聚强度。

③助剂的影响　偶联剂的加入利于提高胶合强度和耐湿热性能。由于聚氨酯中的酯键、氨酯键等基团有较强的极性，但与基材表面形成的氢键在热湿条件下易受到湿气的影响而发生水解，而偶联剂能改善基材的表面性质而降低这种情况的发生。硅偶联剂能在基材和胶黏剂之间起到"架桥"作用，形成疏水的化学胶合层。

其他添加剂（如无机填料）一般能提高剪切强度，提高胶层耐热性，降低膨胀率及收缩率，而对剥离强度的影响大多数情况下是使之降低。加各种稳定剂可防止因氧化、水解、热解等引起的胶合强度降低现象，提高胶合耐久性。

7.1.2　合成中的主要化学反应

异氰酸酯基(—N＝C＝O)是一个高度的不饱和基，对许多化合物有很高的活性，加成反应很容易进行。异氰酸酯的电子结构式具有较强的共振效应，共振式如下：

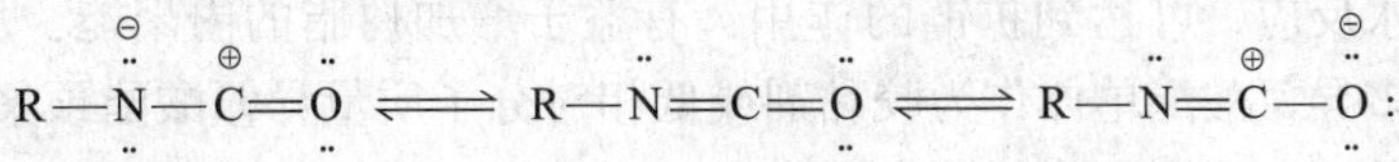

$$R-N=C-O \rightleftharpoons R-N=C=O \rightleftharpoons R-N=C-O:$$

当—N＝C＝O与亲核试剂如醇类、酚类、胺类、酸类、水以及次甲基化合物反应时，这些含活泼氢的亲核试剂很容易向正碳离子进攻而完成加成反应。从键能的角度看，由于N＝C的键能小于C＝O的键能，因此，一般加成反应都发生在碳氮之间的位置上。具有活性氢的化合物中所含的氢原子首先进攻异氰酸酯中的氮原子，而和活泼氢相连的其他原子则加成于异氰酸酯羰基的碳原子上。

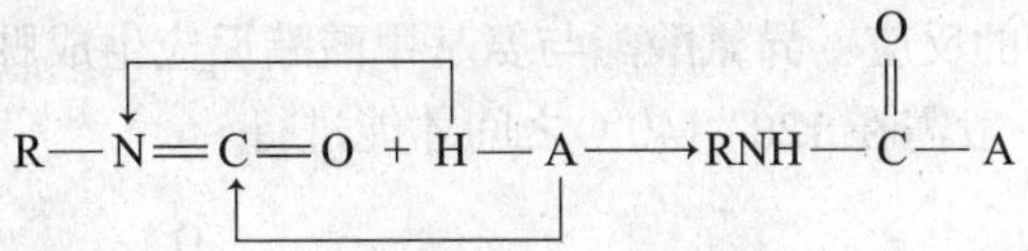

$$R-N=C=O + H-A \longrightarrow RNH-\overset{O}{\overset{\|}{C}}-A$$

理论上讲，异氰酸酯能与任何含活泼氢的物质发生反应，但由于含活泼氢物质的化学结构、类型及该类化合物的性质等差别，使得反应呈现多样性。对聚氨酯胶黏剂较有意义的反应主要有如下类型。

7.1.2.1　与活泼氢的加成反应

(1)异氰酸酯与含羟基化合物的反应：异氰酸酯与聚醚多元醇、聚酯多元醇等反应生成氨基甲酸酯。它是聚氨酯合成中最常见的反应，也是聚氨酯胶黏剂制备和固化的最基本反应，反应式如下：

$$R-NCO + R'-OH \longrightarrow R-NH-\overset{O}{\overset{\|}{C}}-OR'$$

异氰酸酯与羟基化合物的反应产物为氨基甲酸酯，多元醇与多元异氰酸酯生成聚氨基甲酸酯(简称聚氨酯 PU)。

(2)异氰酸酯与含胺基化合物的反应：多异氰酸酯和胺类生成取代脲，反应速度很快，这是胺类化合物作为聚氨酯胶黏剂固化剂的化学基础。所以，胺类化合物常被用来作聚氨酯胶黏剂的交联固化剂。

$$R-NCO + R'-NH_2 \longrightarrow R-NH-\overset{O}{\overset{\|}{C}}-NH-R'$$

(3)异氰酸酯与水反应：异氰酸酯与水反应先生成不稳定的氨基甲酸，氨基甲酸分解成胺和二氧化碳。在过量异氰酸酯存在下，进一步反应生成取代脲。

$$R-NCO + H_2O \longrightarrow [R-NH-\overset{O}{\overset{\|}{C}}-OH] \longrightarrow R-NH_2 + CO_2\uparrow$$

$$R\!-\!NCO + R\!-\!NH_2 \longrightarrow R\!-\!NH\!-\!\overset{\displaystyle O}{\underset{\displaystyle \|}{C}}\!-\!NH\!-\!R'$$

此反应是聚氨酯预聚体湿固化胶黏剂的基础。

异氰酸酯与水混合时会产生大量的二氧化碳气体和取代脲。对于木材胶接，适量的异氰酸酯与水反应，可达到扩链的作用，有益于增加树脂的内聚能，从而提高胶合强度。在使用多异氰酸酯单体作为胶黏剂或低相对分子质量异氰酸酯预聚体胶黏剂时，这一反应尤为重要，否则会降低胶合强度。

同时，过多的异氰酸酯基与水反应使胶层产生气泡，会大大降低胶合强度，或者使胶黏剂中的游离异氰酸酯基过多地消耗，导致胶黏剂与木材的化学结合大大降低，也使胶合强度降低；在贮存时，水分与异氰酸酯胶黏剂反应生成的取代脲不溶于体系，而产生沉淀，严重时使之凝胶。因此，异氰酸酯胶黏剂在使用和贮存时，应该防止与水或潮气接触。

（4）与氨基甲酸酯的反应：异氰酸酯与氨基甲酸酯反应生成脲基甲酸酯。此反应在没有催化剂情况下，一般需在 120~140℃之间才能进行。

$$R\!-\!NCO + R\!-\!NH\!-\!\overset{\displaystyle O}{\underset{\displaystyle \|}{C}}\!-\!OR' \longrightarrow R\!-\!N\!\!\begin{array}{l} \overset{\displaystyle O}{\underset{\displaystyle \|}{C}}\!-\!NH\!-\!R \\ \\ \overset{\displaystyle }{\underset{\displaystyle \|}{C}}\!-\!OR' \\ \overset{}{\underset{\displaystyle O}{}} \end{array}$$

（5）异氰酸酯与脲的反应

$$R\!-\!NCO + R'\!-\!NH\!-\!\overset{\displaystyle O}{\underset{\displaystyle \|}{C}}\!-\!NH\!-\!R' \longrightarrow R\!-\!NH\!-\!\overset{\displaystyle O}{\underset{\displaystyle \|}{C}}\!-\!\underset{\displaystyle \underset{\displaystyle R'}{|}}{N}\!-\!\overset{\displaystyle O}{\underset{\displaystyle \|}{C}}\!-\!NH\!-\!R''$$

缩二脲

（4）和（5）两个反应为体系中过量的或尚未参加扩链反应的异氰酸酯与生成的氨基甲酸酯或脲在较高温度（100℃以上）进行的反应，可产生支化和交联，可用于进一步促进固化，提高胶合强度。

（6）异氰酸酯与酚的反应

$$R\!-\!NCO + ArOH \longrightarrow RNHCOOAr$$

（7）异氰酸酯与酰胺反应

$$R\!-\!NCO + R'CONH_2 \longrightarrow RNHCONHCOR'$$

（6）和（7）可用于封闭型异氰酸酯胶黏剂，它们需在一定的温度下才缓慢反应，是可逆反应，在催化剂存在且在较高的温度下可解离。类似的化合物除酚和酰胺外，还有醇类、肟类等。

（8）与羧酸的反应：先生成混合羧酸酐，再分解生成二氧化碳而生成相应的酰胺。

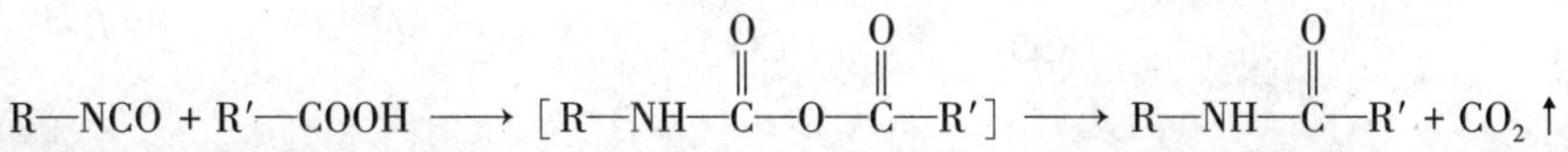

$$R-NCO + R'-COOH \longrightarrow [R-NH-\overset{O}{\underset{\|}{C}}-O-\overset{O}{\underset{\|}{C}}-R'] \longrightarrow R-NH-\overset{O}{\underset{\|}{C}}-R' + CO_2 \uparrow$$

二氧化碳在胶层里会形成气泡，这是一个缺点，因此在制备原料时，应该将含羧基的化合物减少至最低量。

7.1.2.2 自聚反应

异氰酸酯化合物在一定条件下能自聚形成二聚体、三聚体等。

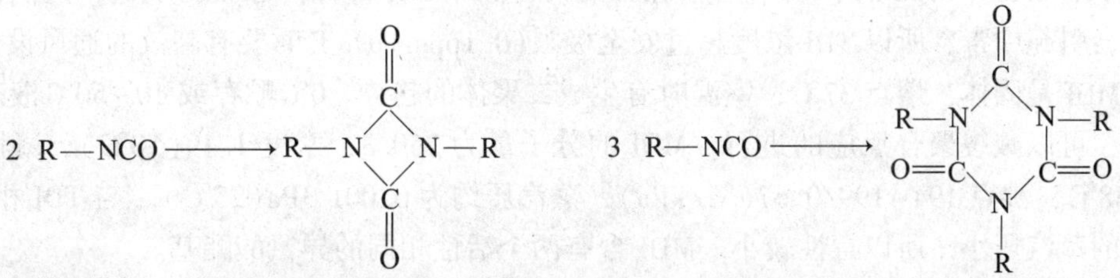

异氰酸酯的反应活性很高，能与许多物质反应，作为胶黏剂时，这是它的一个优点，但是在制备和贮存中，却要避免它们之间的反应。

7.1.2.3 开环加成反应

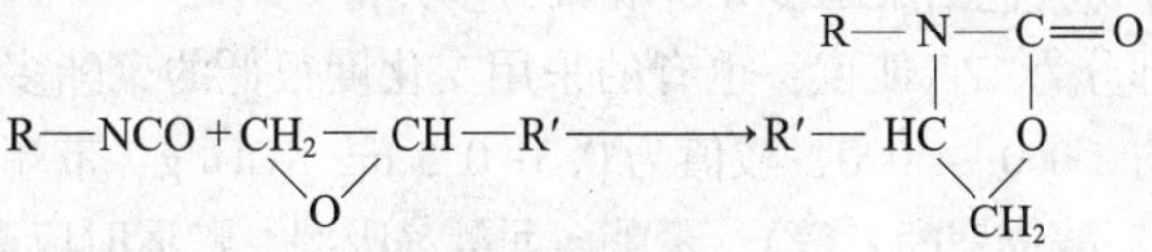

噁唑啉

7.1.3 合成原料与合成原理

7.1.3.1 合成原料

(1)异氰酸酯：常用的异氰酸酯主要品种有 TDI(2，4-甲苯二异氰酸酯或 2，6-甲苯二异氰酸酯)、MDI(二苯基甲烷- 4，4′二异氰酸酯)、PAPI(多亚甲基多苯基多异氰酸酯)等。它们主要作黏料使用，可直接作为胶黏剂，也可加入其他组分使用。

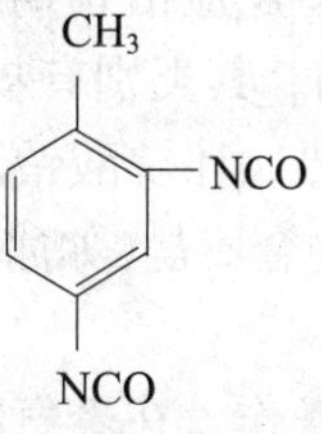

TDI(2,4-甲苯二异氰酸酯) 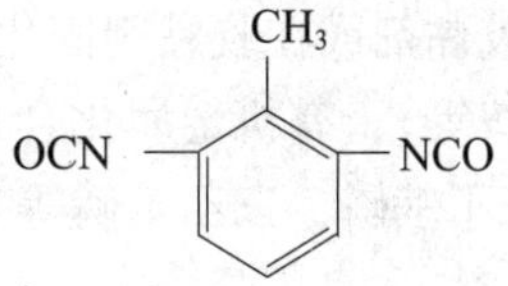　　　　　　　TDI(2,6-甲苯二异氰酸酯)

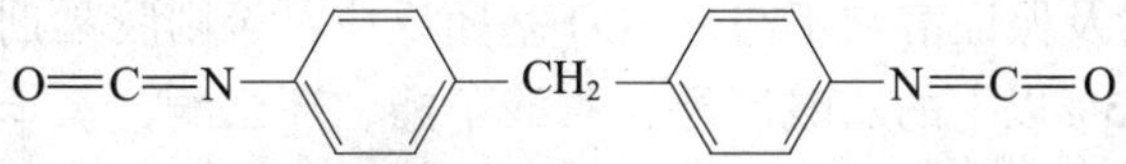

MDI(二苯基甲烷二异氰酸酯)

PAPI(多亚甲基多苯基异氰酸酯)

TDI 的分子量为 174.2，密度 1.22(20℃)，黏度 3mPa·s，凝固点 11.5~13.5℃，沸点 120/1.33(℃/kPa)，蒸汽压为 3.07Pa(25℃)。TDI 毒性：呼吸刺激剂，人们长期吸入会引起中毒，所以 TDI 浓度超过安全极限(0.1ppm)μL/L 时要有高效的通风设备。

MDI 是固体，熔点 37℃，室温时有生成二聚体的趋势。0℃贮存或 40~50℃液态下贮存，可以减缓聚合反应的进行。MDI 的分子量为 250.3，密度 1.19(50℃)，凝固点 37~38℃，沸点 194~199/0.67(℃/kPa)，蒸汽压约为 0.001 3Pa(25℃)。与 TDI 相比，MDI 的蒸汽压小，所以毒性较小。MDI 含有两个活性相同的异氰酸酯基。

PAPI 具有多个官能度，可以形成交联密度高的聚氨酯，因此可在较高的温度环境下使用。PAPI 为褐色透明液体，—NCO 含量为 31.5，胺当量 133.5，黏度 250MPa·s/25℃，密度 1.2(20℃)，蒸汽压 2.13×10^{-7} Pa(25℃)。

(2)多元醇化合物：包括聚酯多元醇和聚醚多元醇。

聚酯多元醇大部分为二官能度，也有的采用支化度很低的聚酯多元醇，但采用更多的是相对分子质量约 2 000~4 000、酸值为 0.3~0.5 mg KOH/g、带端羟基的低分子聚醚或聚酯多元醇(聚醚二醇或聚酯二醇)。聚酯多元醇易吸湿，贮运时应避免水分进入。

聚醚多元醇是端羟基的齐聚物，主链上的烃基由醚键连接。

常见的聚酯多元醇：聚己二酸乙二醇酯二醇(PEA)，聚己二酸乙二醇-丙二醇酯二醇，聚己二酸一缩二乙二醇酯二醇 PDA，聚己二酸乙二醇—一缩二乙二醇酯二醇，聚己二酸-1，4-丁二醇酯二醇 PBA 等。

常见的聚醚多元醇：聚氧化丙烯二醇即聚丙二醇(PPG)，聚氧化丙烯三醇，聚氧化丙烯-蓖麻油多元醇，聚四氢呋喃二醇等。

(3)助剂

①催化剂　为了控制聚氨酯胶黏剂的反应速度，或使反应沿预期的方向进行，在制备预聚体胶黏剂或在胶黏剂固化时都可加入各种催化剂。其类别有叔胺(如三乙烯四胺、三乙醇胺等)，有机金属化合物(如辛酸铅、环烷酸铅、环烷酸钴、环烷酸锌等)，有机磷(如三丁基磷、三乙基磷等)，酸、碱和微量水溶性金属盐(如冰乙酸、氢氧化钠和酚钠等)。

②溶剂　为了调整聚氨酯胶黏剂的黏度，便于工艺操作，在聚氨酯胶黏剂的制备或使用过程中，经常要采用溶剂。溶剂的选择除了考虑溶解能力、挥发速度等外，还应考虑溶剂的含水量及保证溶剂不与—NCO 基团反应，否则胶黏剂在贮存时会生产凝胶。一般纯度在 99.5%以上的乙酸乙酯、乙酸丁酯、环己酮、氯苯、二氯己烷等可以单独或混合作为聚氨酯胶黏剂的溶剂。另外，溶剂的选择还要考虑极性，极性大的溶剂会使反应变慢。

③填料 填料的加入可以改变聚氨酯胶黏剂的物理性能，降低聚氨酯胶黏剂固化时的收缩率和成本。填料在加入聚氨酯胶黏剂以前应预先经过高温处理去除水分，或用偶联剂处理，以避免填料表面的水分与异氰酸酯反应，引起凝胶。常用的填料有滑石粉、陶土、重晶石粉、云母粉、碳酸钙、氧化钙多种等。

④扩链剂和交联剂 含羟基或氨基的低分子量多官能团化合物与异氰酸酯共同使用时起扩链剂和交联剂的作用。

a. 1，4-丁二醇(BDO)，聚氨酯橡胶与胶黏剂中的扩链剂，调节聚氨酯结构中的软硬度。

b. 3，3′-二氯-4，4′-二氨基-二苯基甲烷 MOCA，聚氨酯弹性体和胶黏剂中的扩链剂。

c. 三羟甲基丙烷 TMP，聚氨酯弹性体和胶黏剂用扩链剂和交联剂。

稳定剂：抗氧剂、光稳定剂、水解稳定剂等改善胶黏剂的老化问题。

填料和触变剂：填料改善胶黏剂的物理性能；触变剂在施胶过程中能控制胶液的流动性。

偶联剂：改善聚氨酯胶黏剂对基材的黏结性。

增黏剂：提高胶黏剂的初黏性和黏度。

增塑剂：改善胶层硬度；应在不损失胶合强度的条件下增加柔韧性和伸长率。

杀虫剂：防止微生物入侵。

着色剂：将无机或有机颜料与多元醇混在一起制成糊状物，加到多元醇配方中，使胶黏剂着色。

7.1.3.2 合成原理

在聚氨酯胶黏剂中，除了单体异氰酸酯胶黏剂外，其他种类的聚氨酯胶黏剂都需要经过聚合反应形成聚氨酯树脂。像其他聚合物一样，各种类型的聚氨酯的性质首先依赖于分子量、交联度、分子间力的效应、链节的软硬度以及规整性等。

聚氨酯的合成有多种途径，但广泛应用的是二元、多元异氰酸酯与末端含羟基的聚酯多元醇或聚醚多元醇进行反应。当只用双官能团反应物时，可以制成线型聚氨酯：

$$(n+1)\ O=C=N-R-N=C=O + n\ HO\sim\sim\sim OH \longrightarrow$$

$$O=C=N-R\left[NH-\overset{\overset{\displaystyle O}{\|}}{C}-O\sim\sim\sim O-\overset{\overset{\displaystyle O}{\|}}{C}-NH-R\right]_n N=C=O$$

若用含—OH 或含—NCO 组分的官能度为三或更多，则生成有支链或交联的聚合物。最普通的交联反应是多异氰酸酯与三官能度的多元醇反应的交联结构：

$$3\ \sim\sim NCO + HO\sim\sim\sim\overset{\overset{\displaystyle OH}{|}}{\ }\sim\sim\sim OH \longrightarrow \sim\sim NH-\overset{\overset{\displaystyle O}{\|}}{C}-O\sim\sim\sim\overset{\overset{\displaystyle\overset{\sim NH}{|}}{\overset{C=O}{|}}{O}}{\ }\sim\sim\sim O-\overset{\overset{\displaystyle O}{\|}}{C}-NH\sim\sim$$

在高温或低温且有催化剂存在时，氨基甲酸酯链节—NH—COO—与过量的—NCO所生成的脲基甲酸酯链节—NH—CO—NH—COO—和缩二脲—NH—CO—NH—CO—NH—都会导致发生交联。醇与芳香族异氰酸酯的二聚体也可生成脲基甲酸酯，而导致交联。

$$R-N\underset{C=O}{\overset{C=O}{\diamond}}N-R + R'-OH \longrightarrow R-NH-\overset{O}{\underset{\parallel}{C}}-\overset{R}{\underset{\mid}{N}}-\overset{O}{\underset{\parallel}{C}}-O-R'$$

虽然这一反应进行得很慢，但遇三乙基胺等碱性催化剂时，反应速度可以增高 1 000 倍。

7.1.4　固化机理

聚氨酯的结构通式为：

$$\left[\overset{O}{\underset{\parallel}{C}}-NH-R-NH-\overset{O}{\underset{\parallel}{C}}-OR'O \right]_n$$

由于在主链上含有氨基甲酸酯基团（—NHCOO—），通称聚氨酯胶黏剂，其结构中含有极性基团—NCO，提高了对各种材料的黏接性。

7.1.4.1　单组分聚氨酯胶黏剂的湿固化

单组分预聚体胶可以常温湿固化。因预聚体是带有—NCO 的弹性体高聚物，遇空气中的潮气即和 H_2O 反应生成含有—NH_2 的高聚物，并进一步与—NCO 反应生成含有脲基的高聚物。

$$R-NCO + H_2O \longrightarrow [R-NH-\overset{O}{\underset{\parallel}{C}}-OH] \longrightarrow R-NH_2 + CO_2 \uparrow$$

$$R-NCO + R-NH_2 \longrightarrow R-NH-\overset{O}{\underset{\parallel}{C}}-NH-R'$$

这种湿固化型不需其他组分，使用方便，具有一定的强度和韧性。由于湿固化，胶层中有气泡产生，—NCO 含量越高，气泡越多，因此预聚体的—NCO 含量不能过高。胶合强度受湿度影响很大，湿度以 40%～90% 为宜。

7.1.4.2　双组分聚氨酯胶黏剂的常温固化

双组分胶黏剂是由含甲、乙两个组分分开包装的，使用前按一定比例配制即可。甲组分是端基为—NCO 的预聚体或多异氰酸酯单体，乙组分是固化剂，如胺类化合物或羟基化合物。采用不同的固化剂可获得不同性能的聚氨酯。

为了使用方便，可使用溶剂，溶剂必需不含水、醇或其他含活泼氢的化合物。常用的溶剂用乙酸乙酯、丙酮、甲乙酮、氯苯等。

7.1.4.3　聚氨酯胶黏剂的高温固化

聚氨酯胶黏剂涂布金属铝板，不加固化剂和催化剂，放在 150℃高温下，聚氨酯胶黏剂也能完成固化。其主要反应为聚氨酯胶黏剂中的游离异氰酸酯基与胶黏剂合成过程中的氨基甲酸酯反应，或者异氰酸酯与金属上活泼氢反应产生的氨基甲酸酯反应，形成脲基甲酸酯，并促使聚氨酯胶黏剂的交联固化。

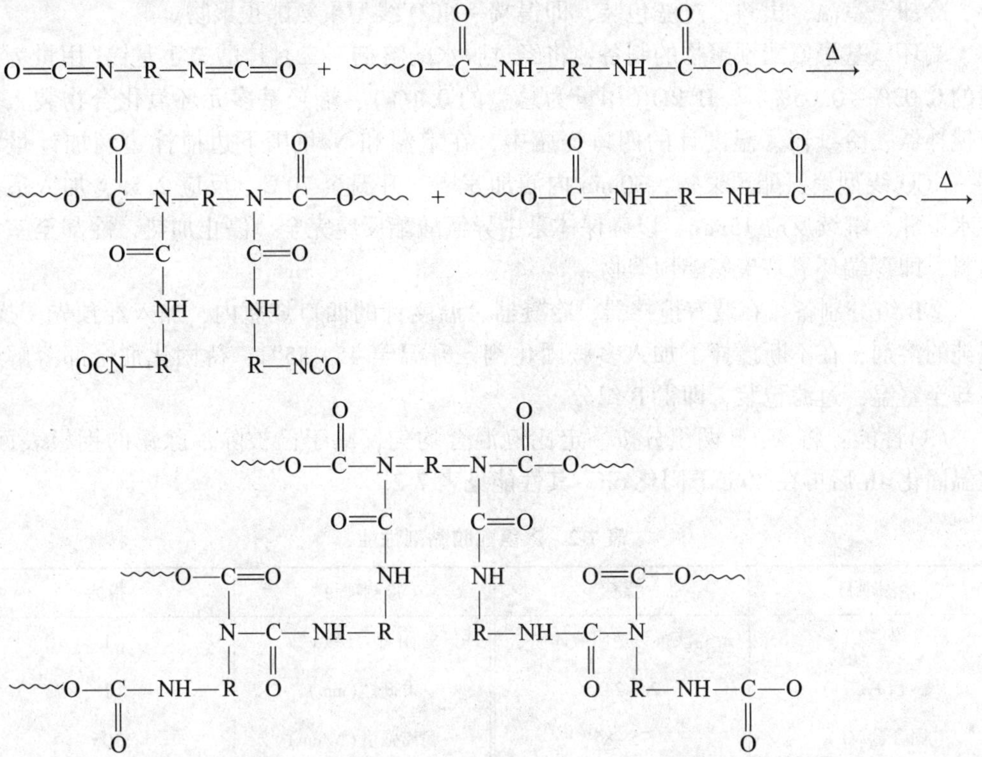

对于双组分无溶剂胶黏剂及单组分湿固化胶黏剂，加热也不能太快，否则 NCO 基团与胶黏剂或基材表面、空气中的水分加速反应，产生 CO_2 气体来不及扩散，而胶层黏度增加很快，气泡就留在胶层中。

7.1.5　制备工艺

聚氨酯胶黏剂的配方根据不同的功能要求有多种，在此针对通用的产品举例如下。

（1）原材料与配比，见表 7-1。

表 7-1　聚氨酯胶黏剂原材料表

材料	配比（质量比）	材料	配比（质量比）
2，4-甲苯二异氰酸酯（TDI）	46.5	磷酸	0.44
聚醚 N-210	100	端羟基环氧化合物	40.9
二月桂酸二丁基锡（DBTDL）	0.06	多胺固化剂	80
N，N-二甲基甲酰胺	50	—	—

（2）制备方法

①A 组分制备　端—NCO 聚氨酯预聚物的制备：在装有搅拌器、冷凝器、温度计

的四口烧瓶中，加入经过脱水的溶剂、二月桂酸二丁基锡（用量为总量的 0.03% ~ 0.05%），H_3PO_4（用量为总量的 0.2%）、甲苯-2, 4-二异氰酸酚（TDI），在室温和 N_2 氛围下，边搅拌边滴加计量的聚醚 N-210，30min 内滴加完毕。升温至 70~80℃、反应 4h，冷却至室温，出料，过滤包装，即得端—NCO 线型聚氨酯预聚物。

端环氧基聚氨酯预聚物的制备：将经过脱水的溶剂、二月桂酸二丁基锡（用量为总量的 0.03%~0.05%），H_3PO_4（用量为总量的 0.1%）、端羟基多元环氧化合物装入带有搅拌器、冷凝器、温度计的四口烧瓶中，在室温和 N_2 氛围下边搅拌边滴加计量的端—NCO 线型聚氨酯预聚物，30min 内滴加完毕。升温至 70℃，反应 2.5h，加入适量无水甲醇，继续反应 15min，以确保体系中异氰酸酯反应完全。停止加热，冷却至室温出料，即得端环氧基聚氨酯预聚物。

②B 组分制备　在装有搅拌器、冷凝器、温度计的四口烧瓶内，加入经预先干燥、提纯的溶剂，在不断搅拌下加入多胺固化剂，升温至 45~55℃，待固化剂全部溶解后冷却至室温，过滤包装，即得 B 组分。

（3）性能：将 A、B 两组分按一定比例混合均匀，涂于已被除油除锈的钢板表面，室温固化 4h 后再在 80℃下固化 6h，其性能见表 7-2。

表 7-2　聚氨酯胶黏剂性能

检测项目	指标	检测项目	指标
外观	淡黄色透明液体	附着力（级）	1
黏度（Pa·s）	20~24.5	柔韧性（mm）	1
固含量（%）	75~85	剥离强度（N/cm）	105

（4）应用：该胶黏剂广泛应用于纺织、土木建筑、交通运输、电子元件、制鞋、包装等工业。

7.1.6　异氰酸酯乳液及水性乙烯基聚氨酯

一种由水性高分子聚合物如聚乙烯醇、聚醋酸乙烯酯、乙烯-醋酸乙烯酯、聚丙烯酸酯、丁苯橡胶乳液，以及填料助剂等为主要成分的主剂和由异氰酸酯系化合物作为交联剂组成的胶黏剂。常用的有聚合 MDI 乳液和水性乙烯基聚氨酯。

7.1.6.1　异氰酸酯乳液

异氰酸酯化合物或含端—NCO 基预聚体分散于水而形成的分散液称为异氰酸酯乳液。疏水的多异氰酸酯难乳化于水而形成稳定的乳液，通过某些方法可使异氰酸酯乳化，形成乳液。

（1）可乳化 MDI：聚氨酯乳液于 1967 年在市场上出现，当时未受到人们的重视。聚氨酯乳液是以水为介质，因此使用时无毒、无公害，可杜绝大量有机溶剂。

1972 年，Robertson J. R. 等人报道了一种可乳化的聚合 MDI 产品，未透露分子结构，估计是 MDI 经改性而得。该产品是一种能简单地与水搅拌形成细微颗粒的水性乳液，形成的低黏度乳液具有优异的机械稳定性。可乳化的聚合 MDI 胶黏剂可以与水在一定的范围内混合而被稀释，正常的稀释比为 50∶50。可乳化 MDI 胶黏剂被水稀释后黏度会增加，直到很难使用泵来传送，这一段时间称为适用期。

MDI 乳液是水包油型，乳液黏度低，机械稳定性好，适用期为 2~3h。超过适用期，由于 MDI 与水逐渐反应生成脲，使其黏度增加，以至不能使用。不过，即使黏度增大到不能使用的程度，—NCO 的含量仍能保持原有的 90%。当异氰酸酯浓度大于 70% 时，适用期缩短，升高温度也会使适用期缩短。

在人造板生产过程中，胶黏剂具有几个小时的适用期就可以满足大多数生产，如果需要大量的乳液，则可采取将可乳化的聚合 MDI 与水在静态混合器中连续乳化的方法。可乳化聚合 MDI 的出现，可使异氰酸酯胶黏剂通过水介质施加到基材中。用可乳化 MDI 代替 MDI 可改进人造板生产工艺，解决了完全无水的计量和泵送系统的难题，且胶黏剂的毒性得到进一步降低。

（2）封闭型异氰酸酯：封闭型异氰酸酯化合物或封闭型聚氨酯预聚体乳化于水形成的乳液从实质上来讲也是异氰酸酯乳液，不过所含的不是游离的异氰酸酯基团，而是保护了的异氰酸酯，当水分挥发后再加热，异氰酸酯基团再生，参与交联固化。

7.1.6.2 水性乙烯基聚氨酯

将多异氰酸酯或其预聚体的有机溶液分散在醋酸乙烯乳液、丙烯酸酯乳液等乙烯基聚合物乳液或聚乙烯醇、羟甲基纤维素的水溶液中而生成的水性胶黏剂，称为水性乙烯基聚氨酯胶黏剂，又称为水性高分子异氰酸酯胶黏剂（API）。

和异氰酸酯乳液一样，未受到保护的异氰酸酯基团不能在水中稳定地存在，加入异氰酸酯形成的水性乙烯基聚氨酯胶黏剂有一定的适用期，一般几小时后就会凝胶，失去使用价值。一般商业化的水性乙烯基聚氨酯胶黏剂是双组分，以水性乙烯基树脂、填料或表面活性剂的混合物为主剂，以聚合 MDI 等具有 2 个以上—NCO 基团的多异氰酸酯、溶剂或稳定剂的混合物为交联剂。在使用前，将异氰酸酯溶液搅拌分散于主剂中。

交联剂中的异氰酸酯基团与水性高分子及木材等基材中所含有的活性氢基团反应，得到牢固的黏接层。异氰酸酯化合物及其预聚体在水中几乎没有溶解性，但它们能溶于有机溶剂，无须外加乳化剂就能在 PVA 水溶液或乙烯基合成树脂乳液中很好地分散，在水分挥发过程及干燥后，异氰酸酯与水性树脂或水反应生成耐水耐热的固化物。

$$\text{基材}\ —OH + OCN—Ar\underset{}{\left(CH_2—Ar\right)_n}\overset{NCO}{CH_2—Ar—NCO}$$

多异氰酸酯

$$+ \sim\sim CH_2—\underset{OH}{CH}—CH_2—\underset{OH}{CH}\sim\sim + H_2O \longrightarrow 交联网状结构$$

PVA

　　（1）API 的合成原理：水性高分子-异氰酸酯胶黏剂是由水溶性高分子（PVA），乳液（SBR，EVA 等），填料（通常为碳酸钙粉末）为主要成分的主剂，和多官能团的异氰酸酯化合物为主要成分的交联剂所构成。

　　在主剂与交联剂混合的体系中，主要是以聚乙烯醇溶液为连续相，胶乳（SBR，EVA）为分散相。聚乙烯醇与异氰酸酯产生交联反应、水与异氰酸基反应形成取代脲等，并分散在连续的聚乙烯醇相中，同时，还有一部分未参与反应的异氰酸基也存在其中，因此在连续相中形成复杂的化学构造。

　　异氰酸酯与聚乙烯醇的反应：

$$
\text{OCN—R—NCO} \; + \; 2 \begin{bmatrix} \text{HCH} \\ \text{HCOH} \\ \text{HCH} \\ \text{HCOH} \end{bmatrix} \longrightarrow \begin{array}{c} \text{HCH} \\ \text{HCOOCN—R—NCOOCH} \\ \quad\; \text{H} \qquad\qquad \text{H} \\ \text{HCH} \qquad\qquad\quad \text{HCH} \\ \text{HCOH} \qquad\qquad \text{HOCH} \end{array}
$$

　　（2）组成：主要包括主剂、填料与交联剂组成。

　　①主剂　包括水溶性高分子，乳液和填料。其中的水溶性高分子通常采用部分皂化的聚乙烯醇，也可使用脲醛树脂、三聚氰胺树脂、聚丙烯酸等。乳液的选用应从提高胶黏剂耐水性等方面考虑，采用的有聚苯乙烯-丁二烯胶乳、聚丙烯酸酯乳液和乙酸乙烯-乙烯共聚乳液等。与苯乙烯-丁二烯胶乳和聚丙烯酸酯乳液相比，乙酸乙烯-乙烯共聚乳液因具有优良的初期胶合强度，所以在要求初期胶合强度好的场合优先选用。

　　②填料　多使用碳酸钙粉末，其可填充胶层的空隙，并降低成本。

　　③交联剂　安全性、耐水性和加入交联剂后胶黏剂的适用期是选择交联剂的重要标准。从赋予胶黏剂胶合耐水性的观点来看，异氰酸酯化合物必须是分子中含有两个以上异氰酸酯基的多异氰酸酯。

　　（3）API 的主要特点

　　①以水为分散介质，使用安全方便，不污染环境，不含甲醛、苯酚等；

　　②初黏性好、常温固化、耐水、耐热性能优良；

　　③可根据不同材料选择不同的主剂成分和交联剂，适应范围广；

　　④近乎中性，不污染被胶合材料。

　　但 API 的价格较高，约为脲醛树脂（UF）的 3 倍，但比间苯二酚甲醛树脂便宜，且性能几乎可以与后者相匹敌，因此从性价方面讲具有一定的竞争优势。

7.2　环氧树脂胶黏剂

　　环氧树脂胶黏剂又称环氧胶黏剂，简称环氧胶。是分子中平均含有一个以上环氧基（$\text{H}_2\text{C—CH—}$ 下接 O），且能形成三维交联状固化的化合物，由环氧树脂和固化剂两大部分组成,是最常用的高分子胶黏剂之一。合成环氧树脂胶黏剂的主料是环氧树脂,通常是液体状态下使用,只有加入固化剂后,使之交联形成网状体型结构,才会显示出优异的性能。由环氧氯丙烷与二酚基丙烷缩聚而成的双酚 A 环氧树脂(又称通用环氧树脂,简称环氧树脂)是各类环氧树脂中应用最广泛的。

环氧树脂胶黏剂有密封、堵漏、防松、绝缘、防腐、黏涂、耐磨、导电、导热、导磁、固定、加固、修补、装饰等功用,是功能最为丰富的高性能胶黏剂。因此在各个领域得到了广泛的应用,所以环氧树脂胶黏剂有"万能胶"之称。

7.2.1 分类与特性

7.2.1.1 分类

环氧树脂胶黏剂的品种很多,其分类的方法和分类的指标尚未统一。按胶黏剂的形态可分为无溶剂型胶黏剂、有机溶剂型胶黏剂、水性胶黏剂(又可分为水乳型和水溶型两种)、膏状胶黏剂、薄膜状胶黏剂(环氧胶膜)等;按固化条件可分为冷固化胶、热固化胶及光固化胶、潮湿面及水中固化胶、潜伏性固化胶等;按胶合强度可分为结构胶、次受力结构胶和非结构胶;按用途可分为通用型胶黏剂和特种胶黏剂;按固化剂的类型可分为胺固化环氧胶、酸酐固化胶等;还可按组分或组成来分类,如双组分胶和单组分胶,纯环氧胶和改性环氧胶(如环氧-尼龙胶、环氧-聚硫橡胶、环氧-丁腈胶、环氧-聚氨酯胶、环氧-酚醛胶、有机硅-环氧胶、丙烯酸-环氧胶)等。

7.2.1.2 特性

环氧树脂胶黏剂不仅具有优异的胶合性能,而且其他方面的性能也较均衡,能与多种材料胶合和复合,环氧树脂的平均分子质量在300~700之间。环氧树脂在未固化前是线型结构的热塑性树脂,其流动性随温度改变,加入热固化剂后形成体型结构的热固性树脂,成为不溶解、不熔化的固体。

环氧树脂胶黏剂具有如下特性:

(1)胶合力强、机械强度高:羟基和醚键等强极性基团使环氧树脂和相邻界面间产生较强的黏附力;环氧基团与含活泼氢的金属表面反应生成强化学键。所以环氧树脂胶黏剂的胶合力特别强。固化后的环氧树脂结构紧密,机械性能高。它比酚醛树脂、聚酯树脂及其他高分子材料的机械性能都好。

(2)收缩率小:环氧树脂固化剂几乎不放出低分子物质,热膨胀系数受温度的影响也小,内应力小,固化物蠕变性低,因此,黏接件的尺寸稳定性好。在胶黏剂中环氧树脂的收缩率最小(酚醛树脂8%~10%、有机硅树脂6%~8%、聚酯树脂4%~8%、环氧树脂胶1%~3%)。

(3)稳定性好:在固化体系中的醚键、苯环和脂肪羟基不易受酸碱侵蚀。固化后的环氧树脂,具有耐化学腐蚀性,特别是耐碱性强。同时也具有良好的电绝缘性。

(4)使用温度范围大:一般环氧胶黏剂使用温度为-60~100℃。

(5)脆性大,韧性不佳:主体成分环氧树脂含有很多的苯环和杂环,分子链柔韧性小,加之固化后交联结构不易变形,容易开裂。

（6）耐热性差，高温难用：因为环氧树脂结构中的碳碳键、醚键的键能小，高温下容易降解，故一般的环氧胶黏剂的耐热性较差，多数环氧胶不能在高温的条件下长期使用。

7.2.2 合成原理

环氧树脂中最常用的环氧树脂是双酚 A 同环氧氯丙烷反应制造的双酚 A 二缩水甘油醚，即双酚 A 型环氧树脂，在环氧树脂中，它原料易得，成本最低，因而产量最大。国内约占环氧树脂总产量的 90%，世界约占环氧树脂总产量 75%~80%，被称为通用型环氧树脂。下面以通用型环氧树脂为例，说明环氧树脂的合成原理。

合成的主要原料为环氧氯丙烷与二酚基丙烷，环氧氯丙烷的结构式为

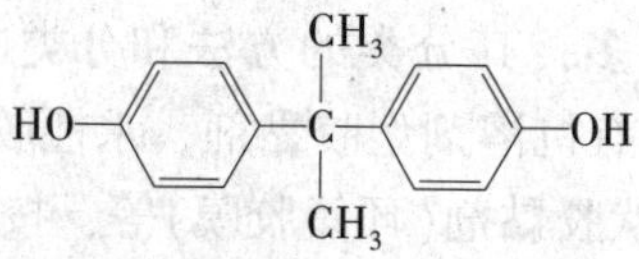

$$HO-\underset{\underset{CH_3}{|}}{\overset{\overset{CH_3}{|}}{C}}-OH$$

二酚基丙烷（简称双酚 A）的结构式为

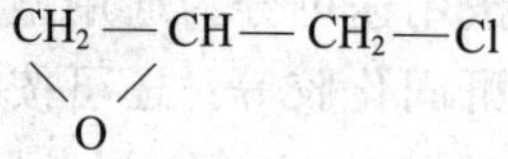

$$CH_2-CH-CH_2-Cl$$
$$\diagdown O\diagup$$

（1）在碱催化下，环氧氯丙烷的环氧基与双酚 A 酚羟基反应，生成端基为氯化羟基化合物——开环反应

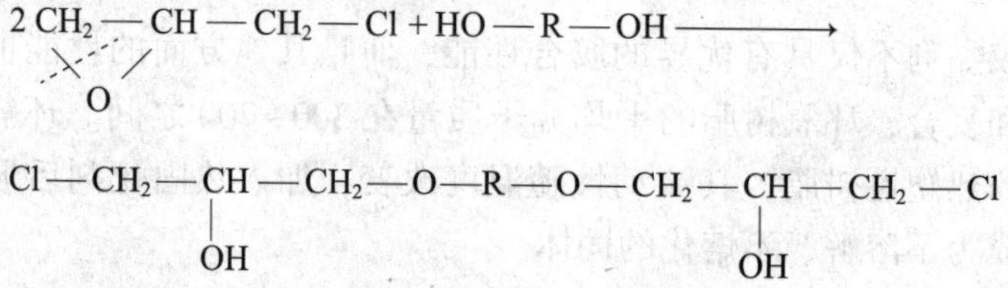

$$2CH_2-CH-CH_2-Cl + HO-R-OH \longrightarrow$$

$$Cl-CH_2-\underset{\underset{OH}{|}}{CH}-CH_2-O-R-O-CH_2-\underset{\underset{OH}{|}}{CH}-CH_2-Cl$$

（2）在氢氧化钠作用下，脱 HCl 形成环氧基——闭环反应

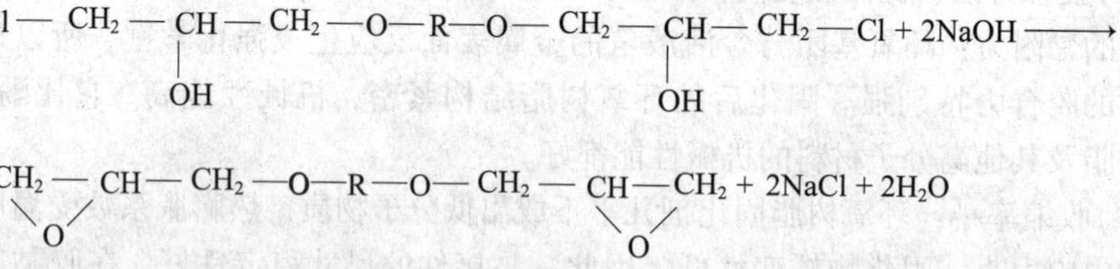

$$Cl-CH_2-\underset{\underset{OH}{|}}{CH}-CH_2-O-R-O-CH_2-\underset{\underset{OH}{|}}{CH}-CH_2-Cl + 2NaOH \longrightarrow$$

$$CH_2-CH-CH_2-O-R-O-CH_2-CH-CH_2 + 2NaCl + 2H_2O$$

（3）新生成的环氧基再与双酚 A 的羟基反应生成端羟基化合物——开环反应

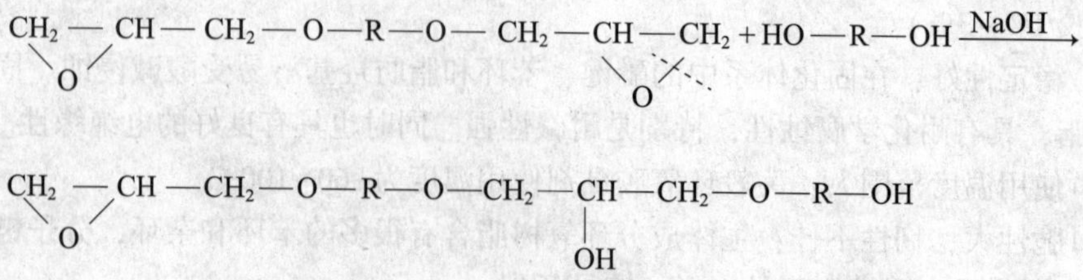

$$CH_2-CH-CH_2-O-R-O-CH_2-CH-CH_2 + HO-R-OH \xrightarrow{NaOH}$$

$$CH_2-CH-CH_2-O-R-O-CH_2-\underset{\underset{OH}{|}}{CH}-CH_2-O-R-OH$$

（4）再与环氧氯丙烷作用，形成线型环氧树脂。总反应式为

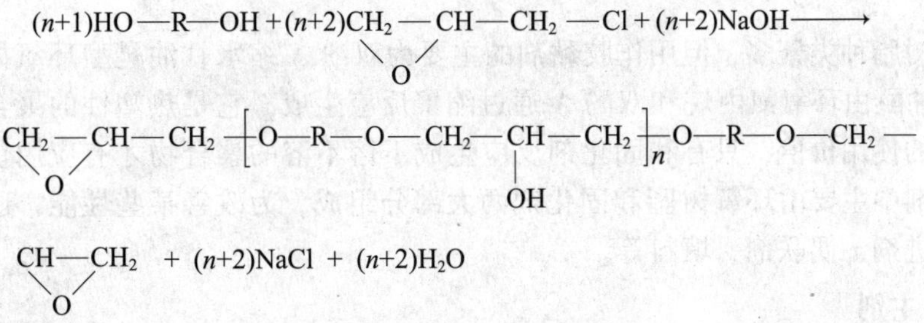

$$(n+1)HO—R—OH+(n+2)CH_2—CH—CH_2—Cl+(n+2)NaOH\longrightarrow$$

$$CH_2—CH—CH_2\left[O—R—O—CH_2—CH—CH_2\right]_n O—R—O—CH_2—$$

$$CH—CH_2 + (n+2)NaCl + (n+2)H_2O$$

其中，n 为平均聚合度，$n=0\sim19$，相对分子质量 $340\sim7\,000$。当 $n<2$ 时，得到的是琥珀色或淡黄色低相对分子量液态的环氧树脂。当 $n\geqslant2$ 时，得到的是相对分子量较高的固态环氧树脂。调节双酚 A 和环氧氯丙烷用量比，可得到不同性能的树脂。

①液态双酚 A 环氧树脂　平均相对分子质量较低，平均聚合度 $n=0\sim1.8$。当 $n=0\sim1$ 时，室温下为液体，如 E-51，E-44，当 $n=1\sim1.8$ 时，为半固体，软化点 $>55℃$，如 E-31。

②固态双酚 A 环氧树脂　平均相对分子质量较高，$n=1.8\sim19$，当 $n=1.8\sim5$ 时，为中等相对分子质量环氧树脂。软化点 $55\sim95℃$，如 E-20，E-12 等。当 $n>5$ 时，为高相对分子质量环氧树脂，软化点 $>100℃$，如 E-06，E-03 等。

实际上不同相对分子质量的混合物，其通式如下：

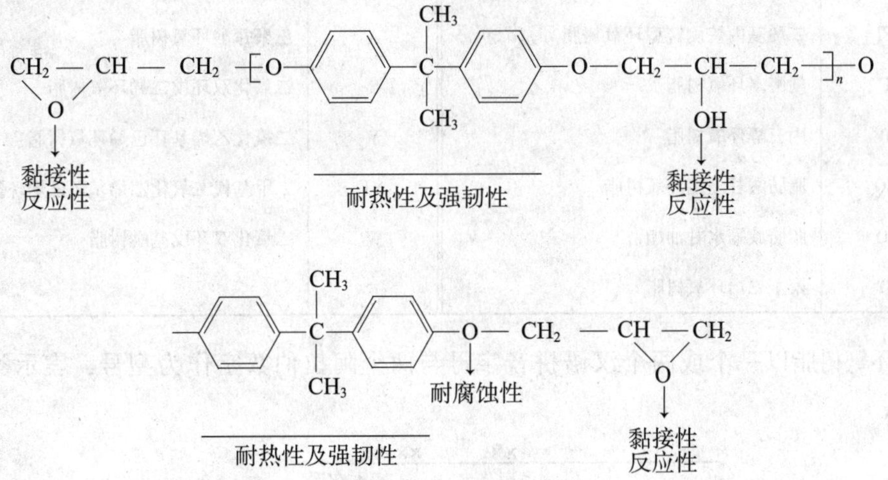

$$CH_2—CH—CH_2\left[O—\underset{CH_3}{\overset{CH_3}{C}}—O—CH_2—CH—CH_2\right]_n O$$

黏接性　　　　　　　耐热性及强韧性　　　　　黏接性
反应性　　　　　　　　　　　　　　　　　　反应性

$$—\underset{CH_3}{\overset{CH_3}{C}}—O—CH_2—CH—CH_2$$

耐热性及强韧性　　　耐腐蚀性　　　黏接性反应性

双酚 A 型环氧树脂大分子结构特征：

①大分子的两端是反应能力很强的环氧基；②分子主链上有许多醚键，是一种线型聚醚结构；③n 值较大的树脂分子链上有规律地、相距较远地出现许多仲羟基，可以看成是一种长链多元醇；④主链上还有大量苯环、次甲基和异丙基。

各结构单元赋予树脂以下功能：环氧基和羟基赋予树脂反应性，使树脂固化物具有很强的内聚力和胶合力；羟基是极性基团，有助于提高浸润性和黏附力；醚键和 C—C 键使大分子具有柔韧性和耐腐蚀性；苯环赋予聚合物以耐热性和刚性。

7.2.3 合成原料

环氧树脂种类繁多，但用作胶黏剂的主要为双酚A缩水甘油醚型环氧树脂。双酚A缩水甘油醚由环氧氯丙烷和双酚A通过缩聚反应生成，它是热塑性的聚合物，几乎没有单独的使用价值，只有和固化剂反应生成不熔不溶的聚合物才有应用价值。环氧树脂胶黏剂中主要由环氧树脂和固化剂两大部分组成。为改善某些性能，还需加入稀释剂、促进剂、偶联剂、填料等。

7.2.3.1 主剂

主剂为环氧树脂，环氧树脂的种类很多，而且有新的型号不断出现，对于不同特性要求的胶黏剂应选用不同的树脂，常用的见表7-3。

表 7-3　环氧树脂的代号及类型

代号	环氧树脂类型	代号	环氧树脂类型
E	二酚基丙烷环氧树脂	G	硅环氧树脂
ET	有机钛改性二酚基丙烷环氧树脂	L	有机磷环氧树脂
EG	有机硅改性二酚基丙烷环氧树脂	N	酚酞环氧树脂
EX	溴改性二酚基丙烷环氧树脂	S	四酚基环氧树脂
EL	氯改性二酚基丙烷环氧树脂	J	间苯二酚环氧树脂
EI	二酚基丙烷侧链型环氧树脂	A	三聚氰酸环氧树脂
F	酚醛多环氧树脂	R	二氧化双环戊二烯环氧树脂
B	丙三醇环氧树脂	Y	二氧化乙烯基环己烯环氧树脂
ZQ	脂肪酸甘油酯环氧树脂	YJ	二甲基代二氧化乙烯基环己烯环氧树脂
IQ	脂肪族缩水甘油酯	W	二氧化双环戊基醚树脂
D	聚丁二烯环氧树脂		

环氧树脂以一个或两个汉语拼音字母与两个阿拉伯数字作为型号，表示类别及品种。

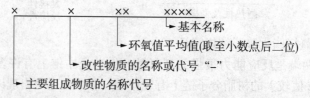

示例：某牌号环氧树脂二酚丙烷为主要组成物质，其环氧值为 0.48~0.54mol/100g，其算术平均值为 0.51，该环氧树脂的全称"E-51 环氧树脂"。

环氧值（K）：每 100 g 环氧树脂中所含环氧基物质的量。

$$K = 环氧基的个数/M \times 100$$

环氧当量(EEW)：含有 1 摩尔质量环氧基的环氧树脂的克数。

$$EEW = 100/K$$

工业环氧树脂型号就是按环氧值不同来区分的。环氧值越大，相对分子质量越小，黏度越低。环氧值(或环氧当量)是环氧树脂的重要质量指标，它决定着固化剂用量的多少和固化产物的性能。

7.2.3.2　固化剂

(1)固化剂的分类：固化剂是环氧树脂胶黏剂中不可缺少的重要组分，种类繁多，性能各异，各有特色。按照习惯可分为胺类、酸酐类、聚合物、催化型、潜伏型等固化剂；按照固化温度分为低温、室温、中温、高温固化剂。表 7-4 中列出了常用固化剂的分类。选择不同的固化剂可以配成性能各异的环氧树脂胶黏剂。

表 7-4　环氧树脂固化剂的分类

种类	分类		典型实例
加成型	胺类	脂肪伯、仲胺	二乙烯三胺、多乙烯多胺、乙二胺
		芳香伯胺	间苯二胺、二胺基二苯甲烷
		脂环胺	六氢吡啶
		改性胺	105、120、590、703
	醋酸酐	酸酐	顺丁烯二酸酐、苯二甲酸酐、聚壬二酸酐
		改性酸酐	70、80、308、647
	合成树脂	—	酚醛树脂、氨基树脂、聚酰胺树脂
	潜伏型	—	双氰双胺、酮亚胺、微胶囊
催化型	咪唑	咪唑	咪唑、2-乙基-4-甲基咪唑
		改性咪唑	704、705
	三级胺	脂肪	三乙胺、三乙醇胺
		芳香	DMP-30、苄基二甲胺
	酸催化	无机盐	氯化亚锡
		络合物	三氟化硼络合物

(2)常用固化剂的性能：常用环氧树脂固化剂有脂肪胺、脂环胺、芳香胺、聚酰胺、酸酐、树脂类、叔胺，另外在光引发剂的作用下紫外线或光也能使环氧树脂固化。常温或低温固化一般选用胺类固化剂，加温固化则常用酸酐、芳香类固化剂。

①胺类固化剂　包括脂肪族胺类、芳香族胺类和改性胺类，是环氧树脂最常用的一类固化剂。

a. 脂肪族胺类：脂肪族胺类有乙二胺、二乙烯三胺等。乙二胺用量一般是树脂质量的 6%~8%，二乙烯三胺为树脂质量的 8%~11%。由于具有能在常温下固化、固化速度快、黏度低、使用方便等优点，所以在固化剂中使用较为普遍。缺点是固化时放热量大，固化后树脂的机械强度低，耐热性差，有毒。

　　b. 芳香族胺类：芳香族胺类如间苯二胺、间苯二甲胺等，其中间苯二胺的用量为树脂质量的 14%~16%。由于分子中存在很稳定的苯环，固化后的环氧树脂耐热性较好。与脂肪族类相比，在同样条件下固化，其热变性温度可提高 40~60℃。

　　c. 改性胺类：所谓改性胺类固化剂是指胺类与其他化合物的加成物，具有毒性小，工艺性能好等优点，如 T31，可常温固化。

　　②酸酐类固化剂　酸酐类如顺丁烯二酸酐、邻苯二甲酸酐等都可以作为环氧树脂的固化剂。顺丁烯二酸酐用量为树脂质量的 30%~40%，邻苯二甲酸酐用量为树脂质量的 30%~45%。固化后树脂有较好的机械性能和耐热性，但由于固化后树脂中含有酯键，容易受碱侵蚀。酸酐固化时放热量低，适用期长，但必须在较高温度下烘烤才能完全固化。

　　③合成类固化剂　有许多合成树脂，如酚醛树脂、氨基树脂、醇酸树脂、聚酰胺树脂等都含有能与环氧树脂反应的活泼基团，能相互交联固化。这些合成树脂本身都各具特性，当它们作为固化剂使用引入环氧结构中时，就给予最终产物某些优良的性能。

　　a. 酚醛树脂：酚醛树脂可直接与环氧树脂混合作为胶黏剂，胶合强度高，耐温性能好，用量为树脂质量的 30%~40%。但在胶合时，必须加温加压处理，才能获得比较理想的效果。

　　b. 氨基树脂：固化后，可提高机械强度、耐化学药品等性能，其用量为树脂质量的 4%。

　　c. 聚酰胺树脂：聚酰胺本身既是固化剂，又是性能良好的增塑剂。将两种树脂按质量比 1∶1 配合搅拌均匀，就可在常温下操作和固化。

　　(3) 多元胺固化剂的毒性：国外科研工作者认为，固化剂毒性是环氧树脂应用中不可避免的问题，因此，对固化剂毒性问题必须引起重视。以半致死量 LD50 为主要指标来表示固化剂的急性毒性数据，表 7-5 中列出了几种胺类固化剂的 LD50 值及 SPI 分类。由表中可见，间苯二胺的毒性比二乙烯三胺毒性强 10 倍。

表 7-5　几种胺类固化剂的 LD50 值及 SPI 分类

固化剂名称	LD50/（mg/kg）	SPI 分类
二乙烯三胺	2 080	4~5
三乙烯四胺	4 340	4~5
二乙氨基丙胺	1 410	4~5
间苯二胺	130~300	2
聚酰胺	800	2
间苯二甲胺	625~1 750	4~5

　　注：1. 无毒性；2. 有弱刺激性；3. 有中等程度刺激性；4. 有强烈敏感性；5. 有强烈刺激性；6. 对动物有致癌可能性

　　(4) 酸酐类与胺类固化剂：这是环氧树脂胶黏剂中用得最多的两类固化剂，两者性能比较见表 7-6。

表 7-6　酸酐类与胺类固化剂性能比较

项目	类别	
	有机胺	酸酐
混溶性	大部分为液体，易于互溶	大部分为固体，须熔化混合
用量	较严	较宽
配制量	不宜大量，现用现配	可配较大量
适用期	较短	较长
操作情况	固化时放热大，难控制	固化时放热小，易控制
固化温度	室温或高温皆可	需较高温度
固化产物	耐热性差，强度较低	耐热性较好，强度较高
毒性	较大	较小
价格	较高	较低

7.2.3.3　助剂及其他

(1) 促进剂：促进剂可加速环氧树脂的固化反应，降低固化温度，缩短固化时间。凡含有—OH、—COOH、—SO$_3$H、—SO$_2$NH$_2$、—SO$_2$NHR 基团的试剂，都对固化反应起促进作用。例如，酚类、羧酸、酰胺类等。

(2) 增韧剂和增塑剂：环氧树脂胶黏剂中若只含有环氧树脂和固化剂，则会造成胶液黏度高、适应期短、树脂固化后脆性大、强度低等缺陷。增韧剂分为非活性增韧剂和活性增韧剂，其中的非活性增韧剂即为增塑剂，如 DOP、DBP、TPP 等，不带活性基团，不参加固化反应，且黏度小，故可增加树脂的流动性，有利于润湿、扩散和吸附。同时，它能增加聚合物分子链的活动性，减低聚合物分子链的结晶性，故能降低树脂脆性，柔韧性提高。一般用量为树脂质量的 5%～20%，用量过多，会降低树脂的耐热性和耐久性；活性增韧剂带活性基团，参加固化反应，能改善树脂脆性，提高树脂抗冲击性。如低分子量的热塑性聚酰胺树脂、聚硫橡胶、聚酯树脂等。其中的聚酰胺树脂用量范围大，一般用量为树脂质量的 60%～300%，其他树脂用量一般都小于100%，用量过多会降低强度。

(3) 偶联剂：偶联剂是分子两端含有性质不同基团的化合物，其一端能与被黏物表面反应，另一端能与胶黏剂分子反应，以化学键的形式将被黏物与胶黏剂紧密地连接在一起。能改变界面性质，增大胶合力，提高胶合强度、耐热性、耐水性和耐湿热老化性能。

用得最多的偶联剂是硅烷偶联剂，见表 7-7。环氧胶中常用的硅烷偶联剂有 KH-550、KH-580、KH-590、南大-42 等。

表 7-7　环氧树脂胶黏剂常用有机硅偶联剂

牌号	名称	化学结构式
KH-550	γ-氨基丙基三乙氧基硅烷	H$_2$NCH$_2$CH$_2$CH$_2$Si(OC$_2$H$_5$)$_3$
KH-580	γ-硫醇丙基三乙氧基硅烷	HS—(CH$_2$)$_3$—Si(OC$_2$H$_5$)$_3$
KH-590	乙烯基三叔丁基过氧化硅烷	H$_2$C=CHSi(OC$_2$H$_5$)$_3$
南大-42	苯胺甲基三乙氧基硅烷	C$_6$H$_5$NHCH$_2$Si(OC$_2$H$_5$)$_3$

（4）稀释剂：加入稀释剂的目的是降低黏度，增加流动性和渗透性，便于操作，可延长适用期。分为活性稀释剂和非活性稀释剂。其中的活性稀释剂是含有一个或一个以上环氧基的化合物，如环氧丁基醚（501#）、环氧丙烷苯基醚（690#）、二缩水甘油醚（600#）等，常温固化时，加入量为环氧树脂的 2%～20%。非活性稀释剂不参与固化反应，如丙酮、甲苯、乙酸乙酯等溶剂，加入量为环氧树脂的 5%～15%，若用量过多，在树脂固化时会有部分逸出，从而加大了树脂的收缩率，降低胶合强度和机械强度。

（5）填料及其他：环氧树脂中加入填料可降低热膨胀系数和固化收缩率，提高耐热性、胶合强度、硬度和耐磨性，降低胶黏剂的成本，改善触变性等，常用填料的种类及作用列于表 7-8 中。

表 7-8　常用填料的种类及作用

种类	作用
石英粉，刚玉粉	提高硬度，降低收缩率和热膨胀系数
各种金属粉	提高导热性、导电性和可加工性
二硫化钼，石墨	提高耐磨性及润滑性
石棉粉，玻璃纤维	提高冲击强度和耐热性
碳酸钙，水泥，陶土，滑石粉等	降低成本，降低固化收缩率
白炭黑，改性白土	提高触变性，改善淌胶性能

为保证填料能被树脂润湿。比重轻的填料，如石英粉、石棉粉等，因体积大，用量应低于 30%；云母粉、铝粉等可加到 150%；比重大填料如铁粉、铜粉等，可加到 200%～300%。

此外，还可在环氧树脂胶黏剂中加入阻燃剂、着色剂、稳定剂及消泡剂等。

7.2.4　反应活性与固化机理

环氧树脂本身是热塑性线型结构的化合物，不能直接作胶黏剂使用，必须加入固化剂并在一定条件下进行固化交联反应，生成不溶（熔）体型网状结构，才有实际应用价值。因此，固化剂是环氧树脂胶黏剂必不可少的组分。

7.2.4.1　反应活性

环氧树脂分子中的环氧基和羟基是环氧树脂固化的活性反应基团。环氧树脂分子结构中存在着碳氧原子组成的三元环，环氧基上电子云分布为：$R-HC\overset{\delta+}{-\!-\!-}CH_2$，亲核试剂容易进攻环上的 $C^{\delta+}$，亲电试剂容易进攻氧原子，易引起环氧基开环。同时，三元环内键角为 60° 左右，比正常键角 109° 小得多，张力很大，也容易开环。这些因素都决定了环氧基具有很高的反应活性。

7.2.4.2　固化机理

环氧树脂胶黏剂的固化机理按照所用固化剂类型不同而异，大致可归为加成和催化开环，或者二者兼具，其中主要还是通过环氧基的开环反应而固化的。现就常用固化剂胺类固化剂和酸酐类固化剂的固化机理简述如下：

（1）胺类固化剂：有机胺是一类使用最为广泛的固化剂，能与环氧树脂发生加成反应。

①伯胺和仲胺固化机理　伯胺和仲胺含有活泼的氢原子，很容易与环氧基发生亲核加成反应而固化，固化过程可分为以下几个阶段：

a. 伯胺与环氧基反应，生成带仲氨基的大分子：

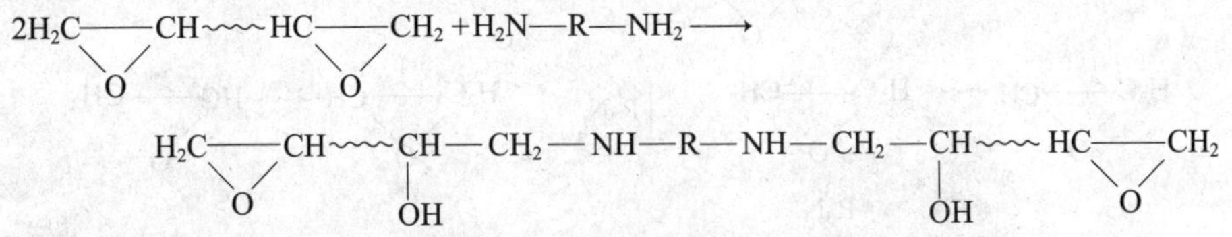

$$2H_2C\!\!-\!\!\!-\!\!CH\sim\sim HC\!\!-\!\!\!-\!\!CH_2 + H_2N\!\!-\!\!R\!\!-\!\!NH_2 \longrightarrow$$

$$H_2C\!\!-\!\!\!-\!\!CH\sim\sim CH\!\!-\!\!CH_2\!\!-\!\!NH\!\!-\!\!R\!\!-\!\!NH\!\!-\!\!CH_2\!\!-\!\!CH\sim\sim HC\!\!-\!\!\!-\!\!CH_2$$

b. 仲氨基再与另外环氧基反应，生成含叔氨基的更大分子：

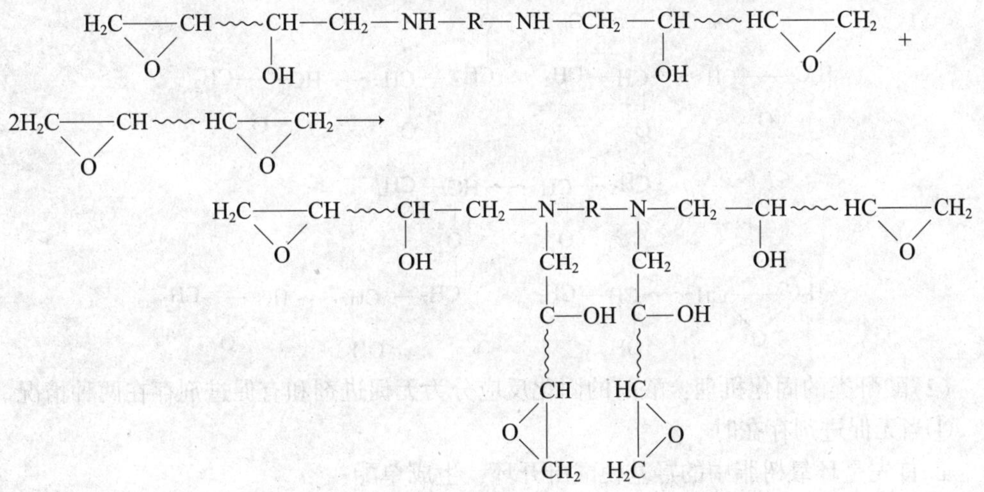

$$H_2C\!\!-\!\!\!-\!\!CH\sim\sim CH\!\!-\!\!CH_2\!\!-\!\!NH\!\!-\!\!R\!\!-\!\!NH\!\!-\!\!CH_2\!\!-\!\!CH\sim\sim HC\!\!-\!\!\!-\!\!CH_2 +$$

$$2H_2C\!\!-\!\!\!-\!\!CH\sim\sim HC\!\!-\!\!\!-\!\!CH_2 \longrightarrow$$

c. 剩余的氨基、羟基和环氧基发生反应，直至生成体型大分子：

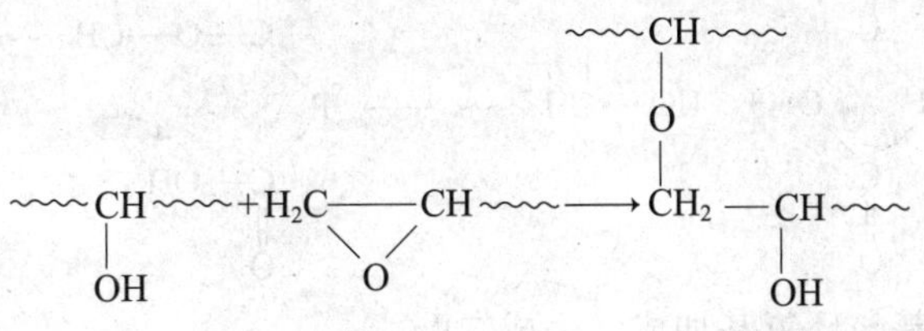

醚化反应

②叔胺固化机理　叔胺属碱性化合物，是阴离子催化聚合型固化剂，首先使环氧基开环生成氧阴离子，氧阴离子攻击环氧基，开环加成，其反应如下所示：

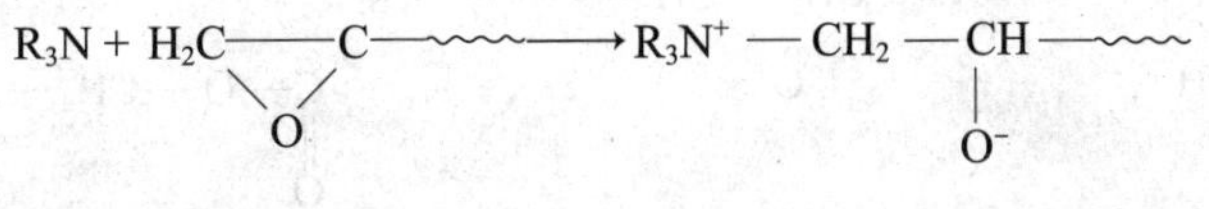

$$R_3N + H_2C\!\!-\!\!\!-\!\!C\sim\sim \longrightarrow R_3N^+\!\!-\!\!CH_2\!\!-\!\!CH\sim\sim$$

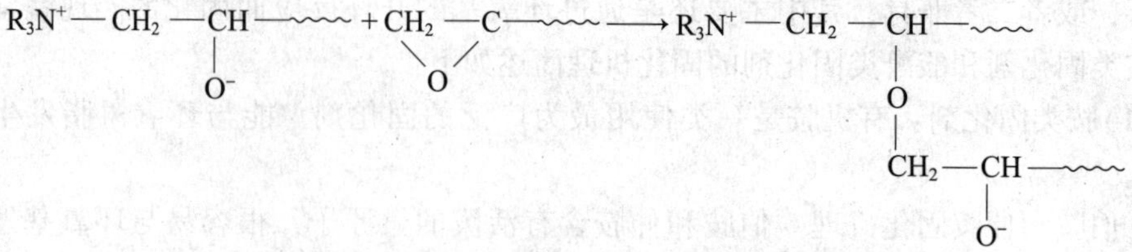

$$R_3N^+ \!-\! CH_2 \!-\! CH \!\sim\!\sim + CH_2 \!-\! C \!\sim\!\sim \longrightarrow R_3N^+ \!-\! CH_2 \!-\! CH \!\sim\!\sim$$

这种开环加成链进行下去，反应最终生成体型结构的固化产物。

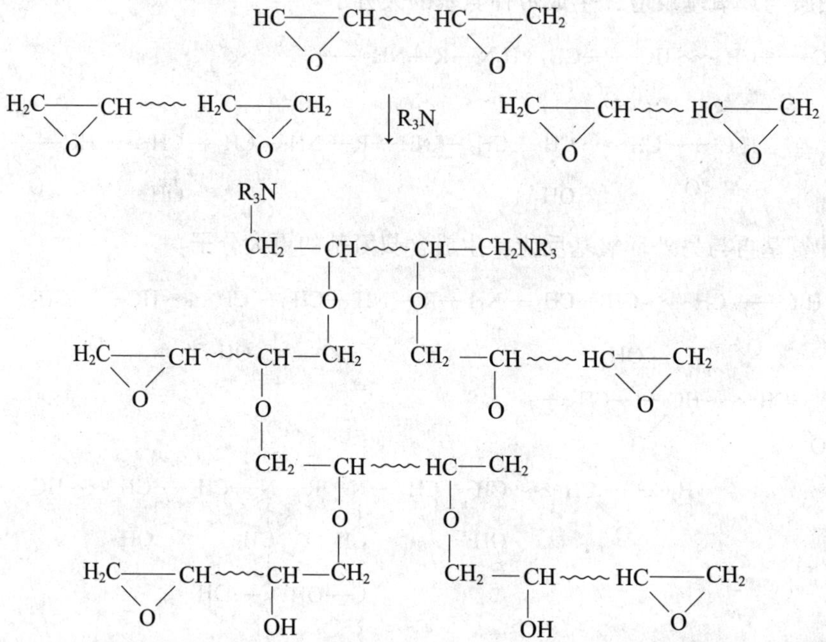

（2）酸酐类的固化机理：酸酐的固化反应分为无促进剂和有促进剂存在两种情况。

①当无促进剂存在时

a. 首先是环氧树脂中的羟基使酸酐开环，生成单酯：

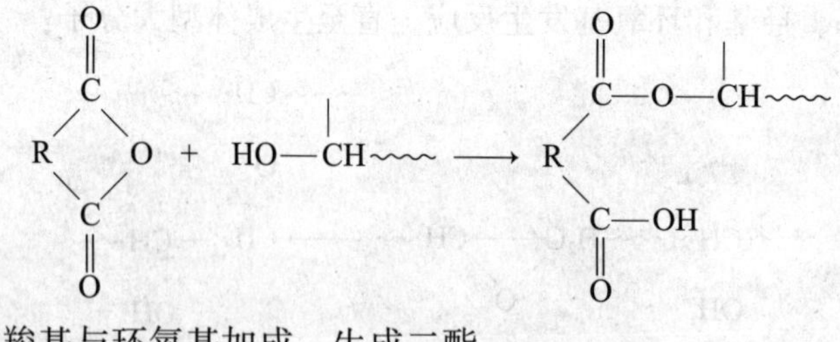

b. 单酯中的羧基与环氧基加成，生成二酯：

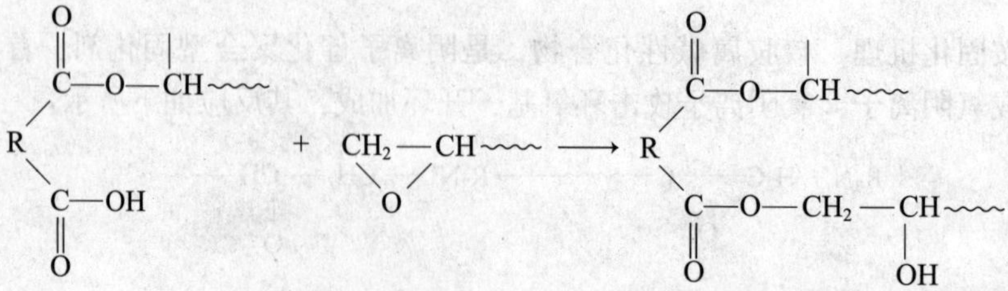

c. 酯化生成的羟基与环氧基发生醚化反应：

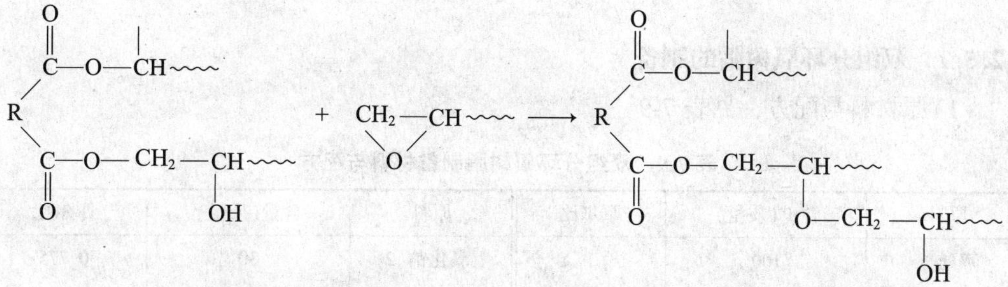

如此开环-酯化-醚化反应不断进行下去，直到环氧胶黏剂交联固化。

②当有促进剂存在时，叔胺进攻酸酐，生成羧酸盐阴离子；此羧酸盐阴离子与环氧基反应生成烷氧阴离子；烷氧阴离子与别的酸酐反应，再生成羧酸阴离子，反应依次进行下去，逐步进行加成聚合，而使环氧树脂固化。有促进剂存在时，酸酐固化反应生成的全是酯，未发现有醚键生成。酸酐在有促进剂存在时的固化反应按如下历程进行：

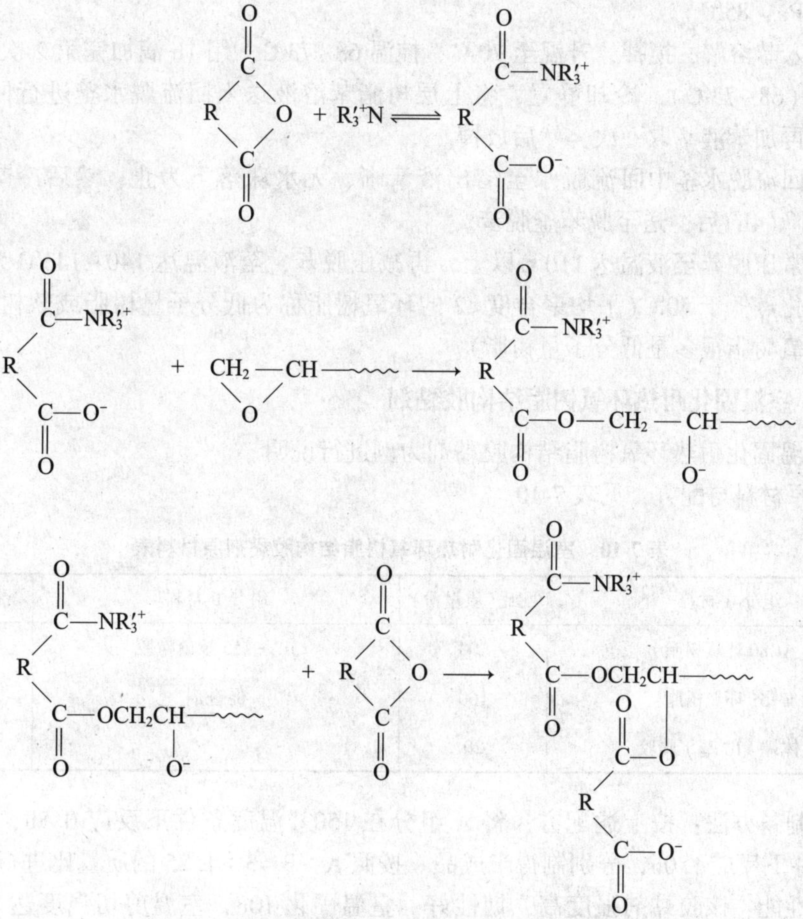

7.2.5　配方与制备工艺

7.2.5.1　双组分环氧树脂的制备

(1)原材料与配方，见表7-9。

表7-9　双组分环氧树脂制备材料与配方　　　　　　　　　　　　　%

原料	含量(质量)	摩尔比	原料	含量(质量)	摩尔比
双酚A	100	1	氢氧化钠(2)	30	0.775
环氧氯丙烷	93~94	2.75	适量	—	适量
氢氧化钠(1)	35	1.435			

(2)制备工艺

①将双酚 A 投入溶解釜中，加入环氧氯丙烷，搅拌，升温至 70℃，使其溶解。

②将溶解后的物料送入反应釜，搅拌，控温在 50~55℃，在 4h 内滴加完第 1 次碱液，并在 55~60℃下维持反应 4h。前阶段反应结束后，减压回收过量的环氧氯丙烷(真空度>80kPa，85℃)。

③加入苯溶解，搅拌，升温至 70℃，控温 68~73℃，用 1h 滴加完第 2 次碱液，维持反应 3h(68~73℃)，冷却静置，将上层树脂苯溶液送入回流脱水釜进行回流脱水，下层胶可再加苯液萃取一次，然后放掉。

④在回流脱水釜中回流脱水至馏出液清晰、无水珠落下为止，然后冷却、静置、过滤、沉降(4h)后，送至脱苯釜脱苯。

⑤先常压脱苯至液温达 110℃以上，再减压脱苯，至液温达 140~143℃无液馏出，出料。软化点低于 50℃(平均聚合度<2 的环氧树脂称为低分子量树脂或软树脂，作胶黏剂的环氧树脂很多是低分子量树脂)。

7.2.5.2　室温固化耐热环氧树脂结构胶黏剂

以室温固化耐热环氧树脂结构胶黏剂为例进行说明。

(1)原材料与配方，见表7-10。

表7-10　室温固化耐热环氧树脂结构胶黏剂原材料表

组分A材料	配比(质量份)	组分B材料	配比(质量份)
AG80 环氧树脂	100	JLY-155 聚硫橡胶	100
E-51 环氧树脂	100	促进剂	10
液体端 VIC 基丁腈胶	20		

(2)制备方法：按上述配方，将 A 组分在 150℃温度条件下反应 0.5h，B 组分在 120℃条件下反应 1.0h，分别制得半成品。按照 A：B=3：1.25 的质量比进行配胶。

(3)性能：该胶黏剂强度高，韧性好。室温固化 10d，室温剪切强度达 25.9MPa，120℃剪切强度为 14.9MPa，室温剥离强度为 6.0 kN/m，综合性能优异。

（4）应用：用作航空、航天工业耐热结构件用胶黏剂。

7.2.5.3　室温快速固化环氧树脂胶黏剂

（1）原材料与配方，见表7-11。

表 7-11　室温快速固化环氧树脂胶黏剂原材料表

组分 A 材料	配比(质量份)	组分 B 材料	配比(质量份)
600 环氧树脂(环氧值=1.2)	55.6	铝粉(工业品)	10.0
E_{20}(601)环氧树脂(环氧值=0.2)	44.4	703 固化剂(折光率=1.563~1.565)	36.0
低分子聚硫橡胶(相对分子质量800~1 000)	20.0	K-54(工业品)	3.0

（2）制备方法：先将 A 组分按比例把 600 和 E_{20} 环氧粉末置入三口瓶中，搅拌加热升温 80~90℃，物料逐渐成为均一液体，冷却后倒入容器中，然后加入聚硫橡胶、铝粉，搅拌均匀。B 组分按比例将 703 固化剂与 K-54 混合均匀。A 组分与 B 组分比例按 3:1 称入小容器内，调匀快速使用，室温下固化即可。

（3）性能：固化速度快，2.5h 基本固化完全，胶合强度及耐热性比一般室温固化环氧树脂胶黏剂好，室温固化 2d 后，60℃剪切强度可达 8MPa。

7.2.6　调制与改性

7.2.6.1　胶黏剂的调制

作为胶黏剂使用的环氧树脂，主要是低相对分子质量的环氧树脂。胶液的调制是先选择好树脂、固化剂及增韧剂、稀释剂、填料等，确定各组分的配比，根据固化剂的性能以及固化要求的条件进行配制。调胶时各组分按其操作顺序，倒在干净的玻璃仪器中，用金属棒或者玻璃棒搅拌均匀，使胶黏剂每个组分充分反应。

7.2.6.2　改性方法

环氧树脂胶黏剂虽然具有较高的拉伸和剪切强度，但剥离强度低，冲击韧性差，耐热性低，应用受到限制。为此，往往加入一些高分子化合物进行改性，使之成为聚合物的复合体系以提高综合性能。用来改性的高分子化合物主要有液体聚硫橡胶、丁腈橡胶、聚乙烯醇缩醛树脂、聚砜、酚醛树脂、有机硅树脂等。

（1）液体聚硫橡胶改性：液体聚硫橡胶是分子链两端有巯基（—SH）的低分子量黏稠液体，其分子式如下所示：

$$HS \xrightarrow{} [(CH_2)_3—O—(CH_2)_3—S—S]_n—CH_2—CH_2—O—CH_2—CH_2—SH$$

可与环氧基反应，成为固化物分子结构中的柔性链段，生成含硫醚的嵌段共聚物，提高环氧树脂胶黏剂的韧性。

（2）丁腈橡胶改性：丁腈橡胶有固体和液体两种，液体使用起来比固体方便，且增韧效果较好，尤以端羧基液体丁腈橡胶（CTBN）、端羟基液体丁腈橡胶（HTBN）、端氨基液体丁腈橡胶（ATBN）最好。端羧基液体丁腈橡胶的分子式为

$$HOOC \left[(CH_2-CH=CH-CH_2)_x (CH_2-CH)_y \right]_z COOH$$
$$\underset{CH}{|}$$

CTBN 改性环氧树脂的固化过程比较复杂。当选用不同类型的固化剂时，由于树脂体系的固化反应存在竞争反应，即 CTBN 与环氧树脂之间的酯化反应及环氧树脂的醚化反应。

当使用叔胺、双氰胺、吡啶类催化型固化剂能优先促进 CTBN 与环氧树脂之间的反应，但为了充分保证 CTBN 与环氧树脂良好的化学键合，扩大固化剂类型的选用范围，许多研究者都采用 Richardson 给出的方法先进行预反应生成环氧—CTBN—环氧的加成物，分子结构式如下：

$$CH_2-CH-BGEBA-CH-CH_2-O-C-CTBN-C-O-CH_2-CH-BGEBA-CH-CH_2$$

然后再按比例加入固化剂固化，预反应方法是将环氧树脂和 CTBN 按一定的比例加入反应器，升温到 150℃，在 N_2 保护下，搅拌反应 3h，测定羧基全部反应。实验证明，通过预聚能大大提高环氧树脂的断裂韧性，通过国内外科研工作者大量的研究，认为 CTBN 之所以能有效地增韧环氧树脂，提高其黏接性能，是因为预反应后，CTBN 两端的羧基优先和环氧树脂的环氧基进行酯化反应形成化学键合，并随着固化反应的进行，环氧树脂扩链，分子量增大，树脂与 CTBN 相容性变差，CTBN 从体系中以很小的橡胶粒子的形式沉析出来，从而形成了环氧树脂为连续相，微小球状橡胶粒子为分散相的这样一种微观形貌，即"海岛"结构，这种结构对于体系韧性的增加起到了主要作用。

（3）聚乙烯醇缩醛改性：聚乙烯醇缩醛的通式为

$$H \left[CH_2-CH \right]_m (CH_2-HC-CH_2)_n (CH_2-CH)_p$$

属线型热塑性高分子化合物，常用的有缩丁醛和缩甲醛，缩丁醛韧性好，缩甲醛耐热性高，与环氧树脂的混溶性好，可与环氧树脂的羟基和环氧基发生醚化反应，起到增韧作用，能够提高环氧胶黏剂的剥离强度、冲击强度和剪切强度。常用的聚乙烯醇缩醛有聚乙烯醇缩丁醛（PVB）和聚乙烯醇缩甲醛，聚乙烯醇缩丁醛增韧效果明显，聚乙烯醇缩甲醛耐热性较好。聚乙烯醇缩醛用量一般为 10~30 份，若以双氰胺为固化剂，PVB 的用量可高达 40~50 份。

（4）聚酰胺改性：聚酰胺常称作尼龙，尼龙增韧剂是一种韧性很好的材料，分子中有大量的酰胺基(—N—C—)，酰胺基上活泼的氢原子可以与环氧基(CH_2——CH—)进行接枝反应而部分交联成网形结构，在双氰胺的作用下能适当提高交联度。从结构与性能关系来看，是发挥了环氧树脂黏附力强的优点和利用尼龙分子柔韧性好的特长，制得的高强度结构胶黏剂。

(5)聚砜改性：聚砜由双酚 A 与 4，4′-二氯二苯砜缩聚而成，分子链中含有砜基（—SO₂—），简称 PSF。由于砜基中的硫原子处于最高氧化状态，故 PSF 具有较高的抗氧化能力，而异丙基醚和醚键使分子链有一定的柔性，赋予聚砜较大的韧性，因此强韧兼备。用于改性环氧树脂是双酚 A 型聚砜，其分子结构如下：

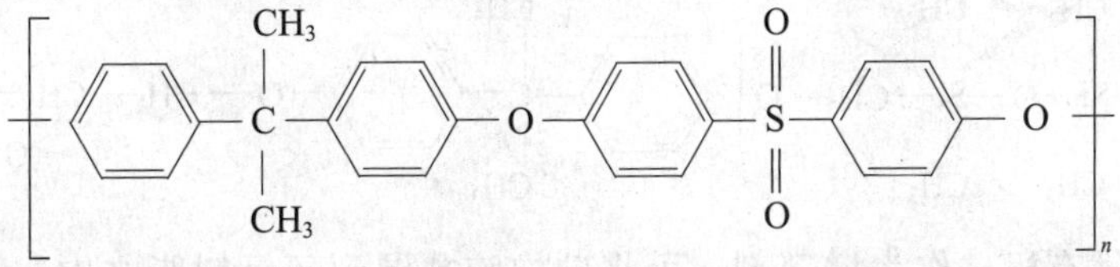

聚砜与环氧树脂有很好的相容性，以二氨基二苯砜为固化剂，增韧的环氧胶黏剂室温和高温都有很高的剪切强度和剥离强度，模量损失有限。增韧效果与 PSF 的平均相对分子质量和用量关系很大，一般平均相对分子质量越高，用量越大，则增韧效果越好。胶合钢的剪切强度高达 60~65MPa，在室温-180℃内剥离强度一直保持在 3.2kN/m 以上，在 150℃时则达 6.7kN/m。

聚砜增韧环氧胶黏剂的缺点是耐水性和耐湿热老化性较差，若与聚醚酰亚胺组成混合物对环氧胶增韧，能提高玻璃化温度，降低吸水性，改善耐湿热性能。

(6)酚醛树脂改性：用于环氧改性的酚醛树脂是碱催化的甲阶酚醛树脂和氨酚醛树脂。酚醛树脂中含有很多活泼的羟甲基(—CH₂OH)能与环氧树脂中的羟基和环氧基反应，增加了交联度，加之酚醛树脂本身的耐热性使得环氧-酚醛胶具有良好的耐热性和高低温循环性。双酚 A 型环氧树脂每个分子只有 2 个环氧基，而酚醛环氧树脂平均每个分子有 3.6 个环氧基，所以固化后可达到高交联密度，在耐热性、机械强度、耐介质性能上均优于双酚 A 型环氧树脂，可在 117℃长期工作，也可在 260℃短期使用。但具有脆性大、剥离强度低的缺点。

用酚醛改性双酚 A 型环氧树脂，其分子结构如下：

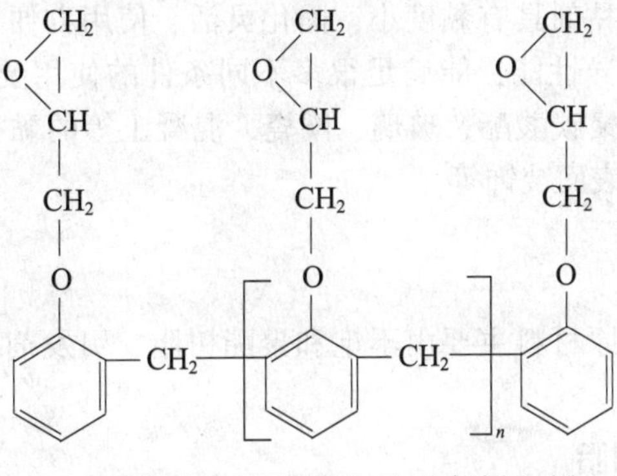

(7)有机硅树脂改性：有机硅树脂具有优良的耐高低温性、耐水性、耐酸性和电绝缘性，与环氧树脂混溶性好。在固化过程中，硅橡胶的端氨基与环氧基发生化学反应，增进了硅橡胶与环氧树脂的相容性，形成高度交联的体型结构，从而实现增韧。

二酚基丙烷的钠盐、环氧氯丙烷与带有烷基卤的用聚硅氧烷反应，得到有机硅改性环氧树脂的分子结构如下：

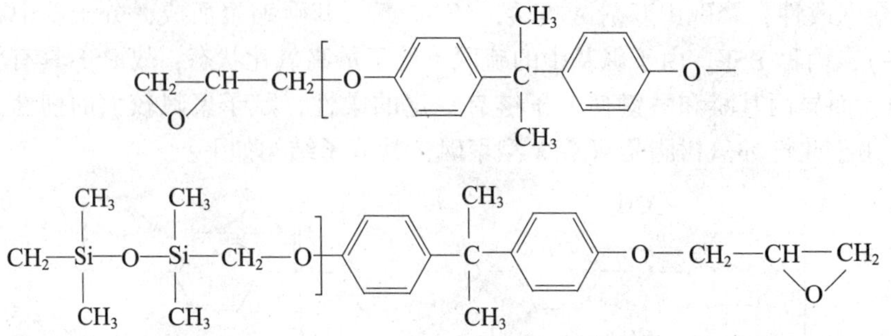

以环氧改性有机硅作为增容剂，可将硅橡胶共混到环氧树脂之中，固化后在环氧树脂中分散着硅橡胶粒子，使冲击强度和剥离强度大幅提高。如添加 1% 的增容剂，以二氨基二苯甲烷为固化剂的环氧树脂-硅橡胶体系，当硅橡胶为 5 份时其冲击强度是未改性的 2 倍。

7.3 不饱和聚酯胶黏剂

不饱和聚酯树脂是由不饱和二元酸、二元醇或者饱和二元酸与不饱和二元醇缩聚而成的线型聚合物，在树脂分子中同时含有重复的不饱和双键和酯基。不饱和聚酯分子在固化前是长链形的分子，其分子量(相对分子质量)一般为 100~3 000，这种长链形的分子可以和不饱和的单体交联而形成具有复杂结构的庞大的网状分子。不饱和聚酯胶黏剂是在不饱和聚酯溶液中添加固化剂、促进剂等所形成的一类胶黏剂。

通常情况下，不饱和聚酯树脂呈现出固体和半固体状态，使用前必须将其溶解于不饱和单体(如苯乙烯)中，并稀释形成具有一定黏度的树脂溶液，使用时加入引发剂等物质，使苯乙烯单体和不饱和聚酯分子中双键发生自由基共聚反应，经交联固化后成为体型结构的热固性树脂。

不饱和聚酯树脂胶黏剂具有黏度小、固化灵活、使用方便、耐酸耐碱性好，有一定强度，价格低廉等优异性能，能满足很多不同条件的使用要求，主要用于玻璃钢、聚苯乙烯、有机玻璃、聚碳酸酯、玻璃、陶瓷、混凝土等的黏接，也可用于制造大理石，家具涂料及人造板表面装饰等。

7.3.1 合成原料

不饱和聚酯胶黏剂原材料主要由不饱和聚酯树脂、引发剂、促进剂、改性剂、填料、触变剂等。

7.3.1.1 不饱和聚酯树脂

不饱和聚酯一般由不饱和多元酸或酸酐(如顺丁烯二酸或酸酐)与饱和二元醇(如乙二醇、丙二醇、二乙二醇等)共聚制取。

(1)不饱和二元酸：不饱和聚酯树脂中的双键，一般由不饱和二元酸提供。将不饱和二元酸和饱和二元酸混合使用，可改善树脂的反应性和固化物性能。常用的不饱和二元酸有：顺丁烯二酸酐和顺丁烯二酸等。其中顺丁烯二酸酐溶于水后生成顺丁烯二酸，是带有 4 个碳原子的 α、β 不饱和二元羧酸，其分子上两个羧基都很容易发生酯化反应，同时又含有不饱和双键可以和其他单体进行加成反应。

(2)饱和二元酸：在不饱和聚酯的制备中，为了有效地调节其分子链中双键的间距，可加入饱和二元酸，同时，饱和二元酸还可以改善聚酯与苯乙烯的相容性。应用最广的饱和二元酸为邻苯二甲酸酐，有时为了改善不饱和聚酯树脂的耐水性和耐腐蚀性，也常使用间苯二甲酸酐。邻苯二甲酸有两个羧基直接加在苯环的邻位上，都可以酯化。但其结构中不含非芳族的不饱和双键，因此没有不饱和性。由于两个羧基处于邻位，很容易脱水制成酸酐，故实际使用的均为酸酐。一般来说在聚酯中引入苯二甲酸酐代替部分顺丁烯二酸酐，可以调节聚酯的不饱和性，使之具有良好的综合性能。例如提高树脂的韧性，改善聚合产物与苯乙烯的相容性。

(3)二元醇：乙二醇是最简单的二元醇，一般与其他二元醇结合起来使用。如将 60%的乙二醇和 40%的丙二醇混合使用，可提高不饱和聚酯树脂与苯乙烯的相容性。而 1，2-丙二醇不仅价格相对较低，且在结构上表现为非对称性，以其为原料可得到非结晶的、可与苯乙烯完全相容的不饱和聚酯树脂，这也是目前应用较广泛的二元醇。

7.3.1.2 引发剂与促进剂

(1)引发剂：要使不饱和聚酯树脂在室温或加热条件下完全固化变成体型结构，需要加入引发剂。引发剂通常都是有机过氧化物，其受热时分解产生自由基，引发双键聚合，引起交联固化。不同的过氧化物有不同的固化温度和固化速度，常用的过氧化物引发剂见表 7-12。

表 7-12 常用的过氧化物引发剂

引发剂名称	固化温度范围	引发剂名称	固化温度范围
过氧化甲乙酮		过氧化二异丙苯	
异丙苯过氧化氢		过氧化苯甲酰	
过氧化环己酮	低温(20~60℃)	过氧化甲乙酮	中温(60~120℃)
叔丁基过氧化氢		过氧化庚酮	
过氧化苯甲酰		二叔丁基过氧化物	高温(120~150℃)
2，4-二氯过氧化苯甲酰		过氧苯甲酸叔丁酯	

纯粹的有机过氧化物贮存不稳定，操作处理很不安全，一般都要将其溶解于如邻苯二甲酸二丁酯、亚磷酸三苯酯等惰性稀释剂中使用。

(2)促进剂：一般过氧化物分解的活化能较高，固化较为困难，需加入适当的促进剂构成氧化-还原体系。促进剂有 3 种类型：有机金属化合物、叔胺和硫醇类化合物。常用的有钴有机盐和叔胺类化合物，如 4%环烷酸钴的苯乙烯溶液、10%二甲苯胺的苯乙烯溶液等。

7.3.1.3　交联剂

交联剂是在树脂固化过程中能够与树脂分子链发生交联反应、形成体型结构的一类化合物。从理论上讲，凡是能用于共聚的烯类单体都可以作不饱和聚酯的交联剂，但需要对混溶性、常温下的挥发性、固化的难易以及原材料的来源与价格等因素进行综合考虑。选择交联剂的原则是：能溶解和稀释不饱和聚酯，并能参与共聚反应生成网状交联物；共聚速度容易控制；对固化后树脂的性能有所改进；无毒或低毒，挥发性低；来源丰富，操作简单，价格低廉。

最常用的交联剂是苯乙烯，苯乙烯不仅与不饱和聚酯的共聚性好、固化速度快、与不饱和聚酯混溶后的黏度较小、便于施工，而且固化后的共聚物有着良好的机械性能，且原料易得，价格低廉，占用量的95%。其缺点是蒸汽压较高，沸点较低，易于挥发，有一定气味。此外，α-甲基苯乙烯、丙烯酸及其丁酯、甲基丙烯酸及其甲酯、邻苯二甲酸二烯丙酯等也可以作为不饱和聚酯的交联剂。

7.3.1.4　溶剂与其他助剂

(1)溶剂：苯乙烯是不饱和聚酯胶黏剂最常用的溶剂，也可用三聚氰酸三烯丙酯和甲基丙烯酸甲酯等。

(2)偶联剂：在不饱和聚酯胶黏剂中加入少量有机硅烷偶联剂，如 A-151、KH-507 等，可使胶合强度大大提高，并可改善耐热、耐水和耐湿热老化性能。

(3)阻聚剂：为了延长不饱和聚酯树脂的贮存期，防止在室温下的聚合反应，需要加入阻聚剂。阻聚剂能抑制聚合，但可以与引发自由基及增长自由基反应，使它们成为非自由基或没有活性的自由基而导致链增长反应停止。常用的阻聚剂有对苯二酚、特丁基邻苯二酚、环烷酸铜等。

(4)填料：加入填料可以降低成本、减少收缩率、降低放热温度、改善性能。例如为了提高导电性和导热性，可添加铝粉、铜粉；为提高硬度和绝缘性可添加石英粉、云母粉；添加石棉粉和水合氧化铝则可提高耐热性；添加石墨、二硫化钼可提高耐磨性；添加辉绿岩粉可提高耐腐蚀性；添加三氧化锑可提高阻燃性等。填料用量一般为20%~30%。

7.3.2　合成原理

不饱和聚酯树脂的合成方法有多种，按照加料方式的不同可分为一步法和两步法。

7.3.2.1　一步法合成

反应物一次全部加入反应釜内，然后升温，在190~200℃下共同反应达到规定的酸值和黏度。目前大部分邻苯型聚酯采用这种方法合成。以顺丁烯二酸酐、邻苯二甲酸酐与二元醇缩聚形成线型树脂为例说明其合成原理。其反应过程如下：

①由于顺丁烯二酸酐比邻苯二甲酸酐更活泼，因此顺丁烯二酸酐首先和二元醇反应形成单酯：

②因饱和酸形成单酯的速度慢，故不饱和酸形成的单酯仍有较高的活性，可以继

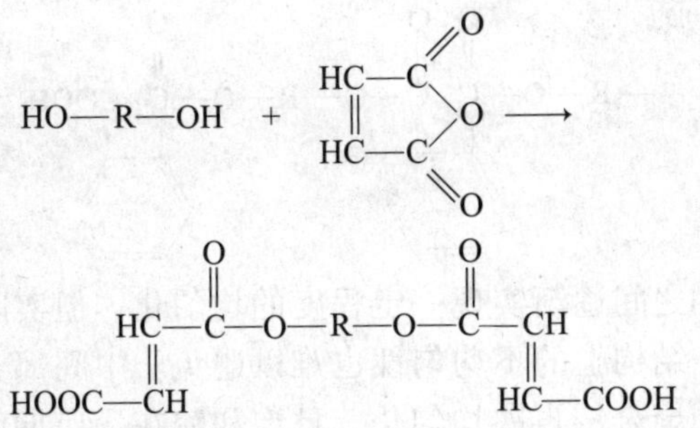

$$HO{-}R{-}OH \; + \; \text{(马来酸酐)} \longrightarrow$$

$$\text{HOOC{-}CH{=}C{-}O{-}R{-}O{-}C{-}CH{=}CH{-}COOH}$$

续和二元醇反应，形成嵌段聚合物：

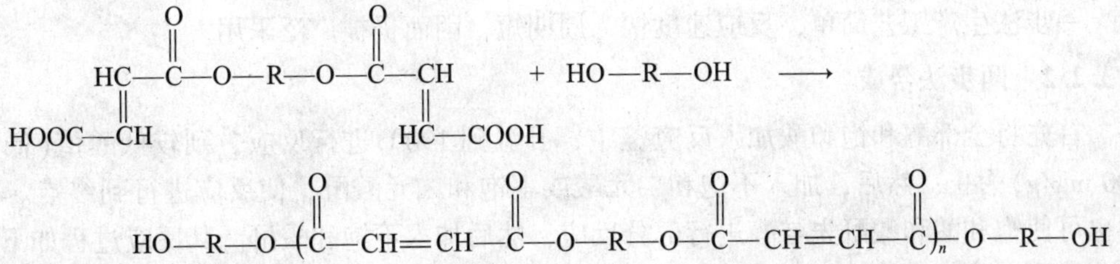

$$\text{HOOC{-}CH{=}C{-}O{-}R{-}O{-}C{-}CH{=}CH{-}COOH} \; + \; HO{-}R{-}OH \longrightarrow$$

$$HO{-}R{-}O{\left(C{-}CH{=}CH{-}C{-}O{-}R{-}O{-}C{-}CH{=}CH{-}C\right)}_n O{-}R{-}OH$$

③端基相同的两种单体参加反应的速度不同，一方面取决于其本身活性的大小；另一方面又受其浓度的影响。浓度大时，参加反应的速度也大。各种单体的浓度随反应程度的加深而变化，反应初期，活性大的单体参加反应快，形成分子链上多为活性大的单体结构。但随着反应程度的加深，活性大的单体浓度下降，以致逐渐消失。而活性小的单体浓度相对上升，并逐渐进行反应。于是有：

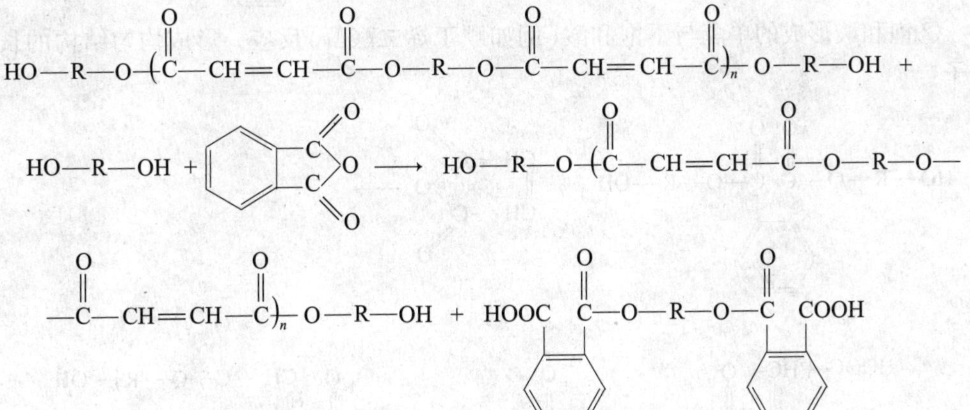

$$HO{-}R{-}O{\left(C{-}CH{=}CH{-}C{-}O{-}R{-}O{-}C{-}CH{=}CH{-}C\right)}_n O{-}R{-}OH \; +$$

$$HO{-}R{-}OH + \text{(邻苯二甲酸酐)} \longrightarrow HO{-}R{-}O{\left(C{-}CH{=}CH{-}C{-}O{-}R{-}O{-}\right.}$$

$$\left. {-}C{-}CH{=}CH{-}C\right)_n O{-}R{-}OH \; + \; HOOC{-}C{-}O{-}R{-}O{-}C{-}COOH$$

④反应继续深入，形成中部主要为不饱和酸形成的聚酯的嵌段聚合物，两端由饱和酸形成的聚酯进行封端的长链形大分子：

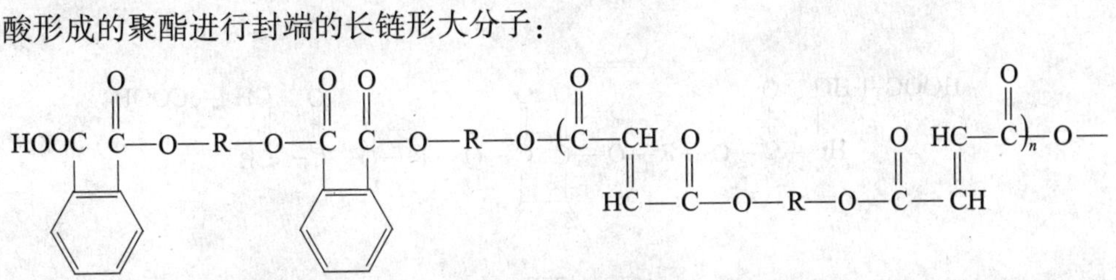

$$HOOC{-}C{-}O{-}R{-}O{-}C{-}C{-}O{-}R{-}O{\left(C{-}CH \cdots O \cdots O \; HC{-}C\right)}_n O{-}$$

⑤由于反应在高温熔融状态下进行，因而各大分子间发生裂解和交换反应，使各

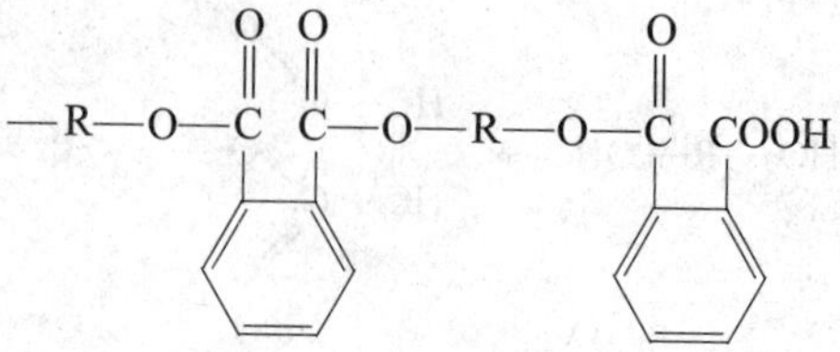

种大分子链的组成结构之间逐渐实现一定程度的均匀化。但实际上所产生的聚酯链分子结构是不够理想的，结构上的不均匀性也难以避免：中间部分不饱和酸的嵌段聚合链很难与两端饱和酸的聚合链再次均匀化，且饱和酸在反应期间还有升华，又增加了变化因素。

一步法生产工艺简单，反应速度快，周期短，因而仍被广泛采用。

7.3.2.2　两步法合成

首先将全部醇和饱和酸加入反应釜中，升温到 190℃ 进行反应，到较低酸值（低于 100 mg/g）为止；然后，加入不饱和二元酸或不饱和二元酸酐，使反应进行到终点。有时也可使饱和酸和酸酐先与醇进行部分反应，然后加入不饱和酸酐。其反应过程如下：

①饱和酸（例如苯二甲酸酐）与二元醇反应，生成单酯：

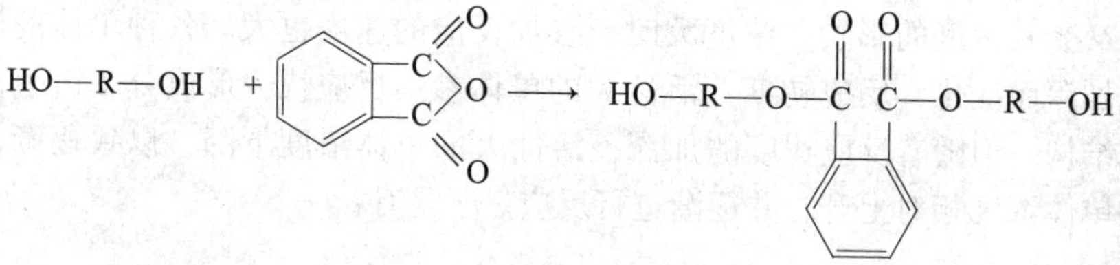

②饱和酸形成的单酯与不饱和酸（例如顺丁烯二酸酐）反应，形成均匀结构的长链分子：

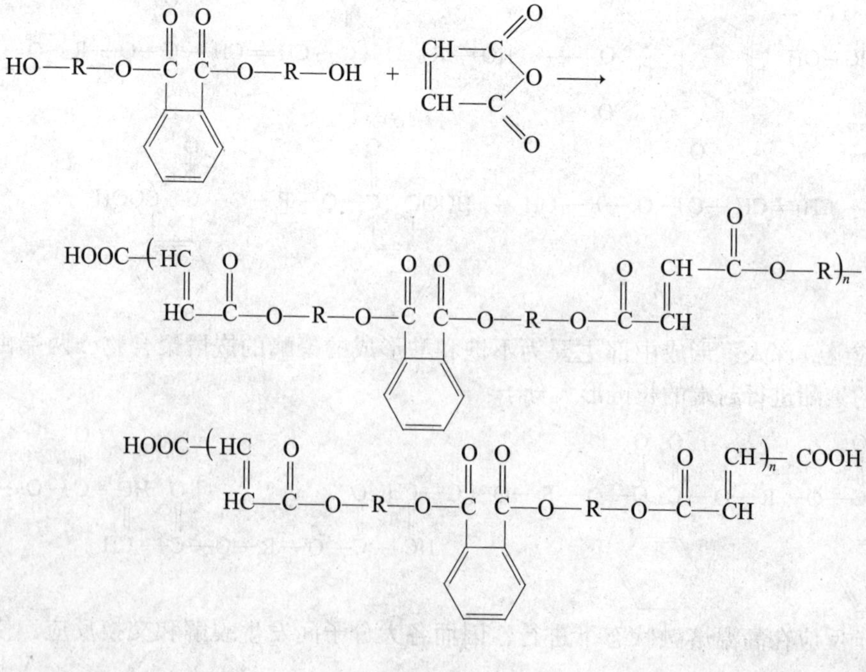

7.3.3　固化机理

工业生产中常把不饱和聚酯和乙烯基单体(交联剂)混合后得到的黏稠溶液称为"不饱和聚酯树脂"，其主链上带有多个不饱和双键，具有反应活性。不饱和聚酯树脂的固化是通过大分子主链上的双键与乙烯基单体在引发剂的作用下发生共聚反应，使大分子交联成网状结构的体型高聚物的过程。不饱和聚酯树脂在成型过程中交联，并发生不可逆的化学反应，转变为不溶、不熔的体型结构的热固型树脂。在聚合过程中，不仅苯乙烯单体与树脂双键反应，而且自身也发生一定程度的均聚反应，形成聚苯乙烯。以苯乙烯作不饱和聚酯的交联剂为例说明反应历程。

用苯乙烯作交联剂，在固化过程中可能发生两种加聚反应。

①苯乙烯自聚产生均聚物——聚苯乙烯：

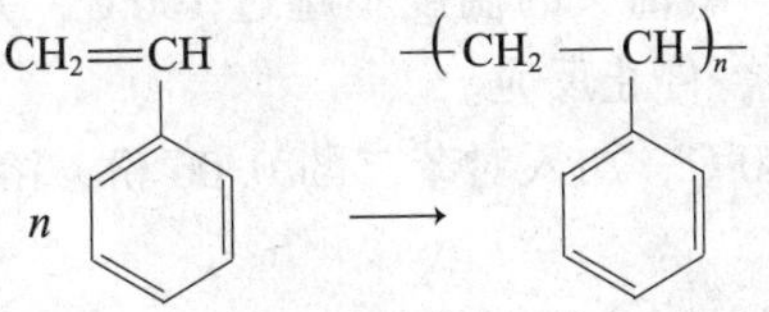

②聚苯乙烯链分子与含有不饱和双键的聚酯链分子交联为网状大分子：

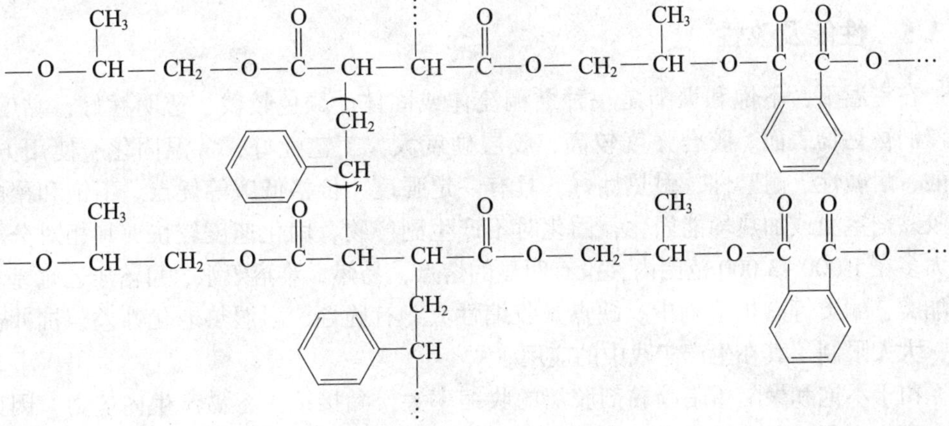

以上两种加聚反应都是自由基加聚反应，但参加反应的化合物不同。前者是苯乙烯单体的自聚，后者是两种长链分子的共聚。

对于以上两种互相以共价键交联的分子链的分析估计表明：在两个聚酯链之间"交联"的聚苯乙烯链的链节数不大，平均 $n=1\sim3$。但整个贯穿聚酯链的聚苯乙烯链的长度则往往超过聚酯链，其分子量也大得多。聚酯链的分子量在 1 000~3 000 之间，聚苯乙烯链的分子量则可达 8 000~140 000。

7.3.4　合成工艺

不饱和聚酯胶黏剂的合成包括两部分，首先是不饱和聚酯树脂的合成，然后是用苯乙烯稀释成胶黏剂。因此，在实际生产中就分为合成反应釜和稀释釜。表 7-13 中列出了常用不饱和聚酯树脂胶黏剂的配方。

表 7-13　不饱和聚酯树脂胶黏剂配方

序号	原料名称	质量份	序号	原料名称	质量份
1	顺丁烯二酸酐	78	4	苯乙烯	210
2	对苯二酚	0.06	5	丙二醇	167
3	邻苯二甲酸酐	178			

制备工艺：

(1)在装有搅拌器、导气管、温度计和蒸馏头的反应釜中，加入顺丁烯二酸酐 78 份，邻苯二甲酸酐 178 份，丙二醇 167 份。

(2)通入氮气，在 1h 内将反应混合物加热到 150~160℃，保温 1h。

(3)迅速加热至 210℃，蒸馏头的温度不超过 100℃，并增加通氮速度，待取样测酸值降至 40mg KOH/g 以下，停止反应。

(4)将混合物冷却至 140℃，加入对苯二酚 0.06 份，溶解以后加入苯乙烯 210 份，搅匀成浅色低黏度的液体。

此不饱和聚酯胶黏剂用过氧化物引发剂进行固化，固化温度低于单体的沸点，可作玻璃钢制作用胶黏剂。

7.3.5　性能及改性

在室温下，不饱和聚酯是一种黏稠流体或固体，颜色较浅、透明性好，黏度低，易浸润被黏物表面。胶合强度较高，胶层硬度大，工艺性好，常温固化、使用方便、耐酸、耐碱性、耐磨性、耐热性好，具有一定强度、价格低廉等优点。不饱和聚酯树脂胶黏剂室温或加热均能固化，固化时不产生副产物，固化速度较快，其相对分子质量大多在 1 000~3 000 范围内，没有明显的熔点，易燃，难溶于水，可溶于乙烯基单体和酯类、酮类等有机溶剂中。缺点是收缩性大、有脆性、耐湿热老化性差，抗冲击性差，大大限制了其在生产实践中的应用。

由于不饱和聚酯树脂胶黏剂胶层的收缩率大，黏接接头容易产生内应力，因此在很大程度上影响了它的应用。为此，可采取以下一些方法加以改性：

(1)通过共聚以降低树脂中不饱和键的含量。

(2)采用在固化反应时收缩率低的交联单体。

(3)加入适量与胶合材料线胀系数接近的填充剂。

(4)加入适量热塑性高分子化合物。

为了增强不饱和聚酯胶黏剂的性能，加入如甲基丙烯酸甲酯、丙烯酸甲酯、环氧树脂等改性剂，使不饱和聚酯固化后具有优异的坚牢性和耐久性。同时，加入适当的无机填料，如玻璃粉、氧化铝、轻质碳酸钙等，可以降低收缩率，显著地提高胶合强度。此外，在不饱和聚酯胶黏剂中加入少量有机硅烷偶联剂，如 A-151、HK-570 等，不仅可以提高胶合强度，还可改善耐热、耐水和耐湿热老化性能。表 7-14 中所示为丙烯酸甲酯和环氧树脂改性不饱和聚酯胶黏剂的典型配方。

表 7-14　丙烯酸甲酯、环氧树脂改性不饱和聚酯胶黏剂配方

序号	原料名称	质量份	序号	原料名称	质量份
1	3193#不饱和聚酯树脂	2	4	过氧化苯甲酰	2
2	丙烯酸甲酯	13.2	5	苯乙烯	30
3	E-44 环氧树脂	32	6	二乙基苯胺	2 滴

同时，目前对不饱和聚酯进行增韧改性的方法主要有 3 种：

①通过改变树脂结构来调节分子链的柔韧性　可用不同含量的聚醚二元醇对不饱和聚酯进行增韧改性，随柔性的聚醚二元醇含量的增加，不饱和聚酯的柔韧性显著增加，但其强度与断裂伸长率逐渐下降。

②通过添加其他组分形成多相结构，来达到增韧的目的　如添加橡胶弹性体、刚性粒子等。通过在不饱和聚酯中加入活性端基聚氨酯橡胶对不饱和聚酯进行增韧。研究发现：树脂固化前，橡胶与不饱和聚酯相溶性好；树脂固化时，橡胶中的不饱和双键可参与反应，并与树脂发生相分离。改性后，树脂的冲击强度可提高 60% 以上。

③高聚物的互穿网络技术　可用不同种类的环氧树脂对不饱和聚酯进行增韧改性，通过化学作用，形成高分子共混网络，同时达到增强增韧的效果。

7.4　有机硅胶黏剂

有机硅胶黏剂是以有机硅树脂和以硅橡胶为基料的胶黏剂，两者的化学结构有所区别。硅树脂是由以 Si—O 键为主链的立体结构组成，在高温下可进一步缩合成为高度交联的硬而脆的树脂；而硅橡胶则是一种线型的以 Si—O 键为主链的高分子量弹性体，相对分子质量从几万到几十万不等，它们必须在固化剂及催化剂的作用下才能缩合成为有若干交联点的弹性体。由于两者的交联密度不同，因此表现在最终的物理形态及性能上也是不同的。前者主要用于胶接金属和耐热的非金属材料，所得胶接件可在 -60~120℃ 温度范围内使用；后者主要用于胶合耐热橡胶、橡胶与金属以及其他非金属材料。

有机硅胶黏剂的特点是耐高低温、耐腐蚀、耐辐射，同时具有优良的电绝缘性、防水性和耐气候性。可黏接金属、塑料、橡胶、玻璃、陶瓷等，广泛地应用于宇宙航行、飞机制造业、电子工业、机械加工、汽车制造、建筑和医疗等领域。

有机硅胶黏剂根据其基料和用途的不同主要可分为 4 种类型：

(1)含有热固性有机硅树脂、固化剂、填料等的溶液胶黏剂，这类胶黏剂也称为纯有机硅树脂胶黏剂。

(2)以其他有机树脂和橡胶来改性的有机硅树脂为基料的胶黏剂，如环氧树脂、聚酯树脂、酚醛树脂、丁腈橡胶等改性的有机硅树脂，可获得更好的室温胶合强度，一般称这类胶黏剂为改性有机硅胶黏剂。

(3)以硅橡胶为基料，配有固化剂、填料的硅橡胶胶黏剂、密封胶等。

(4)由硅树脂与硅橡胶生胶相配合而成的有机硅压敏胶黏剂。

7.4.1 有机硅树脂胶黏剂

这一类胶黏剂是以硅树脂为基料，加入固化剂、无机填料和有机溶剂混配制成的，具有很高的耐热性。以纯硅树脂为主体的胶黏剂固化时，因进一步缩合而放出小分子，一般需要在加压(470MPa)、高温(200~270℃)下固化，方能获得较佳性能。可用于高温下非结构部件如金属、合金、陶瓷及复合材料的黏接及密封，螺钉的固定以及云母层压片的黏接等。其最突出的性能是具有优良的耐热性，缺点是强度较低，韧性小，不能做结构胶黏剂。

7.4.1.1 有机硅树脂

制备硅树脂所用的单体一般是氯硅烷，通式为 $R_x SiCl_{4-x}$ 以及氯氢硅烷，如 $RSiHCl_2$、R_2SiH_2Cl、$RSiH_2Cl$ 等，R 是甲基、苯基、乙烯基等。烷基(芳基)氯硅烷经水解后，形成硅醇，硅醇可缩合成聚有机硅氧烷。

由于单体的官能度不同，所得聚合物的聚合度、支化度和交联度也有差异，树脂的性能及用途也就不同。制备硅树脂时，单体混合物中的 R 与 Si 的比值 R/Si(R 为取代基数目、Si 为硅原子数目)，是一项重要控制指标。以甲基氯硅烷的水解缩合为例。

当 R/Si>2 时，用 R_2SiCl_2 和 R_3SiCl 混合共水解后聚合，生成分子量较低的油状聚合物，即硅油。

当 R/Si=2 时，用纯 R_2SiCl_2 水解后聚合，生成高分子量的线型聚合物，即硅橡胶，是硅橡胶胶黏剂的基料，又称硅生胶。

当 R/Si<2 时，即用 R_2SiCl_2、$RSiCl_3$ 共水解缩聚，生成网状结构的聚合物，即硅树脂。

适当改变 R/Si 的值，可以得到不同性质的含硅聚合物。R/Si 小，即三官能或四官能硅-氧单元比例高时，固化后，交联度高，硅树脂就硬而脆；而 R/Si 大，即双官能硅—氧烷单元比例高，固化后硅树脂的柔性就好。通常采用的 R/Si 在 1.2~1.5 之间，通过调整 R/ 的大小，可得到柔韧性不同的硅树脂。

有机硅树脂是以硅-氧-硅为主链，硅原子上连接有机基团的交联型半无机高聚物，它是由多官能的有机硅经水解缩聚而制成的，在加热或催化剂作用下可进一步转化成三维结构的不溶不熔的热固性树脂。有机硅树脂可根据硅原子上连接基团的不同，分成甲基硅树脂、苯基硅树脂、甲基苯基硅树脂等。

在有机硅树脂生产中，常用的有机溶剂有苯、甲苯、二甲苯、丙酮、甲乙酮、异丙醇、正丁醇、醋酸乙酯、醋酸丁酯。由于上述各种溶剂对氯硅烷、水、硅醇(或低分子量的聚硅氧烷)的溶解度各不相同，因此要根据实际情况来选用溶剂，可以使用单一溶剂，也可使用两种或两种以上的混合溶剂。

使用的水质要根据树脂性能要求来选定，可以直接用自来水，也可用去离子水及蒸馏水。如果要求高电气绝缘的硅树脂，则树脂中应不含或少含金属离子，这就需要用去离子水或蒸馏水(包括树脂的洗涤用水)。树脂中金属离子含量少，对树脂的贮存稳定性也是有益的，尤其是对于制备 R/Si 值接近于 1 且含有较多羟基的硅树脂更为必要。

（1）甲基硅树脂：甲基硅树脂是由 $MeSiO_{1.5}$、Me_2SiO、$Me_3SiO_{0.5}$ 及 SiO_2 链节组合构成主链的聚硅氧烷产品，它也是碳含量最低的硅树脂，其热弹性虽不如甲基苯基树脂，但是由 $MeSi(OR)_3$ 出发制得的高交联度甲基硅树脂却具有坚硬透明、高温失重少和发烟量少等优点，可广泛用作增硬涂层、耐高温云母胶黏剂及电阻涂料等。组成最简单的甲基硅树脂（$MeSiO_{1.5}$），可由甲基三氯硅烷或甲基三烷氧基硅烷、甲基三酰氧基硅烷为原料，经水解缩聚反应而制得。

由于甲基三氯硅烷分子中含有 3 个活泼的 Si—Cl 键，在潮湿的空气中就能发生水解反应，为了制得可溶可熔性的聚合物，通常采用低温及过量水的水解反应。

由于甲基三氯硅烷的水解缩聚反应是一种激烈而复杂的化学反应，因而给大规模工业生产带来了生产工艺条件较难控制、产品质量不稳定、使用大量有机溶剂、需要除酸处理和回收溶剂等问题。

在制备甲基硅树脂时，甲基与硅原子的比例（Me/Si）是一个重要控制指标。当 Me/Si = 1.2~1.5 时，最终产物是呈透明状态的固体，而且随 Me/Si 的增大，在 100℃ 下的固化时间可由 2h 延长至 24h；而当 Me/Si<1.2 时，初始产物呈黏浆状，在室温或微热时很快变成脆性的玻璃状物体。

（2）苯基硅树脂：苯基硅树脂是由苯基三氯（或三烷氧基）硅烷经水解缩聚而制成的有机硅树脂。用一般的水解缩聚方法制得的苯基树脂，因其热塑性太大而无多大的实际用途。然而，由苯基三氯硅烷在特定条件下进行水解，而后再经平衡重排反应得到的含苯基硅倍半氧烷单元结构的聚合物（$C_6H_5SiO_{1.5}$）（简称苯梯聚合物）具有良好的综合性能，已获得了实际应用。

苯梯聚合物是经如下过程形成的：苯基三氯硅烷水解时开始生成带有羟基的低分子量聚合物，然后，由分子内或分子间进行缩合反应而形成较复杂的高分子环线型聚合物。通过对其改性可得到性能优良的绝缘材料，改性后的苯基硅树脂对金属具有较好的黏接性能，可用来作胶黏剂等。

苯梯聚合物可溶于苯、四氢呋喃、二氯甲烷等溶剂中，能流延成无色透明、坚韧的薄膜。该聚合物比普通有机硅树脂具有更优异的耐湿热性能，在蒸汽中的热老化性能几乎和空气中一样，抗张强度约为普通有机硅树脂的两倍，可达 27.5~41.2MPa。苯梯聚合物的最突出的性能是它的耐热性，在空气中加热到 525℃ 才开始失重。这种梯形聚合物的化学结构缺陷，如未缩合的羟基、支化、交联等对性能有很大的影响。

（3）甲基苯基硅树脂：甲基苯基硅树脂是由 $MeSiO_{1.5}$、Me_2SiO、$MePhSiO$、$phSiO_{1.5}$ 及 ph_2SiO 链节选择性地组合构成主链，即兼含甲基硅氧链节及苯基硅氧链节的硅树脂。甲基硅树脂的碳含量最低，它有很高的耐热性，硅原子上连接的甲基空间位阻最小，树脂的交联度高、硬度大、热塑性小，作为防水防潮的表面涂料和胶黏剂是很令人满意的。但纯甲基硅树脂与颜料等的相容性差，热弹性小。在甲基苯基硅树脂中由于苯基硅氧链节的引入，使其在热弹性、机械性能、黏接性、光泽性以及与有机物、无机填料的配伍性等方面明显优于甲基硅树脂，因而广泛用作耐高温电绝缘漆、耐高温涂料、耐高温胶黏剂、耐高温模塑封装材料、烧蚀材料等，是当前硅树脂中用量最大及应用最广的一个品种。

甲基苯基硅树脂的性能主要取决于 2 个因素，即烃基与硅原子的比例（R/Si），以及苯基的含量。当 R/Si 变小时，硅树脂的干燥性变好，硬度增加，热失重变小及热弹性变差。而苯基含量越高，缩合速度越慢，胶膜越硬，但热塑性、耐热性越好。一般硅树脂的 R/Si 值多在 1.0~1.8 之间。

7.4.1.2 合成有机硅树脂的配方及工艺实例

1053 有机硅树脂：1053 有机硅树脂是由二甲基二氯硅烷、二苯基二氯硅烷、一苯基三氯硅烷和一甲基三氯硅烷经过水解、缩合而成。化学反应工艺过程分为 3 步，分述如下。

（1）水解反应：1053 硅树脂缩合反应配方见表 7-15。

表 7-15　1053 硅树脂水解反应配方

序号	原料名称	质量份	序号	原料名称	质量份
1	二甲基二氯硅烷	55.4	4	一甲基三氯硅烷	6.7
2	二苯基二氯硅烷	19	5	二甲苯	285+70.5
3	一苯基三氯硅烷	95.1	6	水	711+600

水解操作步骤：先将单体二甲基二氯硅烷 55.4 份、二苯基二氯硅烷 19.0 份、一苯基三氯硅烷 95.1 份、一甲基三氯硅烷 6.7 份及溶剂二甲苯 285 份，加入到混合釜内。充分混合 30min，用二氧化碳或氮气将混合物压到混合单体滴加槽内。再将溶剂二甲苯 70.5 份及自来水 711.0 份，加入到水解釜内，搅拌 15min，温度控制在 15~17℃，开始滴加混合单体（液下滴加），以后水解温度控制在 20~30℃，滴加时间 5~5.5h，滴加完毕，继续搅拌 30min，然后静置分层 30min，放去下层酸水，将上层硅醇抽到水洗釜内，约加自来水 600 份进行水洗，搅拌约 10s，再静置分层 30min，放去下层酸水，如此连续水洗 6 次后，将硅醇用高速离心机过滤 1 次。

（2）浓缩：将硅醇加入到浓缩釜内搅拌，蒸汽加热，抽真空，减压蒸去部分溶剂，浓缩硅醇，固体含量控制在 55%~56%（质量），冷却后放料，测定固体含量。

（3）缩合反应：1053 硅树脂缩合反应配方见表 7-16。

表 7-16　1053 硅树脂缩合反应配方

序号	原料名称	质量份	序号	原料名称	质量份
1	硅醇（纯）	100	3	二甲苯	76
2	环烷酸锌（催化剂）	0.02+0.02	4	亚麻仁油	2

操作步骤：将浓缩硅醇加入到浓缩釜内，搅拌，加入催化剂环烷酸锌（用量为 100% 硅醇的 0.02%），开真空泵抽真空，蒸汽加热，蒸出剩余的溶剂，然后升温到 130~135℃进行缩合，随时抽样测定胶化时间，当胶化时间达到 20~30s 时，作为缩合终点。然后停止加热、继续搅拌并降温，停止抽真空，加入已在高位槽内准备好的溶剂二甲苯［将树脂稀释到约 55%（质量）］、亚麻仁油［用量为 100%（质量）硅醇的 0.02%（质量）］及补充催化剂［用量为 100%（质量）硅醇的 0.02%（质量）］。趁热

将釜底放料口的少量树脂放下回入釜内，以防止堵塞。搅拌 0.5h，放料，测定固体含量，调整固体含量至 50%～51%（质量），过滤 2 次，装桶、检验。得到所要求的硅树脂。

7.4.1.3　有机硅树脂胶黏剂的组成

（1）基料：基料主要有甲基硅树脂、苯基硅树脂、甲基苯基硅树脂等。

硅树脂中硅原子连接的有机基团种类对树脂性能影响很大，当为甲基时，可赋予硅树脂热稳定性、脱模性、憎水性、耐电弧性；为苯基时，能赋予树脂氧化稳定性，在一定范围内可破坏高聚物的结晶性，可提高热弹性及黏接性；为乙烯基时，可改善硅树脂的固化特性，可实现铂催化加成反应及过氧化物引发交联反应，并带来偶联性；为四氯苯基时，可改善聚合物的润滑性；为苯基乙基时，可提高硅树脂与有机物的混溶性；为氨丙基时，可改进聚合物的水溶性，同时带来偶联性；为丙基或长链烷基时，可提高对有机物的亲和性、硅树脂的憎水性。因此，可在硅树脂制备过程中引入不同的有机基团，或与有机树脂共聚改性。

还有一类有机硅树脂，在聚有机硅氧烷分子主链中引入各种杂原子（Al、Ti、B、Sn 等），当用 B、Al、Ti、Sn、Pb、Ge 等氯化物或其相应的酯类与有机硅单体共聚时即得到分子主链上带有杂原子的聚元素有机硅氧烷树脂。引入杂原子的种类及数量对产物将有明显的影响，一般引入杂原子后树脂的耐热性及耐热老化性能均有所提高。

（2）填料：填料是胶黏剂的重要组分之一，科学地选择填料对于提高有机硅胶黏剂的耐热性、调节热膨胀系数、降低固化温度都大有益处。应用效果较好的填料有瓷粉、玻璃粉、高岭土、石英粉及各种金属氧化物（ZnO、MgO、TiO、Al_2O_3 等）。如 KH-505 胶黏剂就是一种耐高温有机硅胶黏剂，基料硅树脂是甲基苯基硅树脂，制备时选择 R/Si 值为 1.3，云母粉、石棉等为填料。其中石棉可防止胶层因收缩而产生的龟裂；云母粉则可增加胶层对被黏物的浸润性，以防止对被黏物的腐蚀作用。

（3）固化催化剂：常用的固化催化剂有二丁基二月桂酸锡、醋酸钾、三乙醇胺及各种金属的胺类络合物等，加入少量催化剂可降低固化温度，但对胶的耐老化性能并无益处。有机硅耐热胶黏剂绝大多数都是单组分包装，贮存期较长（在常温下不低于一年）。固化工艺条件视胶黏剂的品种不同而异。

硅树脂胶黏剂最突出的优点是耐温性好，但是由于其固化温度太高，应用受到了限制。为了降低固化温度，人们试图加入少量的正硅酸乙酯 $Si(OC_2H_5)_4$、乙酸钾 CH_3COOK 以及硅酸盐玻璃等，可使固化温度降低到 220℃ 或 200℃，在高温下强度仍有 3.92～4.90MPa。

（4）偶联剂：在硅树脂胶黏剂和硅橡胶胶黏剂（特别是双组分硅橡剂）的应用上，使用硅烷偶联剂以提高胶合强度具有特别的意义，因为它们的基础胶合强度不高。例如，硅树脂作集成电路的封装材料，使用 γ-巯醇基丙基三甲氧基硅烷提高对金属壳体的胶合强度具有较好的效果。用硅烷偶联剂对各种金属或非金属填料（SiO_2、陶土等）作处理，可以明显地改善填与树脂间的配合作用。

常用的偶联剂有乙烯基三乙氧基硅烷、乙烯基三叔丁基过氧化硅烷、γ-巯醇基丙基三氧基硅烷、γ-环氧丙基醚丙基三甲氧基硅烷、γ-氨丙基三乙氧基硅烷等,除上述硅烷偶联外,某些有机酸的三价铬化合物、磷酸酯以及有机酸等也具有偶联剂的作用。

(5)溶剂:常用的溶剂有甲苯、二甲苯、丙酮、醋酸乙酯、丁醇等。

7.4.1.4 合成原理与固化机制

(1)合成原理:有机硅胶黏剂是由主链含 Si—O 键的硅树脂或硅橡胶组成的,由线型有机硅氧烷固化而成。用 R_2SiCl_2、$RSiCl_3$ 经水解及共水解缩合反应后制得:

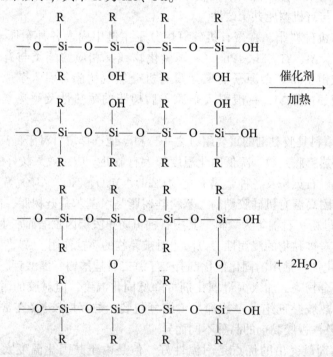

(2)固化机制:硅树脂胶黏剂的固化机理和过程都比较简单,采用加热的方法即可以固化,反应如下所示,其中 R 为 Me、Ph。

7.4.1.5 有机硅胶黏剂的配方实例

(1)KH505 高温胶,基本配方见表 7-17。

表 7-17 KH505 高温胶

序号	原料名称	质量份	序号	原料名称	质量份
1	8308-18 有机硅树脂	10	4	二氧化钛	7
2	氧化锌	1	5	云母粉(200目)	0.5
3	石棉绒(0.5mm 长)	1.5	6	甲苯	适量

　　配制：先将胶液搅匀，如感黏稠可用甲苯稀释。涂胶 2 次，每次晾置 30min，最后在 120℃烘 20min，趁热叠合。在 0.5MPa 压力，270℃下固化 3h，如能在卸压后于 425℃后固化 3h，则可提高胶合强度。

　　用途：用于高温下金属、陶瓷、玻璃的黏接，适用于螺栓的紧固密封、钠硫电池耐高温密封；可作高温应变片制片胶；还可用于射频溅射技术中靶与支持电极的黏接。可在 400℃高温环境中长期使用。

　　(2)JG-3 胶黏剂，基本配方见表 7-18。

表 7-18　JG-3 胶黏剂

序号	原料名称	质量份	序号	原料名称	质量份
1	甲：947 有机硅树脂[固含量75%(质量)]	100	4	8-羟基喹啉	10
2	二氧化钛	7	5	铝粉	3
3	乙：硼酐	1.0			

　　配制：按甲：乙＝120：1(质量比)配胶，适用期 8h，380℃、1min 固化。

　　用途：用于黏接有机硅塑料、封装集成电路中单晶片与有机硅底座，在 380℃热压焊接时不脱落，不放出对 PN 极有害的副产物。

7.4.2　硅橡胶型胶黏剂

　　硅橡胶胶黏剂的基料是硅橡胶，其主要特点是耐热，经改性后具有一定的黏附性。品种有甲基硅橡胶、甲基乙烯基硅橡胶、苯基硅橡胶、亚苯基、亚苯醚硅橡胶、腈硅橡胶以及氟硅橡胶等。硅橡胶胶黏剂由基料、增黏剂、填料、固化剂、催化剂等组成。

　　硅橡胶胶黏剂按固化方式可分为 3 种类型：

　　(1)加热硫化型硅橡胶胶黏剂：即高温硫化型硅橡胶胶黏剂(HTV)，它是采用一般或改性硅橡胶为主体材料制成的，通过加热硫化完成胶合过程。主要用于硅橡胶与金属胶合以及机械制造中金属零件的紧固和结合。

　　(2)半硫化或不硫化硅橡胶胶黏剂：以硅橡胶为主体材料，应用时部分硫化或完全不硫化的压敏型胶黏带、自黏带和密封腻子，胶合力虽然不高，但使用方便。主要用于耐高温和低温(-73~260℃)的电气装备中。

　　(3)室温硫化型硅橡胶胶黏剂：即室温硫化型硅橡胶胶黏剂(RTV)，它是以羟基封端的聚硅氧烷为主体材料。使用时不用稀释剂，同时可在室温下固化，使用方便，工艺简单，而且胶合强度也比高温固化型好。主要用于硫化硅橡胶与金属、金属与金属等的胶接，可分为双组分和单组分两种。

　　硅橡胶胶黏剂若按品种分类，可分为耐高温硅橡胶胶黏剂、密封胶、应变胶、压敏胶胶黏剂等。

7.4.2.1　硅橡胶的结构与性能

　　(1)硅橡胶的结构：硅橡胶是一种线型的、以 Si—O 键为主链的聚硅氧烷高分子量弹性体，通式为：

$$\begin{array}{c} R' \\ | \\ \begin{bmatrix} -Si-O- \end{bmatrix}_n \\ | \\ R \end{array}$$

式中，R 和 R′为有机基团，可以是相同的也可以是不同的，可以是烷基、烯烃基、芳基也可以是其他元素(氧、氯、氮、氟等)的基团。它们必须在高温下或固化剂及催化剂的作用下才能缩合成为有若干交联点的弹性体。

室温硫化硅橡胶胶黏剂的基料是以羟基封端的聚硅氧烷，其通式为：

$$\begin{array}{c} CH_3 \\ | \\ HO \begin{bmatrix} -Si-O- \end{bmatrix}_n OH \\ | \\ CH_3 \end{array}$$

硫化后交联成为三维网状的弹性体结构。

(2)硅橡胶胶黏剂的性能

①良好的热稳定性，在 180~200℃ 经 2~4 年，以及在 300℃ 下、经几天后硅橡胶仍保持足够的抗张强度和伸长率(100%~200%)。

②具有极宽的使用温度(-64~205℃)，在很宽的温度范围内具有 100% 的抗形变能力。

③耐气候性优异，由于硅橡胶主链上没有双键，对臭氧、紫外线的作用都是稳定的。

④具有良好的电性能，硅橡胶作为胶黏剂来说，其缺点是内聚强度低，黏附力弱。但可通过加入填料进行补强来提高黏附强度和内聚强度。

7.4.2.2　合成原理与固化机制

(1)合成原理：有机硅聚合物是以二氯硅烷(通式为 R_2SiCl_2)经水解及缩合反应后制得。

$$R_2SiCl_2 + 2H_2O \xrightarrow{-2HCl} \begin{array}{c} R \quad R \quad R \quad R \\ | \quad | \quad | \quad | \\ -O-Si-O-Si-O-Si-O-Si-OH \\ | \quad | \quad | \quad | \\ R \quad R \quad R \quad R \end{array} + 2H_2O$$

(2)固化机制：对于硅橡胶胶黏剂来说，单组分室温体系和双组分体系有所不同：单组分有机硅胶黏剂不会有另外的固化剂，起交联作用的主要是些较高活性的硅烷，如甲基三乙酰氧基硅烷，它们在配胶时先与羟基硅油反应，但还有大量过剩的乙酰氧基连在硅原子上，这部分基团很容易与水发生水解反应脱除乙酸分子而交联，所以也可以说水就是固化剂。因此，单组分室温固化硅橡胶胶黏剂的固化需接触大气中的湿气，从胶表面开始，通过湿气向胶黏剂内部不断扩散而达到交联固化。其固化反应由 3 种类型组成：①交联剂水解生成含羟基化合物；②交联剂水解的羟基和羟基封端硅橡胶中的羟基缩合；③硅橡胶的端羟基与交联剂缩合。以甲基三乙酰氧基硅烷为例，其固化过程为：

其他几种的交联反应与此相类似。对于双组分室温固化的硅橡胶胶黏剂，按照其

$$\begin{array}{c}
CH_3 \\
| \\
C=O \\
| \\
O \\
| \\
H_3C-Si-O-C-CH_3 \\
| \\
O \\
| \\
C=O \\
| \\
CH_3
\end{array}
+ H_2O \longrightarrow
\begin{array}{c}
CH_3 \\
| \\
C=O \\
| \\
O \\
| \\
H_3C-Si-OH \\
| \\
O \\
| \\
C=O \\
| \\
CH_3
\end{array}
+ HO-C-CH_3$$

$$\begin{array}{c}
CH_3 \\
| \\
C=O \\
| \\
O \\
| \\
H_3C-Si-OH \\
| \\
O \\
| \\
C=O \\
| \\
CH_3
\end{array}
+ HO-\overset{R}{\underset{R}{Si}}\sim\sim \longrightarrow
\begin{array}{c}
CH_3 \\
| \\
C=O \\
| \\
O \\
| \\
H_3C-Si-O-\overset{R}{\underset{R}{Si}}\sim\sim \\
| \\
O \\
| \\
C=O \\
| \\
CH_3
\end{array}
+ H_2O$$

$$\begin{array}{c}
CH_3 \\
| \\
C=O \\
| \\
O \\
| \\
H_3C-Si-O-C-CH_3 \\
| \\
O \\
| \\
C=O \\
| \\
CH_3
\end{array}
+ HO-\overset{R}{\underset{R}{Si}}\sim\sim \longrightarrow
\begin{array}{c}
CH_3 \\
| \\
C=O \\
| \quad\quad O \\
| \quad\quad || \\
H_3C-C-O-Si-CH_2-\overset{R}{\underset{R}{Si}}\sim\sim \\
| \\
O \\
| \\
C=O \\
| \\
CH_3
\end{array}
+ H_2O$$

固化机理，可分为加成型和缩合型。固化时，主要反应如下：

$$-SiOH + -Si-OR \xrightarrow{锡化物} -Si-O-Si- + ROH$$

$$-SiOH + H-Si- \xrightarrow{锡或铂化物} -Si-O-Si- + H_2$$

$$-SiCH=CH_2 + H-Si- \xrightarrow{铂化物} -SiCH_2CH_2-Si-$$

7.4.3 配方与合成工艺

根据不同的需求，硅橡胶胶黏剂有上千个品种，在此以耐高温有机硅胶黏剂为例来进行说明。

（1）耐高温硅橡胶胶黏剂配方实例

①原材料与配方，见表7-19。

表7-19 耐高温硅橡胶胶黏剂配方

组成	质量份	组成	质量份
107 硅橡胶	100	氧化铈	0~8
氧化锌	100~200	其他填料	5~30
表面处理气相白炭黑	0~20	硫化剂(硅氮低聚物)	3~8
氧化铁	0~5		

②制备方法 室温硫化甲基硅橡胶生胶→添加填料、抗氧剂→捏合机捏合 0.5~1.0h→三辊研磨机混炼→出料(基料)；基料与硫化剂混合均匀后，用刮刀均匀地在金属表面刮涂一薄层，然后在硫化期内将硅橡胶制件或金属制件从一端开始胶合，尽量赶出气泡，然后进行室温硫化(也可以在制件表面加压)，硫化期为10~14d。

③性能 可以胶合金属(不锈钢、铝、铝合金、铜等)、硅橡胶，对以上材料的室温胶合强度超过 2.0MPa；在胶合金属与硅橡胶、金属与金属时，分别经过 250℃×200h、300℃×200h 和 350℃×200h 的高温老化处理后，胶合强度还能分别达到 2.7、2.2 和 1.2MPa 以上，且胶黏剂对金属表面不会产生腐蚀。

（2）双组分 RTV 配方实例

①原材料与配方，见表7-20。

表7-20 GPS-2胶胶黏剂配方

组成	质量份	组成	质量份
甲：107#硅橡胶	100	八甲基环四硅烷处理气相二氧化硅	20
氧化铁	2	R-4 钛白粉	4
乙：正硅酸乙酯	7	硼酸正丁酯	3
钛酸正丁酯	3	二丁基二月桂酸锡	2

②配制及固化 胶合面用正硅酸乙酯 50 份，甲基三乙氧基硅烷 30 份，硼酸 0.4 份配制的溶液处理，放置 2h，涂胶，晾 10~20min，叠合。室温 3~7d，或 0.1MPa 压力下，室温下 24h+(80~90℃)下 4~5h 固化。

7.4.4 有机硅胶黏剂的改性

对于有机硅胶黏剂的不足，常用环氧树脂、聚酯树脂、酚醛树脂等来进行改性，以提高胶合强度，降低固化温度。若在有机硅分子链中引入乙烯基还可提高其热固化性能和高温下的耐饱和蒸汽性能；而引进三氟丙基或腈烷基可提高其耐油性和耐溶剂性。同时，通过共缩合、共聚合及共加成反应在有机硅的硅氧烷链的末端或侧基引入活性基团，与其他高分子结合生成嵌段、接枝或互穿网络共聚物，可使有机硅获得新的应用。

聚有机硅氧烷化学改性的方法较多，一般可以用环氧、酚醛和聚酯来进行改性。目前常用的方法主要有以下几种：

7.4.4.1 酚醛树脂改性聚有机硅氧烷

用于改性有机硅树脂的酚醛树脂既可使用碱性条件下合成的酚醛树脂，也可使用酸性条件下合成的酚醛树脂。改性后结构式如下：

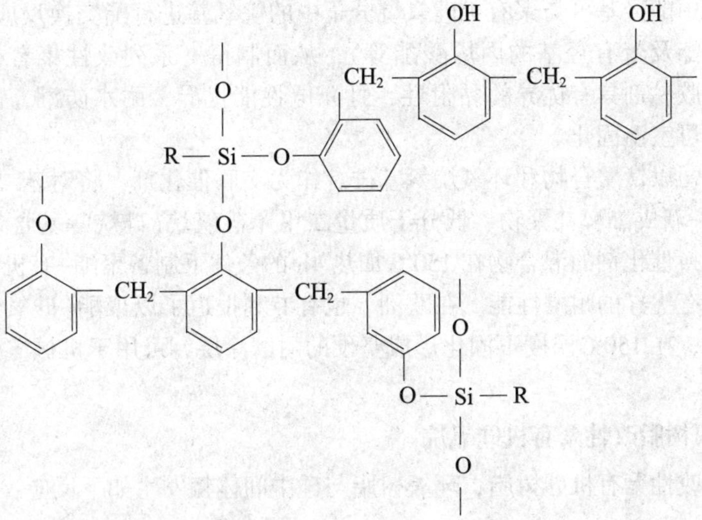

前者可直接混合使用，后者则需先经缩聚后再加入酚醛树脂的固化剂、增韧剂(聚乙烯醇缩醛、羧基丁腈橡胶、羟基丁腈橡胶等)、填料及溶剂等配制而成胶液，其基本性能见表 7-21。

表 7-21 改性有机硅胶黏剂的性能

类型	固化温度 (℃)	各种温度下的剪切强度(MPa)					不均匀扯离强度 (20℃)(kN/m)	拉升强度 (20℃)(MPa)
		-60℃	20℃	200℃	400℃	750℃		
酚醛-缩醛-有机硅单体	180	14.3	20.0	9.0	1.5	—	110	54.5
酚醛-缩醛-有机硅树脂	200	14.0	18.5	12.0	2.8	—	140	36.0
酚醛-有机硅树脂	200	—	13.1	—	4.6	2.5	110	42.2
酚醛-丁腈-有机硅树脂	200	14.3	15.5	12.0	3.5	2.1	150	24.9

（续）

类 型	固化温度（℃）	各种温度下的剪切强度（MPa）					不均匀扯离强度（20℃）（kN/m）	拉升强度（20℃）（MPa）
		−60℃	20℃	200℃	400℃	750℃		
酚醛–含钛有机硅树脂	180	18.0	17.0	14.2	9.5	3.6	120	42.0
酚醛–硼有机硅树脂	200	13.6	15.0	13.9	7.5	3.5	146	15.0

7.4.4.2　聚酯树脂改性聚有机硅氧烷

聚酯树脂中的羟基可与聚有机硅氧烷分子中的烷氧基进行酯交换反应（其中包括聚酯、不饱和聚酯及带有羟基的丙烯酸酯等），从而制得一系列改性聚有机硅氧烷胶黏剂。改性后的胶黏剂具有优异的黏附性，且介电性能优异，耐水防潮，固化温度有明显降低，甚至可室温固化。

道康宁公司以钛螯合物和环氧烷氨基硅烷作为交联催化剂，将对苯二甲酸二甲酯–三羟甲基丙烷–新戊二醇共聚物、低分子质量二甲苯硅氧烷（硅烷醇基含量7%）、醋酸溶纤剂和酯交换催化剂的混合物在150℃加热4h的条件下制备聚酯–有机硅共聚物，该共聚物涂层具有优异的耐磨性能。在欧洲，也有专利报道了以聚酯–硅氧烷共聚物为基料的工业涂料，在150℃温度下固化形成坚硬的耐磨涂层，可用于机械零件表面的保护与装饰。

7.4.4.3　环氧树脂改性聚有机硅氧烷

环氧树脂改性聚有机硅树脂，环氧树脂与硅中间体将发生如下反应：

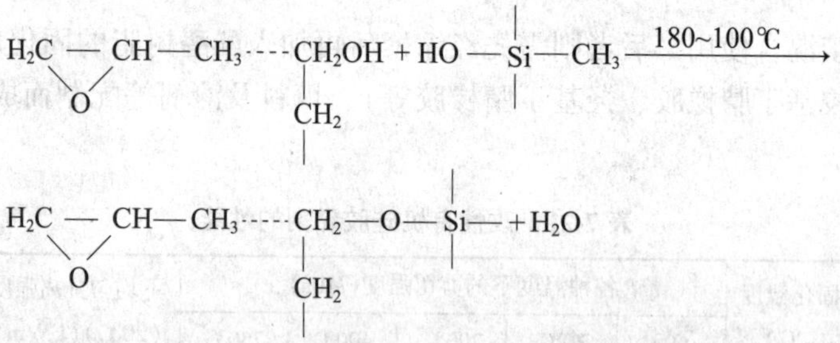

两者之间主要是羟基之间的脱水缩聚，其中也会发生少量的环氧基的反应和破坏，由于缩聚后所得的共聚体上保留了相当数量的环氧基团，不仅可以利用这些活性基团使共聚体继续交联从而提高其分子量，并能使其充分固化，具有较好的耐热性能，这也是提高共聚体胶合强度不可缺少的因素。

在环氧树脂改性聚有机硅树脂中，可分为线型含环氧基有机硅氧烷与体型含环氧基有机硅氧烷。线型含环氧基有机硅氧烷是指在硅氧烷分子链的端基或侧链上引入环氧基，使其不仅保持硅氧键的柔韧性和高热稳定性，同时获得环氧结构的优异性能的一类线型结构化合物。

主链含环氧基有机硅氧烷一般是在硅氧烷主链的两端引入环氧基团，使环氧基的反应性在硅氧烷分子链端发挥作用。如以双端基含氢硅油为原料，利用氯铂酸-异丙醇溶液催化，在硅氧烷链端引入烯丙基环氧聚醚，形成分子链两端为环氧基聚醚封端的聚二甲基硅氧烷。产品不仅表现出环氧基改性硅氧烷的优异性能，嵌段聚合物结构中的聚醚链段也充分发挥其性能，进一步拓宽了端基含环氧基有机硅氧烷的应用范围。

而侧链含环氧基有机硅氧烷是一类将环氧基团引入硅氧烷分子侧链结构的化合物，使反应性环氧基团在侧链发挥其优异的性能。利用酸催化开环反应制备出侧链含氢的长链硅油，并以二乙烯基四甲基二硅氧烷铂作为催化剂，引发烯丙基缩水甘油醚与含氢硅油的硅氢加成反应，在大分子结构中引入环氧基侧链。有研究表明，含环氧基硅氧烷低聚物与双酚 A 环氧树脂具有较好的相容性，利用其对双酚 A 环氧树脂进行增韧改性，经胺类固化后获得的复合树脂材料，不仅韧性获得改善，还表现出优异的热稳定性能。

在支链型、环形及具有空间立体结构的硅氧烷分子结构中引入环氧基团，能够实现在获得环氧基优异性能的同时，保持体型硅氧烷聚合物的优势。如以 1，2-环氧-4-乙烯基环己烷为环氧基团引入体，研究利用氯铂酸催化环状含氢硅氧烷进行加成反应，同时在第二步反应中引入丁醇将剩余氢封端，制备出环形结构的含环氧基硅氧烷聚合物。与脂环族环氧树脂的酸酐固化物相比，含环氧基环型硅氧烷聚合物经甲基六氢苯酐固化后所获得的均匀固化物，具有更优异的热稳定性能，吸水率较低，抗紫外线的能力显著提高。

在环氧树脂改性有机硅共聚体中，环氧树脂的用量很重要，若用量较多，共聚体中环氧基团增加，有利于提高胶合强度，但会降低耐热性能。通常情况下加入量为 20~60 质量份。

在实际操作中，利用环氧化合物改性聚有机硅氧烷的途径有以下几种：

①聚有机硅氧烷分子中的烷氧基与低分子量环氧树脂分子中的羟基进行酯交换反应；

②聚有机硅氧烷与环氧丙醇进行酯交换反应；

③环氧丙烯醚与聚有机硅氧烷中 Si 原子上的氢原子进行加成反应；

④双酚 A 钠盐、环氧氯丙烷与带有烷基氯的聚有机硅氧烷进行缩聚反应；

⑤硅原子上带有的不饱和双键的环氧化反应。

常用环氧树脂改性后的聚有机硅氧烷兼具两者的双重优点：黏附性能、耐介质、耐水及耐大气老化性能良好。同时固化温度大幅度降低，甚至可室温固化高温使用。但耐热性稍有降低，一般可在 -60~200℃ 下长期使用。

7.4.4.4　聚氨酯改性聚有机硅氧烷

聚氨酯具有耐磨、抗撕裂、抗挠曲性、柔韧好等特点，但在耐水性、光泽、硬度等方面不够理想。使用聚氨酯改性，聚有机硅氧烷分子中的烷氧基能与聚氨酯预聚物中的部分羟基进行酯交换反应可制得一系列改性聚有机硅氧烷树脂。因此能兼具硅树脂和聚氨酯两者的优异性能，表现出良好的耐热性和机械性能，弥补了聚氨酯耐候性差的不足，且能实现常温固化。其基本反应式如下：

$$RO\left(\underset{\underset{CH_3}{|}}{\overset{\overset{C_6H_5}{|}}{Si}}-O\right)_m H\left(\underset{\underset{RO}{|}}{\overset{\overset{C_6H_5}{|}}{Si}}-O\right)_m R + HO\left(C_2H_4O\right)_m\left(C_3H_6O\right)_n$$

$$-\underset{\overset{\|}{O}}{C}-NH-R-NH-\underset{\overset{\|}{O}}{C}\text{\textasciitilde\textasciitilde}$$

$$\xrightarrow{\Delta} RO\left(\underset{\underset{CH_3}{|}}{\overset{\overset{C_6H_5}{|}}{Si}}-O\right)_m\left(\underset{\underset{RO}{|}}{\overset{\overset{C_6H_5}{|}}{Si}}-O\right)_m\left(C_2H_4O\right)_m\left(C_3H_6O\right)_n$$

$$-\underset{\overset{\|}{O}}{C}-NH-R-NH-\underset{\overset{\|}{O}}{C}\text{\textasciitilde\textasciitilde}+ROH$$

目前，关于聚氨酯对有机硅进行化学改性的研究主要有两种：一种是采用含活性基团封端的聚硅氧烷低聚体与二异氰酸酯反应，再用二元醇或二元胺扩链反应而成；另一种是分别合成出含有活性基团的聚硅氧烷低聚物和含异氰酸酯基团的聚氨酯预聚体，再通过两者反应而成。两种方法的共同点是都要先通过卤硅烷或硅氧烷水解得到聚硅氧烷低聚物，因此低聚物中通常含水，而微量的水也会导致异氰酸酯失效，故反应流程较复杂。

总的来说，各种改性后有机硅胶黏剂与未改性的相比综合性能有明显改善，但耐热性及耐热老化性能却有所下降。因此，在实际生产中可根据具体要求来确定改性方案。

思 考 题

1. 试述聚氨酯胶黏剂的性能与特点。按照反应成分、溶剂形态、反应组分及固化方式各可以分为哪些类型？

2. 写出异氰酸酯与水、聚乙烯醇、脲、多元醇之间的化学反应式。

3. API 胶黏剂的性能与使用特点有哪些？

4. 聚氨酯胶黏剂固化及胶合机理。

5. 简述环氧值，环氧当量。

6. 结合化学反应式详细说明双酚 A 型环氧树脂合成原理。

7. 简述环氧树脂胶黏剂的特性。

8. 简述胺类和酸酐类固化环氧树脂原理。

9. 环氧树脂的固化是如何进行的？试举例说明。

10. 简述不饱和聚酯树脂胶黏剂的固化原理。

11. 简述不饱和聚酯树脂胶黏剂中填料的作用。
12. 简述不饱和聚酯树脂中苯乙烯的作用。
13. 在不饱和聚酯树脂固化过程中，为什么需加入引发剂和促进剂？
14. 简述有机硅胶黏剂的性能特点。
15. 根据基材和用途，有机硅胶黏剂可分为几类？
16. 简述有机硅胶黏剂的合成原料。
17. 简述有机硅胶黏剂的合成原理。

第8章

涂料的组成与命名

涂料一般含4种基本成分：成膜物质(树脂、油料、乳液)、颜料(包括体质颜料、染料)、溶剂和助剂(添加剂)。又可把这4种成分分为主要成膜物质、次要成膜物质和辅助成膜物质3种基本类型。

8.1 主要成膜物质

主要成膜物质是涂膜的主要成分，油脂(豆油、花生油)、油脂加工产品、纤维素衍生物、天然树脂、合成树脂和合成乳液等能够单独形成涂膜，也能黏结颜料共同形成涂膜，是使涂料牢固附着于被涂物面上形成连续薄膜的主要物质，是构成涂料的基础，很大程度上决定着涂膜的基本性能。所以，主要成膜物质是涂料的主要成分，没有主要成膜物质就不能成为涂料。同时，成膜物质还包括部分不挥发的活性稀释剂。

树脂包含了聚合物和低聚物，现代涂料工业中所指的树脂多为合成的、还能更进一步聚合的低聚物，如小分子量的环氧树脂、丙烯酸树脂、氨基树脂等，其相对分子质量多数在10 000以下，含有2~20个链节。涂料中使用的树脂要赋予涂膜一定的保护与装饰性能，如光泽、硬度、弹性、耐水性、耐酸性等，因此，为了满足多性能的要求，主要成膜物质一般是多种树脂的复合物，或树脂与油料的复合物所构成的高分子混合物，从而充分利用每一种组分的优势来赋予涂膜优异的性能。

有些树脂是双组分或是多组分的，必须加入固化剂才能固化成膜，如双组分的环氧树脂、聚氨酯等，那么，这一类涂料的固化剂参与了成膜，因此，固化剂也可被视为主要成膜物质(也有些资料中将固化剂作为助剂)。

8.1.1 天然涂料的成膜物质

8.1.1.1 天然有机物涂料

在人工合成聚合物出现之前，人们多以树木渗出物(如生漆、松香等)、植物果实压榨油(如桐油、蓖麻油、花生油、豆油等)、昆虫的分泌物(如虫胶)甚至动物脂肪等为成膜物质来制备涂料(油漆)。

以天然植物油为基料的涂料具有良好的韧性、气密性、水密性、附着力以及耐气候性，但也存在着保护作用有限、不适应现代工业技术快速高效等不足。生漆在我国被称为"国漆""大漆"，有着优良的理化性能与装饰性能，但也因产量有限、制备与施工工艺复杂、环保性能等而受到一定的制约。桐油作为主要的传统植物涂料也存在着干燥时间长、附着力与硬度相对较低的不足。但近年来，有许多学者有针对性地开展了生漆与桐油的改性研究，并取得了较大的进步，使这两种涂料又焕发出新的活力。

8.1.1.2　天然无机物涂料

天然无机涂料是一种以天然无机材料为主要成膜物质的涂料，是全无机矿物涂料的简称，可广泛用于建筑、绘画等日常生活领域，具有耐高温、耐强酸强碱、绝缘、寿命长、强度高、无毒环保，是理想的防护涂料。

现代无机涂料是由无机聚合物和经过分散活化的金属、金属氧化物纳米材料、稀土超微粉体组成的无机聚合物涂料，能与被涂物表面(如钢材)的分子或原子快速反应，通过化学键与基体牢固结合的无机聚合物防腐涂层，生成具有物理、化学双重保护作用的无机-金属或无机-非金属膜，对环境无污染，使用寿命长，防腐性能高，是符合环保要求的高科技换代产品。

8.1.2　人工合成树脂涂料成膜物质

人工合成涂料的成膜物质主要是指合成树脂，是一种人工合成的一类聚合物，其兼备或超过天然树脂的固有特性，是现代涂料工业中的主要成膜物质。ASTM D883-65T 将合成树脂定义为分子量未加限定但往往是高分子量的固体、半固体或假(准)固体的有机物质，受应力时有流动倾向，常具有软化或熔融范围并在破裂时呈贝壳状。而用于涂料工业的合成树脂分子量相对较低。

常用的人工合成成膜树脂主要有：

8.1.2.1　醇酸树脂

由多元醇(如甘油)、多元酸(邻苯二甲酸酐)和脂肪酸或油(甘油三脂肪酸酯)缩合聚合而成的油改性聚酯树脂，呈黏稠液体或固体状。醇酸树脂固化成膜后，有光泽和韧性，附着力强，并具有良好的耐磨性、耐候性和绝缘性等。在合成中通常采用两步法：第一步是让甘油跟脂肪酸进行酯化反应生成甘油-酸酯；第二步是将甘油-酸酯跟苯酐进行反应生成醇酸树脂。其反应过程如下：

$$甘油 + 脂肪酸 \rightarrow 甘油-酸酯$$

$$苯酐 + 甘油-酸酯 \rightarrow 中油度醇酸树脂 + 水$$

按脂肪酸(或油)分子中双键的数目及结构可分为干性、半干性和非干性 3 类。干性醇酸树脂可在空气中固化，可直接用于制造涂料；非干性醇酸树脂则要与氨基树脂混合，经加热才能固化。另外也可按所用脂肪酸(或油)或邻苯二甲酸酐的含量，分为长、中和短 3 种油度的醇酸树脂。

8.1.2.2　酚醛树脂

因选用催化剂的不同，可分为热固性和热塑性两类。

酚醛树脂是用苯酚(或甲酚、二甲酚)与甲醛经缩聚作用而制成的一类树脂，不溶于水，溶于丙酮、酒精等有机溶剂中。耐弱酸和弱碱，遇强酸发生分解，遇强碱发生腐蚀。具有良好的力学性能、耐热性能。由于所用原料的品种、酚类与醛类的摩尔数之比以及反应所用催化剂的不同,可分为热塑性和热固性2种类型:

①热塑性酚醛树脂 当苯酚的摩尔数略超过甲醛,在酸性催化剂(盐酸、硫酸、草酸等)存在的条件下,合成产物为热塑性酚醛树脂,呈线型分子结构。

②热固性酚醛树脂 当苯酚的摩尔数小于甲醛时,在碱性催化剂(氢氧化钠、氢氧化钾、氢氧化钙等)存在的条件下,便生成具有体型分子结构的热固性酚醛树脂。

8.1.2.3 氨基树脂

一种多官能团的化合物,以含有($—NH_2$)官能团的化合物与醛类(主要为甲醛)加成缩合生成的羟甲基($—CH_2OH$)与脂肪族一元醇部分醚化或全部醚化所得到的产物。根据采用的氨基化合物的不同可分为脲醛树脂、三聚氰胺树脂、苯代三聚氰胺树脂、共聚树脂4类。

由于氨基树脂固化后涂膜硬且脆,附着力差,故常与能与其相容且通过加热可交联的其他类型树脂联合使用,如作为油改性醇酸树脂、饱和聚酯树脂、丙烯酸树脂、环氧树脂、环氧酯等的交联剂。通过这样的匹配,所得到的氨基树脂在加热能条件下能够形成具有三维网状结构的、有较强韧性的涂膜。同时,根据所匹配的其他树脂成分与比例的变化,得到的漆膜也各具特色。

8.1.2.4 聚酯树脂

由多元醇与多元酸经缩聚反应而制得的一类树脂,分子主链中含有酯基($—COOR$)。使用不同的多元醇与多元酸及比例可得到一系列不同类型的聚酯树脂:线型树脂(用二元醇与不饱和二元酸制得)、交联型聚酯(用三元醇与二元酸制得)、不饱和型聚酯(用二元醇与全部或部分不饱和二元酸制得),其中以不饱和聚酯的理化性能更优、品种较多、应用最广。

不饱和聚酯树脂也属线型分子结构,并含有不饱和双键(如$—CH=CH—$、$CH_2=CH—CH_2—$等),与单体(苯乙烯、丙烯酸酯、醋酸乙烯等)在引发剂(一般是过氧化物)与促进剂(一般是环烷酸钴)的作用下,在常温中能固化成不溶、不熔的物质。不饱和聚酯树脂可制备成高固体含量(95%以上)的液体涂料,加入光敏固化剂,在强紫外线照射下可在几十秒钟内固化成坚硬的涂膜。

8.1.2.5 丙烯酸树脂

由各种丙烯酸酯类和甲基丙烯酸酯类及其他一定比例的其他不饱和烯属单体的共聚物,通过选用不同的树脂结构、不同的配方、生产工艺及溶剂组成,可合成不同类型的丙烯酸树脂。用丙烯酸酯和甲基丙烯酸酯单体共聚合成的丙烯酸树脂涂料具有优异的耐光性及抗户外老化性能。

丙烯酸树脂因制备的原料与工艺的不同可分为热塑性丙烯酸树脂和热固性丙烯酸树脂:

①热塑性丙烯酸树脂 是一种线型结构分子的高聚物,其分子结构上没有活性官能团,在受热的情况下,不会自行交联(也不跟其他树脂反应)生成体型结构分子,只能软化,冷却仍恢复原来状态。

②热固性丙烯酸树脂　分子结构上带有活性官能团，受热情况下或在催化剂作用下会自己或跟其他外加树脂进行交联而变成不溶不熔的体型结构分子的高聚物。故在制备过程中须使用一些在分子结构上含有不饱和键及在侧链上具有可自行交联或跟其他单体官能团交联的活性官能团单体，如含有羧基(—COOH)单体——甲基丙烯酸或丙烯酸等，含有羟基(—OH)单体——甲基丙烯酸 β 羟基乙酯或羟基丙酯等。

8.1.2.6　环氧树脂

涂料工业所用的环氧树脂主要是由环氧氯丙烷和双酚 A 在碱性作用下缩聚而成，根据二者的配比及操作条件的变化，可制得分子量不同的环氧树脂。用作涂料的环氧树脂平均分子量一般在 300~7 000 之间。

环氧树脂的分子结构是以分子链中含有活泼的环氧基团为其特征，环氧基团可以位于分子链的末端、中间或成环状结构，分子链中的碳-碳键和醚键化学性能稳定，故其涂膜能耐稀酸碱及有机溶剂。由于分子结构中含有活泼的环氧基团，可与多种类型的固化剂发生交联反应而形成不溶、不熔的具有三向网状结构的高聚物。固化后的环氧树脂涂膜具有良好的理化性能，对金属和非金属材料的表面具有优异的胶合强度、收缩率小、柔硬相济、对碱及大部分溶剂稳定。缺点是涂膜耐光性差，易变黄。

8.1.2.7　聚氨酯

聚氨酯是聚氨基甲酸酯(NH_2COOR)的简称，除含有相当数量的氨酯键外，尚可含有酯键、醚键、脲键、脲基甲酸酯键、三聚异氰酸酯键或油脂的不饱和双键，以及丙烯酸酯成分等。聚氨酯是由有机二异氰酸酯或多异氰酸酯与二羟基或多羟基化合物加聚而成。

聚氨酯树脂的涂膜具有弹性优良、坚韧耐磨、耐候、耐腐蚀及较好的装饰性，又能与聚醚、环氧、醇酸、丙烯酸等树脂混合使用。可根据使用要求制成许多新型涂料，应用十分广泛。

8.1.2.8　硝酸纤维素

纤维素是木材、麻类、植物茎干及棉花的主要成分，属 β-葡萄糖高聚物。硝酸纤维素是由纤维素加硝酸发生酯化而制成的产物，俗称硝化棉，简称 NC。它是一种白色纤维状聚合物，耐水、耐稀酸、耐弱碱和各种油类，强度因聚合度而异，但均属热塑性物质，在阳光下易变色，且极易燃烧。

8.1.2.9　有机硅树脂

有机硅树脂是高度交联、网状结构的聚有机硅氧烷，多为甲基三氯硅烷、二甲基二氯硅烷、苯基三氯硅烷、二苯基二氯硅烷或甲基苯基二氯硅烷的各种混合物在有机溶剂(如甲苯)和在较低温度下加水分解得到的酸性水解产物。属热固性树脂，按其主要用途和交联方式大致可分为有机硅绝缘涂料、有机硅涂料、有机硅塑料和有机硅胶黏剂等几大类。具有优异的热氧化稳定性和电绝缘性能，同时在耐潮、防水、防锈、耐寒、耐候等方面性能卓越，耐腐蚀性能良好，但耐溶剂的性能较差。

8.1.2.10　氟碳树脂

分子结构中含有氟原子、以牢固的 C—F 键为骨架的一类热塑性树脂。由于氟元素电负性大，碳氟键能强，因此具有优异的耐高低温性能、介电性能、化学稳定性、耐候性、不燃性、不黏性和低的摩擦系数等特性。由于氟碳树脂均系高熔点（180～380℃）、不溶于溶剂的固态树脂，故制成水或溶剂的分散型涂料，用喷涂、静电喷涂、幕式淋涂、辊涂等方式涂装，或制备成粉末涂料，用静电喷涂或流化床浸涂法涂装。目前，氟树脂涂料主要有聚四氟乙烯(PTFE)、以聚偏二氟乙烯(PVDF)、氟烯烃-乙烯基醚共聚物(FEVE)等三大类型，其中以聚四氟乙烯使用最为广泛。

8.2　次要成膜物质

次要成膜物质主要是指颜料，它是有色不透明涂料的重要成分。颜料与填料虽不能单独形成涂膜，但能跟主要成膜物质一起形成涂膜，并能改进涂膜的理化性能。同时，在很多情况下，颜料也可以作为填料来用，如碳酸钙粉，既可以作为颜料来调节涂料的颜色，也可以当做填料来增加遮盖力、固含量、保护性能和装饰效果。

颜料不仅可以为涂膜提供色彩和遮盖力，耐候性好的颜料可提高油漆的使用寿命。体质颜料在增加漆膜厚度的同时，还能利用其本身"片状""针状"结构的性能，通过颜料的堆积叠复，形成鱼鳞状的漆膜，提高漆膜的使用寿命，提高防水性和防锈效果。

颜料是一种微细粉状物，不溶于水、油及其他有机溶剂，但能分散在溶剂中成为浑浊液，呈不透明状态。在有色涂料制备中，颜料不仅能使涂膜呈现出所需的色彩，而且能改善涂膜的理化性能，如涂膜的硬度、耐候性、机械强度等。

在涂饰施工中，常用颜料作成填孔与修补剂，如水老粉、油老粉、油性腻子、水性腻子等，在填平封闭木材的纹孔及洞眼、裂缝的同时，还具有对木制品进行基本着色的功能。

8.2.1　颜料的通性

颜料的通性是指颜料的分散度、吸油量、遮盖力、着色力及耐光、耐候、耐酸碱、粉化性等性能。

(1)分散度：是衡量颜料颗粒的聚集体在涂料中分散难易的程度和分散后状态的指标，与其本身的极性及制造方法、颗粒大小等因素有关。分散度越高，其着色力和遮盖力就越强，涂膜的附着力与光泽度也相对要好，且不易产生絮凝、结块、沉淀、悬浮等缺陷，但会增加吸油量。

(2)遮盖力：是指色漆涂膜中的颜料遮盖被涂物表面而不使其透过涂膜显露出来的能力，用单位面积所消耗颜料的克数来表示，是颜料对光线产生散射和吸收的结果。颜料遮盖力的强弱主要决定于折射率、吸收光线能力、结晶度和分散度。

(3)着色力：是指某一种颜料与基准颜料混合后形成颜色强弱的能力，通常是以白色颜料为基准去衡量各种彩色或黑色颜料对白色颜料的着色能力。着色力强，用量就越少，故颜料的着色力越强就越好。着色力的大小主要取决于颜料对光线吸收，颜料的吸收能力越强，其着色力越高。着色力除了和颜料的化学组成有关外，也和颜料粒子的大小、形状有关。

同一种颜料，由于生产方法不同，贮存时间不一，不仅颜色有差别，而且着色力也不一样。一般来说，颜色的颗粒小、分散性好、贮存期短，其着色力就强。

（4）吸油量：指一定重量颜料的颗粒绝对表面被油料完全浸湿时所需油料的数量。在 100g 颜料中逐滴地加入亚麻仁油，边滴边用刮刀混合，随油滴的加入，颜料由松散状而逐步成黏连状，直到使颜料刚好全部混合成团而所消耗油料的克数，即为该颜料的吸油量。其与颜料颗粒的大小、形状、分散与凝聚程度、比表面积以及颜料的表面性质有关。吸油量大的颜料则耗油多，经济性相对较差。

（5）耐光性：任何颜料在光线长期作用下其颜色与性能将会发生变化，耐光性就是指颜料对光作用的稳定性（如颜色、光泽等）的能力，其中分为保光性、保色性和耐黄变性。耐光性强的颜料，保色性强，不易褪色。颜料耐光性直接影响制品的美观性，特别是室外制品的涂饰更要选择耐光性好的颜料或色漆。

（6）耐溶剂性：指颜料与溶剂接触时是否产生褪色现象的一种性能。耐溶剂性强的颜料在色漆中难以褪色，而耐溶剂性差的颜料不宜作色漆用。一般来说，无机颜料的耐溶剂性比有机颜料的要好，多数有机颜料跟溶剂混合后都有程度不同的褪色现象。为了保证涂料达到规定的颜色，多采用无机颜料为宜。

（7）耐酸碱性：是颜料跟酸、碱性物质混合在一起，是否产生褪色、变色或分解现象的一种性能。可用滤液的沾色级别、颜料滤饼的变色级别，或同时用这两个级别表示。如铁蓝或铬黄遇碱会分解成别的物质；而群青不耐酸，遇酸就变为无色，所以实际应用时要特别注意这些特性。

（8）粉化性：指颜料（如钛白粉）制成色漆成膜后，经过一定时间的曝晒，吸收紫外光而发生光降解与老化，涂膜中的颜料就不能牢固地继续留在涂膜里而从涂膜表面析出成为疏松的细粉，是评价色漆涂膜户外老化性好坏的主要指标之一。颜料的粉化性大，涂膜的使用寿命相对缩短。

8.2.2 颜料的种类

颜料的品种很多，按其化学成分可分为有机颜料与无机颜料，按来源分可分为天然颜料与人造颜料；按其色彩可分红、黄、蓝、黑等多种；按其在涂料与涂饰中的作用可分为体质颜料与着色颜料。现将涂料和涂饰工业中常用的体质颜料和着色颜料介绍如下：

8.2.2.1 体质颜料——填料

体质颜料又称填料（或填充料），是一种在涂膜中几乎没有遮盖力和着色力的白色颜料，粒径范围是 0.01~44μm，形态有球形、针状、纤维状和片状，多为惰性物质，与涂料其他组分不起化学作用。具有 2 种通性：折射率低于 1.75，颜色是白或几乎是白的。在涂膜中填料不能阻止光线透过，但可用以调整涂料的光泽、质地、悬浮性、黏度等。同时，能增加涂膜的厚度，提高涂膜体质，使涂膜耐磨、耐久。体质颜料大多是工业副产品，常用的体质颜料有碳酸钙、硫酸钙、硫酸钡、滑石粉、高岭土、石棉粉、云母粉、石英粉、硅藻土、硅酸铝等。

①碳酸钙（$CaCO_3$）　分为天然和人造两种。天然碳酸钙粉俗称老粉、石粉、大白粉、胡粉、白垩粉等，系石灰石粉末，质地粗糙、密度较大，有重质碳酸钙（重钙）之称。人造的称为轻钙，较纯、颗粒较细、密度较小。两种均为碱性，不溶于水但溶于酸，易吸水汽变潮。可改进有色涂料的悬浮性并能中和涂料的酸性，多用于平光有色涂料和水粉涂料中，在有光涂料中少量使用。

②硫酸钙（$CaSO_4$）　俗称石膏粉，吸水性强，遇水会结块，故不宜先直接跟水调配。在涂料施工中，常用于调制成各种油性腻子，在有色涂料中使用较少。

③硫酸钡（$BaSO_4$）　天然产品称为重晶石粉，人造的称为沉淀硫酸钡，是中性颜料，化学性能稳定，遮盖力强，主要用于制造底漆、腻子等。人造的比天然的质地细软，颗粒细小均匀，吸油量也略大。

④滑石粉 [$MgH_2(SiO_3)_4$]　硅酸镁盐类矿物，为白色或类白色、微细、无砂性的粉末，手摸有油腻感。调入色漆中能防止颜料下沉，并能提高涂膜的耐水性与耐腐性。也具有减少涂膜的内应力和消光等作用。

8.2.2.2　有色颜料——着色

涂料工业利用着色颜料来制成各种色彩的色漆，在涂饰施工中也常用着色颜料对木制品进行基础着色。常用的着色颜料有红色颜料、黑色颜料、黄色颜料、白色颜料、蓝色颜料等。

①红色颜料　铁红（Fe_2O_3）、银朱（HgS）、红丹（Pb_3O_4）、铅铬红（$PbCrO_4 \cdot PbO$）、镉红（$3CdS \cdot 2CdSe$）、钼铬红、大红粉、甲苯胺红等；

②黑色颜料　炭黑、铁黑（$Fe_3O_4 \cdot H_2O$）；

③白色颜料　钛白（TiO_2）、锌钡白（$ZnS \cdot BaSO_4$）、锌白（ZnO_2）、锑白（Sb_2O_3）；

④黄色颜料　铁黄（$Fe_2O_3 \cdot H_2O$）、铅铬黄（$PbCrO_4 \cdot XPbSO_4$）、耐晒黄 G；

⑤蓝色颜料　钛菁蓝、铁蓝 [$Fe_4(Fe(CN)_6)_3$]、群青；

⑥绿色颜料　铅铬绿、酞菁铬绿、氧化铬绿（Cr_2O_3）、酞菁绿；

⑦金属粉颜料　铝粉、金粉、铜粉；

⑧特种颜料　夜光颜料、荧光颜料、珠光颜料、变色颜料。

8.2.2.3　功能颜料——特殊功能

具有防污、防霉、防火、示温、发光等特定功效的颜料的统称。防锈颜料作为独立的大类，一般不归入功能性颜料之内。功能性颜料主要品种有：多种功能的偏硼酸钡、船底防污漆用防污颜料、随温度而变色的示温颜料、夜间发光的发光颜料、具有珍珠光泽的珠光颜料等。这些颜料在不同的场所具有特殊的功能：如磷光颜料，又称夜光颜料或夜光粉，一类经光源激发后在黑暗处能发出可见光，其中的永久性夜光粉在射线的激发下能长时期发光；而短时夜光粉必须借助于外界光源的激发才发光，切断光照后即不再发光。磷光颜料主要用于仪表、钟表、示波器、雷达等方面。

8.3　辅助成膜物质

辅助成膜物质不能形成涂膜，但对涂料的成膜过程影响很大，对涂膜的质量与理化性能起到一些辅助作用。辅助成膜物质包括溶剂与助剂两大类，在涂层固化成膜的过程中几乎全都会挥发或反应掉。

8.3.1　溶剂及其性能

溶剂是用来溶解或分散主要成膜物质而使其成为流体的，用来改变黏稠度以便于施工，同时也用来清洗施工工具、设备与容器等，此时所用的溶剂也被称为稀释剂。尽管溶剂在形成涂膜的过程中几乎全部挥发，但对于其外观、光泽、致密性等质量的影响很大，合理地选择与使用溶剂可以提高涂层性能。

水是最环保与廉价的溶剂，但目前仍然在大量使用诸如：200 号溶剂汽油、甲苯、二甲苯、乙醇、丁醇、乙酸乙酯、丙酮等有机溶剂。这些有机溶剂挥发到空气中会对操作人员造成伤害、对环境造成污染，因此，对于溶剂的种类和用量各国都有严格的限制。

在溶剂的选择上必须考虑如下 4 点。

8.3.1.1　溶解力

溶剂必须具有能溶解树脂或成膜物质的溶解力，将其由固体或黏稠液体变成可以喷涂或涂刷的稀薄液体。一般遵循相似相溶性、溶解度相近、结构相似等原则。如极性高聚物溶于极性溶剂，非极性高聚物溶于非极性溶剂。每种物质都只能溶解在和它分子结构相类似的液体中，溶剂的溶解力越强，在一定的黏度和固体量的要求条件下，其使用量就越小，其价值也就越大。

8.3.1.2　挥发率

挥发率是指溶剂的挥发速度，它能控制涂膜处于流动状态时间的长短，溶剂挥发时，会在漆面形成旋涡。挥发速度的快慢对涂膜质量的影响如下：如挥发速度过快，往往涂膜尚未流平，而黏度已经增稠，不能流动而达到平滑的表面，易形成针孔，麻点，橘皮等缺点。对于部分涂料还会因表面挥发过快、封闭下面的溶剂而造成气泡等缺陷。在实际生产中，多将几种挥发率(或沸点)不同的溶剂混用，以达到调节涂膜质量的效果。

8.3.1.3　安全性

有机溶剂是易燃易爆的化学品。在涂料的生产、存储、运输、涂装过程中，从安全性的角度出发，需要评价有机溶剂起火、爆炸的危险程度。闪点是评价有机溶剂燃烧危险程度的一个重要指标，闪点是达到可能燃烧的标志点。溶剂必须具备较高的闪点、着火点和自燃点，较小的毒性和可分解性。

8.3.1.4　价格

因为溶剂都是挥发性成分，易造成浪费。在选择溶剂时价格是必须考虑的重要因素。水是最廉价、也是最安全的溶剂，因此使用水性涂料是涂料工业的发展趋势。

8.3.2 助剂及其性能

虽然助剂是组成涂料的基本成分之一，但用量却很少，一般不超过 5%。助剂的加入可以显著改善涂料生产加工、存储、涂布、成膜过程中某些方面的性能。但并不是每种涂料都同时需要这些助剂，且不同的涂料需要不同的助剂。

涂料工业中，常用的助剂主要有：催干剂、增塑剂、流平剂、防潮剂、稀释剂、悬浮剂、稳定剂、润湿剂、防霉剂、消泡剂、消光剂、紫外线吸收剂等多种。其中使用较多的主要有：

8.3.2.1 催干剂

催干剂是涂料工业的主要助剂，是一种加快油类及油性涂料涂层干燥速度的材料，其作用是加速漆膜的氧化、聚合，达到快干的目的。工业催干剂则大部分成分为溶剂，具有快速挥发作用，使用较多的有环烷酸、辛酸、松香酸和亚油酸的钴盐、锰盐等。

以植物油为基料的油性涂料干燥成膜机理是氧化聚合反应，在常温下需要很长的时间，但加入多价金属催干剂可破坏涂层的抗氧化性，改善不饱和双键的活性，促进与氧的聚合，从而可以加快干燥速度。如加入催干剂的亚麻油，可将成膜时间从几天缩短到十几个小时，其涂膜平整干爽。

8.3.2.2 增塑剂

增塑剂是指增加树脂的可塑性，其分子能够插入到高分子聚合物的分子链之间，使聚合物分子链间的引力减弱，即削弱分子链间的聚集作用，而达到增加分子链的移动性、柔软性、使塑性增加的目的。它通常是一些高沸、难以挥发的黏稠液体或低熔点的固体，一般不与塑料发生化学反应。

增塑剂与树脂有着良好的相容性，可降低涂料的玻璃转化温度，使硬而刚性的涂层变得软且柔韧。一般要求增塑剂无色、无毒、无臭、耐水、耐油、耐光、耐热、耐寒、耐溶剂性好、挥发性和迁移性小、不燃且化学稳定性好、廉价易得。实际上，一种增塑剂不可能满足以上的所有要求，通常总是数种配合使用。

关于增塑剂的增塑机理有两种解释：

①极性增塑剂对极性高聚物的增塑作用在于两者的极性基团相耦合，削弱了高分子间的极性作用；

②非极性增塑剂对非极性高聚物的增塑可归因于隔离作用，增塑剂分子插入高分子间，增大了高分子的间距。

外加增塑剂的方法常称为外增塑；对结晶性高聚物或极性很强的高聚物若无合适的增塑剂，可在高分子链上引入侧基或短支链，削弱高分子链间作用，这种方法为内增塑。

一般来说，所加入的增塑剂都是高沸点、低挥发度、与高分子聚合物的相容性好的小分子物质。按其作用的大小增塑剂可分为主增塑剂、辅助增塑剂和增量剂 3 类。常用的增塑剂有邻苯二甲酸二丁酯(DBP)、邻苯二甲酸二辛酯(DOP)、环氧大豆油、磷酸三甲苯酯、磷酸三苯酯、癸二酸二辛酯、氯化石蜡等。

8.3.2.3　固化剂

有些涂料在干燥成膜的过程中需要利用酸、胺、过氧化物等化合物与其中的成分发生化学反应才能固化成膜，这类化合物称为固化剂。

固化剂与催干剂虽然都是以加快涂膜的固化速度为目的的，但在机理上有所不同。催干剂主要是促进慢干型涂料的吸氧能力，而固化剂则是利用其分子结构中的活性基团与树脂分子结构上的活性基团进行反应，相互交联固化成膜。有些涂料如环氧树脂、聚氨酯、丙烯酸树脂等若不加入固化剂，涂层几乎就不会固化。

不同种类的树脂所加入固化剂的用量有所不同，用量过多，涂膜固化速度快，但易产生发脆、老化等不足；若用量太少，则固化速度慢。同时，固化剂的加入量还要视环境的温度来加以考量，较高的环境温度下，可适当的减少；而在较低的温度下施工时，可适当的增加以提高固化速度。

8.3.2.4　流平剂

涂料在成膜过程中会发生一系列的物理、化学变化，这些变化会显著影响涂料的流动性和流平性。如在涂料的干燥过程中，溶剂挥发会在涂膜表面与内部之间产生温度、密度和表面张力差，这些差异将在涂料内部形成湍流运动，即所谓的 Benard 旋涡，进而会导致涂层产生厚度不匀、缩孔、橘皮等缺陷；而在含有不止一种颜料体系的涂料中，如果颜料粒子的运动性存在一定的差异，Benard 旋涡还很可能导致浮色、发花、垂直面丝纹等不足。

流平剂是一种能有效降低涂料表面张力、提高其流平性和均匀性的一类物质，用来改善涂料的渗透性，减少刷涂时产生斑点和斑痕、增加覆盖性，使成膜均匀、自然。大致分为两大类：

①调整涂膜黏度和流平时间，多为一些高沸点的有机溶剂或其混合物，如异佛尔酮、二丙酮醇等；

②调整涂膜表面性质，通常所说的流平剂大多是指这一类。通过有限的相容性迁移至涂膜表面，影响涂膜界面张力等表面性质，使其获得良好的流平。根据化学结构的不同，这类流平剂主要有三大类：有机硅类、丙烯酸类和氟碳化合物类，其中，有机硅类的流平剂使用最为广泛。

8.3.2.5　消泡剂

消泡剂，也称消沫剂，可以降低涂料的表面张力、抑制泡沫产生或消除已产生泡沫的添加剂。多为液体复配产品，主要分为矿物油、有机硅和聚醚等三类。对于不同类型的产品，需选择不同的消泡剂。以水性涂料为例，选择与添加消泡剂时要注意：

①良好的稳定性，消抑泡能力强且不会影响涂料产品光泽；

②不影响重涂性能；

③用量不宜太多，一般为 0.1%~0.3%，因为消泡剂可能会引起缩孔、油花等不良问题；

④大多数水性涂料消泡剂不可以直接添加到已经稀释过的涂料中，应当在涂料/树脂的黏度比较高时添加，并且分为 2 次，在研磨料和成漆时各加 1/2。

8.3.2.6 其他助剂

除了上述常用的助剂之外，一些其他类型的助剂对改善涂料的某些性能也起着很大的作用，它们包括：

①增白剂、紫外线吸收剂、抗氧剂等能改善涂膜的耐候性；

②防污剂、真菌抑制剂、助燃剂、杀虫剂等能够提高涂层的防污、防霉、杀虫、阻燃抑烟的效果；

③分散剂、润湿剂、中和剂、增稠剂、防冻剂等可以改善涂料的贮存、施工等方面的性能。

总的来说，主要成膜物质是构成涂料体系的基料，辅助成膜物质和助剂在形成涂层的过程中也必不可少，它们对改善涂层的性能起着重要的作用。

8.4 分类与命名

8.4.1 涂料的分类

涂料使用范围广泛，应用历史悠久，品种繁多。根据长期形成的习惯，有以下几种分类方法：

(1)按透明与否分类：分为色漆和清漆两大类。

(2)按形态分类：液体、固态和粉末状。其中液态可分为溶剂性涂料、高固体分涂料、水性涂料、非水分散涂料及粉末涂料等；高固体分涂料通常是涂料的固含量高于70%的涂料。

(3)按用途分类：分为建筑涂料、工业涂料和维护涂料。其中工业用涂料包括汽车涂料、船舶涂料、飞机涂料、木器涂料、皮革涂料、纸张涂料、卷材涂料、塑料涂料等工业化涂装用涂料。

(4)按功能分类：有防锈涂料、防腐涂料、绝缘涂料、防污涂料、防火涂料、耐高温涂料、耐烧蚀涂料、导电涂料、发光涂料、吸波涂料等。

(5)按施工方法分类：有喷漆、浸渍漆、电泳漆、烘漆等。同时在施工中按照施工程序还可以分为底漆和面漆。底漆注重附着牢固和防腐蚀保护作用好；面漆注重装饰和户外保护作用。两者配套使用，构成一个坚固的涂层，但其组成上有很大差别。面漆的涂层要具有良好的装饰与保护功能。

(6)按成膜机理分类：有转化型涂料和非转化型涂料。非转化型涂料是热塑性涂料，包括挥发性涂料、热塑性粉末涂料、乳胶漆等。转化型涂料包括气干性涂料、固化剂固化干燥的涂料、烘烤固化的涂料及辐射固化涂料等。

(7)按成膜过程分类：有双组分或多组分涂料、光敏涂料、热敏涂料、厌氧涂料等。

(8)按来源分类：人工合成涂料、天然涂料等。其中天然涂料中还可分为有机与无机涂料。

（9）按主要成膜物质分类：根据原化工部颁布的涂料分类方法，按主要成膜物质分成 17 类，见表 8-1。

表 8-1　涂料的分类（按成膜物质）

序号	类别	代号	主要成膜物质
1	油脂漆	Y	天然植物油、鱼油、合成油
2	天然树脂漆	T	松香及其衍生物、大漆及其衍生物、虫胶、动物胶
3	酚醛树脂漆	F	改性酚醛树脂、甲苯树脂
4	沥青漆	L	天然沥青、石油沥青、煤焦沥青
5	醇酸树脂漆	C	醇酸树脂及改性醇酸树脂
6	氨基漆	A	三聚氰胺甲醛树脂、脲醛树脂等
7	硝基漆	Q	硝基纤维素、改性硝基纤维素
8	纤维素漆	M	节基纤维素、乙基纤维素、经甲基纤维素、醋酸丁酸纤维素等
9	过氯乙烯漆	G	过氯乙烯树脂、改性过氯乙烯树脂
10	乙烯树脂漆	X	氯乙烯共聚树脂、聚醋酸乙烯系列、含氟树脂、氯化聚丙烯等
11	丙烯酸漆	B	丙烯酸树脂
12	聚酯树脂漆	Z	聚酯树脂、不饱和聚酯树脂
13	环氧树脂漆	H	环氧–胺、环氧酯等
14	聚氨酯漆	S	聚氨酯树脂
15	元素有机漆	W	有机硅树脂、有机氟树脂
16	橡胶漆	J	氯化橡胶及其他合成橡胶
17	其他	E	无机高分子材料

8.4.2　涂料的命名

国家标准 GB/T 2705—2003 对我国涂料产品有比较详细的分类，目前我国已定型的涂料产品主要由 17 大类的主要成膜物质组成，近千个品种。主要成膜物质是构成涂料的基础物质，对涂料和涂膜的性质起决定作用，而且每种涂料中都含有主要成膜物质，因此，涂料的分类主要以形成涂膜的成膜物质进行。

（1）命名原则：涂料全名＝颜色或颜料名称＋主要成膜物质名称＋基本名称。

涂料的颜色位于名称的最前面。若颜料对涂膜性能起显著作用，则可用颜料的名称代替颜色的名称，仍置于涂料名称的最前面。若是清漆则无颜色名称。例如，银灰聚氨酯锤纹漆、铁红环氧磁漆、丙烯酸清漆等。

（2）名称简化：涂料名称中的主要成膜物质名称若过长，应适当简化。例如，聚氨基甲酸酯简称聚氨酯；如果涂料中含有多种主要成膜物质，应选取一种起主要作用的主要成膜物质来命名，必要时，可以选取 2 种主要成膜物质命名，最主要的位于前面。如聚氨酯环氧清漆、黑色环氧硝基磁漆。

（3）特殊专业涂料：对于有特殊专业用途的涂料，需在涂料名称中主要成膜物质与基本名称之间加以说明。例如，深蓝聚氨酯抗腐蚀磁漆，铁红聚氨酯环氧防腐底漆。

（4）烘烤干燥成膜涂料：凡是需经高温烘烤才能干燥成膜的涂料，在涂料名称中都应注有"烘干"或"烘"字样。如果涂料名称中没有"烘干"或"烘"字样，则表示该涂料的涂层能在常温下干燥成膜。例如，聚氨酯烘干绝缘漆、铁红环氧聚酯酚醛烘干绝缘漆、绿色氨基烘干锤纹漆。

思 考 题

1. 简述涂料的基本组成成分。
2. 常用的人工合成树脂涂料的成膜树脂有哪些？
3. 颜料的通性及种类各有哪些？
4. 简述涂料溶剂选择的原则。
5. 涂料工业中常用的助剂有哪些？
6. 简述选择与添加消泡剂的注意事项。
7. 简述涂料的分散度、遮盖力、着色力及吸油量。
8. 简述体质颜料和着色颜料。

第 9 章

常用天然树脂涂料

天然树脂是指由自然界中动植物分泌物所得的无定形有机物质，在化工技术不发达的时代常用天然树脂作胶黏剂与涂料。由于天然树脂属于可再生资源，故很多性能优异的天然树脂至今仍然在使用，如生漆、桐油和松香等。

生漆又称国漆，在我国历史悠久，涂膜具有热性耐久性好、抗氧能力强、物理机械性能好等优点。而桐油干燥快、比重小，能在空气中氧化聚合生成致密的涂膜。松香则是以松树松脂为原料加工而成的非挥发性天然树脂，价格低廉。桐油与松香现在除了作为涂料外，还用作合成树脂的原材料。

9.1 生漆

9.1.1 概述与基本性能

生漆又名天然漆、大漆、土漆、国漆，是割开漆树树皮，从韧皮内流出的一种白色黏性乳液经加工而制成的天然树脂涂料。漆液内主要含有高分子漆酚、漆酶、树胶质及水分等，具有防腐蚀、耐强酸、耐强碱、防潮、绝缘、耐高温等。世界上 85% 的生漆产自我国。

三千多年前我国就发现和使用天然生漆，据史籍记载，"漆之为用也，始於书竹简，而舜作食器，黑漆之，禹作祭器，黑漆其外，朱画其内"。《庄子·人世间》就有"桂可食，故伐之，漆可用，故割之"的记载。

天然生漆具有许多优异的性能：

(1)涂膜耐热性高，耐久性好。可在海水及各类盐水中长期浸泡，并可在 150℃ 温度下长期使用；

(2)良好的电绝缘性能，一定的防辐射性能；

(3)涂膜具有很强的抗氧能力，同时具有防腐蚀、耐强酸、强碱、耐溶剂、防潮、防微生物、杀菌等性能；

(4)优异的物理机械性能，涂膜坚硬、耐磨性好、光泽明亮、亮度典雅、附着力强，涂膜可以经受 6.86MPa 的摩擦力而不损坏；

(5)特殊的漆膜吸水性能，干燥的漆膜在大气压和 30%~80% 相对湿度环境中能吸收 1%~3% 的水。

不足：涂膜耐紫外线不佳；大多数人有过敏反应；干燥(固化)速度慢，而且颜色深，性脆，耐强碱性能较差。

9.1.2　主要成分

生漆是一种天然的、稳定的油包水型胶体分散体系，成分非常复杂，结构简图如图 9-1 所示，其界面膜类似生物膜结构，是生漆酶促反应的场所。生漆由漆酚(50%~80%)，水(20%~25%)，树胶质(6.5%~10%)和漆酶(1%~2%)、漆多糖(1.4%~2.8%)等物质组成。生漆中各种成分不尽相同，这主要取决于漆树品种及其生长的立地条件。

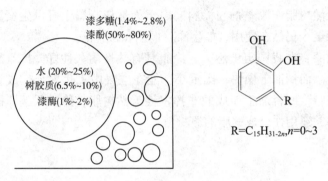

图 9-1　生漆的结构简图

9.1.2.1　漆酚

漆酚是生漆中的主要成分，是烃基取代的邻苯二酚的同系混合物。在其典型结构式中，R 为含 C15~C17 的烷烃、烯烃、共轭或非共轭双烯和三烯烃，结构简图如图 9-2 所示。其 R 的不饱和度越大，含共轭双键越多，生漆的质量就越佳。中国、日本、朝鲜的生漆漆酚主要是以上 4 种成分的混合物。漆酚可溶于有机溶剂和植物油中，但不溶于水，它是生漆的主要成膜物质，含量一般在 40%~80%。

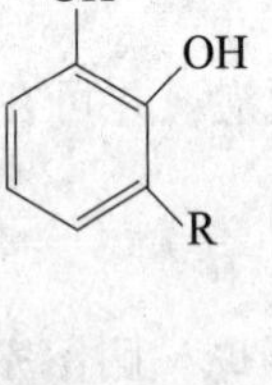

$$i. R=(CH_2)_{14}CH_3$$

$$ii. R=(CH_2)_7CH=CH(CH_2)_5CH_3$$

$$iii. R=(CH_2)_7CH=CHCH_2CH=CH-(CH_2)_2CH_3$$

$$iv. R=(CH_2)_7CH=CHCH_2CH=CH-CH=CH-CH_3$$

图 9-2　漆酚的结构简图

9.1.2.2　漆酶

漆酶是一种多酚氧化酶(ρ-二元酚氧化酶)，含有 4 个铜离子的铜糖蛋白，属于铜蓝氧化酶，以单体糖蛋白的形式存在。分子量为 $12 \times 10^4 \sim 14 \times 10^4$，含量在 1% 以下，但可促进生漆氧化和聚合，是一种有机催干剂，漆酶的适宜催干条件为：温度 40℃、相对湿度 80%、pH 值为 6.7。此外，漆酶也广泛存在于其他植物中，对制红茶、烟草发酵等都很重要。

9.1.2.3　树胶质

树胶质是一种多糖类化合物，可使生漆中各成分(包括水)形成均匀的胶乳，其含量一般为 5%~7%，含量的多少将影响生漆的黏度和质量。

9.1.2.4　水分

生漆中的水分含量一般在 15%~40%，它是乳液的分散相，对漆酶的催干起重要作用，精制漆中的水分含量也须在 4%~6%。

综上所述，生漆的主要成分见表 9-1。

表 9-1　生漆主要成分

组分	含量(%)	相对分子量	极性基团
漆酚	50~80	320	—OH
树胶质(多糖)	65~70	67 000，23 000	—COO—，—OH，—O—，金属离子
糖蛋白	2~5	20 000	蛋白质+10%的糖分
漆酶	<1	120 000	蛋白质+45%的糖分
水分	20~25	18	

9.1.3　成膜机理

生漆的成膜过程十分复杂，是在有氧的条件下进行的。在漆酶的作用下，在湿膜表面的漆酚分子中的酚羟基氧化变成邻醌结构化合物，然后渐向内层深入，氧化聚合成长链或三维网状体型结构，最终形成光亮的漆膜。

生漆从涂膜到固化成膜，总括起来可分为 3 个反应阶段：

9.1.3.1　漆酚成膜阶段

漆酚等在漆酶的作用下最初生成界面膜，此时，漆酚的化学反应由漆酶催化而形成漆酚苯氧自由基，然后漆酚苯氧自由基从界面膜漆酶分子表面脱落，扩散到漆酚相中，进入链增长反应阶段，它也可以通过岐化作用形成漆酚和漆酚醌，这是成膜的第一阶段。

在成膜过程中，漆酶本身由氧化型 $En(Cu^{2+})$ 变成还原型 $En(Cu^{+})$，其中完全还原的 $En(Cu^{+})$ 虽已无氧化能力，但具有很高的氧亲和力，随即被氧化成 $En(Cu^{2+})$，并产生一分子水后漆酶恢复氧化能力，再次参与随后的界面氧化反应，形成酶促循环体系。这是一个典型的生物化学反应过程，其反应速率受漆酶活性的制约，这也是影响生漆干燥成膜速率的主要因子。

$$E—Cu^{2+}+HO—\phenyl—OH \longrightarrow E—Cu^{+}+HO—\phenyl—O^{-}+H^{+}$$

$$2HO—\phenyl—O^{-} \longrightarrow HO—\phenyl—OH + O=\phenyl=O$$

$$E—Cu^{+}+1/2O_2+2H^{+} \longrightarrow E—Cu^{2+}+H_2O$$

此外，漆酚不饱和侧链双键在有氧或氧供体存在的适当条件下可被氧化成氢过氧化物，氢过氧化物可与漆酚反应产生不饱和醇侧链漆酚苯氧自由基——漆酚不饱和侧链。这个反应与酶促反应相互交叉，共同构成了生漆干燥成膜的起始过程。

$$\overset{|}{\underset{OOH}{|}} + \phenol \longrightarrow \phenol^{-} + \overset{|}{\underset{OH}{|}} + {}^{-}OH$$

9.1.3.2　二聚反应阶段

漆酚二聚反应是生漆成膜过程中最重要的基元反应。进入漆酚相的漆酚苯氧自由基非常活泼，具有很高的氧化活性，在常温下易与邻苯二酚核及其侧链双键反应，形成以 C—C 或 C—O 连接的二聚产物。漆酚醌则可以夺取侧链亚甲基中的 H⁺ 形成芳核-侧链二聚产物。生成的漆酚二聚结构单元产物主要有 4 类：

①漆酚芳环-芳环　以—C—C—连接的联苯型二聚产物；

②漆酚芳环-芳环　以—C—C—及—C—O—C 偶合双苯并呋喃型二聚产物；

③漆酚芳环-侧链　以—C—或—C—O—连接二聚产物；

④侧链羟基化二聚产物。

由于其共轭效应及空间效应的作用，各种二聚体的得率也不相同。芳环间的二聚反应速度顺序为 $C_5>C_6>C_4$。而芳环与其侧链二聚反应速度顺序则为 $C_4=C_5>C_6$。

9.1.3.3　网络结构形成阶段

漆酚二聚体产物从连续相中吸收漆酶单体或其他产物，通过加聚、链增长、烷基化等反应生成三聚体或多聚体产物。由于漆酚中含有多个官能团，故这些反应既可以在分子间进行，也可以在分子内进行。随着反应时间延长，各漆酚单元彼此间通过 C—C 或 C—O 连接，致使聚合物链不断增长而形成生漆漆膜的初级粒子。这些初级粒子会不断聚合增大，数量剧减、迁移能力降低，进而导致已形成的粒子捕捉短链自由基或漆酚单体的速率下降、聚合提高，最后形成体型网状结构。

在生漆的成膜反应过程中，漆酚、漆酚苯氧自由基、漆酚二聚体及多聚体自由基产物，也可以进攻多糖、糖蛋白、漆酶等组分，通过各组分间的相互作用，以共价或氢键连接，形成了漆酚-多糖、漆酚-糖蛋白及漆酚-多糖-糖蛋白高分子复合物。

　　有研究发现，近表层漆酚多聚体各结构单元间以 C—O 键结合占多数，而在内层因缺氧，漆酚多聚体各结构单元间则以 C—C 键结合占多数，C—O 键结合较少，这种成膜特性，明显区别于化学合成涂料，具有特殊性。

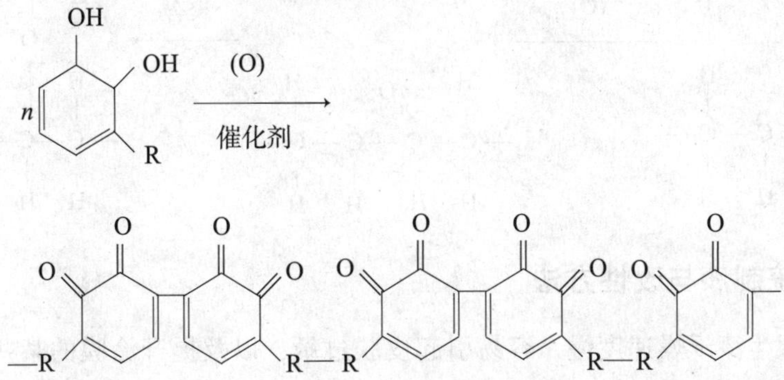

或是：

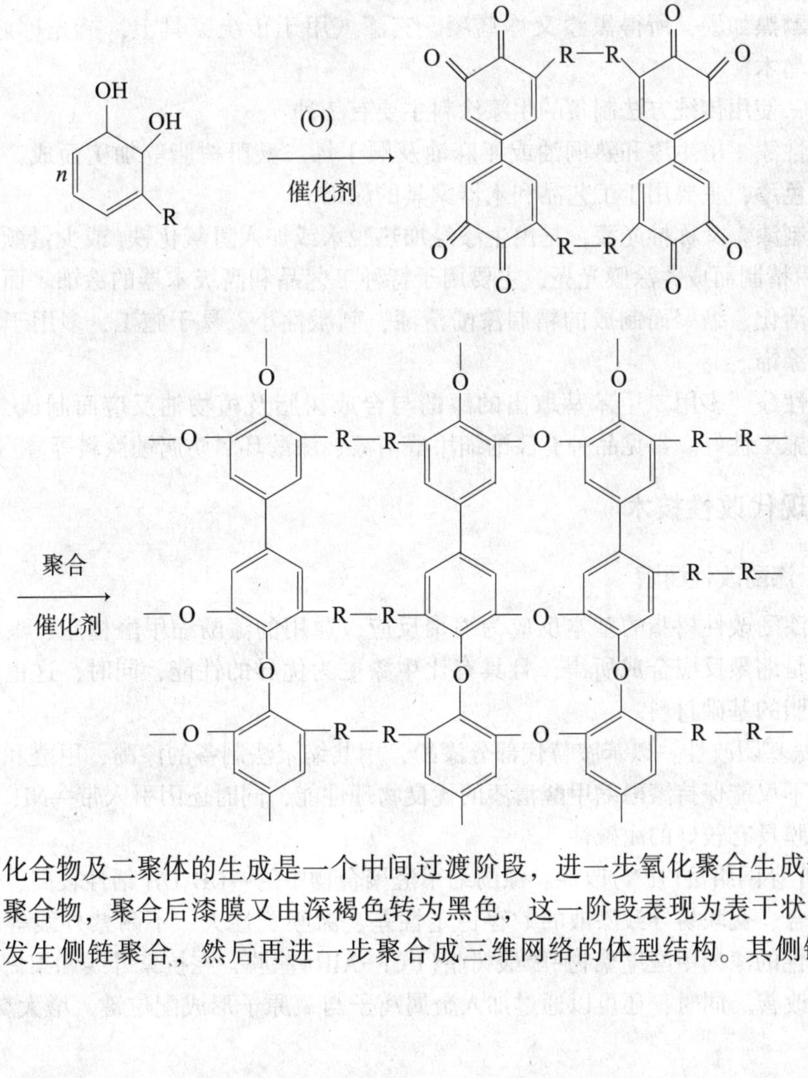

　　新型化合物及二聚体的生成是一个中间过渡阶段，进一步氧化聚合生成长链的或网状的高聚合物，聚合后漆膜又由深褐色转为黑色，这一阶段表现为表干状态，在此过程中会发生侧链聚合，然后再进一步聚合成三维网络的体型结构。其侧链聚合原理为：

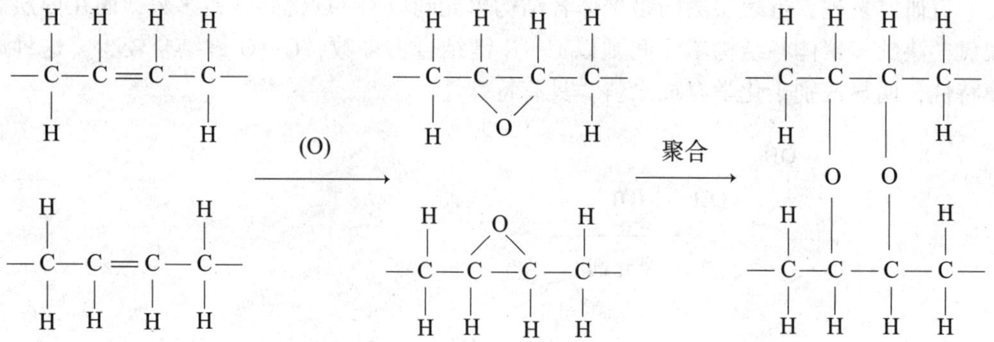

$$\xrightarrow{\text{(O)}} \qquad \xrightarrow{\text{聚合}}$$

9.1.4 传统制漆与改性方法

为了克服生漆干燥速度慢，容易引起皮肤过敏，以及提升涂膜的某些性能，一般都需将其加工和改性后再使用。

传统方法有 2 种：一是在生漆中加入墨烟；二是加入铁锈水使漆酚与氧化铁反应，拌匀后，黝黑如墨，所得黑漆又称乌漆、玄漆。用于传统家具上，揩光称之为黑玉，退光的叫乌木。

同时，使用传统方法制备的生漆涂料主要有 3 种：

①油性漆 由生漆和熟桐油或亚麻油及顺丁烯二酸酐树脂等加工而成，加入颜料可配成彩色漆，主要用于工艺品和木器家具的涂饰。

②精制漆 又称推光漆，是由生漆经加热脱水或加入氢氧化铁(或少量顺丁烯二酸酐树脂)后精制而成，涂膜光亮，主要用于特种工艺品和高级木器的涂饰。而生漆经加热脱水、活化、缩聚而制成的精制漆酚清漆，刺激性小、易于施工，多用于耐酸物面的防腐蚀涂饰。

③改性漆 多用二甲苯萃取出的漆酚与合成树脂及植物油反应而制成，毒性低、防腐蚀、施工性好。常见品种有漆酚缩甲醛清漆、漆酚环氧防腐蚀涂料等。

9.1.5 现代改性技术

9.1.5.1 漆酚改性树脂

合成漆酚改性树脂的基本反应为缩聚反应，通用的漆酚缩甲醛树脂、漆酚缩糠醛树脂等都是缩聚反应合成所得，且具有比生漆更为优异的性能，同时，这也是其他漆酚改性树脂的基础材料。

(1)氨基团改性：以苯胺替代部分漆酚，用共缩聚法制备的漆酚、甲醛和苯胺的共缩聚物，不仅能保持漆酚缩甲醛清漆的优良物理性能，同时还因引入带—NH_2的苯胺基团而使涂膜具有较好的耐碱性。

(2)互穿网络法(IPN)改性：漆酚缩甲醛聚合物中的—CH_2OH活性较高，因不饱和侧链易聚合、交联导致漆液的贮存稳定性差、涂膜脆性大、不耐紫外线等缺陷。使用 IPN 改性的漆酚甲醛缩聚物-醇酸树脂(PUF-AIR)涂膜，在抗紫外线和柔韧性方面得到明显的改善。同时，还可以通过加入金属离子与氧原子形成配位键，增大交联密度，提高涂膜的综合性能。用 $FeCl_3$ 对漆酚甲醛缩聚物-醇酸树脂 IPN 共混物进行改性，可提高涂膜的耐腐蚀性和抗溶剂性能；用多羟基丙烯酸树脂（MPA）和漆酚缩甲醛树脂（UFP）共混制备的 IPN 涂膜性能优异：硬度 6H、柔韧性 1mm、附着力 1 级。

（3）环氧改性：环氧改性漆酚树脂主要包括两类。

①酚羟基与环氧氯丙烷反应生成具有多环氧基的漆酚环氧树脂，在此过程中，酚羟基与环氧氯丙烷反应成醚，并进一步氧化成醌，因此涂膜色浅、柔韧、耐碱。将漆酚环氧树脂与丙烯酸进一步反应，所得到的漆酚基环氧丙烯酸树脂则具有更优异的性能。

②漆酚或漆酚缩醛树脂与环氧树脂共混，作为环氧树脂的固化剂参与交联反应。首先利用酚羟基与环氧树脂的环氧基、缩醛树脂中的羟甲基与环氧树脂中的羟基反应，交联成大分子，再用甲基醇将残存的羟基封闭。将中等分子质量环氧树脂 E-12 与漆酚糠醛树脂按 1∶2（质量比）混合，所制备的环氧改性漆酚糠醛树脂耐磨性能良好、柔韧性也有所提高。

（4）聚氨酯改性：利用苯环上的羟基及树脂中的活泼氢与异氰酸酯反应，可发生侧链双键交联，生成体型结构化合物。

将生漆与 2，4-甲苯二异氰酸酯（TDI）反应所合成的生漆/TDI 聚合物，具有比生漆更快的成膜速率和更优良的物理机械性能。同时，将生漆与聚氨酯按不同配比混合，涂膜的耐紫外线、耐水性与硬度得到极大提高。用异佛尔酮二异氰酸酯、聚乙二醇、漆酚、二羟基丙酸、乙二胺在一定条件下所合成漆酚/聚氨酯-脲（PUU）分散体系，漆膜的硬度及热降解性随着漆酚含量的增加也相应提高，且具有抑菌与耐腐性能。

9.1.5.2　水性化改性

水性涂料具有不污染环境、价格低廉、不易粉化、施工方便等优点。相反转技术可以实现生漆及改性树脂的水性化。以吐温 20/司班 20 为复合表面活性剂，能将漆酚缩甲醛聚合物乳化为水包油乳液，且乳液粒径小、分布均匀；以聚乙烯醇（PVA-124）作为乳化剂，通过相反转法可制备水性黑推光漆；以聚乙烯醇缩甲醛（PVFM）和苯乙烯-丙烯酸酯共聚物（SA）为乳化剂，可直接将生漆乳化成生漆基微乳液；以漆酚、环氧氯丙烷、聚乙二醇为原料合成的反应型漆酚基乳化剂，与聚乙烯醇（PVA）复配后可将生漆乳化成能直接用水稀释的乳液。但乳化剂的加入导致水性化生漆的漆膜性能有所下降。

9.1.5.3　与元素化合物反应改性

漆酚与元素化合物反应制备耐腐蚀、耐高温的优异涂料已有悠久的历史。如民间生漆就在生漆中加入 $Fe_2(SO_4)_3$ 制得黑度好、坚韧度高、成膜性能佳的黑推光漆。

漆酚的非金属元素化合物改性主要是以硅、氟、硼等元素化合物与漆酚发生酯交换反应：硼酸丁酯经酯与漆酚可合成硼酸漆酚；将有机硅树脂与漆酚混合，再与重金属（Au、Ag）胶体反应，合成的新型天然涂料避免了传统有色涂料易褪色的不足，且耐紫外线和耐水性能极佳；用烷氧基有机硅单体通过酯交换反应制备的防腐涂料，则具有优异的耐高温油介质、耐沸水性能。

漆酚与有机硅反应的基本原理为：

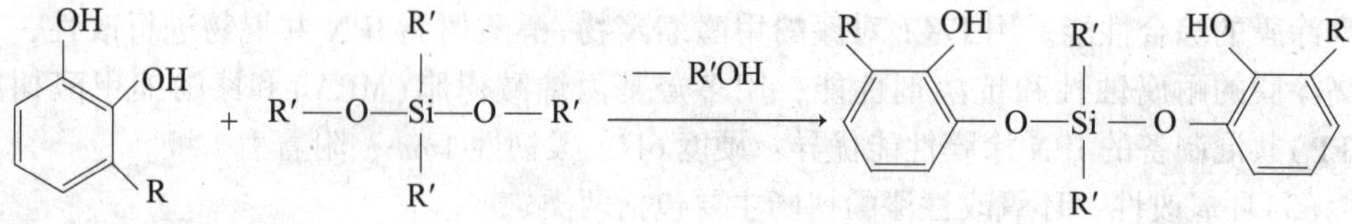

$$R=\!-\!C_{15}H_{27\text{-}31};\quad R'=\!-\!CH_3$$

9.1.5.4 纳米粒子改性

（1）纳米 TiO_2 改性：纳米 TiO_2 具有较强紫外线吸收功能，采用溶胶-凝胶法制备的漆酚缩甲醛聚合物/多羟基丙烯酸树脂/TiO_2 纳米复合涂料，继承了纳米 TiO_2 的这一功能，加之丙烯酸树脂的优良耐候性，该复合涂膜具有比漆酚缩甲醛聚合物涂膜更好的抗紫外线性能、常规物理力学性能。为了提高纳米 TiO_2 的分散性，采用阴离子表面活性剂十二烷基硫酸钠（SDS）改性，将纳米 TiO_2 表面转化为憎水表面，可制备分散均匀性较好的漆酚环氧-纳米复合涂料，而纳米 TiO_2 和漆酚缩醛环氧清漆之间存在着较强的氢键，故涂膜的各项性能均得到了大幅度的提升。

（2）纳米 SiO_2 改性：纳米 SiO_2 具有优良的耐磨性，与生漆共混后能在一定程度上改善涂膜的性能。当纳米 SiO_2 与生漆的质量比为 0.5%、干燥温度 50℃ 时，涂膜的附着力为 1 级、硬度为 4H、抗冲击强度为 45kg·cm，涂膜光泽度接近亚光。

（3）有机蒙脱土改性：以漆酚、六次甲基四胺和有机蒙脱土为原料，用溶液插层聚合法制备漆酚钛聚合物/蒙脱土纳米复合材料，能有效改善了漆酚钛抗腐蚀涂料抗紫外线性能。有研究表明，该涂膜在波长 253.8nm 的紫外灯下连续照射 600h，均未发现粉化、开裂、脱落和起泡等现象。

（4）金属化合物改性：将钛、锡、铝、钼及一些稀土金属化合物与杂化材料分散到漆酚改性树脂中，可制成具有良好的机械、光、电、磁和催化等功能特性的有机/无机纳米杂化涂料。

漆酚与金属化合物直接反应法：主要是用漆酚羟基与金属离子的配位反应，生成漆酚金属配位物后再发生漆酚的侧键交联反应，生成漆酚金属高聚物。采用该方法可合成漆酚铜、铝、铁、钛、硅、锡、锆等不同价态金属的漆酚高聚物，如采用漆酚与四氯化钛合成漆酚钛螯合高聚物，其模拟反应如下：

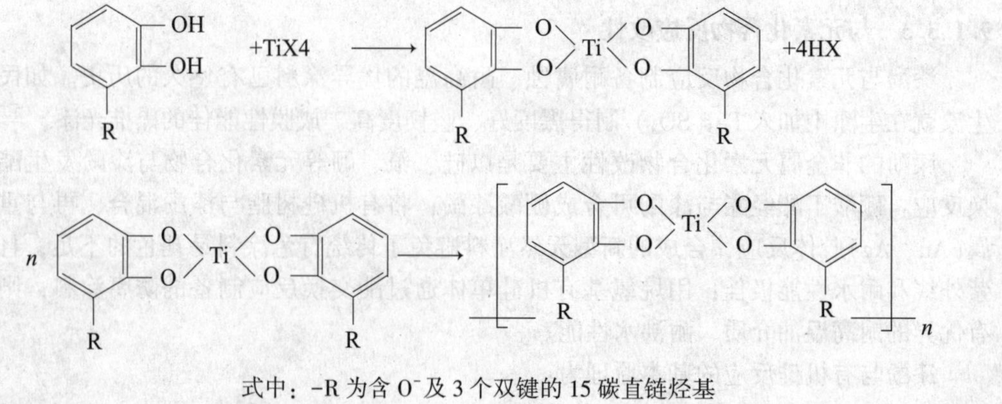

式中：-R 为含 O⁻ 及 3 个双键的 15 碳直链烃基

漆酚钠与金属化合物反应法：用漆酚与氢氧化钠反应生成漆酚钠，然后与金属化合物反应生成漆酚金属配位物，再进一步交联固化为漆酚金属高聚物，可以在水溶液中合成钴、镍、锰、铬、钼等漆酚高聚物，如与硝酸钴的反应简式如下：

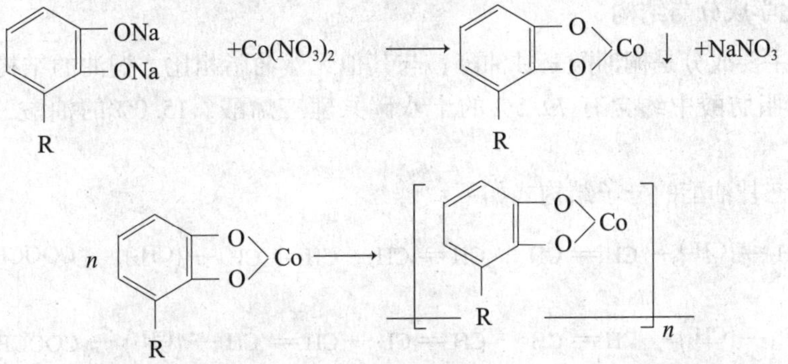

此外，漆酚金属高聚物的合成为生漆在高性能材料方面的应用提供了新的途径。通过对结构与特异性的研究及新功能材料的开发，漆酚金属高聚物有望在功能新材料领域获得更大的发展。

9.2　桐油

桐油是油桐树(*Aleurites fordii*)种子所榨取的天然植物油，能在空气中氧化聚合生成致密的涂膜。

桐油具有干燥快、比重小、光泽度好、附着力强、耐热、耐酸、耐碱、防腐、防锈、不导电等优良特性。传统上多用来作为木制品涂料，同时也是制造油布、油纸以及调制用于镶嵌缝隙的油泥等防水材料的重要原材料。桐油在现代工业中多用于制造家具与木制品涂料、油墨、合成树脂等。

桐油的外观易与食用植物油相似，极易误食中毒，所含的桐酸和有毒皂素对黏膜有刺激性，可损害肝、肾。我国桐油年产量达 $10 \times 10^4 t$ 以上，占世界桐油产量的80%，占世界销售量的60%。

9.2.1　天然桐油

9.2.1.1　制备与分类

桐油的制备主要是油桐树果实经机械压榨加工、提炼而成，整个过程为物理方法。

桐油分生桐油和熟桐油两种，生桐油用于医药和化工；熟桐油由生桐油加工而成，可代替清漆和油漆等涂料，直接用于室内外木制品及其他物品的防护与装饰。从外观上判断，熟桐油黏稠，且颜色较深，呈深咖啡色。其中，熟桐油又可分为纯熟桐油和混合熟桐油 2 种：

（1）纯熟桐油：将桐子炒熟后榨油，不添加任何化学成分，适合环保无污染装修，尤其适合室内。

（2）混合熟桐油：属于合成涂料的一种，按照 2：2：6 的方法勾兑，即将 20% 的清漆+20% 的松香+60% 的桐油加热到 260℃ 进行熬制、冷却、过滤而成。混合熟桐油有强烈的气味，3~6 个月刺激性气味方可散出，且颜色较深，故已经很少使用了。

9.2.1.2　化学成分与结构

桐油的主要成分是桐油酸三甘油酯，与其他天然油脂相比，桐油的结构比较特殊，组成桐油的脂肪酸中约含有 79.5% 的十八碳共轭三烯酸，15.0% 的油酸，5.5% 的饱和酸。

桐油酸三甘油酯的分子结构式如下：

$$CH_3-(CH_2)_3-CH=CH-CH=CH-CH=CH-(CH_2)_7-COOCH_2$$

$$CH_3-(CH_2)_3-CH=CH-CH=CH-CH=CH-(CH_2)_7-COOCH$$

$$CH_3-(CH_2)_3-CH=CH-CH=CH-CH=CH-(CH_2)_7-COOCH_2$$

桐油

桐油分子结构具有共轭双键、羧基等官能团，能发生 Diels-Alder、Friedel-Crafts、自由基聚合、氧化聚合、酰胺化和酯交换等反应。桐油的主要组成桐油酸三甘油酯在碱、酸作用下能水解成为含有 3 个共轭双键的不饱和桐油酸，同时，分子结构中的共轭双键邻近碳原子上氢与 O_2 作用下生成的氢过氧化物分解产生自由基，引发聚合反应。因此，可根据桐油分子结构特点，利用加成、缩聚、酯化等原理对其进行改性。

9.2.2　桐油改性树脂涂料

桐油虽然具有用途广泛、绿色环保等优势，但也存在着涂膜质软、耐久性比人工合成树脂差等不足。而桐油本身具有氧化聚合的特性，不但能引发自身的聚合反应，还可与其他单体共聚。因此可通过改性的方法来提高性能，如桐油改性醇酸树脂、聚氨酯、环氧树脂和硅氧烷树脂等均具有较大的优势。这与引发剂（催化剂）引发的共聚合反应不同，是一种全新概念的"绿色"聚合方法，生成的产物甚至具有一定的生物降解功能。

9.2.2.1　桐油改性水性光固化树脂

（1）合成桐油酸酐：以桐油和顺丁烯二酸酐为原料，通过 Diels-Alder 加成反应，合成桐油酸酐（棕黄色黏稠产物），反应方程式如下所示（以质量比为 1：3 反应为例）：

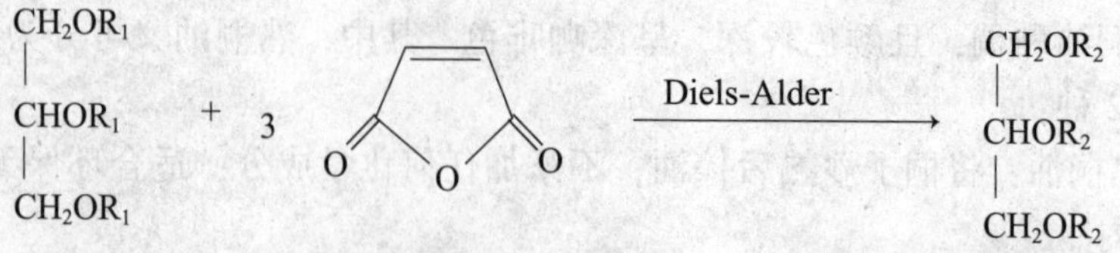

$$R_1: CH_3-(CH_2)_3-CH=CH-CH=CH-CH=CH-(CH_2)_7-\overset{\displaystyle O}{\overset{\|}{C}}-$$

$$R_2: CH_3-(CH_2)_3-CH-CH=CH-CH-CH=CH-(CH_2)_7-\overset{\displaystyle O}{\overset{\|}{C}}-$$

（2）合成桐油基水性光固化树脂：以上述桐油酸酐、丙烯酸羟乙酯、三乙胺为主要原料、以催化剂四丁基溴化铵、4-甲氧基酚为催化剂，并用三乙胺进行中和反应，合成水性光固化树脂，以桐油酸酐∶丙烯酸甲酯∶丙烯酸羟乙酯∶三乙胺=1∶3∶3∶3（质量比），其反应式为：

$$\begin{matrix} CH_2OR_2 \\ | \\ CHOR_2 \\ | \\ CH_2OR_2 \end{matrix} + 3\ CH_2=CHCOOCH_2CH_2OH \xrightarrow{\text{TBAB, MEHQ}} \begin{matrix} CH_2OR_3 \\ | \\ CHOR_3 \\ | \\ CH_2OR_3 \end{matrix}$$

$$R_3: CH_3-(CH_2)_3-CH-CH=CH-CH-CH=CH-(CH_2)_7-\overset{\displaystyle O}{\overset{\|}{C}}-$$
$$\qquad\qquad HOOC \qquad\qquad COOCH_2CH_2OOCCH=CH_2$$

$$\begin{matrix} CH_2OR_3 \\ | \\ CHOR_3 \\ | \\ CH_2OR_3 \end{matrix} + 3\ N(CH_2CH_3)_3 \xrightarrow{45\text{℃, }15min} \begin{matrix} CH_2OR_4 \\ | \\ CHOR_4 \\ | \\ CH_2OR_4 \end{matrix}$$

$$R_4: H_3C-(CH_2)_3-CH-CH=CH-CH-CH=CH-(CH_2)_7-\overset{\displaystyle O}{\overset{\|}{C}}-$$
$$(CH_3CH_2)_3NH^+OOC \qquad COOCH_2CH_2OOCCH=CH_2$$

所得到的乳液贮藏稳定性大于 6 个月，亲水性较好，粒径分布均匀，光固化时间 20~25s，涂膜透明，光泽度均大于 0.900，附着力为 3 级，耐冲击性达到 50kg·cm，柔韧性达到 0.5mm，耐水性达到 48h 以上。

9.2.2.2 桐油改性酚醛与醇酸树脂

（1）改性酚醛树脂：酸催化下，烷基苯酚与桐油的共轭双键发生亲核取代反应，单甲基苯酚的反应活性为 2-甲基苯酚>3-甲基苯酚>4-甲基苯酚，这为桐油改性酚醛树脂提供了理论依据。

桐油中的共轭三烯在酸催化下与苯酚发生 Friedel-Crafts 反应，其中残留的双键由于空阻效应，参加反应的几率很小。然后在碱催化下进一步与甲醛反应，生成桐油改性酚醛树脂。与普通酚醛树脂相比，其柔韧性、抗热衰退性能、耐磨性均得到相应提高，而且耐热指数提高 30%，热解活化能提高 60%~80%，有望作耐高温摩擦材料。同时，可利用桐油-硼对酚醛树脂实施双重改性，桐油-硼的引入能够有效地提高酚醛树脂的初始热分解温度，耐热性得到大幅度提高，且酚醛树脂的柔韧性、磨损性均得到了改善。

利用 Diels-Alder 加成反应，将双马来酰亚胺等亲二烯体引入到桐油分子中，形成桐油酰亚胺。再将脱水的线性酚醛树脂高温脱水生成次甲基醌，桐油酰亚胺和次甲基醌可以再次进行 Diels-Alder 加成反应，形成桐油酰亚胺酚醛树脂。反应机理为：

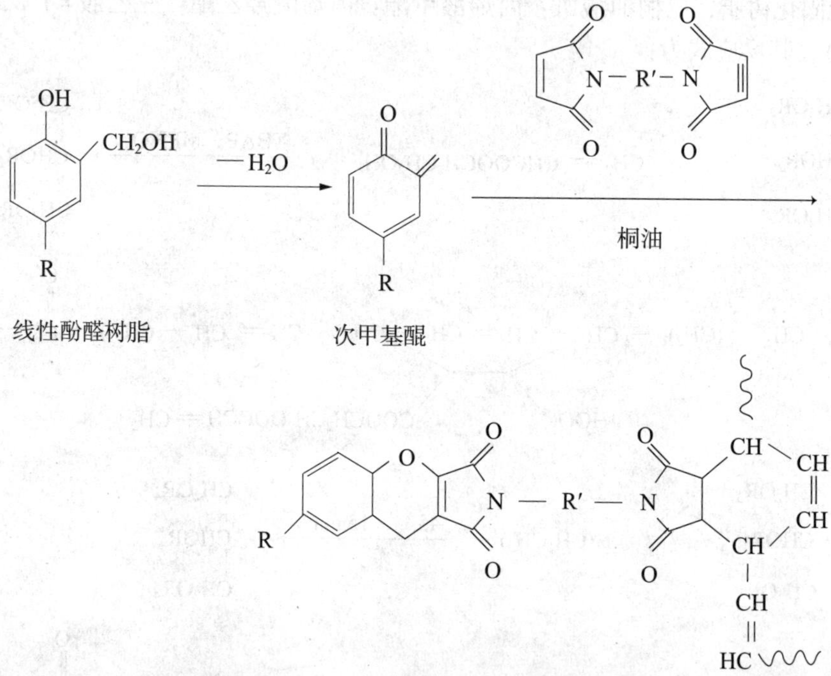

线性酚醛树脂　　　　　　　　次甲基醌

(2) 桐油改性醇酸树脂：醇酸树脂是以植物油或不饱和脂肪酸、多元醇、多元酸等为原料，经缩合酯化反应制备而成的合成树脂。以醇酸树脂为基料制备的涂料，涂膜光泽度高、附着力好、柔韧性佳，可用于木器、金属的表面涂装。但硬度低、耐水性差、干燥性能不理想等不足也限制了其应用范围。桐油中含有的碳碳共轭双键性质较活泼，将其引入醇酸树脂中，可利用不饱和碳碳双键的多种化学反应对醇酸树脂进行改性。

为了改善普通 B 级醇酸树脂浸渍漆的耐热指数，传统方式多采用赛克进行改性，可使其提高至 F 级，但改性后的体系固化温度较高，干燥时间较长。但用桐油采用二步合成法对其进一步改性，不仅可以有效地提高树脂的机械强度、改善了耐化学药品性，还能够缩短干燥时间、降低烘烤温度。

而以桐油为主要原料，采用醇解法合成桐油基醇酸树脂，再利用桐油中共扼双键的活性与苯乙烯发生共聚反应，制备的苯乙烯-桐油基醇酸树脂，具有干燥快、耐水性好、硬度高等优异性能。

多元酸、多元醇先缩合成聚酯，再利用桐油上的共轭双键与聚酯分子链上的双键发生双烯加成（Diels-Alder）反应，制备桐油改性水性醇酸树脂，其中，Diels-Alder 加成反应如下所示：

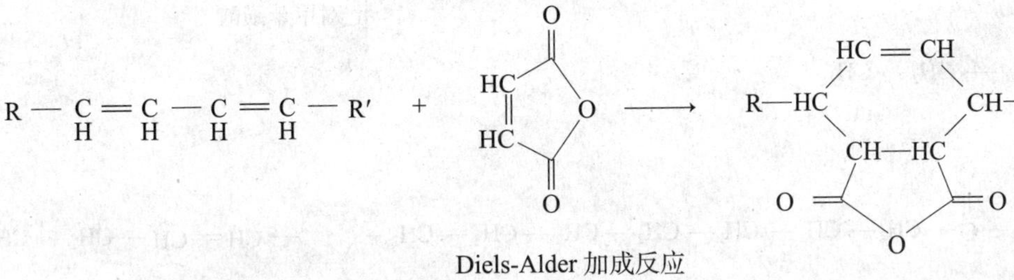

Diels-Alder 加成反应

9.2.2.3　桐油基聚氨酯

以桐酸甲酯为原料，桐酸甲酯与马来酸酐在 AlCl$_3$ 为催化剂的条件下发生 Diels-Alder 反应制备桐油-马来酸酐，其反应机理如下：

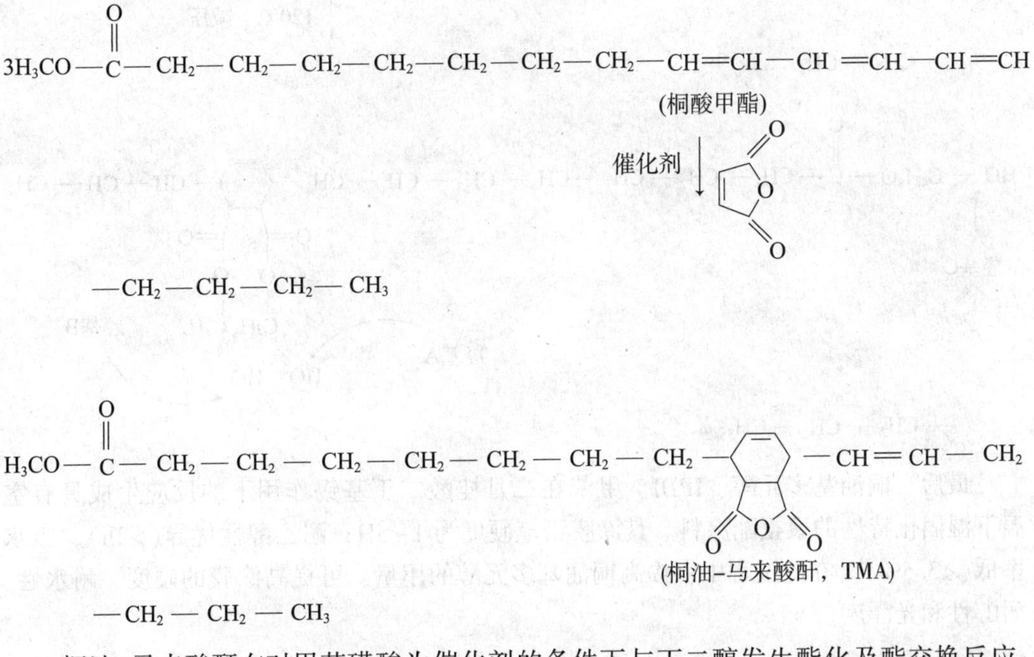

（桐酸甲酯）

催化剂

（桐油-马来酸酐，TMA）

桐油-马来酸酐在对甲苯磺酸为催化剂的条件下与丁二醇发生酯化及酯交换反应，最终使桐油-马来酸酐分子链带上 3 个羟基，生成桐油基多元醇。首先是酸酐基与丁二醇的酯化，这一步反应较易进行，一般认为在适当温度下即可完成，反应产物为酸酐的半酯化，生成羟基 A，同时生成 1 个羧基；在较高的温度和真空条件下，羧基还可以和丁二醇发生进一步的酯化反应生成羟基 B，同时桐油-马来酸酐分子链端位的甲酯基还可以和丁二醇发生酯交换反应，再引入 1 个羟基——羟基 C。反应原理为：

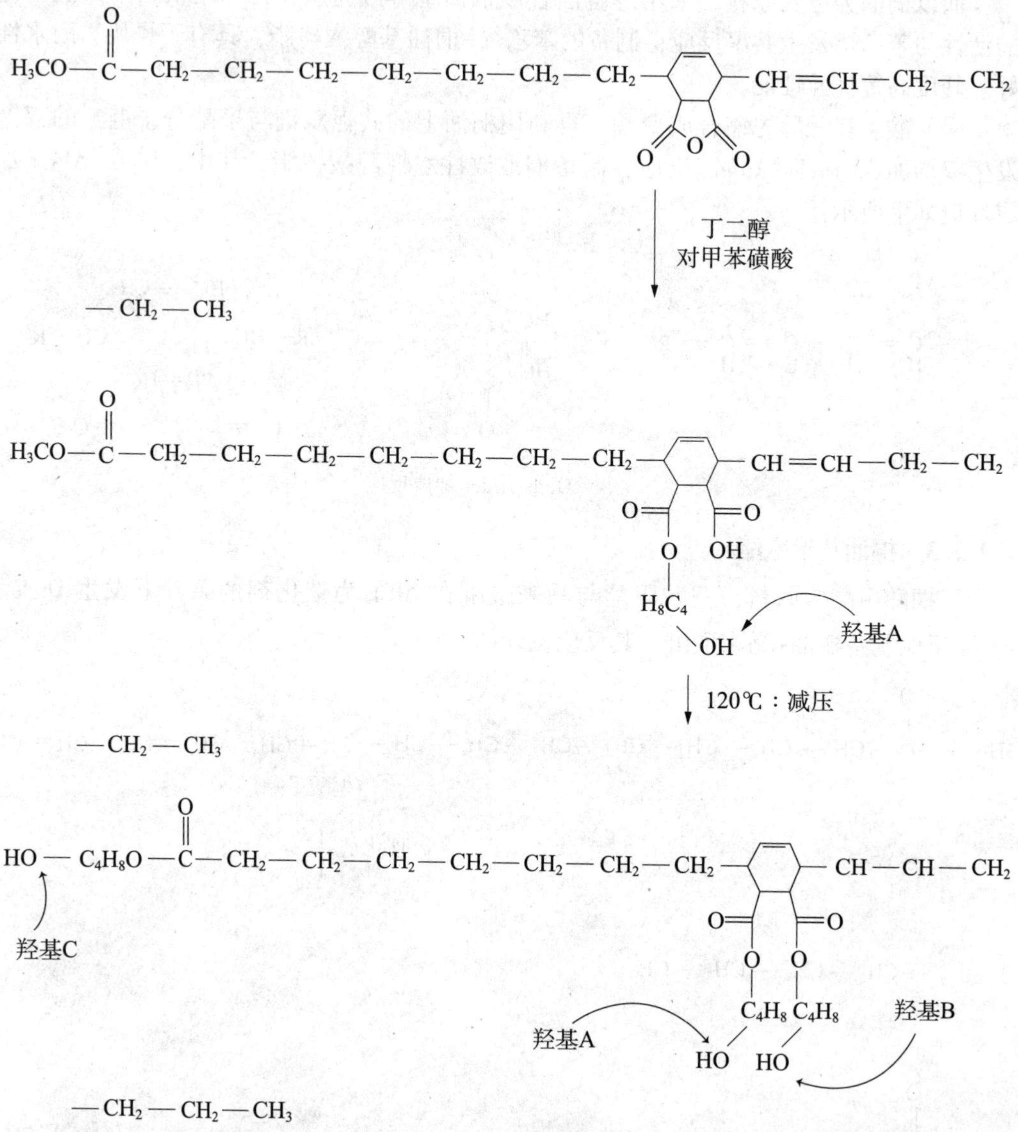

$$\text{H}_3\text{CO}-\overset{\displaystyle O}{\overset{\|}{C}}-\text{CH}_2-\text{CH}_2-\text{CH}_2-\text{CH}_2-\text{CH}_2-\text{CH}_2-\cdots-\text{CH}=\text{CH}-\text{CH}_2-\text{CH}_2$$

丁二醇
对甲苯磺酸

$-\text{CH}_2-\text{CH}_3$

$$\text{H}_3\text{CO}-\overset{\displaystyle O}{\overset{\|}{C}}-\text{CH}_2-\text{CH}_2-\text{CH}_2-\text{CH}_2-\text{CH}_2-\cdots-\text{CH}=\text{CH}-\text{CH}_2-\text{CH}$$

羟基A

120℃：减压

$-\text{CH}_2-\text{CH}_3$

$$\text{HO}-\text{C}_4\text{H}_8\text{O}-\overset{\displaystyle O}{\overset{\|}{C}}-\text{CH}_2-\text{CH}_2-\text{CH}_2-\text{CH}_2-\text{CH}_2-\cdots-\text{CH}-\text{CH}-\text{CH}_2$$

羟基C

羟基A　　羟基B

$-\text{CH}_2-\text{CH}_2-\text{CH}_3$

最后，桐油基多元醇、IPDI、甲苯在二月桂酸二丁基锡作用下的反应生成具有室温下湿固化特性的聚氨酯涂料。其涂膜铅笔硬度为 1～5H，耐乙醇性优异(>2h)，吸水率低(<3.5%)。在此过程中，提高桐油基多元醇的用量，可提高涂膜的硬度、耐水性、耐醇性和光泽度。

9.3　松香

松香是以松树松脂为原料、通过不同的加工方式得到的非挥发性天然树脂，是一种价格低廉、主要由树脂酸(枞酸、海松酸)、少量脂肪酸、松脂酸酐和中性物等组成的混合物，属于可再生植物资源。

9.3.1　天然松香

　　将松树树干内部流出的树脂经高温熔化成液态、干结后变成块状后得到的焦黄至淡棕色固体，不溶于冷水，微溶于热水，但可溶于乙醇、乙醚、甲苯等多种有机溶剂。

　　天然松香按其来源分为脂松香、木松香和浮油松香 3 种。脂松香颜色浅、酸值大、软化点高；木松香又称浸提松香，质量不如脂松香，颜色深，酸值小，且易从某些溶剂中结晶；浮油松香又称妥尔油松香，从碱法制木浆时所残余的黑液中制得。树脂酸（$C_{19}H_{29}COOH$）占松香的主要成分的 90% 左右，属不饱和酸，含有共轭双键，强烈吸收紫外光，在空气中能自动氧化或诱导后氧化。

　　松香具有刚性很强的三元环菲状化学结构，一般可作为重要的化工原料来替代某些石化产品而用于高分子材料合成，在油墨、涂料、表面活性剂、助剂等方面应用广泛。但松香的这种环状菲结构同时也易导致不饱和共轭双键发生氧化反应使得产品颜色变深以及软化点降低、耐温性变差。因此，在研究松香改性时要有针对性的避免这些缺陷。

　　目前，在树脂与涂料方面，研究较多的是松香改性醇酸树脂、酚醛树脂、聚氨酯以及丙烯酸酯等。

9.3.2　松香改性树脂涂料

9.3.2.1　松香改性醇酸树

　　醇酸树脂由多元醇、多元酸与脂肪酸制成，主要应用在涂料领域。采用植物油及其脂肪酸改性醇酸树脂涂料存在涂膜干燥速度慢、硬度低、耐水性差、耐候性不佳等不足。利用松香丙烯酸或马来酸酐的加成产物来代替苯酐与多元醇制备的松香基醇酸树脂，涂膜性能优异。

　　有研究表明，用松香、亚麻油季戊四醇为基料、以 LiOH 为催化剂进行醇解后，再与对辛基酚醛与甲醛在碱性条件下、65～70℃缩合成松香改性醇酸树脂，软化点大幅度提高，可达 150℃。而用马来海松酸酐、植物油等与丙烯酸预聚物通过单甘油酯法合成了松香改性丙烯酸基醇酸树脂，软化点为 145～170℃，且涂膜具有干燥时间短、附着力强、漆膜丰满、硬度强、耐冲击性等优点。

　　将醇酸树脂低聚物与改性松香树脂反应，得到的改性松香-醇酸树脂具有颜色浅、软化点高、脆性小的特点，适宜作为路标涂料的成膜物质。化学反应方程式如下：

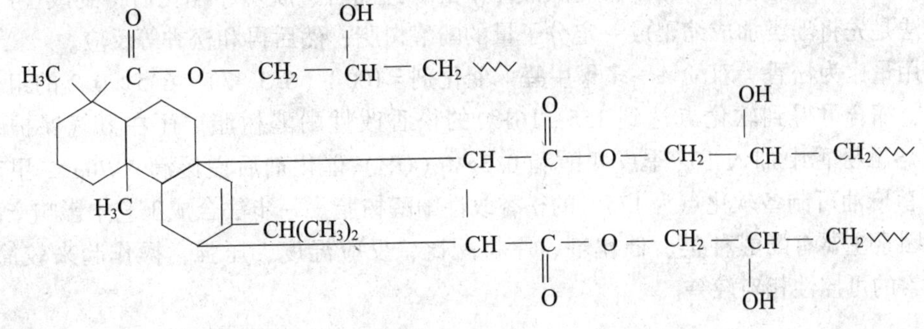

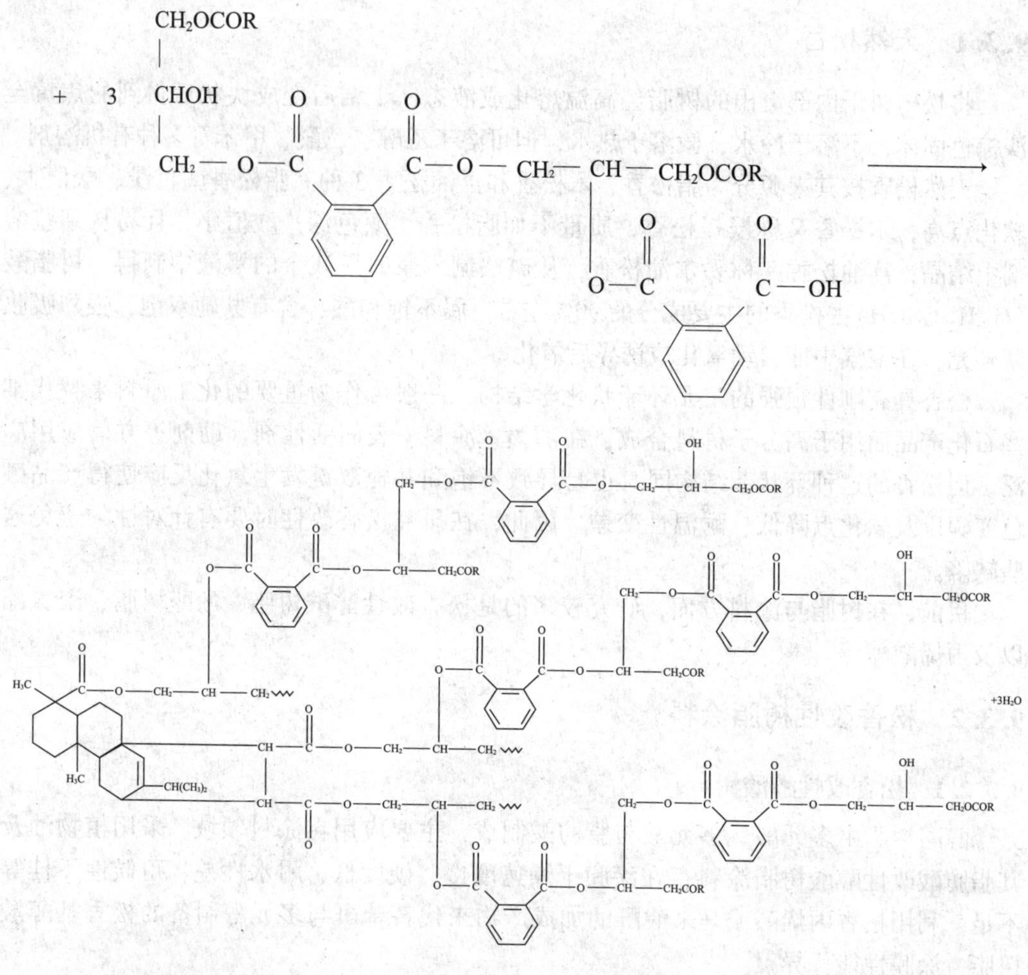

其中R为 ——(CH₂)CH＝CHCH₂CH＝CH(CH₂)₄CH₃

9.3.2.2　松香改性酚醛树脂

松香改性酚醛树脂是树脂酸中的双键与酚醛缩合物分子苯环上的羟基和末端羟甲基发生 Diels-Alder 加成反应，可视为碱催化得到的酚醛缩合物与松香树脂酸分子加成的产物。

在实际生产中，松香改性酚醛树脂主要有两种方法：一步法和两步法。一步法为将酚直接加入熔融松香树脂中，滴加液体甲醛，经缩合、脱水、酯化后得到改性产品；两步法是先将酚类加成缩聚成一定分子量的酚醛树脂，然后再和松香等反应。

用量比为松香：双酚 A：多聚甲醛：催化剂＝100：(6.5~7)：6.5：0.2 的组分为原料，缩合可得到软化点达到 155~161℃ 的松香改性酚醛树脂。而在氮气保护下向 100g 熔融松香中加入 10g 季戊四醇和 0.3gMg(OH)₂ 催化剂后慢慢滴入 70g 二甲苯和 3.3g 蓖麻油可制备软化点为 175℃ 的松香改性酚醛树脂。一步法合成工艺中影响产品性能的因素主要有酚醛种类、催化剂、原料配比、反应温度、压强，操作起来较简单，但因素的可控性相对较差。

在两步法合成中，首先是催化聚合生成低分子量树脂，然后加入到以松香或聚合松香为主要原料的反应体系中，可合成得到软化点大于 170℃ 的松香基酚醛树脂功能材料。反应机理为：

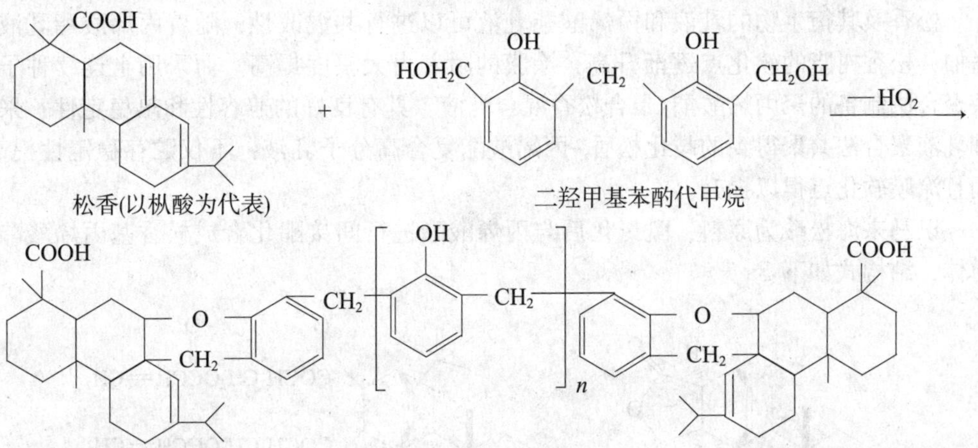

松香(以枞酸为代表)　　　　二羟甲基苯酚代甲烷

如利用酚醛摩尔比为 1∶1.5 的叔丁基苯酚和甲醛首先合成酚醛树脂，然后在催化剂存在的条件下和熔融松香反应制备具有自凝性的松香改性酚醛树脂。

两步法具有每步均具有可控性的优点，但制备低分子量酚醛缩合物过程中须用酸中和，并用大量水多次漂洗除盐后才能进行下一步反应，因此会产生大量的废水，且生产周期长、成本高。

9.3.2.3 松香改性聚氨酯

松香改性聚氨酯材料的研究发展迅速，目前可以用松香基多元醇作为主要原料制备松香酯多元醇，并部分代替聚醚多元醇。这些改性多集中在提高软化点和耐热性的研究上，有研究表明：松香-聚氨酯树脂的软化点随着聚氨酯用量的增加而逐渐升高，稳定性和耐热性也显著改善。

将马来海松酸和对氨基苯甲酸反应生成二元酸，再与丁二醇进行缩合生成预聚体，随后进一步与聚丁二酸丁二醇酯进行共聚制备出主链中含有三菲环结构的松香基聚酯，随着马来海松酸量的增加，结晶温度、结晶度以及熔融温度都降低。反应式如下：

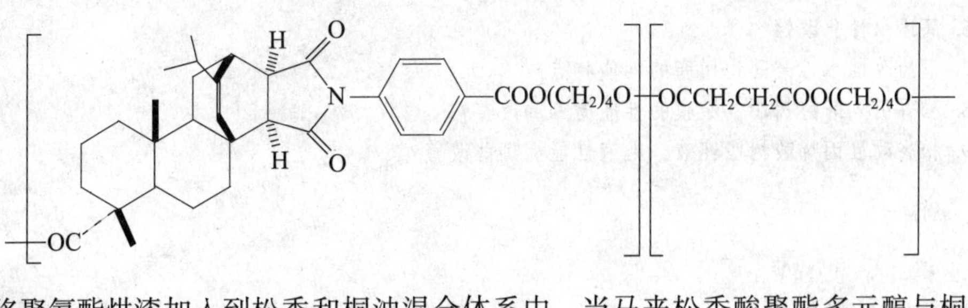

将聚氨酯烘漆加入到松香和桐油混合体系中，当马来松香酸聚酯多元醇与桐油酸酐酯多元醇的质量比为 3∶1 时制备的松香综合改性聚氨酯烘漆除了使得其硬度、光泽及耐热性提高，柔韧性和抗冲击性能也得到显著改善，具有更加优异的综合性能。

聚氨酯涂膜中引入松香，可增加漆膜的附着力、减少漆膜起皱、提高漆膜的光泽和干燥速率。

9.3.2.4　松香改性丙烯酸酯乳液

松香及其衍生物的乳液和丙烯酸酯乳液可以进行共混改性，随着丙烯酸酯乳液的增加，松香树脂的软化点逐渐升高，涂膜的附着力大幅度提高。而采用半连续种子乳液聚合法制备的聚丙烯酸酯/聚合松香混合乳液，具有良好的兼容性和热稳定性；采用细乳液聚合法共聚得到的歧化松香-丙烯酸酯复合高分子乳液，不仅贮存稳定性提高，而且涂膜软化点得以提升。

以马来海松酸为原料，酰氯化后与丙烯酸酯进行间接酯化合成松香基丙烯酸酯类单体，结构式如下：

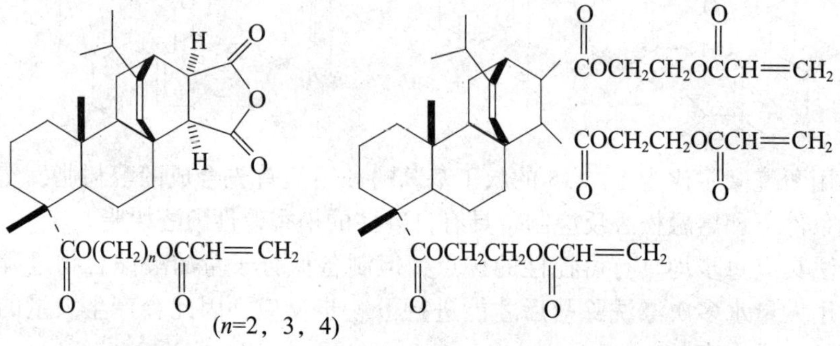

马来海松酸　　　　　　　　松香基丙烯酸酯类单体

在引发剂作用下，将合成单体还能与甲基丙烯酸甲酯进行共聚。

思 考 题

1. 天然生漆有哪些优异性能？
2. 生漆的主要成分有哪些？
3. 简述生漆的成膜机理。
4. 互穿网络法可使生漆的哪些性能得到改性？
5. 结合化学反应式简述有机硅改性漆酚的机理。
6. 简述水性化改性？
7. 桐油改性水性光固化树脂的性能特点。
8. 松香引入酚醛树脂，涂膜的性能有哪些改善？
9. 松香改性丙烯酸树脂乳液，乳液性能有哪些改善？

第 10 章

常用溶剂型涂料

溶剂型涂料是指涂料中含有可挥发性溶剂的一类涂料，具有成膜与干燥速度快、涂膜丰满、硬度高，耐温、耐湿、耐磨性好，可用于多种材料的防护与装饰。常用的品种有调和漆、硝基树脂涂料、丙烯酸树脂涂料、聚氨酯树脂涂料、聚酯树脂涂料、环氧树脂涂料等多种。其不足主要是在施工过程中有机溶剂的挥发会对施工员和环境造成影响，部分溶剂型涂料正被低 VOC 和水性涂料所代替。

10.1　常用调和漆

调和漆是一种人工合成涂料，其质地较软，遮盖力强，耐久性好，耐腐蚀、耐晒，长久不裂，易于施工。调和漆分油性调和漆和磁性调和漆两种：用干性油、颜料等制成的叫做油性调和漆；用树脂、干性油和颜料等制成的叫做磁性调和漆。磁性调和漆涂膜较硬、光亮平滑，但耐候性不如油性调和漆。常用的品种有酚醛树脂涂料和醇酸树脂涂料。

10.1.1　酚醛树脂涂料

酚醛树脂涂料是由酚醛树脂、干性油、溶剂、催干剂等制得。由于所用酚醛树脂的类型不同，所制得的涂料有以下 3 类品种：

10.1.1.1　油溶性酚醛树脂涂料

用取代酚（如对苯基苯酚或对叔丁基苯酚）与甲醛经缩聚反应所制的油溶性酚醛树脂、干性油、催干剂及有机溶剂（主要是二甲苯及松香水）等原材料而制成的涂料。其涂膜硬而有韧性、干燥快、附着力强，耐候性稍次于醇酸树脂涂料，而耐水性、耐化学腐蚀性则远高于醇酸树脂。根据含油量不同，可分为短油度、中油度、长油度三类。其共同特点是涂膜坚固耐用，有着良好的抗碱性、抗海水性和耐潮性。主要作防腐、防水及绝缘涂料用，在船舶、桥梁、车辆、化工设备、电器绝缘等方面应用广泛。

现使用较普遍的品种比较多，常用几种的主要成分与性能见表 10-1。

10.1.1.2　醇溶性酚醛树脂涂料

用醇类溶剂对热固性或热塑性酚醛树脂进行醚化改性，然后将其溶于醇、苯类溶剂中所制得的涂料。单独用醇溶性酚醛树脂制备的涂料，涂膜具有很好的耐水、耐酸性，但脆性大，且需高温烘烤后才能固化成涂膜。为了改善其韧性常与油或其他合成树脂配合使用，故所制得的涂料具有良好的耐腐蚀性，且涂膜坚韧，附着力强。常用几种产品的主要成分与性能见表 10-2。

表 10-1　常用油溶性酚醛树脂涂料主要成分与性能

常用牌号	主要成分	主要性能
F01-15	中油度纯酚醛树脂油溶液、催干剂、二甲苯等	涂膜可自干亦可烘干，涂膜坚硬、光泽度高、耐水性好
F04-11	纯酚醛树脂的干性油溶液、颜料、加入催干剂、二甲苯等	涂膜具有良好的耐水与耐候性，光泽艳丽，附着力强，用于涂饰要求耐潮的木制品及金属制品
F06-9	纯酚醛油溶液、锌黄或铁红颜料、体质颜料、催干剂、二甲苯等	涂膜具有很好的附着力、耐水性及防锈能力。其中锌黄色用于铝合金制品的涂饰，铁红用于钢铁制品涂饰

表 10-2　常用醇溶性酚醛树脂涂料主要成分与性能

常用牌号	主要成分	主要性能
F01-16	热塑性酚醛树脂、乙醇、增塑剂、醇溶性染料	涂层干燥快，涂膜耐油性和绝缘性能好，专用于浸涂发电机绝缘纸
F01-30、F01-36	热固性酚醛树脂、乙醇、增塑剂等	需烘干，附着力强，防潮性、绝缘性佳，多用于电器元件的涂饰

10.1.1.3　松香改性酚醛树脂涂料

由松香改性的酚醛树脂、干性油、催干剂、有机溶剂等所制成的涂料。松香改性酚醛树脂一般用热固性酚、醛缩合物跟松香进行反应，再用甘油或季戊四醇等多元醇进行酯化而成。

松香改性酚醛树脂是松香中的双键与酚醛缩合物分子苯环上的羟基和末端羟甲基发生加成反应，因此，松香改性酚醛树脂是在碱催化条件下进行，最后得到酚醛缩合物与松香树脂酸分子加成的产物，反应式如下：

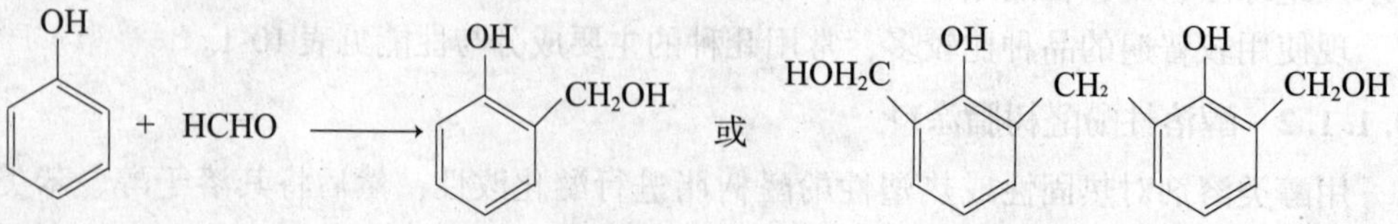

羟甲基酚　　　　　　　　　二羟甲基苯酚代甲烷

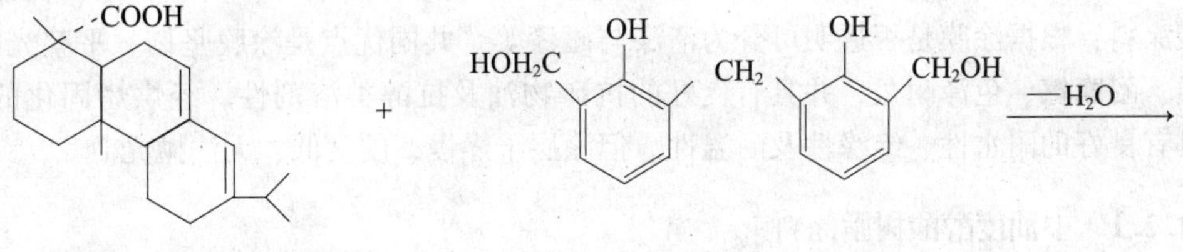

松香(以枞酸为代表)　　　　　　二羟甲基苯酚代甲烷

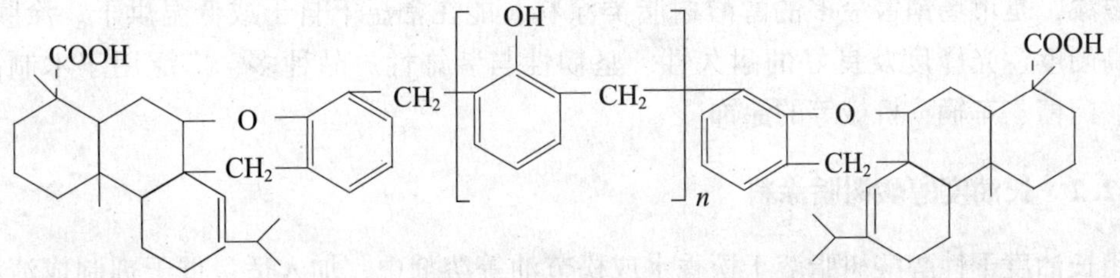

　　由于酚醛缩合中的酚与醛的品种及配比不同、酚醛缩合物跟松香的配比不同、酯化反应所用醇的品种及酯化程度的不同，可制成各种不同性能的松香改性酚醛树脂。

　　根据松香改性酚醛树脂跟干性油(如桐油、亚麻油)的配比不同，所配制的涂料又可分为短、中、长油度，市场上所谓的酚醛树脂涂料主要是指这类。可广泛用作木制品、金属制品、室内装饰、交通工具、美术绘画、电器绝缘等涂饰，涂层即可以常温固化，也可烘干固化。不同油度松香改性酚醛树脂涂料的基本性能见表 10-3。

表 10-3　不同油度松香改性酚醛树脂涂料的基本性能

种类	配比	代表品种	主要性能
短油度	树脂：油＝1：2 以下	F01－14 酚醛清漆、F04－13 各色酚醛内用磁漆等	涂层干燥较快，涂膜较硬，光泽较高，耐候性较差。只适于室内制品的涂饰
中油度	树脂：油＝1：2~3	F01－2 酚醛清漆，F04－15 各色酚醛磁漆，F06－1、F06－8 等各色酚醛底漆	性能介于长、短油度之间，可用于室内外制品的涂饰
长油度	树脂：油＝1：3	F01－1 酚醛清漆、F04－1、F04－89 各色有、无光酚醛清漆	涂层干燥较慢，涂膜附着力强、韧性高、耐候性好，但硬度低，多用于室外制品的涂饰

10. 1. 2　醇酸树脂涂料

　　由各种油度醇酸树脂或改性醇酸树脂加入催干剂、溶剂而制得的涂料。由于醇酸树脂的种类多，故所制备的醇酸涂料品种也很多。根据含油量可分为短、中、长油度醇酸涂料；根据涂膜是否透明可分为清漆与磁漆等。共同优点是涂膜坚韧、平整光滑、耐候、耐摩擦、色泽耐久，并具有良好的抗矿物油及抗醇类溶剂性。经烘烤固化的涂膜具有良好的耐水性、绝缘性及耐温性。但涂层干燥慢、硬度低、无法抛光。

10.1.2.1　中油度醇酸树脂涂料

将中油度干性醇酸树脂溶于有机溶剂，加入适量催干剂而成，也可加入颜料研磨制成磁漆，是市场销售最多的醇酸树脂类涂料，能在常温下自干或低温烘干。涂膜具有较高硬度、光泽度及良好的耐久性、坚韧性与装饰性。品种多、广泛用于木制品、家具、门窗、车辆、机械等的涂饰。

10.1.2.2　长油度醇酸树脂涂料

用长油度干性醇酸树脂溶于松香水或松节油等溶剂中，加入适量催干剂制成清漆，再加入颜料研磨成磁漆，属自干型涂料。其涂膜有较好的坚韧性、耐水性、耐候性及耐久性，但光泽度较低，装饰性欠佳。适用于车辆、船体、桥梁、园林建筑及金属设备、电器元件等的涂饰。

10.1.2.3　酚醛改性醇酸树脂涂料

由酚醛改性醇酸树脂溶于二甲苯，加入适量催干剂制成清漆，加颜料便制成色漆。其涂膜具有较好的耐水性、耐碱性、抗溶剂性、附着力及冲击强度。但不经日晒，涂膜易泛黄。适于要求耐水性较强的制品，如船舶、农具及绝缘器材的涂饰。

由于醇酸树脂跟其他合成树脂的混溶性较好，故用其他合成树脂制得的改性醇酸树脂涂料品种较多，如松香或松香衍生物改性，环氧树脂改性及有机硅改性等醇酸树脂涂料。

10.2　硝基涂料

硝基涂料，也称硝基纤维素涂料，是以硝基纤维素（硝化棉）为主要成膜物质，再加入合成树脂、增韧剂、溶剂、稀释剂、颜料等混合调配而成。其最大特点是干燥迅速，施工时间短，曾在汽车工业中大量使用。但存在固含量低、有机溶剂用量大、成本高等不足。

10.2.1　硝基涂料的组成

以硝化棉为主要原料，配以合成树脂、增韧性、溶剂、助溶剂、稀释剂等制成清漆。以清漆为基料再加入体质颜料与着色颜料等制成硝基磁漆。硝基涂料的主要原材料及作用与特性见表10-4。

表 10-4　硝基涂料的主要原材料及作用与特性

序号	原料名称		主要特性与作用
1	主料	硝化棉	主要成膜物质,白色纤维状,不溶于水,溶于酮类、酯类等有机溶剂。溶液的涂膜坚硬,光亮、耐久,抗潮、耐腐蚀。但涂膜易脆性、附着力较差、不耐紫外光线
2	合成树脂	甘油松香酯	增加附着力与光泽度,但涂膜脆性大,必须与增韧剂配合使用
		顺丁烯二酸酐松香酯	提高涂膜附着力、光泽度、耐水性、耐酒精性、耐碱性、坚韧性,并使涂膜具有很好的耐磨与抛光性
		干性醇酸树脂	增强涂膜的附着力、硬度及保光性与耐久性。但须加催干剂,且涂层易被上层涂层"咬底",只宜作面漆涂饰一次
		氨基树脂	增加涂膜附着力、光泽度及耐溶剂性。若加入量不能过多,则需高温烘烤才能固化成涂膜
		丙烯酸树脂	提高涂膜光泽度、透明度与装饰性能,显著增强涂膜的室外耐久性
3	增韧剂	溶剂型	与硝化棉相混溶,并能溶于硝化棉的溶剂中,且不易挥发,能使涂膜具有耐久性好的增韧剂
		非溶剂型	软性树脂,对硝化棉涂膜有良好的润滑作用,故能提高其韧性
4	颜料	体质颜料与着色颜料	填充涂膜中的细孔、遮盖被涂制品表面,阻止紫外线的穿透,并增加涂膜的厚度,提高涂膜的机械化学性能,使得涂膜获得所要求色泽
5	溶剂	真溶剂	真正能溶解硝化棉的溶剂,如丙酮、甲乙酮、环己酮、醋酸乙酯、醋酸丁酯等
		助溶剂	帮助真溶剂加速溶解硝化棉的溶剂,如乙醇、正丁醇等
		稀释剂	对硝化棉溶液起稀释作用,多为芳香族碳氢化合物,如甲苯、二甲苯等

在硝基涂料中加入合成树脂,可以在明显增加涂料黏度的情况下而提高主要成膜物质含量,增加涂膜的硬度、光泽度、附着力、坚韧性、耐光性、耐久性、耐水性、耐热性、耐碱性等,所以合成树脂也是硝基涂料的重要组成成分之一。

在硝基涂料中,真溶剂、助溶剂和稀释剂的配比也十分重要,选择配比时应考虑溶解力、挥发速度、成本等因素。表 10-5 中列出了常用硝基涂料的混合溶剂配比。

10.2.2　硝基涂料的性能

由于硝基涂料具有一系列优异的理化性,故仍然属高级涂料,但也有不足之处。

表 10-5　常用硝基涂料的混合溶剂配比

序号	配方组成	配比(kg)	配比(L)
1	二甲苯	56.55	65
2	乙二醇单丁醚	13.5	15
3	醋酸丁酯	44	50
4	混合醇	31.6	39.71
5	丁酮	24	30
	合计	169.65	199.71

10.2.2.1　优势

(1)涂层表干迅速：硝基涂料基本属挥发型涂料，涂层固化成涂膜，主要依靠溶剂挥发。每涂饰一层，在常温条件下仅需 10~15min 即可表干，然后可继续涂饰下一层。但涂层的实干却较慢，主要取决于所配套的树脂以及混溶剂中各组分的挥发性。尽管如此，其涂层实干的速度比油基、酚醛、醇酸、聚氨酯等树脂涂料要快很多。

(2)涂膜损坏后易修复：硝基涂料基本属可逆性涂料，即完全固化的涂膜仍能被原溶剂所溶解，因此硝基涂料的涂膜局部被损坏可以修复到与整个涂膜基本一致。若涂膜出现流挂、橘皮、波纹、皱皮等缺陷，用棉花球蘸上溶剂湿润涂膜，揩涂干净即可。

(3)装饰性能优异：涂膜色浅、透明度高、坚硬耐磨，经磨水砂抛光处理后，可获得镜面般的平整度与光泽度，具有优异的装饰性。并有较好的机械强度和一定的耐水性与耐稀酸性，可广泛用于高级家具、高级乐器、工艺品等。

(4)适应多种涂饰工艺：硝基涂料可用手工刷涂或揩涂，也能进行喷涂、淋涂、浸涂。当天用不完隔日可继续使用，涂料使用期长，不易变质报废，便于保管。

10.2.2.2　不足

(1)固含量低、工艺复杂、污染严重：硝基涂料固体含量为 20% 左右，每层涂膜厚度仅为 10~20μm，因此需要多次涂刷。而涂料中所含的约 80% 的溶剂会挥发到空中污染环境，且造成浪费，增加成本。

(2)涂膜耐候、耐碱性欠佳：涂膜在 70℃ 以上使用会变软，机械强度降低，逐渐分解而变成白色，而温度较低时会产生冷裂现象。紫外线直射易使硝基涂膜逐渐分解，张力降低变脆，易引起龟裂现象。涂膜不耐碱，用 5% 的 NaOH 溶液浸泡一天，涂膜会脱落，部分被分解。

由于硝基涂料存在上述缺点，加之性能更加优异的高分子合成涂料的不断涌现，世界各国都在限制使用。

10.3　丙烯酸树脂涂料

丙烯酸树脂涂料以各种丙烯酸树脂为主要成膜物质，根据涂料中的丙烯酸树脂的种类不同，可分为热塑性和热固性丙烯酸树脂涂料；按照组分可分为单组分与双组分。

10.3.1　热塑性丙烯酸树脂涂料

用热塑性丙烯酸树脂、配套树脂溶于有机溶剂而制成，有清漆、磁漆、底漆等，其中清漆色浅，透明度好，固体含量一般约为 20%。由于热塑性丙烯酸树脂和配套树脂的品种较多，所以可制成各种不同性能的涂料。为了提高涂膜的耐油、附着力、硬度等性能，常用氨基树脂、过氯乙烯树脂、硝基纤维素等与之配套使用。溶剂一般为酯、酮、醇、苯类等有机溶剂。

由于热塑性丙烯酸树脂分子量较高，故需用大量溶剂将其稀释成涂饰所要求的黏度。涂层干燥较快，常温下十几分钟就可表干，实干也仅约 1h。涂膜具有良好的附着力、耐光性、耐候性、耐热性及防霉性，并与过氯乙烯树脂、硝基涂料的涂膜有很好的黏附力，可与之配合使用。但涂膜受热软化，冷却后才能恢复原状，故少做面漆，多用于金属制品及过氯乙烯、硝基等涂料的底漆。

10.3.2　热固性丙烯酸树脂涂料

由热固性丙烯酸树脂、配套树脂、增塑剂及有机溶剂等组成。生产热固性丙烯酸树脂，除需使用热塑性丙烯酸树脂所用的单体外，还须使用一些在分子结构上含有不饱和键及在侧链上具有可自行交联或跟其他单体官能团交联的活性官能团单体，例如：

含有羧基(—COOH)单体——甲基丙烯酸或丙烯酸等；

含有羟基(—OH)单体——甲基丙烯酸 β 羟基乙酯或羟基丙酯等；

含有酰胺基($-\overset{\overset{O}{\|}}{C}-NH_2$)的单体——甲基丙烯酸酰胺等；

含有环氧基($-\overset{O}{\overset{/\backslash}{C-C}}-$)的单体——甲基丙烯酸缩水甘油酯。

热固性丙烯酸树脂又可分为加热固化型和加交联剂固化型两大类。加热固化型丙烯酸树脂溶液的涂层，须加热到一定温度才能固化，适用于制造烘漆。加交联剂固化的丙烯酸树脂溶液，只需加入微量交联剂，其涂膜便可在常温下固化成坚硬的涂膜，可制成双组分涂料，作为高级木家具的涂饰。

常用氨基树脂来改善涂膜的硬度、耐热等性能，用甲苯异氰酸酯与三羟甲基丙烷加成物等来改善涂层固化条件。溶剂主要有酯、醇、苯类等。

热固性丙乙烯树脂涂料的涂膜色浅、透明度好、坚硬耐磨、光泽度高、丰满平滑，具有很好的装饰性，且耐热、耐寒。但一般都需经 150~170℃ 的高温烘烤才能固化成膜，同时，柔韧性欠佳，对某些溶剂的抵抗性较差。主要用于高级钢家具、高级轿车及其他高级金属制品的涂饰。

10.3.3 丙烯酸木器涂料

丙烯酸木器涂料属加交联剂固化的热固性丙烯酸树脂涂料，为双组分包装，使用时再按比例混合均匀。甲组分为甲基丙烯酸不饱和聚酯、促进剂的甲苯溶液；乙组分为甲基丙烯酸酯改性醇酸树脂、引发剂的二甲苯溶液。具体组分见表10-6。

表 10-6 双组分丙烯酸木器漆的主要组分

组分			主要成分	备注
甲	甲基丙烯酸不饱和聚酯	1号聚酯	己二酸、季戊四醇与甲基丙烯酸合成	1号与2号按1：2的比例混合，以甲苯为溶剂，固体含量约为53%，外观呈棕色或深棕色黏稠状透明液体
		2号聚酯	甲基丙烯酸、甘油、邻苯二甲酸合成	
	促进剂	—	环烷酸锌与环烷酸钴	甲苯为溶剂
乙	甲基丙烯酸酯改性醇酸树脂	—	53%油度亚麻油、桐油改性醇酸树脂与甲基丙烯酸甲酯、甲基丙烯酸丁酯的共聚物	外观呈橙黄至橙红黏稠液体
	引发剂	—	过氧化苯甲酰	二甲苯为溶剂

涂饰时将甲、乙两组分按规定的比例混合，用二甲苯来调节黏度。两组混合后的有效使用时间：若气温低于25℃为4h，高于28℃，最好在2h内涂饰完，可以采用"湿碰湿"的方法以缩短涂饰的周期。

此种涂料突出优点是涂膜坚硬、外观丰满、光泽度高、保光性强、透明度好，经砂磨抛光处理后光滑明亮似镜；并具有较高的附着力与机械强度，能耐热、耐寒，适用于高级家具、钢琴等贵重乐器的涂饰。

10.4 聚氨酯树脂涂料

聚氨酯树脂涂料是聚氨基甲酯树脂涂料的简称，以多异氰酸酯跟多羟基化合物反应而制得的含有氨基甲酸酯树脂为主要成膜物质，是一种含有氨基甲酸酯链节

$$\left(\begin{array}{ccc} & H & O \\ & | & \| \\ —N & —C & —O— \end{array} \right)$$
的高分子化合物。

异氰酸酯具有较活泼的化学反应性，可与不同的聚酯、聚醚、多元醇及其他合成树脂配合，因此可制备出多种类型的聚氨酯涂料。常分为羟基固化型、湿固化型、催化固化型、封闭型、氨酯油型、弹性型等多种。

10.4.1　羟基固化型聚氨酯涂料

一般分为甲、乙二组分，分别包装贮存。甲组分含有异氰酸基(—NCO)，乙组分含有羟基(—OH)。使用前将甲、乙二组分按规定比例混合均匀，并待气泡逸出，便可涂饰。由于—NCO 跟—OH 发生化学反应，而使涂层固化成为不溶不熔的涂膜。

10.4.1.1　甲组分——异氰酸基组分

如果直接用含有异氰酸基的二异氰酸酯(如 TDI、XDI、HDI 等)配制涂料，二异氰酸酯易挥发到空气中，造成对环境与人体的伤害，为此须将其加工成低挥发性的加成物或预聚物，只保留极少的—NCO 游离基在加成物中，以便跟乙组分中的—OH反应。

根据制造加成物所选用的原料不同，可分为以下几种：

(1)氨酯型加成物：由 1mol 三羟甲基丙烷跟 3mol 甲苯二异氰酸酯进行加成反应而制得，反应式为：

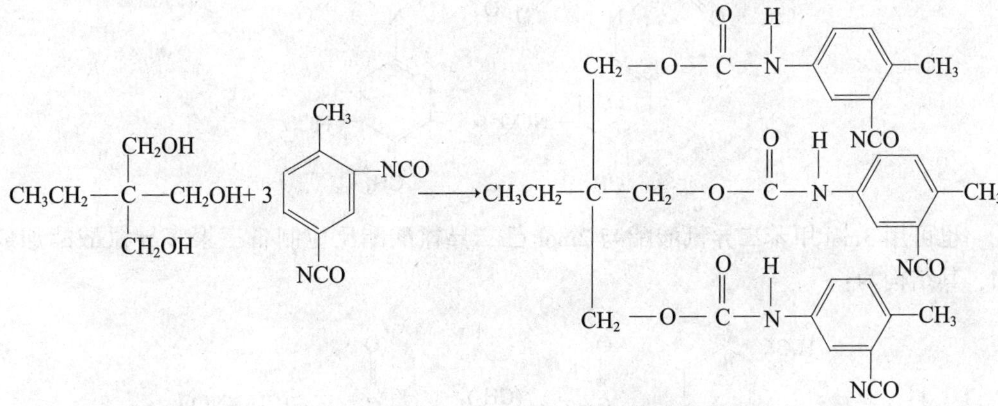

三羟甲基丙烷+甲苯二异氰酸酯→氨基酯加成物

其游离异氰酸基可以降至 0.5%以下，是双组分聚氨酯涂料中使用最多的一种加成物，广泛用于聚氨酯木器涂料、地板涂料、耐腐蚀涂料等。

(2)一缩乙二醇加成物：由 1mol 一缩乙二醇与 2mol 甲苯二异氰酸酯进行加成后制得 70%的环己溶液，其分子结构式为：

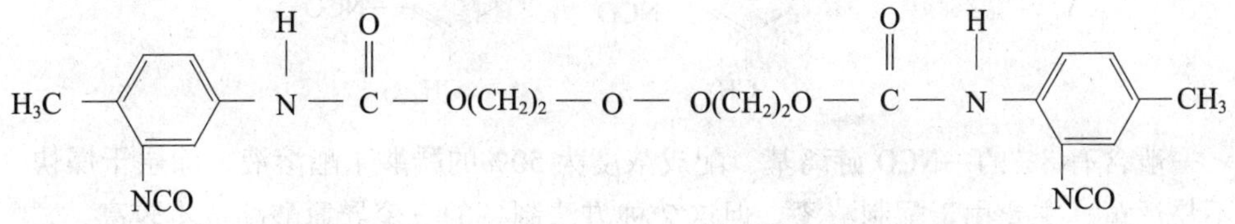

这种加成物的游离基(—NCO)较高，约为 12.9%，所配制的涂料的涂膜性能柔软，富有弹性，可作橡胶的防护涂层。

(3)缩二脲多异氰酸酯加成物：用 3mol 六亚甲基二异氰酸酯跟 1mol 水反应制得缩二脲三异氰酸酯，反应如下：

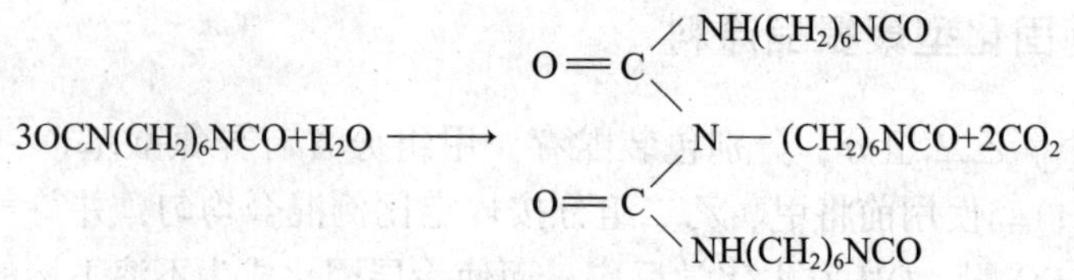

$$3OCN(CH_2)_6NCO + H_2O \longrightarrow \begin{array}{c} O=C-NH(CH_2)_6NCO \\ | \\ N-(CH_2)_6NCO + 2CO_2 \\ | \\ O=C-NH(CH_2)_6NCO \end{array}$$

由其配制的聚氨酯涂料，干燥速度快，涂膜耐化学试剂性能优异，具有良好的耐候性及机械强度，不泛黄、抗粉化。

（4）三聚异氰酸酯加成物：用 5mol 甲苯二异氰酸酯进行聚合制成三聚多异氰酸酯加成物，结构式为：

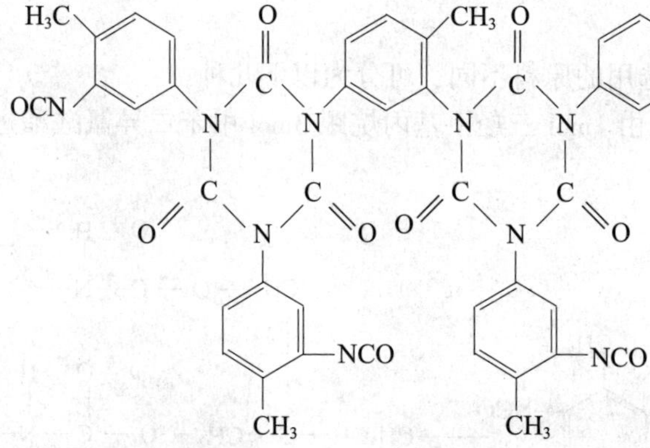

也可用 3mol 甲苯二异氰酸酯与 2mol 己二异氰酸酯反应制备三聚多异氰酸酯加成物，其结构为：

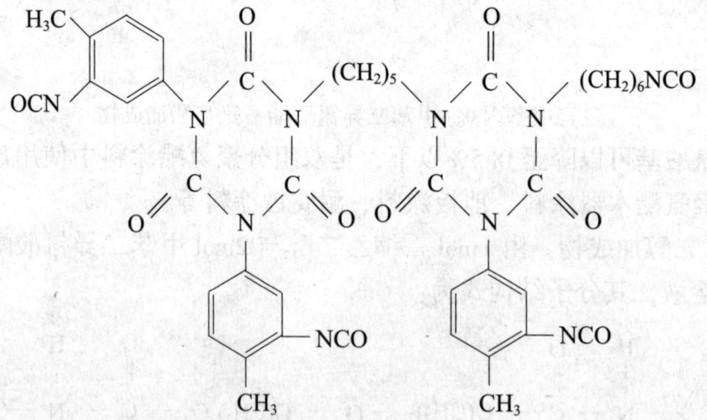

一般含有 8% 的—NCO 游离基，配成浓度为 50% 的醋酸丁酯溶液。涂层干燥快、涂膜不易泛黄，主要用于配制清漆。但这 2 种方法制备的三聚异氰酸酯成本较高。

（5）蓖麻油预聚物：利用蓖麻油分子结构中所含有的羟基跟甲苯二异氰酸基反应生成预聚物，并在预聚物中留有少量异氰酸基，以便跟其他含羟基的化合物配成涂料。通常情况下，用 1mol 蓖麻油跟 3mol TDI 反应成蓖麻油三异氰酸酯预聚物，其结构式为：

$$CH_2-O-C(=O)-(CH_2)_7-CH=CH-CH_2-CH(-O-)-(CH_2)_5-CH_3$$

（结构式：蓖麻油甘油酯与甲苯二异氰酸酯预聚物，含 NCO、CH₃ 取代的芳环结构）

为了提高预聚物耐化学试剂的性能，可先用甘油对蓖麻油进行醇解反应制得蓖麻油双酯，然后再与甲苯二异氰酸进行预聚制备蓖麻油双酯三异氰酸酯预聚物，结构式为：

$$CH_2-O-C(=O)-(CH_2)_7-CH=CH-CH_2-CH(-O-)-(CH_2)_5-CH_3$$

（结构式：蓖麻油双酯三异氰酸酯预聚物，含 OCN、NCO、CH₃ 取代的芳环结构）

（6）聚醚预聚物：是用聚醚树脂所含有的羟基跟甲苯二异氰酸酯反应，制成带—NCO 游离基的聚醚三异氰酸酯预聚物，其结构式为：

$$\text{CH}_2\text{-(O-CH-CH}_2)_{N1}\text{-O-CH-CH}_2\text{-O-C-N-} \bigcirc \text{-CH}_3$$

(结构式：顶端支链 $CH_2-(O-CH(CH_3)-CH_2)_{N1}-O-CH(CH_3)-CH_2-O-C(=O)-NH-$ 苯环，苯环带 CH_3 及 NCO)

(中间支链 $CH-(O-CH(CH_3)-CH_2)_{N2}-O-CH(CH_3)-CH_2-O-C(=O)-NH-$ 苯环，苯环带 CH_3 及 NCO)

(底部支链 $CH_2-(O-CH(CH_3)-CH_2)_{N3}-O-CH(CH_3)-CH_2-O-C(=O)-NH-$ 苯环，苯环带 CH_3 及 NCO)

10. 4. 1. 2　乙组分——羟基组分

能与异氰酸基反应的除羟基外，还有氨基、羧基等，但在聚氨酯涂料的实际生产中，基本是采用含羟基的化合物。小分子量的多元醇(如三羟甲基丙烷等含羟基化合物)只可用作制造加成物或预聚物的原料，不能单独成为双组分中的乙组分。

一般用作含羟基组分的高分子化合物有聚酯、聚醚、环氧树脂、蓖麻油、含羟基热塑性高聚物等。

(1)聚酯：与其他含羟基树脂相比较，其耐候性、热性较好；耐碱、耐水解性不及聚醚和环氧树脂。

(2)聚醚：来源广，价廉；耐碱、耐水解性能好；黏度低，可制造无溶剂涂料。但涂膜在紫外线照射下易氧化成为过氧化物，导致失光粉化。故多用于室内产品。

(3)环氧树脂：涂膜的附着力、耐碱性较好。但因环氧树脂中含有醚键，故涂膜也不耐曝晒。

用环氧树脂作为羟基组分，一般有 3 种方式：

①仅使用环氧树脂调配涂料，例如有些潜水艇外壳涂料就是使用含环氧树脂的双组分聚氨酯涂料，可在寒冷潮湿环境下进行涂饰，但只是环氧树脂中的羟基参加反应，未发挥环氧基的作用。

②用酸性树脂的羧基，使环氧基开环，生成羟基。

$$\sim\!\!\sim\!\!R-COOH + CH_2-CH\!\!\sim\!\!\sim \longrightarrow \sim\!\!\sim R-COO + CH_2-CH\!\!\sim\!\!\sim$$
$$\underset{\displaystyle O}{\diagdown\diagup} \qquad\qquad\qquad OH$$

③用醇胺或胺使环氧基开环，生成多元醇。

$$\sim\!\!\sim CH-CH_2 + HN\!\!\!<\!\!\!\begin{array}{l}CH_2CH_2OH\\CH_2CH_2OH\end{array} \longrightarrow \sim\!\!\sim CH-CH_2N\!\!\!<\!\!\!\begin{array}{l}CH_2CH_2OH\\CH_2CH_2OH\end{array}$$
$$\underset{\displaystyle O}{\diagdown\diagup} \qquad\qquad\qquad\qquad\quad OH$$

因生成的多元醇中有叔胺的存在，可加速—NCO 与—OH 之间的反应，使涂层固化快。

（4）蓖麻油：蓖麻油中羟基含量为 4.94%，可直接用作含羟基组分跟含异氰酸基组分配制涂料，涂膜具有良好的抗水性与抗挠性。由于价廉，在实际生产中被广泛用于制造聚氨酯涂料。

（5）丙烯酸酯树脂：丙烯酸酯树脂涂膜具有一系列优良的理化性能，故选用含羟基热塑性丙烯酸酯作为羟基组分跟异氰酸基组分可配制出理化性能特别好的聚氨酯涂料。其反应如下：

$$\left[\text{--CH}_2\text{--}\underset{\underset{\text{O--CH}_2\text{CH}_2\text{OH}}{|}}{\overset{\overset{\text{CH}_2}{|}}{\underset{|}{\overset{|}{C}}}}\text{--} \right]_n + \text{RNCO} \longrightarrow \left[\text{--CH}_2\text{--}\underset{\underset{\text{O--CH}_2\text{CH}_2\text{--O}}{|}}{\overset{\overset{\text{CH}_2}{|}}{\underset{|}{\overset{|}{C}}}}\text{--} \right]_n \underset{\underset{C}{|}}{\overset{\overset{\text{NHR}}{|}}{}}$$

10.4.1.3　涂料调配

含—NCO 甲组跟含—OH 乙组的配比要通过计算或实验来确定：若甲组分太少，涂膜会发软或发黏，耐水、耐化学试剂的性能都会降低；若甲组分过多，则多余的—NCO 会吸收空气中的潮气转化成脲、使涂膜变脆，不耐冲击。故调配涂料时，应按涂料生产厂规定的比例调配，以确保涂膜的最佳性能。

由于含—NCO 游离基加成物或预聚物及含—OH 高聚物的种类都较多，所以可以配制出各种不同性能的聚氨酯涂料。如 685 聚氨酯涂料，其甲组分主要是甲苯二异氰酸酯与多羟基聚酯的加成物；乙组分是由蓖麻油、甘油、苯酐及松香缩聚而成的多羟基聚酯，两组分的浓度相同，约为 50%。使用时按甲∶乙 = 4∶1 的比例调配即可。

调配时要防止水分的混入，这是由于水跟—NCO 反应会产生胺与 CO_2：

$$R\text{—NCO} + H_2O \rightarrow R\text{—}NH_2 + CO_2\uparrow$$

10.4.2　封闭型聚氨酯涂料

封闭型聚氨酯涂料是由封闭型多异氰酸酯与含羟基树脂组成的单组分涂料，也称为单组分热固性聚氨酯涂料。其特点是用封闭剂将具有活性的异氰酸酯基封闭，只有在高温加热的情况下，封闭剂才能释放出来，此时异氰酸酯才与羟基发生固化反应形成涂膜。该涂料在室温下稳定，能长期储存。

常用的封闭剂多为含单官能活性氢物质，如酚类、肟类、醇类、己内酰胺等。不同封闭剂的解封温度不同，从 100℃ 到 200℃ 不等：甲乙酮肟类的解封温度为 145~160℃，而 ε-己内酰胺的解封温度为 165~190℃。目前，封闭剂向着低解封温度方向发展，这不仅可降低解封温度，还可以节省能源。表 10-7 为常用封闭剂的基本性能。

表 10-7　常用封闭剂及基本性能

类别	封闭剂	被封闭的异氰酸酯	用途
酚类	苯酚 甲酚	芳香族异氰酸酯	自焊电磁线漆、一般的聚氨酯烘漆、高温电磁线漆、铜丝漆包线涂料
肟类	丁酮肟 甲乙酮肟	异氰酸酯预聚物、氨端基聚酰胺	磁性金属氧化物涂料
醇类	异辛醇 丁醇	芳香族异氰酸酯	阴极电泳漆
己内酰胺	己内酰胺	脂肪族异氰酸酯的封闭剂，如 HDI 缩二脲、其他多异氰酸酯	粉末涂料、卷材涂料

封闭型异氰酸酯主要有加成物型(如 TDI)、三聚体型(如 TDI 三聚体)、缩二脲型(如 HDI 缩二脲)等。所用的多元醇要求在烘烤温度下不变黄，溶剂有较高沸点等。

封闭型聚氨酯涂料主要用作卷材涂料、汽车的中涂层、粉末涂料、电泳涂料、漆包线涂料。涂膜坚韧、附着力强，具有很高的绝缘、防腐、耐磨、耐潮、耐溶剂等性能。是各种金属家具及其他金属制品的优良涂饰材料。

10.4.3　湿固化型聚氨酯涂料

湿固化型聚氨酯涂料属单组分常温固化涂料，适于在潮湿环境中施工。主要成膜物质多为含有—NCO 端基的异氰酸酯聚醚(或其他含羟基高聚物)预聚物，其涂层通过吸收空气中的潮气并进行化学反应生成脲键而固化成坚硬的涂膜。

现在实际生产中，通常是将二异氰酸酯与价廉的低分子量二元或三元聚醚反应，使 NCO/OH 小于 2，以制得较高分子量预聚物，这样会提高预聚物涂层的固化速度及涂膜的机械强度。这类涂料的涂膜具有优良的耐化学腐蚀性和较高的机械强度，能承受重型机械的振动与滚压，难以被损坏。还可作核辐射保护层，也可用作金属及混凝土表面防腐蚀涂饰。但也存在着对湿气敏感、贮存要求较高、固化时间长且不确定、需多道涂刮、在潮湿基面涂刷会发泡等不足。

为了减少上述缺陷，在聚氨酯防水涂料的研制中可采用水作固化剂：以聚醚多元醇和多异氰酸酯为基本原料，生成端—NCO 基的预聚体，然后加入填料、增塑剂和气体脱除剂等成分，使用时加入适量的水，搅拌均匀即可施工。

10.4.4　催化型聚氨酯涂料

主要成膜物质是由过量的二异氰酸酯与含羟基高聚物反应而成的端基含有—NCO 预聚物。在实际生产中，大多是用蓖麻油跟甘油(或三羟甲基丙烷)合成含—OH 高聚物，再与过量的二异氰酸酯反应而得。由于此种预聚物中的游离—NCO 少，单靠空气中的潮气固化的速度太慢，尚需加入胺类催干剂。这样除潮气反应生成脲键固化外，还有胺反应生成三聚异氰酸酯和脲基甲酸酯而固化。

这是一类双组分涂料，甲组分为含—NCO 端基的预聚物；乙组分为胺类(如二甲基乙醇胺)催化剂，使用时按规定比例混合。

催化型聚氨酯涂料的涂膜具有良好的附着力、耐磨性、耐水性、耐化学品性及光泽度。适于作地板漆和木制品、金属制品的罩光涂料。

10.4.5　弹性聚氨酯涂料

弹性聚氨酯又称为聚氨酯橡胶，是指在分子链中含有较多氨基甲酸酯基团(—NHCOO—)的弹性聚合物。从分子结构上分析，它是一种嵌段聚合物，主要以扩链剂和多异氰酸酯为硬段，以低聚合度多元醇的柔性长链为软段。软段、硬段交替排列，构成重复单元结构。除含有氨基甲酸酯基团外，聚氨酯分子内和分子之间存在有大量氢键，这些结构上的特点使得聚氨酯弹性体具有优良的耐磨性和韧性。

用弹性聚氨酯制备的涂料具有良好的弹性与柔韧性，高弹性涂膜可以在较小的外力作用下即发生很大的形变，当外力去掉后即能恢复原来的形状。通常情况下，具有良好弹性的涂膜在常温下伸长率可达到 300%~600%。这种涂料主要用于涂饰纺织物、皮革、橡胶、泡沫塑料等软质制品。

10.5　环氧树脂涂料

环氧树脂涂料是由环氧树脂加入固化剂或其他树脂或植物脂肪酸等组成。涂饰后通过分子中的环氧基、羟基来完成交联固化，形成坚韧稳定的涂膜。其种类较多，表10-8 中所示为按固化剂类型来分类的。

表 10-8　环氧树脂的分类表

类型	品种	固化条件
胺固化型	多元胺固化环氧树脂涂料 聚酰胺固化环氧树脂涂料 胺加成物固化环氧树脂涂料 胺固化环氧沥青涂料	常温固化
合成树脂固化型	环氧-酚醛树脂涂料 环氧-氨基树脂涂料 环氧-多异氰酸酯涂料 环氧-氨基醇酸树脂涂料	烘干或常温固化
脂肪酸酯化型	环氧酯树脂涂料 环氧酯与其他树脂并用涂料 水溶性环氧树脂涂料	烘干或常温固化
其他类型	无溶剂型环氧树脂涂料 粉末环氧树脂涂料 线型环氧树脂涂料	烘干或常温固化

10.5.1　胺固化环氧树脂涂料

胺固化环氧树脂涂料是一类能在常温下固化的涂料。常用品种有：

10.5.1.1　多元胺固化环氧树脂涂料

双组分涂料，制备时将分子量为 900~1 000 的环氧树脂溶解于由酮、芳香烃、醇组成的混合溶剂中制备成甲组分；由己乙胺、乙撑胺溶于芳香烃溶剂作为乙组分。使用时严格按规定比例混合拌匀，由于胺尚与环氧树脂发生反应需要一定时间，故需静放 1~2h 方能涂饰。若混合后立即使用，涂饰后涂层极易跟空气中的水分、二氧化碳发生反应而导致"泛白"。

涂层即可以常温干燥，也能进行高温干燥：在 25℃ 环境中表干约 2~4h，实干约 24h，干透约 7d。若将干燥温度提高到 50~120℃，实干 40~120min。涂膜具有很好的附着力，较高的硬度，较好的韧性，并对脂肪烃溶剂、稀酸、碱液、盐液有优良的抗性。广泛用于机械设备、混凝土、武器保护涂层。但该涂料的流平性较差，可在涂料中加入约为环氧树脂5%的丁醇改性脲醛或三聚氰胺甲醛树脂来进行改善，以防止产生橘皮等缺陷。

10.5.1.2　聚酰胺固化环氧树脂涂料

聚酰胺固化环氧树脂涂料属双组分涂料，主要选用分子量为 900 的环氧树脂，将其溶解于酮、醇、芳香烃类溶剂组成甲组分；将低分子量聚酰胺树脂溶于芳香烃溶剂中组成固化剂。使用时按规定比例混合，搅拌均匀即可使用。聚酰胺树脂在常温下为黏稠液体，分子结构中含有较长的碳链和极性基团，具有很好的弹性与附着力，不仅是环氧树脂的良好固化剂，而且也是极好的活性增韧剂，使环氧树脂长期保持其韧性。其涂层在室温下表干 5~12h，实干 24h，在 120℃烘干 30min，90℃烘干 40min。为了加快固化速度，可加入约 1%的三甲氨基甲基苯酚。该涂料具有良好附着力，保光性及耐水性，既可作底漆，也能作面漆。广泛用于航空工业，作为各种飞机的保护涂层。

10.5.1.3　胺加成物固化环氧树脂涂料

由于多元胺易挥发、有臭味、涂层易吸水泛白且附着力下降，因此不宜直接用作固化剂，故多采用酚醛-己二胺、环氧-乙二胺等多元胺的加成物。此类涂料也是双组分涂料：将环氧当值为 0.2 的环氧树脂、胺加成物分别溶于醇、芳香烃混合溶剂中，分开包装，使用时按规定比例混合调匀即可涂饰。与多元胺做固化剂的相比，涂膜不易泛白，有良好的韧性与耐化学品性，固化速度较快。适用于化工设备、管道及混凝土制品的涂饰。

10.5.1.4　胺固化环氧沥青树脂涂料

胺固化环氧沥青树脂涂料属双组份涂料，甲组分为环氧树脂、沥青、颜料、混合溶剂(甲苯、二甲苯、环己酮、醋酸丁酯)；乙组为胺固化剂的二甲苯溶液，即在胺固化环氧树脂涂料中加入适量煤焦沥青。这不仅可提高涂膜的耐水性、使涂膜坚韧性且附着力强，而且还能降低本低。可广泛用作防腐蚀涂料，尤其适用于地下管道、水下设施、船舶、贮罐内壁等的涂饰。但沥青有毒，使用时应多加注意。

10.5.2　合成树脂固化环氧树脂涂料

环氧树脂中有许多活性基团，可以与许多树脂混溶制成性能更优良的涂料。代表品种如下。

10.5.2.1　酚醛树脂固化环氧树脂涂料

主要由分子量为 2 900~4 000 的环氧树脂、各类酚醛树脂及混合溶剂(芳香烃、醇、酮类)组成。加入酚醛树脂可提高耐酸碱性、耐溶剂性、耐热性及机械强度，用量为其清漆总固体量 25%~35%。

在环氧树脂和酚醛树脂共存的体系中，两种树脂不仅仅是机械地混合在一起：由于环氧树脂和酚醛树脂分子链上都有许多活性基团：环氧树脂中的环氧基和羟基能够与酚醛树脂中的羟甲基和酚羟基发生交联反应。因此，酚醛树脂的加入引起固化机制的变化，从而改变了聚合物的交联结构，其反应式如下：

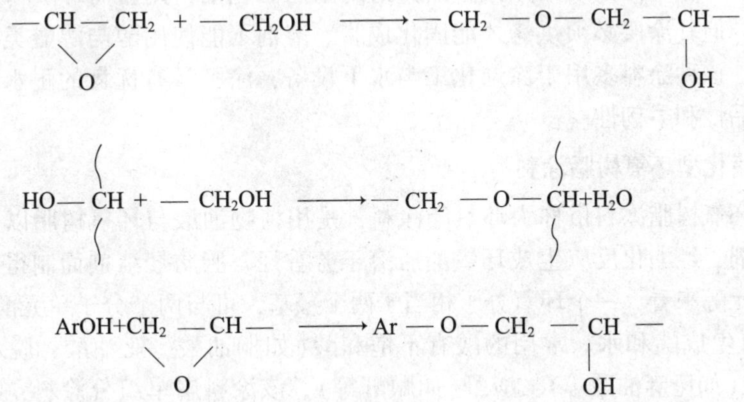

$$—CH—CH_2 \ + \ —CH_2OH \longrightarrow —CH_2—O—CH_2—CH—$$
$$\underset{O}{\diagdown\diagup} \qquad\qquad\qquad\qquad\qquad\qquad \underset{OH}{|}$$

$$HO—CH + —CH_2OH \longrightarrow —CH_2—O—CH+H_2O$$

$$ArOH+CH_2—CH \longrightarrow Ar—O—CH_2—CH—$$
$$\underset{O}{\diagdown\diagup} \qquad\qquad\qquad\qquad \underset{OH}{|}$$

使用时，可加入清漆总固体量 2% 的氨基树脂溶液，或 1% 的硅油、或 1% 的聚乙烯醇缩丁醛，以改善涂层的流平性；还可加入 1%~2% 的磷酸，以提高涂层的固化速度或降低固化温度(可由 200℃ 降至 150℃)。

10.5.2.2　氨基树脂固化环氧树脂涂料

将环氧树脂跟丁醇改性脲醛树脂或丁醇改性的三聚氰胺树脂溶于芳香烃、醇、酮类、混合溶剂而制得的涂料，其中氨基树脂一般占涂料树脂总量的 30%。环氧树脂含量多能提高涂膜的韧性和附着力；氨基树脂多则能提高涂膜的硬度和化学稳定性。环氧基与氨基的反应式为：

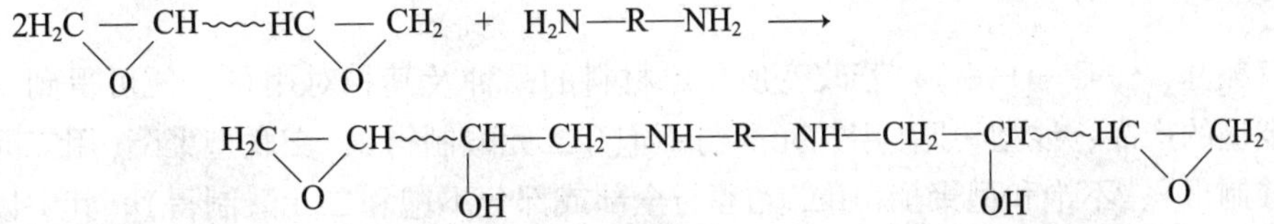

$$2H_2C—CH\sim\sim HC—CH_2 \ + \ H_2N—R—NH_2 \longrightarrow$$

$$H_2C—CH\sim\sim CH—CH_2—NH—R—NH—CH_2—CH\sim\sim HC—CH_2$$

属烘干型涂料，在约 200℃下烘 20min 才能固化。涂膜具有良好的硬度、弹性、光泽度及化学稳定性，且色浅，适用于金属家具、仪器设备、医疗器械等金属制品的面漆。若加入清漆树脂总量 0.5% 的对甲苯磺酸吗啉盐，在 150℃环境下、30min 即可固化。

10.5.2.3 多异氰酸酯固化环氧树脂涂料

利用环氧树脂的羟基跟多异氰酸酯的异氰酸基（—NCO）发生交联反应，生成聚氨基甲酸酯而使涂层固化。TDI 与环氧树脂上的—OH 反应式为：

$$O=C=N \sim\sim\sim N=C=O + CH_2-CH-HR'-CH-CH_2 \longrightarrow CH_2-CH-HR'-CH-CH_2$$

双组分涂料，环氧树脂(分子量大于 1 400)与混合溶剂为甲组；多异氰酸酯与多元醇的加成物及其混合溶剂为乙组。为常温固化，使用时按规定比例混合调匀、稍静置，待气泡消除便可涂饰。如果聚异氰酸酯为封闭型的固化剂，则可与环氧树脂混合溶入溶剂中包装，但其涂层必须烘烤才能固化成膜。溶剂不能使用醇与醇醚类溶剂，且不能含有水分。该种涂料多用于涂饰化工与水下设备，涂膜具有优良的耐水性、耐溶剂性、耐化学品性和柔韧性。

10.5.2.4 酯化型环氧树脂涂料

酯化型环氧树脂涂料俗称为环氧酯涂料，是用植物油酸与环氧树脂以无机碱或有机碱做催化剂、经酯化反应生成环氧酯后溶于芳香烃、脂肪烃溶剂而制得的。环氧树脂可当做多元醇来看，一个环氧分子相当于两个羟基，可与两个分子单元酸(即含有一个羧基)反应生成酯和水。常用的酸有不饱和酸(如桐油酸、亚油酸、脱水蓖麻油酸等)、饱和酸(如蓖麻油酸等)、酸酐(如顺酐等)。该涂料属单组分涂料，贮藏稳定性好。有常温固化型与烘干型两种。由于涂料所用脂肪酸的品种及配比不同，因而其涂膜的性能是多样的，以满足不同使用功能的要求。此类涂料可制成清漆、磁漆和腻子，用途广泛，是产量较多的环氧树脂涂料，其涂膜坚韧，耐腐蚀性强，对铁、铝制品表面有很好的附着力，大量用于汽车、拖拉机及其他机械设备的底漆，也可作金属家具的底漆。

10.6　不饱和聚酯涂料

聚酯树脂是由多元醇与多元酸经缩聚反应而制得的一类树脂，其特点是分子主链中含有酯基($-\overset{O}{\overset{\|}{C}}-O-$)。若改变所用原材料的品种及其相对用量，便可得到一系列不同类型的产品：线型树脂(用二元醇与不饱和二元酸制得)、交联型聚酯(用三元醇与二元酸制得)、不饱和型聚酯(用二元醇与全部或部分不饱和二元酸制得)。其中以不饱和聚酯的理化性能最优异，品种较多，应用也最广泛。

不饱和聚酯树脂涂料也被称作无溶剂型涂料，其固体含量可达到 95% 以上。每涂饰一次其涂膜可达 150~250μm，能减少涂饰次数，简化涂饰工艺。同时，固化过程中基本无有害气体散发，对施工环境污染极少。涂膜厚实丰满，具有很高的光泽度、透明度及硬度。但较脆，且损坏后不易修复、贮存期限短，仅 3 个月左右。

10.6.1　主要成分与原料选择

10.6.1.1　主要成分

不饱和聚酯涂料由不饱和聚酯树脂、不饱和单体、阻聚剂、引发剂及促进剂等组成。其中不饱和单体既能溶解不饱和聚酯树脂使之成为具有一定黏度的液体涂料，又能跟不饱和聚酯树脂发生化学反应共同成为涂膜，在此起着溶剂与成膜物质的双重作用。

在有引发剂与促进剂存在的条件下，常温下能迅速交联固化成不溶不熔的固体物质。其反应式如下：

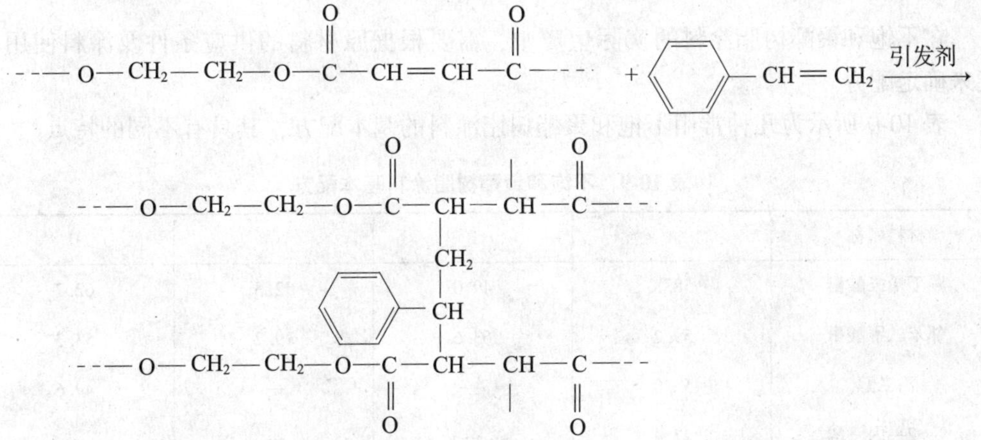

平时贮存时须将不饱和聚酯单体溶液、引发剂、促进剂单独分组包装，施工时才能加入引发剂与促进剂，调配好的涂料应立即涂饰完毕，否则会因迅速交联固化而不能使用。同时，在无引发剂与促进剂存在的情况下，不饱和聚酯树脂与单体溶剂仍会发生缓慢的聚合反应。尤其是在较高的环境温度下，聚合反应速度更快，这将导致贮存期缩短，因此在涂料中需加入适量阻聚剂。

10.6.1.2　原、辅材料选择

(1)不饱和单体：不饱和单体是不饱和聚酯树脂涂料的重要组成部分，决定着涂料的性能。目前以苯乙烯的应用最广泛，不仅价廉，而且能提高涂膜的质量。其次是乙烯基甲苯、丙烯酸酯、醋酸乙烯等单体。

(2)引发剂：引发剂能在高温(90~120℃)下或在促进剂的作用下快速分解出大量的游离基，促使不饱和聚酯树脂跟其溶剂单体进行聚合反应，以促使涂层达到迅速固化的目的。引发剂是一些过氧化物，使用较多的有过氧化环己酮、过氧化甲乙酮、过氧化苯甲酰等。

（3）促进剂：促进剂的作用是使引发剂在温度较低条件下能迅速分解出大量游离基，使加入引发剂的不饱和聚酯树脂能快速聚合成坚硬的涂膜。使用较多的促进剂有环烷酸钴、二甲基苯胺、对甲苯亚磺酸、十二硫醇等。

值得注意的是，引发剂与促进剂的配合使用具有选择性，如引发剂用过氧化环己酮或过氧化甲乙酮，环烷酸钴是最好的促进剂；若用过氧化苯甲酰作引发剂，则用二甲基苯胺作促进剂的效果最佳。

（4）阻聚剂：阻聚剂可分为两类：一类称为阻缓剂，主要是降低树脂与单体的聚合速度，而不能消除聚合作用，其加入重量约为树脂的 0.01%。应用较广泛的品种有对苯二酚、对叔基邻苯二酚、对甲氧基苯酚、三羟基苯、单宁、苯甲醛等。另一类称为稳定剂，主要作用是防止树脂在常温下与单体聚合。常用品种有环烷酸铜、丁酸铜、取代肼盐、季铵盐等，其加入量约为千分之几。为了取得较好的阻聚效果，应在涂料中同时加入这两种阻聚剂。

10.6.2 涂料配方实例

在不饱和聚酯树脂涂料的实际生产中，需要根据原材料的供应条件及涂料使用功能来确定配方。

表 10-9 所示为几种常用不饱和聚酯树脂涂料的基本配方，其具有不同的特点。

表 10-9 不饱和聚酯树脂涂料基本配方

材料名称	A	B	C	D
顺丁烯二酸酐	58.8	49.0	52.5	62.7
邻苯二甲酸酐	59.2	63.6	79.2	53.3
乙二醇	52.0	—	—	49.6
1,2—丙三醇	27.4	—	—	—
对苯二酚	0.04	0.05	—	0.09
癸二酸	—	14.1	—	—
1,2—丙二醇	—	91.2	76.0	—
一缩乙二醇	—	—	15.4	—
失水甘油烯丙醚	—	—	—	57.0
石蜡	—	—	0.05	—
苯乙烯	按聚酯树脂：苯乙烯为70:30加入	按聚酯树脂：苯乙烯为70:30加入	按聚酯树脂：苯乙烯为70:30加入	按聚酯树脂：苯乙烯为70:30加入

说明：

（1）配方 A 中使用了乙二醇，可以提高涂膜硬度，该产品在我国中南部地区使用效果良好，但不适用北方寒冷地区，易导致涂膜早期脆裂。

(2)在配方 B 中加入了癸二酸，这样可降低涂膜的脆性，改善涂膜的弹性，使之适用于各种气候条件下使用。

(3)实际上，二元醇也可用一缩乙二醇与丙二醇的混合物代替，见配方 C。但因一缩乙二醇具有醚键，易吸水气，因此尚需加入石蜡以封闭涂层表面，这不仅能防止空气中水分进入涂层，同时还可防止空气中氧对涂层的阻聚而加速涂层固化。

(4)由于受到空气中氧的阻聚，不饱和聚酯树脂涂料涂层的底层迅速固化而表面却难以固化。为此可在树脂中引入烯丙醚(如失水甘油苯甲醚、失水甘油烯丙醚等)防止空气中氧的阻聚，拟实现常温固化时不需用蜡层或薄膜等物隔氧，具体可参考配方 D。

10.6.3　固化工艺与措施

由于不饱和聚酯树脂涂料的涂层聚合所需的从引发剂与单体中产生出来的游离基易与空气中的氧迅速反应而缺失，故造成底层聚合固化而表层却不会聚合成膜而发黏，性能较差，无法满足涂装要求因此被称为氧阻聚现象。为了实现不饱和聚酯树脂涂料的充分固化，可以使用以下方法。

10.6.3.1　物体遮盖法

物体遮盖法即用塑料薄膜、玻璃或不透气的纸张覆盖在被涂饰好工件上，大约经20min 即可固化，然后将覆盖物拿掉即可。以薄膜封闭法为例，其涂饰工艺如下：

(1)涂料的调配：按照表 10-10 中所列的原辅材料配制涂料。先用适量苯乙烯将过氧化苯甲酰溶解成泡沫状，加入待涂饰的涂料中拌均匀。然后用滴管滴入已称量好的二甲基苯胺，快速拌匀后立即进行涂饰，若稍微延迟涂料就会聚合而报废。

表 10-10　薄膜封闭法不饱和聚酯树脂涂料的配方

材料名称	配比(质量比)
不饱和聚酯树脂涂料(含 30% 苯乙烯)	100
引发剂——过氧化苯甲酰	1~2
促进剂——二甲基苯胺	0.1

(2)以涂饰桌面为例：将配制好的涂料立即倒在桌面中央，接着将塑料薄膜覆盖好，再用专制的手推橡皮辊筒在薄膜表面上把涂料向桌面周围推开推平，形成均匀的涂层，同时应注意将空气彻底排除掉。搁置 15~20min，涂层便固化成光滑的涂膜，最后将薄膜揭开即可。由于涂层较厚，一般制品只需涂饰一次就能满足要求。如果需涂饰两次，则需用细砂纸在已固化的涂层表面砂磨一遍，清理干净，按上述方法重新涂饰一次即可。

10.6.3.2　蜡封闭法

在不饱和聚酯树脂涂料中加入熔点约为 54℃ 的石蜡，涂层固化时，石蜡在涂层表面所形成的蜡膜不仅将空气隔离防止氧的阻聚，同时还能起到减少苯乙烯挥发的作用。但涂层固化后，去掉蜡层，涂膜的光泽度、平整度不高，需经过砂磨、抛光处理才能得到理想的表面。其涂料的配方见表 10-11。

表 10-11　蜡封闭法不饱和聚酯树脂涂料的配方

原材料名称	配比(质量比)
不饱和聚酯树脂涂料(含 30%苯乙烯)	100
过氧化环己酮液(含 50%邻苯二甲酸丁酯)	4~6
环烷酸钴液(含 90%苯乙烯)	2~3
蜡液(含 96%苯乙烯)	1

在施工时，引发剂与促进剂的用量与环境温度相关，温度高用量低，反之用量高。按上述比例将涂料混合均匀，可以采用刷涂或喷涂的方式进行施工。

10.6.3.3　添加醋酸丁酸纤维素

在不饱和聚酯树脂涂料中加入醋酸丁酸纤维素，不仅涂层能在常温中不需隔氧固化，而且固化后的涂膜不缩孔、硬度高、抗热性好。具体方法为：在制造不饱和聚酯树脂时，当温度降至 150℃时，加入适量醋酸丁酸纤维素，充分搅拌，让其充分溶解，然后边搅拌边降温边加入苯乙烯，当温度降至 50℃以下，即可出料包装。所加入的醋酸丁酸纤维素应是具有高丁酸基含量，且低黏度(落球黏度计 0.5s)并易溶于苯乙烯单体。

10.6.3.4　导入"气干性"官能团

在不饱和聚酯树脂的支链上导入一个"气干性"官能团。可导入的官能团有烯丙醚基(H_2C=CH—CH_2—O—)、烯丁醚基(CH_3—CH=CH—CH_2—O=)、醚基(—O—)等。如其中的烯丙基醚结构中含有正电性碳原子，与其相连的亚甲基氢原子化学性质活泼，容易与氧阻聚效应产生的过氧化自由基反应生成聚合物的氢过氧化物，这种氢过氧化物可以产生很强的自由基使反应继续进行，因此树脂具有气干性。此种涂料的涂层不需再另行隔氧，并能在常温中固化成光滑的涂膜。

但烯丙基醚类缩水甘油醚成本较高，近年来又研制出许多新型气干性不饱和聚酯树脂用于涂料的配制，如缩水甘油苄基醚、干性油、双环戊二烯等，特别是将双环戊二烯用于不饱和聚酯树脂涂料的制备已成为国内外研究的热点。

总的来说，溶剂型涂料是一类性能优良的品种，经过几十年的发展，无论是在成本还是在性能上均得到了很大的改善，并且至今仍不断有新产品、新技术产生，使其使用范围进一步扩大。但是，随着环保意识的逐步增强，溶剂型涂料的使用也受到了一定的限制，因此，涂料也正向着粉末与水性等环保涂料方向发展。

思 考 题

1. 酚醛树脂涂料有哪些品种？
2. 醇酸树脂涂料的性能特点？
3. 硝基涂料的性能特点？

4. 丙烯酸木漆涂料的性能特点？

5. 为什么配制聚氨酯涂料要防止水分的混入？

6. 在聚氨酯涂料的配制中，为何要控制好甲组分与乙组分的配比？

7. 常用的聚氨酯涂料有哪些？

8. 在胺固化环氧树脂中加入适量的煤焦沥青对树脂涂料的性能有何影响？

9. 为了实现不饱和聚酯树脂涂料的充分固化，可以使用哪些方法？

第 11 章

水性涂料

水性涂料是一类以水性树脂为基料的涂料，具有低 VOC 或无 VOC 的特点。常用的有水性醇酸树脂涂料、水性丙烯酸树脂涂料和水性聚氨酯涂料等多种，且有单组分和双组分之分。与溶剂型涂料相比，大部分水性涂料在涂膜性能上还存在一定的差距，如固含量低、干燥时间长、成膜速度慢、涂膜硬度低、耐温性弱等。目前，针对上述不足开展了一系列研究，部分性能已经得到了一定的提升。

11.1 概述

随着人们环保意识的增强，溶剂型涂料中的 VOC 对环境与施工人员所造成的污染与伤害日益受到关注，加之溶剂的价格居高不下，且有机溶剂易燃易爆。因此，水性涂料应运而生。

11.1.1 概念与分类

近年来，由于环保意识的加强，人们对无毒或低毒的水性涂料尤为青睐，尤其是木器与家装行业特别关注，加之木材本身所具有的吸湿性与各向异性，因此水性木器涂料被认为是水性涂料中技术难度和科技含量最高的产品。

凡是以水为溶剂或者分散介质的涂料，均可称为水性涂料，也称为水基涂料、水分散涂料等。其特征是以水作为分散介质、树脂为分散相、水为连续相。水性涂料包括水溶性涂料、水分散性涂料(乳胶涂料)和水稀释性涂料 3 种。

11.1.1.1 水溶性涂料

水溶性涂料是以水溶性合成树脂为主要成膜物质、水为稀释剂，加入适量的颜料、填料及辅助材料、经研磨而成的一种涂料。是一个兼具胶体溶液和悬浮液特征的多相体系，所使用的高分子树脂颗粒大小在胶体分散度范围内(粒径$<0.01\mu m$)，它应具有胶体溶液的可滤性、电动现象等性质；同时分散在水溶性涂料中的颜料和填料等的颗粒大于树脂的颗粒。

水溶性树脂的制备通常是通过溶液聚合，得到高固体分的溶液树脂，在树脂中引入—OH、—COOH、—NH_2 等亲水性官能基团。—COOH 用氨或低分子有机胺等中和成盐，—NH_2 用低分子酸中和成盐，将成盐或含其他亲水官能团的树脂分散在水中并能形成透明溶液，此溶液为水溶性树脂。

11.1.1.2　水分散性涂料

水分散涂料主要是指以合成树脂乳液为成膜物配制的涂料，粒径约 0.1~0.2μm。单体在表面活性剂、乳化剂的作用下，通过机械搅拌，在一定温度条件下聚合成小粒子团分散在水中组成的分散乳液，外观为乳白色，微蓝相。其中的树脂乳液可以是高分子量，也可以是较低分子量的。

由于一般表面活性剂分子量较小，具有一定的亲水性，使得乳液聚合物的耐水性、耐候性等受到影响。但许多新的乳液聚合工艺和方法(如无皂乳液聚合法、微乳液聚合法、核壳乳液聚合法等)使得涂膜的性能不断提高。乳胶涂料成膜过程与树脂的玻璃化温度有关，当成膜温度高于树脂的玻璃化温度时，乳胶涂料才能成膜。为了使树脂具有较高的玻璃化温度来提高涂膜的性能，一般采用成膜助剂来降低乳胶涂料的成膜温度。成膜后，成膜助剂会从涂膜中缓慢地扩散并挥发。

11.1.1.3　水稀释性涂料

水稀释性涂料是以后乳化乳液为成膜物配制的涂料，将溶剂型树脂溶在有机溶剂中，然后在乳化剂的作用下靠强烈的机械搅拌使树脂分散在水中形成乳液，这样制成的涂料在施工中可用水来稀释。

11.1.2　优势与不足

11.1.2.1　优势

水性涂料以水作为分散剂或溶剂，水性涂料存在如下的优点：

(1)无 VOC，或低 VOC，降低了对环境的污染；

(2)成本相对较低，施工危险性小；

(3)在湿表面和潮湿环境中可直接涂覆施工；

(4)涂装工具可用水清洗，可大大减少清洗溶剂的消耗和废水的处理。

11.1.2.2　不足

水溶性涂料的树脂分子量一般较小，亲水官能团较多，会存在如下不足：

(1)水的蒸发潜热高，需提高固化温度或延长干燥时间；

(2)对于水敏感的材料不易涂装或涂装后易产生缺陷，如木材、纸张等；

(3)涂膜的固化速度较长，硬度相对较低；

(4)残留的亲水基团会降低涂膜的耐水性能；

(5)涂装环境温、湿度会影响涂膜的干燥及其性能；

(6)含酯键的树脂易水解，影响贮存稳定性；

(7)对颜料填料的润湿和分散性较差，易产生分层和浮色。

由于水性涂料存在上述缺陷，为了尽可能减少这些缺陷，不仅要仔细地设计水性涂料的配方，而且要仔细地制定制备的工艺过程和条件。

11.1.3 常用水性树脂

11.1.3.1 纤维素衍生物

纤维素衍生物是将天然高分子纤维素经化学处理制成的用途广泛的高分子精细化工材料。纤维素是由 β-葡萄糖缩合而成的天然高聚物，其结构为：

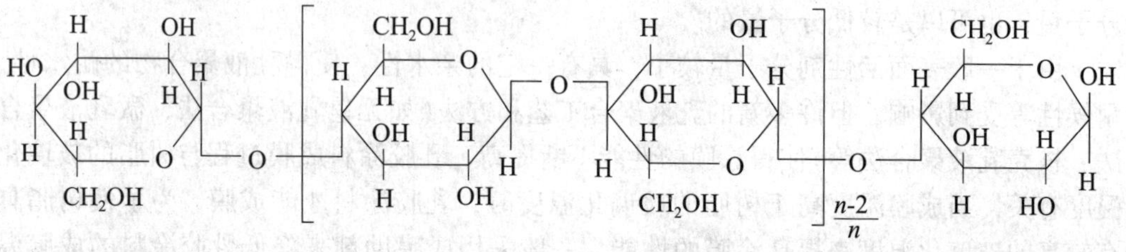

利用葡萄糖基环中羟基的特性，通过酯化或醚化反应得到的纤维素酯或醚衍生物是重要的水溶性聚合物之一。根据醚取代基化学结构的不同，可分为阴离子型、阳离子型和非离子型纤维素醚类。其中阴离子和阳离子型纤维素是水溶性的，而非离子型醚类有水溶性和有机溶剂可溶性两类。常用的羟甲基纤维素（CMC）、甲基纤维素（MC），羟乙基纤维素（HEC），羟乙基甲基纤维素（HEMC），羟丙基纤维素（HPC）、羟丙基甲基纤维素（HPMC）等为水溶性的。

其中的 CMC 和 HEC 具有增稠、悬浮、乳化、分散、保水等功能，因此可用作表面活性剂、保护胶体、分散剂等；且 HEC 还具有良好的黏合和成膜性能，且性能稳定、可调范围较大，因此广泛用于涂料、纤维、染色、造纸等领域。

11.1.3.2 醇酸树脂

水性醇酸树脂分为水乳化型和水溶型两类，其基本分子结构与溶剂型的基本相同。

(1)水乳化型醇酸树脂：首先通过溶液聚合得到通用型的醇酸树脂，然后加入乳化剂和保护胶体，在强力搅拌下进行水乳化得到的。

所使用醇酸树脂的油度的高低直接影响乳胶粒径的大小：油度高，树脂黏度低，乳胶粒径小，乳液稳定性好；油度低，树脂的黏度高，乳胶粒径大，乳液的稳定性下降。同时，树脂的羟基值对乳胶粒径的影响较小，但酸值的影响较大。多采用非离子型表面活性剂、聚乙烯醇或聚甲基丙烯酸钠作为保护胶体。但外加乳化剂得到的水乳化型醇酸树脂的贮存稳定性、施工性能和涂膜理化性能均不够理想。

(2)水溶性醇酸树脂：与水乳化型醇酸树脂相比，水溶性醇酸树脂的涂膜具有良好光泽度、柔韧性和抗冲击性能。

将酸值较高的醇酸树脂用弱碱中和成盐，然后加入醇醚类溶剂，最后分散在水中得到水溶性醇酸树脂。由于引入树脂中的多元酸或酸酐的不同，因此树脂的结构也不相同。引入偏苯三酸酐，可形成带有侧链羧基的醇酸树脂，其基本结构如下：

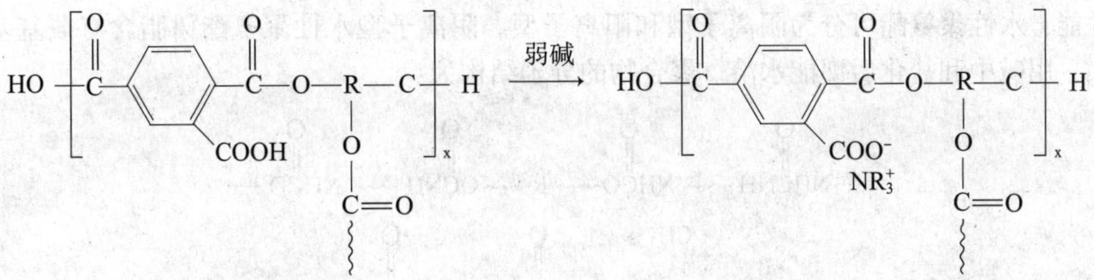

也可通过马来酸酐和醇酸树脂中所含的共扼双烯发生双烯加成反应而引入羧基:

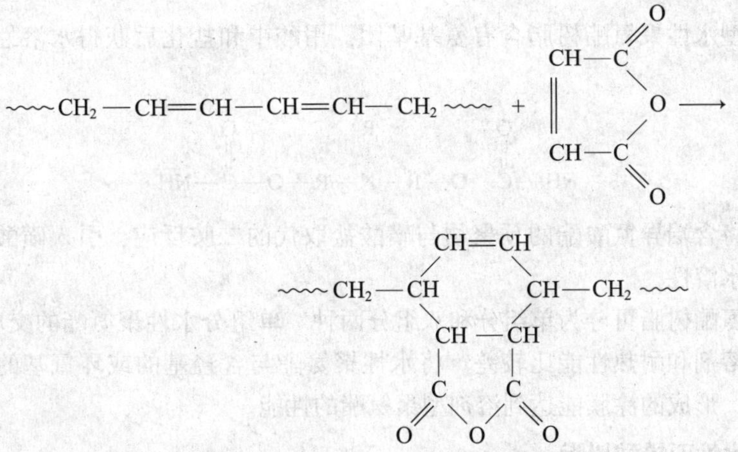

在高温下,马来酸酐也可以和醇酸树脂中的非共轭的两双键间的活泼亚甲基反应:

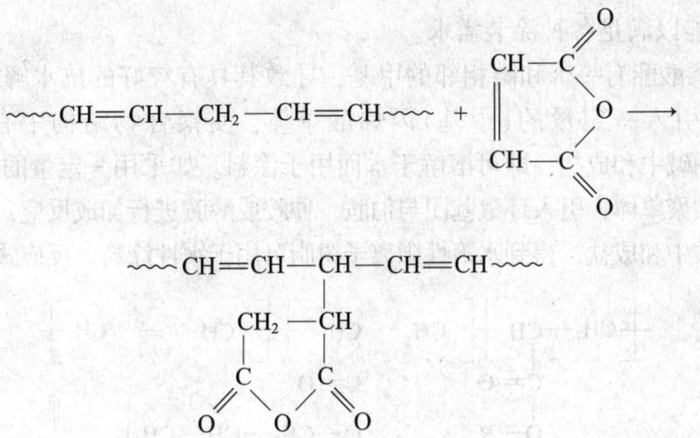

　　与偏苯二酸酐相比,马来酸酐化脂肪酸的引入在降低树脂黏度的同时,还可以通过降低酸值来改善水溶性、提高相对分子量,最终达到改善树脂涂膜耐水性的效果。

11.1.3.3　水性聚氨酯树脂

　　聚氨酯即聚氨基甲酸酯(PU),是分子结构中含有重复的氨基甲酸酯基(—NHCOO—)的高分子聚合物的总称。聚合物结构中除含有相当数量的—NHCOO—基团外,可能还含有醚键(—O—)、酯键(—COOR—)、脲键、脲基甲酸酯键等。

　　制备水性聚氨酯的方法是在聚氨酯链中引入亲水的链段或基团。根据亲水基团的性能，水性聚氨酯可分为阴离子型和阳离子型。阴离子型水性聚氨酯树脂含有羧基基团，用碱中和盐化后即能水溶。聚合物的分子结构为：

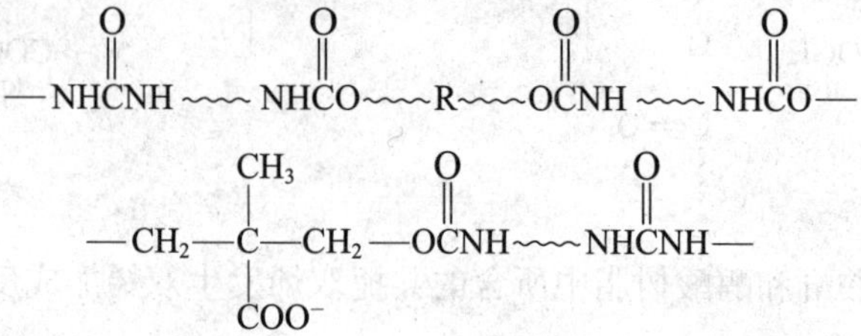

$$
\begin{array}{c}
\quad\ \ \ O\qquad\ \ \ O\qquad\qquad\ \ \ O\qquad\qquad\ \ \ O \\
\quad\ \ \ \|\qquad\ \ \ \|\qquad\qquad\ \ \ \|\qquad\qquad\ \ \ \| \\
—NHCNH \sim\!\sim\!\sim NHCO\sim\!\sim\!\sim R\sim\!\sim\!\sim OCNH\sim\!\sim\!\sim NHCO—
\end{array}
$$

$$
\begin{array}{c}
\qquad\ \ CH_3\qquad\quad O\qquad\qquad\qquad\ \ O \\
\qquad\ \ |\qquad\qquad\ \ \|\qquad\qquad\qquad\ \ \| \\
—CH_2—C—CH_2—OCNH\sim\!\sim\!\sim NHCNH— \\
\qquad\ \ | \\
\qquad\ \ COO^-
\end{array}
$$

阳离子型水性聚氨酯树脂含有氨基基团，用酸中和盐化后获得水溶性，其分子结构为：

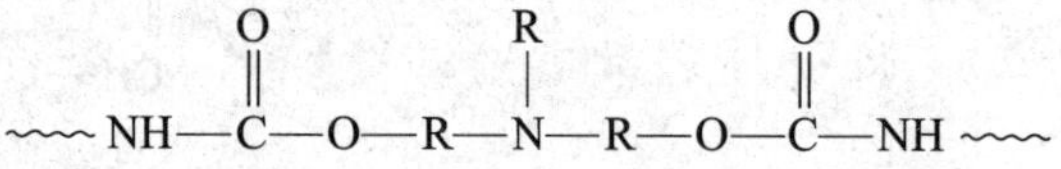

$$
\begin{array}{c}
\qquad\ \ O\qquad\qquad\ \ R\qquad\qquad O \\
\qquad\ \ \|\qquad\qquad\ \ |\qquad\qquad\ \| \\
\sim\!\sim NH—C—O—R—N—R—O—C—NH\sim\!\sim
\end{array}
$$

还可以将含端异氰酸酯的预聚物与磺酸盐取代的二胺反应，引入磺酸盐，使聚氨酯树脂获得水溶性。

水性聚氨酯树脂可分为单组分和双组分两种。单组分水性聚氨酯的交联密度较低，其耐水、耐溶剂和耐热性能比较差。将水性聚氨酯与含羟基的或环氧基的水性树脂进行交联反应，形成的涂膜能达到溶剂型聚氨酯的性能。

11.1.3.4　水性丙烯酸树脂

丙烯酸树脂光泽度高，保光性、保色性及耐候性好、可以通过不同的配方调节丙烯酸树脂的性能以满足各种涂装需求。

聚甲基丙烯酸酯有一个和碳相邻的甲基，导致其具有较好的抗水解能力和化学稳定性。共聚物中引入一定量的(甲基)丙烯酸单体，使聚合物结构中有一定量的羧基(—COOH)，用碱中和成盐，即可溶解于水而用于涂料。如采用一定量的(甲基)丙烯酸缩水甘油酯作为共聚单体，引入环氧基团与伯胺、仲胺或醇胺进行加成反应，并引入氨基类的基团，然后用酸中和成盐，得到水溶性阳离子树脂可用于水性涂料。反应式如下所示：

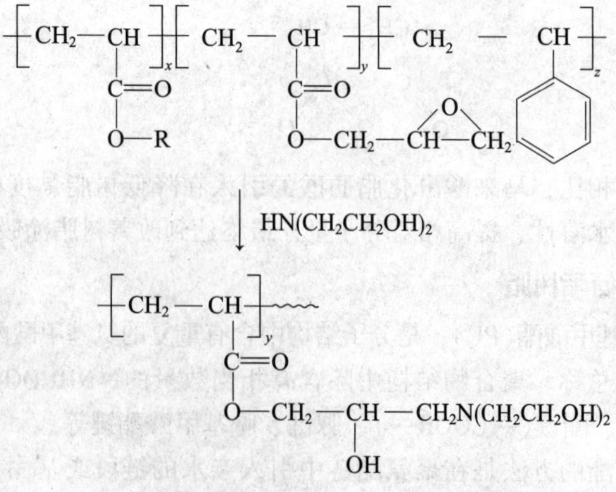

$$
\left[CH_2—CH\right]_x \left[CH_2—CH\right]_y \left[CH_2—CH\right]_z
$$

（以下为结构式反应）

$$
\downarrow HN(CH_2CH_2OH)_2
$$

$$
\left[CH_2—CH\right]_y
$$

$$
\begin{array}{c}
C\!=\!O \\
| \\
O—CH_2—CH—CH_2N(CH_2CH_2OH)_2 \\
\qquad\qquad\ \ | \\
\qquad\qquad\ \ OH
\end{array}
$$

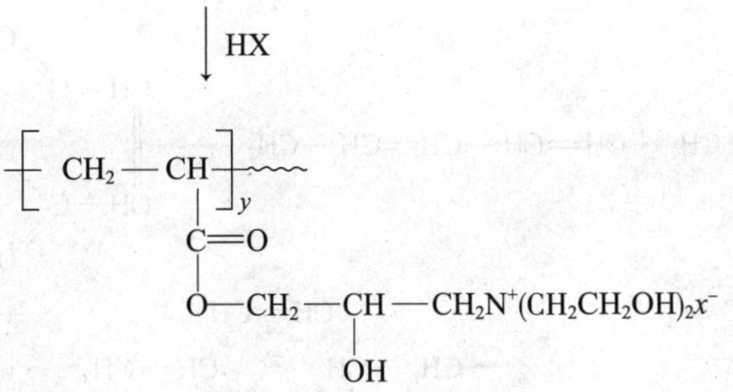

$$\downarrow HX$$

$$\left[CH_2-CH \right]_y \sim\!\!\!\sim$$
$$| $$
$$C\!=\!O$$
$$| $$
$$O-CH_2-CH-CH_2N^+(CH_2CH_2OH)_2x^-$$
$$| $$
$$OH$$

11.1.3.5　水性环氧树脂

环氧树脂大多难溶于水，其水性化技术主要包括外乳化法、酯化法和接枝法。形成的水性环氧树脂可分为水溶型和水乳化型两大类。

(1)水乳化型环氧树脂：用于水乳化型环氧树脂的结构与溶剂型的基本相同，结构式为：

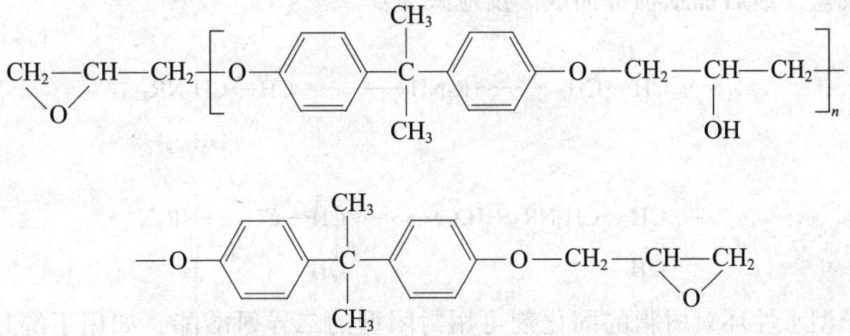

$$CH_2-CH-CH_2 \left[O-\underset{\underset{CH_3}{|}}{\overset{\overset{CH_3}{|}}{C}} \right]$$

式中，n 值可由环氧氯丙烷与双酚 A 的比例来控制：n 增大，羟基含量增大，相对环氧基的含量下降，环氧当量增加，树脂黏度增加。当 $n=0.11\sim0.15$ 时，树脂为黏稠液体；用于直接乳化的环氧树脂的 n 值一般要求小于 0.15。

水乳化型环氧树脂的固化剂一般采用改性胺类：先将改性胺乳化，然后与环氧树脂混合，这样能使两组分均匀分散。改性胺可选用由环氧树脂改性的胺来制备，这样可以提高乳液的混溶性、稳定性、涂膜的理化性以及降低胺的毒性。如以过量的胺和 $n=0$ 的环氧树脂加成制得：

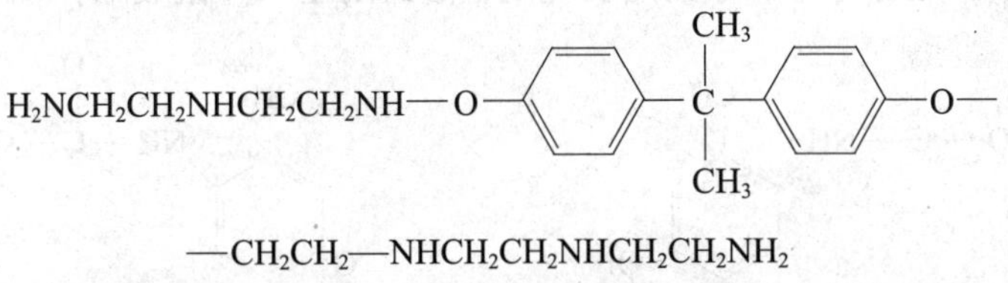

$$H_2NCH_2CH_2NHCH_2CH_2NH-O-\underset{\underset{CH_3}{|}}{\overset{\overset{CH_3}{|}}{C}}-O-$$
$$-CH_2CH_2-NHCH_2CH_2NHCH_2CH_2NH_2$$

当然，也可以将胺盐制备成水稀释型的，然后再将环氧树脂加入其中，环氧树脂便可溶于胺盐所形成的集聚体微粒中，达到形成稳定乳液体系的目的。

(2)水溶性环氧树脂：水溶性环氧树脂可分为阴离子型和阳离子型。

①阴离子水性环氧树脂可以通过马来酸酐与环氧酯中的脱水蓖麻油酸反应引入羧基，在 200℃ 温度下进行，反应如下：

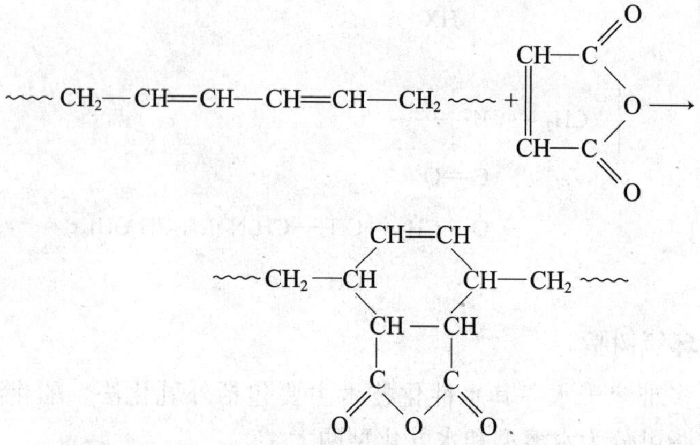

用胺中和后即成为阴离子水性环氧树脂。

②阳离子型水性环氧树脂是通过双酚 A 环氧树脂与胺反应生成含有氨基的聚合物，加酸中和成盐，最后加水稀释而成。反应式为：

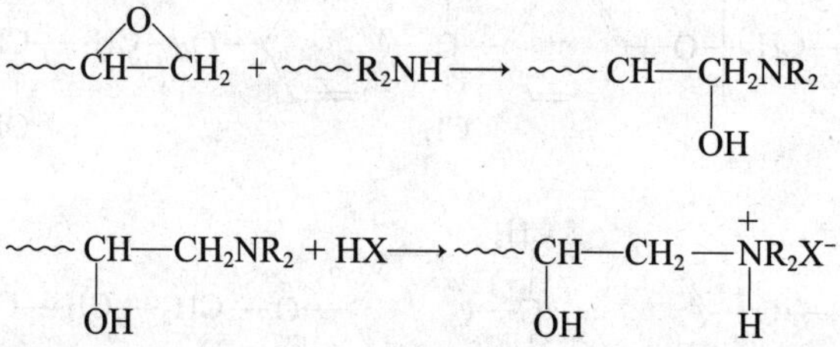

阳离子型水性环氧树脂的固化剂可用封闭型的二异氰酸酯，如用丁醇封闭的二异氰酸酯：

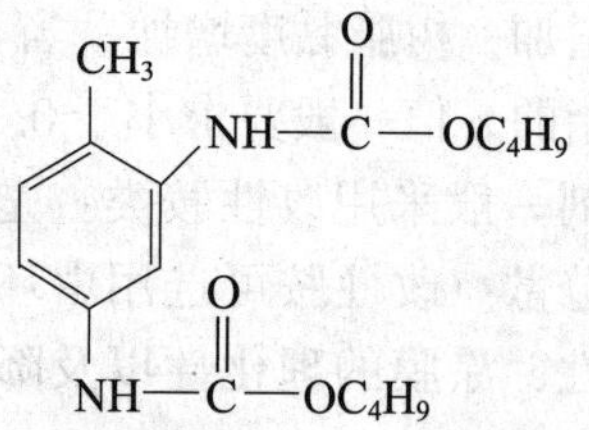

也可以使用二元醇与二异氰酸酯反应制备的封闭型二异氰酸酯：

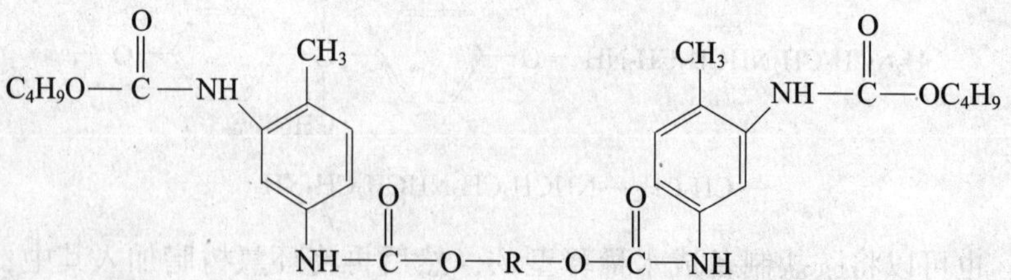

11.1.4　颜料与助剂

水性涂料中除了用于成膜的树脂之外，最主要的组分就是颜料与助剂了。水性涂料中，颜料分散与稳定的程度直接影响着贮藏稳定性和涂膜质量。

11.1.4.1　颜料及其分散与稳定

(1)颜料种类：用于水性涂料用的颜料主要包括着色颜料(如：铬黄、铁黄、耐晒黄、锑红、甲苯胺红、铁蓝、钛白、炭黑等)，体质颜料(如硫酸钡、碳酸钙、滑石粉、硅藻土等)和特种颜料(如荧光颜料、变色颜料)等。

(2)分散性：颜料的分散包括润湿、机械粉碎和分散稳定 3 个过程。在水性体系中，粒子的表面张力远小于介质的表面张力，特别是有机颜料润湿的能力更低，因此，需要增加颜料粒子表面的亲水性来改善润湿能力：如采用低温等离子体溅射的方法对粒子进行表面氧化，不改变颜料原始性质，但提高了表面极化度。而采用机械粉碎的方法将颜料粒子的凝聚体或附聚体通过剪切力或冲击力破碎为细小粒子也不失为一种简单快速的方法。这与分散设备和颜料的聚集状态有关，当然，还会受到颜料表面吸附电介质的影响。

(3)稳定性：分散稳定是通过在粒子间产生斥力而阻止其再聚集的过程。在水性体系中，能够起到稳定作用的斥力包括吸附树脂所提供的位阻斥力和静电斥力，一些具有良好分散作用的高分子化合物，如苯乙烯–(甲基)丙烯酸共聚物、苯乙烯–马来酸共聚物等，在水中应能很好地溶解，并能与颜料表面形成牢固地结合。

为了最大限度地发挥静电斥力，可通过提高离子型基团的强度来实现：常使用能够提供阴离子的单体有马来酸酐、丙烯酸和甲基丙烯酸等羧酸。同时也可使用低挥发性的有机胺作中和剂，它既能保证分散体系的稳定，又不会影响涂膜的性能。

11.1.4.2　助剂

涂料助剂是为改进生产工艺和产品性能，在生产和使用过程中加入的辅助物质。涂料成膜后，大多数的助剂留在涂膜中，少数则挥发进入大气。一般来说，助剂用量很少，仅占涂料总质量的 0.01%～0.1%，但在提高于改善涂料和涂膜性能方面却能起到十分关键的作用。

在水性涂料中，常用的助剂主要有：

(1)润湿剂：润湿剂主要是降低颜料的表面张力，使颜填料粒子内部很好地被润湿的一种表面活性剂，其分子量较小。润湿剂主要有以下几种类型：

①阴离子型，如十二烷基磺酸钠、硫酸月桂酯、油酸丁基酯硫酸化物等；

②阳离子型烷，如烷基吡啶盐氯化物等；

③非离子型，如烷基酚聚氧乙烯醚、烷基醇聚氧乙烯醚、乙炔乙二醇等。

(2)分散剂：分散剂主要是在颜料的表面上产生电荷斥力或空间位阻，防止颜料产生有害的絮凝，使分散体系处于稳定状态，一般分子量较大。用于水性体系的分散剂可分为无机分散剂、聚合物型分散剂和超分散剂等 3 种。

①无机分散剂，如六偏磷酸钠、硅酸盐、碳酸盐等；

②聚合物型分散剂，如聚丙烯酸盐类、聚羧酸盐类、缩合苯磺酸盐、聚异丁烯顺丁烯二酸盐类；

③超分散剂，如丙烯酸(酯)、马来酸(酯)及它们的衍生物，疏水端单体多为不饱和烃类，如苯乙烯、乙烯、丁二烯、二异丁烯、甲基乙烯醚等。

（3）流平剂：用于降低涂料与基材的界面张力、提高润湿性、减少由基材所引起的缩孔、附着力等现象。同时，可调整溶剂的挥发速度、降低黏度，改善涂料的流动性，提高涂膜的平整度。

①聚丙烯酸酯类，可分为纯聚丙烯酸酯、改性聚丙烯酸酯、丙烯酸碱溶树脂等。

②有机硅类，水性涂料用有机硅类流平剂分为聚醚改性有机硅、聚酯改性有机硅、反应性有机硅。其中的反应性有机硅系能与树脂起化学反应，使其成为固化后树脂的一部分。改性有机硅化合物是使用最为广泛、效果也较好的一种流平剂，可防止涂膜发花、橘皮、缩孔、针眼等缺陷，并能增加附着力。

③微粉化蜡乳液，多以水乳液形式存在，可提高漆膜的平滑性、抗划伤性及防水性能。同时可以影响涂料的流变性能，可以有效抑制颜料沉淀。

（4）消泡剂：在水性涂料中，由于各种助剂的存在而产生大量的泡沫，通常使用消泡剂来进行调控。水性涂料的表面张力比较高，使用的消泡剂的表面张力相对来讲不是很低，其形态有油型、溶液型、乳液型、泡沫型等。常用的消泡剂一般可分为有机消泡剂、聚醚型消泡剂和有机硅消泡剂 3 类。

①有机消泡剂　由水溶性差、表面张力低的液体组成，铺展系数较大，适合在液体剪切较小、所含表面活性剂发泡能力较温和的条件下使用。包括：矿物油类、动物油、植物油、己醇、环己醇等。

②聚醚型消泡剂　高分子主链中含有醚键的聚合物，当其分子量较低时就可以作为消泡剂，一般与其他消泡剂配合使用。

③有机硅消泡剂　水性涂料用有机硅消泡剂主要包括乳液型聚硅氧烷和聚醚改性有机硅消泡剂两种。

乳液型聚硅氧烷消泡剂是在甲基类型的硅油中，加入适量的乳化剂和水等物质，经乳化处理，使硅油粒子直径在 $100\mu m$ 以下的水包油乳液，是含聚二甲基硅氧烷和二氧化硅两个活性成分的乳化剂，具有水相中易分散、用量小、消泡快的特点。

聚醚改性有机硅消泡剂由聚氧基硅氧烷和聚醚两种链段组成，聚醚的引入提高了铺展和扩散能力。该类共聚物疏水部分为聚硅氧烷链节，亲水部分为聚醚中的氧乙烯基或氧丙烯基链节，通过改变硅氧烷、环氧乙烷、环氧丙烷的摩尔比或其相对分子质量，则可得到不同消泡能力的系列产品。

（5）增稠剂：是使涂料体系黏度增加的助剂，特点是在低剪切速率下的体系黏度增加，而在高剪切速率时对体系的黏度影响很小。尤其是对乳胶型涂料的增稠、稳定及流变性能起着重要的改进与调节作用。

根据增稠剂与乳胶粒中各种粒子的作用关系，可分为缔合型和非缔合型。

①缔合型　包括憎水改性羟乙基纤维素、憎水改性环氧乙烷聚氨酯、憎水改性聚丙烯酰胺、憎水改性碱溶丙烯酸系乳液等。

②非缔合型　包括无机增稠剂、非离子型纤维素、丙烯酸系、交联型丙烯酸系乳液等。

（6）催干剂：一类能加速涂膜氧化、聚合、干燥的化合物，多用于溶剂型涂料。在水性涂料中，大量水的存在改变了涂料树脂的化学催干性质。在自由基反应中，水起到了链转移的作用，可减缓自由基反应的速率，故水性涂料中使用量也大于溶剂型涂料。传统的催干剂在水性体系中不宜分散，以水性醇酸树脂为例，在添加传统型催干剂时应在加入醇酸之前，而水可稀释的则在之后加入。

（7）防霉剂：在水性涂料中，蛋白质、淀粉、天然胶、纤维素衍生物以及某些助剂都会成为微生物的养料来源。在一定的温度、湿度和不存在抑制物质时，真菌易侵蚀涂膜形成深色斑点，导致涂膜过早地遭到破坏而失去附着力，严重影响涂料的保护及整洁与美观功能。在水性涂料中添加适量的防霉杀菌剂可以抑制微生物的生长与繁殖，保护涂料与涂层不受破坏。

一般来说，要求防霉与杀虫剂具有广谱杀菌性、有良好的生物降解性和较低的环境毒性，并尽量减少对操作人员的刺激性。目前，世界上已采用的水性涂料防霉杀菌剂可归纳为以下几种物质类型，同时也是几种相互配合使用。

①取代芳烃类，如五氯苯酚及其钠盐、四氯间苯二腈、邻苯基苯酚等。

②杂环化合物，如2-（4-噻唑基）苯并咪唑、苯并咪唑氨基甲酸甲酯、2-正辛基-4-异噻唑琳-3-酮、8-羟基喹啉等。

③胺类化合物，如双硫代氨基甲酸酯、四甲基二硫化秋兰姆、水杨酰苯胺等。

④有机金属化合物，如有机汞、有机锡和有机砷。

⑤甲醛释放剂，在一定时间内缓慢地解聚、释放出微量的甲醛来达到一定的抑菌杀菌效果。

11.2　水性木器涂料及其改性

木器涂料主要应用于家具、地板等室内产品，直接与人接触，关乎大众健康，国内外对此非常关注，我国于2007年开始实施《室内用水性木器涂料》行业标准。

国外水性木器涂料研究较早，商品化的产品有：固体含量达40%的水性聚氨酯分散体、含季铵基团的水溶性聚丙烯酸木器涂料、氨基树脂固化的水性丙烯酸双组分木器涂料、聚氨酯改性丙烯酸水分散体单组分木器涂料等。

近年来，国内的研究也取得了异常丰硕的成果，主要的品种有以水性醇酸树脂、聚氨酯、丙烯酸、环氧树脂等为基础所开发出的各类水性木器涂料及其改性产品，但与溶剂型木器涂料相比，还要存在着诸如耐水、耐热、耐溶剂性较差，涂膜硬度偏低等不足。

由于木材是各向异性材料，即使是同一块板件的膨胀系数也存在差异，因此涂膜必须具备与之相适应的柔韧性和强度。同时，木材属于多孔材料，当涂膜的透气性不佳时，在不同的温湿度条件下木材内部水分的变化易引起涂膜缺陷。由此可见，木器用水性涂料具有较高的要求。

水性木器涂料用树脂按照其组成可分为：水性醇酸树脂涂料、水性丙烯酸树脂涂料、水性聚氨酯涂料、光固化水性树脂涂料等。

11.2.1　水性醇酸树脂涂料

醇酸树脂的主要原料来自于动植物油改性，不依赖于石油，因此具有可再生优势，是一种绿色资源。同时，可用于制备醇酸树脂的多元醇与多元酸种类众多，性能多样，因此可在较大范围内对其性能进行调整，这使得醇酸树脂具有广泛的适应性。

水性醇酸树脂是在醇酸树脂的大分子链中引入亲水的羧基、羟基等亲水基团，使其能自乳化在水中形成稳定的水乳液。但分子质量相对溶剂型醇酸树脂小，具有更好的渗透性能、流动性和丰满度。其干燥成膜机理与溶剂型醇酸树脂一样，通过空气中的氧气对双键进行氧化固化交联。

11.2.1.1　水性单体

由水性单体引入的水性基团，经中和转变成盐，提供水溶性。目前比较常用的有：偏苯三酸酐（TMA）、聚乙二醇（PEG）或单醚、间苯二甲酸-5-磺酸钠（5-SSIPA）、二羟甲基丙酸（DMPA）等。有关结构式如下：

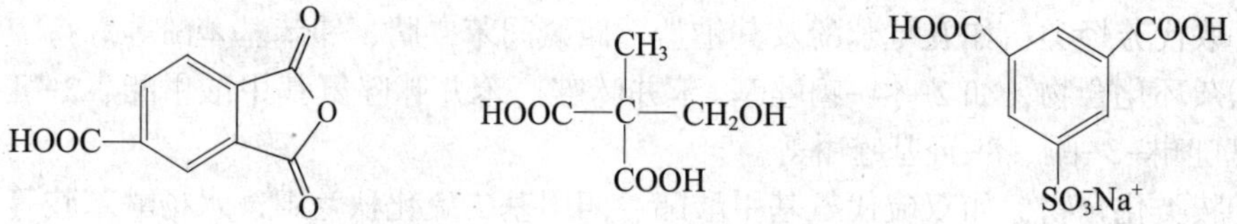

TMA　　　　　　　　DMPA　　　　　　　5-SSIPA

11.2.1.2　合成原理

（1）TMA 型水性醇酸树脂的合成：TMA 型水性醇酸树脂的合成为缩聚及水性化。

①缩聚　先将邻苯二甲酸酐、脂肪酸、偏苯三酸酐（TMP）进行共缩聚生成一定油度、预定分子量的醇酸树脂。

②水性化　将上述树脂中的羟基与三羟甲基丙烷（TMA）上活性大的羟基进行酯化，开环引入羧基。一般情况下，一个 TMA 分子可以引入 2 个羧基，此羧基经中和以实现水性化。

该方法的特点是 TMA 水性化效率高，油度调整范围大，可以从短油到长油随意设计，因此所制备的水性树脂具有较好的适应性。其合成反应式如下，其中，n、m、p 为正整数。

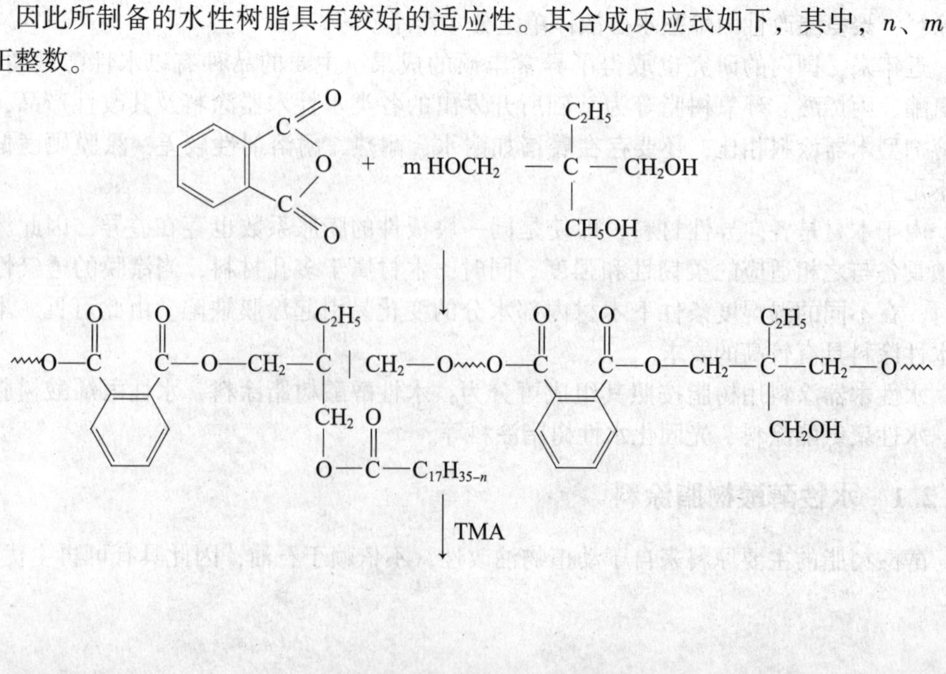

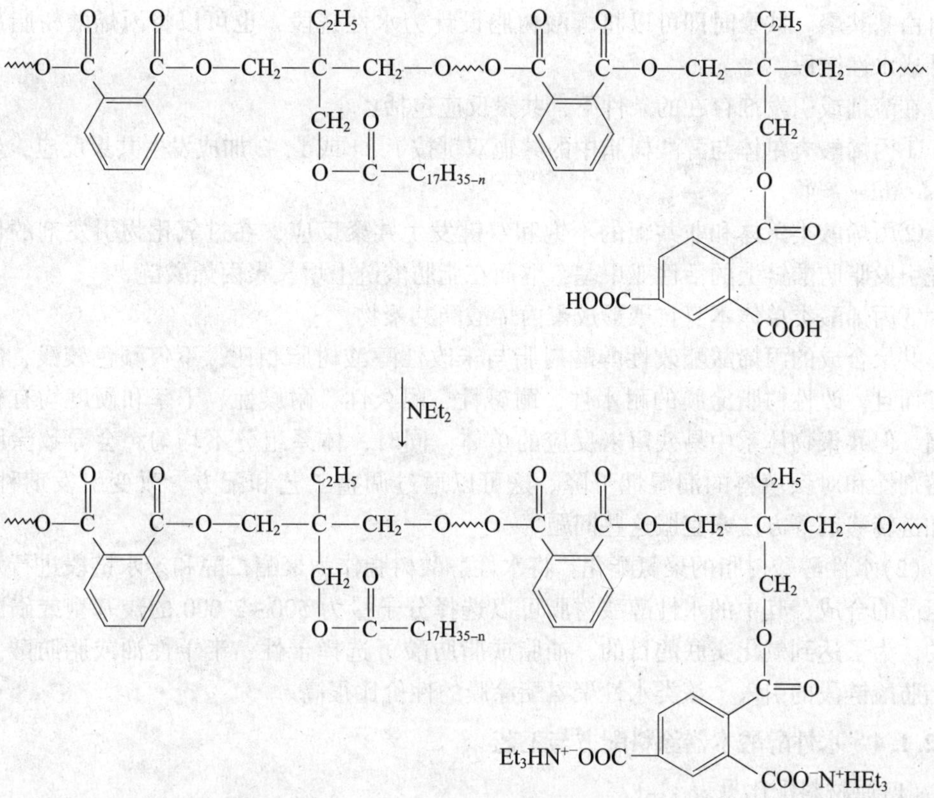

$$C_2H_5 \qquad C_2H_5$$

（结构式，含 $C_{17}H_{35-n}$、HOOC、COOH 等基团）

$$\downarrow NEt_2$$

$$C_2H_5 \qquad C_2H_5$$

（结构式，含 $C_{17}H_{35-n}$、Et_3HN^+OOC、$COO\cdot N^+HEt_3$ 等基团）

（2）DMPA 型水性醇酸树脂：DMPA（二羟甲基丙酸）是一种性能良好的水性单体，其羧基处于其他基团的保护之中，一般条件下不参与缩聚反应，因此可广泛用于水性醇酸树脂、水性聚氨酯、水性聚酯的合成。该法也存在着不足：由于 DMPA 是作为二元醇来使用的，树脂的油度难以提高，因此，多用于合成中、短油度树脂。

（3）马来酸酐水性醇酸树脂：利用马来酸酐与醇酸树脂的不饱和脂肪酸发生 Diels-Alder 反应，即马来酸酐与不饱和脂肪酸的共轭双键发生 1，4 加成反应，也可以引入水性化的羧基。其结构式为：

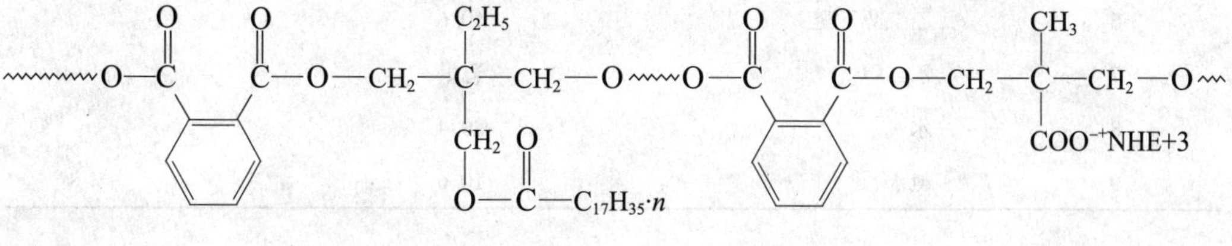

$$C_2H_5 \qquad CH_3$$

（结构式，含 $C_{17}H_{35}\cdot n$、$COO^{-+}NHE+3$ 等基团）

11.2.1.3　水性醇酸树脂的改性

水性醇酸树脂具有干燥慢、硬度较低、保光性不好等不足，因此需要进行改性处理。目前有多种改性方法，如开发新型催干剂，改善其干性；用丙烯酸树脂或者聚氨酯等制备杂化乳液来改善其保光性等。

（1）水性醇酸-丙烯酸树脂：丙烯酸酯单体能与醇酸树脂含有的双键和共轭双键进行自由基共聚。共聚时即可以将醇酸树脂设计为水性链段，也可以将丙烯酸树脂部分设计成水性链段。

在溶剂或引发剂存在的条件下，共聚反应包括：

①丙烯酸类单体与醇酸树脂中的共轭双键按 1，4 或 1，2 加成发生共聚反应，生成 Diels-Alder 产物。

②丙烯酸类单体和非共轭的不饱和双键发生共聚反应，在过氧化物引发剂的作用下先引发脂肪酸链上的活性亚甲基，继而在脂肪酸链上增长聚丙烯酸链。

③丙烯酸类单体本身自聚形成聚丙烯酸酯共聚物。

共聚合成的丙烯酸酯改性醇酸树脂与未改性醇酸树脂相比，不仅颜色较浅、碘值低，而且，改性树脂涂膜的耐水性、耐碱性、耐久性、耐候性、干率和硬度均有较大提高。但共聚物体系中易残留未反应的单体，同时，体系组分不均匀，会导致涂膜的耐溶剂性和对颜填料的润湿性下降。这可以通过调整工艺和配方、改变引发剂种类、添加链转移剂等方法来克服这些问题。

（2）水性醇酸树脂的聚氨酯化：将水性醇酸树脂作为聚酯二醇和亲水链段进行水性聚氨酯的合成，其中的水性醇酸树脂可以选择分子量为 500～2 000 的羧基型或磺酸盐型的。为了达到氧化交联的目的，油脂或脂肪酸可选择干性、半干性油或脂肪酸。由于脂肪酸链段的引入，该类水性聚氨酯涂膜的性价比很高。

11.2.1.4　水性醇酸木器涂料配方与工艺

（1）原材料配比见表 11-1。

表 11-1　水性醇酸木器涂料原材料配比

序号	原材料名称	质量份(g)	备注
1	亚麻油	30.4	
2	丙三醇	6.8	
3	偏苯三甲酸酐	6.3	
4	邻苯二甲酸酐	10.9	
5	氧化铅	0.03	
6	乙二醇丁醚	10.6	
7	乙二醇	适量	
8	水	20.4	
9	氨水	10.6	

（2）制备工艺

①将亚麻油与丙三醇在反应釜中充分混合，不断搅拌并升温至 230～250℃，加入催化剂氧化铅进行醇解反应。

②当取少许反应液加入甲醇中呈透明时，醇解反应到达终点，开始降温。

③当温度降至 140～150℃时，加入邻苯二甲酸酐和偏苯三甲酸酐，在搅拌下缓慢

升温至 210~230℃左右开始脱水，进行酯化反应；通过当量计算脱水量来预控反应终点，当树脂酸值在 80~100mg KOH/g 时为酯化反应终点。

④降温至100℃，搅拌下加入乙二醇丁醚、乙二醇作稳定剂，继续降温至40℃，加入氨水和水调节 pH=9，即可生成稳定的水溶性醇酸树脂。

⑤在制漆罐中加入一定量的水溶性醇酸树脂，在常温下加如颜料、催干剂等助剂，充分搅拌分散，再经研磨、过滤，即制得水溶性醇酸树脂木器涂料。

11.2.2　水性丙烯酸树脂涂料

水性丙烯酸树脂基本上都是共聚物。一般来说，合成溶剂型丙烯酸酯树脂的单体均可用于水性丙烯酸酯树脂的制备，但需引入有助于提高水溶性的亲水基团，如羧基、羟基、酰胺基、氨基和醚键等。这些基团除了具有亲水性之外，还应具有黏合性、成膜性、润滑性、螯合性、分散性等作为涂料的一般特性。

用于制备水性丙烯酸树脂木器涂料的主要有水溶性丙烯酸酯树脂和丙烯酸乳液两种。

11.2.2.1　水溶性丙烯酸酯树脂

水溶性丙烯酸酯树脂通常是通过溶液聚合得到含可水溶性基团的树脂，先溶于助溶剂中，然后通过转相分散于水中。水溶性丙烯酸酯树脂以离解后的状态来分，有阴离子型和阳离子型两种，用于木器涂料的多为阴离子型。制备水溶性丙烯酸酯树脂的常用原材料与作用见表 11-2。

表 11-2　水溶性丙烯酸酯树脂的常用原材料与作用

组成		常用品种	作 用
单体	组成单体	(甲基)丙烯酸甲酯、(甲基)丙烯酸乙酯、(甲基)丙烯酸丁酯、(甲基)丙烯酸乙己酯，(甲基)丙烯酸苯乙烯	调整基础树脂的硬度、柔韧性及耐大气物理性能
	官能单体	(甲基)丙烯酸羟乙酯、(甲基)丙烯酸羟丙酯	提供交联反应基团
		(甲基)丙烯酸、顺丁烯二酸酐	提供阴离子树脂的亲水基团
		(甲基)丙烯酸二甲胺乙酯、(甲基)丙烯酸二乙胺乙酯等	提供阳离子树脂的亲水基团
中和剂		氨水、三乙胺、二甲基乙醇胺、2,2-二甲氨基-2-甲基丙醇、2-氨基-2-甲基丙醇等	中和阴离子树脂上的羧基成盐
		甲酸、醋酸、乳酸等有机酸	中和阳、阴离子树脂上的氨基成盐
助溶剂		乙二醇乙醚、乙二醇丁醚、丙二醇乙醚、丙二醇丁醚、仲丁醇、异丙醇等	提供共聚合介质，偶联效率及增溶作用，调整黏度、流平性等施工性能

水溶性丙烯酸酯树脂中羧基或氨基含量的多少直接影响到树脂的可溶性，而羟基的存在，能起到助溶作用，树脂的水溶性明显增大。有研究表明，当树脂中羧基（氨基）含量为 10%~12% 时，树脂临界水溶；含量达到 20% 以上时，树脂极易水溶。

(1)丙烯酸树脂预聚物的制备：以异丙醇为溶剂，N_2 保护，在 90~96℃ 滴加一定比例的苯乙烯、甲基丙烯酸甲酯、丙烯酸丁酯、甲基丙烯酸羟乙酯、甲基丙烯酸、偶氮二异丁腈(AIBN)、十二烷基硫醇等组成的单体、引发剂和链转移剂混合溶液，保温反应 2~3h 便得到了羟基丙烯酸预聚物。

反应方程式为：

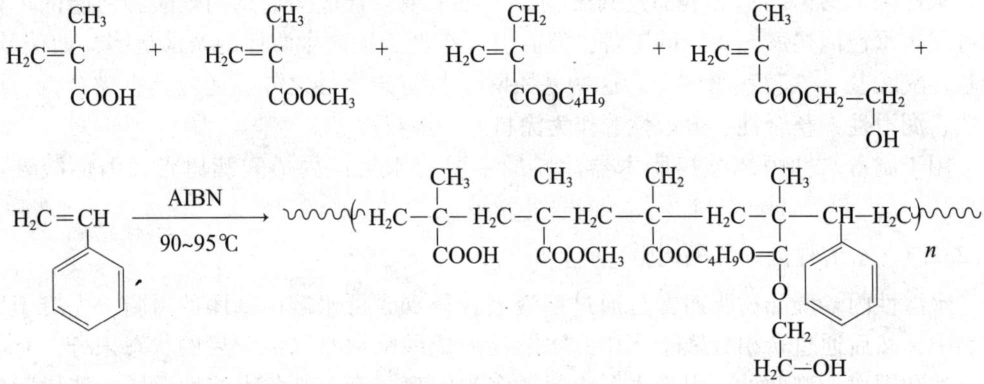

(2)丙烯酸树脂水分散体的制备：将所得的羟基丙烯酸预聚物降温至 50~60℃，向其缓慢滴加胺类中和剂，控制 pH 值 7.5~8.5，进行中和反应。结束后向其加入适量的去离子水，高速搅拌后即得到水性羟基丙烯酸树脂。中和反应方程式：

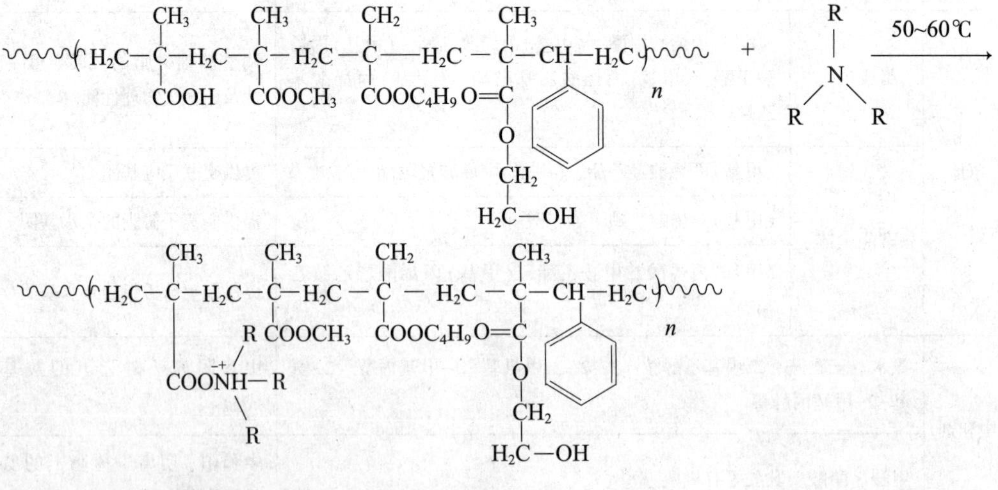

11.2.2.2 丙烯酸酯乳液

丙烯酸乳液是丙烯酸类单体在乳化剂、稳定剂、pH 值调节剂等各种助剂的作用下通过乳液聚合得到的。目前主要采用的乳液聚合工艺有：常规乳液聚合和核壳乳液聚合。由于核壳乳液聚合可以得到非均匀结构的乳胶粒子，利用核与壳玻璃化温度的不同来改善和提高乳胶漆的性能。同时，核壳结构的乳液不仅可以改善涂膜的力学性能，有的还可以用作热塑性弹性体和高抗冲塑料的添加剂。

为了获得不同性能的乳液,许多新的乳液聚合工艺和方法得到了应用:无皂乳液聚合法、微乳液聚合法、细乳液聚合法和辐射乳液聚合法。

丙烯酸为主要成分的水性木器涂料具有附着力好、颜色浅的优点,但在耐磨、抗化学性、硬度、丰满度等方面有所欠缺,综合性能一般。通过共混、共聚改性等方法可以改善其性能,常用的改性方法有以下几种:

11.2.2.3　水性丙烯酸树脂改性

(1)新型单体共聚改性:由于叔碳酸乙烯酯上有 3 个支链、1 个甲基和至少还有 1 个大于 C_4 的长链,空间位阻大,因此共聚物涂膜具有很好的抗水解性、耐碱性、抗氧化性及耐紫外线性能。可以考虑与水性丙烯酸酯进行共聚。

同时,为提高涂膜的耐溶剂性,可引入苯乙烯、丙烯腈及甲基丙烯酸的高级烷基酯,(如甲基丙烯酸月桂酯、甲基丙烯酸十八醇酯),也可将几种并用以平衡耐候性和耐有机溶剂性。

(2)环氧树脂改性:环氧树脂因含有极性高而不易水解的脂肪族羟基和醚键,且双酚 A 型环氧树脂分子主链上刚性苯基和柔性烃基交替排列,成膜后有良好的耐温性、物理机械性、尺寸稳定性、附着性、耐化学品性等特点。利用环氧树脂改性,所得到的树脂可将两种树脂的优势结合起来。常用的改性方法有:乳液接枝共聚法、溶液接枝共聚法和酯化-共聚改性法等多种。

(3)水性聚氨酯杂化改性:聚氨酯分子中含有大量的氨酯键、酯键、醚键和脲键等,其涂膜具有优异的耐溶剂性、耐磨性、硬度以及柔韧性和弹性等。

将聚氨酯水分散体和聚丙烯酸乳液结合在一起得到聚氨酯-丙烯酸复合乳液,兼有聚氨酯乳液和丙烯酸乳液的优点。目前,聚氨酯-丙烯酸复合乳液水性树脂的合成方法有物理共混法、溶液聚合法、核壳乳液聚合法和互穿聚合物网络法等。

(4)外交联试剂改性:丙烯酸乳液可以设计成羟基型结构,氨基树脂、水性多异氰酸酯等固化剂可以同其反应交联,其上的羧基基团也可以同带有环氧基的有机硅偶联剂实现交联。因此,可以通过外交联试剂的方法来提升涂膜的性能。

11.2.2.4　水性丙烯酸木器涂料配方与工艺

(1)原材料配比:见表 11-3。

表 11-3　水性丙烯酸木器涂料原材料配比

序号	原材料名称	质量份	序号	原材料名称	质量份
1	丙烯酸乳液	50~65	7	防腐剂	0.1~0.2
2	水性聚氨酯分散体	15~25	8	湿润剂	0.2~0.4
3	蜡乳液(表面处理剂)	0.5~2	9	消泡剂	0.5~0.8
4	增稠剂及流变助剂	1~1.5	10	氨水	0.1~0.5
5	流平剂	0.5~1	11	溶剂及成膜助剂	3~5
6	抗划剂	0.1~0	12	香精	0.01~0.1

（2）制备工艺

①将丙烯酸乳液加入到搅拌混合器中，加入去离子水，搅拌均匀；

②投入湿润剂、溶剂和流平剂混合液、消泡剂、防腐剂，搅拌均匀；

③加入水性聚氨酯分散体，搅拌 15min；

④加入蜡乳液、抗划剂、香精，高速分散 30min；

⑤加入消泡剂进行消泡，用增稠剂及流变助剂调节黏度；

⑥用氨水调 pH = 8.5 ~ 9.0，检验合格后，过滤包装。

该水性透明涂料适用于木质家具与木器装修，对环境污染低、硬度好（2.5H），干燥时间快（25℃，表干 15min，实干 24h），耐水洗擦、耐紫外线，但丰满度及光泽稍差。

11.2.3 水性聚氨酯涂料

水性聚氨酯乳液是经水溶胀的聚氨酯粒子分散在水中形成的乳状液体，聚氨酯树脂的水性化主要是通过在聚氨酯大分子链上引入亲水性的羧基、磺酸盐等亲水基团，使聚氨酯粒子具有自乳化能力。依据亲水单体用量的由高到低，水性聚氨酯外观呈现由蓝色透明至乳白的系列变化。

11.2.3.1 性能与分类

水性聚氨酯分散体是单组分，无游离的异氰酸酯，无毒，可以室温成膜，粒径通常在 30 ~ 80nm 范围内，比丙烯酸乳液粒径要小，其透明涂料及色漆，具有涂膜丰满、光泽持久、涂膜坚韧、硬度高、耐撞击性好，且涂膜受热不会软化、耐热点高、抗老化、装饰性强的特点。是目前水可稀释的最现代化、性能优异的环保型木器涂料。

水性聚氨酯大分子主链是由玻璃化温度低于室温的柔性链段（软段）和玻璃化温度高于室温的刚性链段（硬段）嵌段而成，同时将亲水单元嵌于大分子的主链上，赋予其水可分散性。软段赋予成膜物柔软性和弹性，硬段赋予成膜物力学强度。在配方设计时可通过调整软硬段的比例和种类来获取不同硬度和极性的聚氨酯系列产品。自乳化方法得到的水性聚氨酯乳液比较稳定，黏度较低，可以直接加水稀释，施工方便。

水性聚氨酯原料繁多，配方多变，制备工艺也各不相同，有多种分类方法：

①以亲水性基团的电荷性质（或水性单体）分类　可分为阴离子型、阳离子型和非离子型水性聚氨酯 3 种。其中阴离子型产品渗透性好，具有抗菌、防霉性能，产量最大、应用最广；阴离子型又分为羧酸型和磺酸型两大类。

②以合成单体分类　可分为：聚醚型、聚酯型、聚碳酸酯型和聚醚、聚酯混合型以及芳香族、脂肪族、芳脂族和脂环族等。

芳香族水性聚氨酯具有明显的黄变性，耐候性较差，属于低端普及型产品。而脂肪族水性聚氨酯则具有很好的保色性、耐候性，但价格高，属于高端产品；芳脂族和脂环族的性能居于二者之间。

11.2.3.2　水性聚氨酯树脂合成

(1)合成单体:常用的合成水性聚氨酯的单体有:甲苯二异氰酸酯(TDI)、异佛尔酮二异氰酸酯(IPDI)、六亚甲基二异氰酸酯(HDI)、四甲基苯二亚甲基二异氰酸酯(TMXDI)。

(2)低聚物多元醇:聚合物多元醇构成聚氨酯的软段,分子量通常在500~3 000。主要包括聚醚型、聚酯型两大类,其中聚醚多元醇主要由环氧乙烷、环氧丙烷、四氢呋喃单体的开环聚合成。而聚酯型多元醇品种繁多,常用的有:聚己二酸乙二醇酯二醇、聚己二酸-1,4-丁二醇酯二醇、聚己二酸己二醇酯二醇等;由新戊二醇(NPG)、2,2,4-三甲基-1,3-戊二醇(TMPD)、2-乙基-2-丁基-1,3-丙二醇(BEPD)、1,4-环己烷二甲醇(1,4-CHDM)衍生的聚酯二醇可极大的改善其耐水解性。

(3)扩链剂:在聚氨酯合成中常使用一些小分子扩链剂来调节分子量,同时也可以改善大分子链的软、硬链段比例。常用的扩链剂主要是二或多官能度的醇类,如乙二醇、一缩二乙二醇(二甘醇)、1,2-丙二醇、一缩二丙二醇、新戊二醇、1,4-丁二醇(BDO)、1,6-己二醇(HD)、1,4-环己烷二甲醇、三羟甲基丙烷(TMP)或蓖麻油,其中 BDO 最常用。同时,加入少量的三羟甲基丙烷(TMP,羟基官能度3)或蓖麻油(官能度2.7)可在大分子链上引入适量分支,以有效地改善涂膜的力学性能。

(4)亲水单体:亲水单体是水性聚氨酯制备中使用的水性化扩链剂,它在水性聚氨酯大分子主链上引入亲水基团,可分为阴离子型、阳离子型和非离子型3种。

阴离子型水性扩链剂一般带有羧基或磺酸基,常用的产品有:二羟甲基丙酸(DMPA)、二羟甲基丁酸(DMBA)。磺酸盐基水性单体有胺乙基磺酸钠(N-60)、胺多乙烯基磺酸钠(A-95)。磺酸盐型水性聚氨酯预聚体无需中和,当采用二胺基型磺酸盐水性单体时应在预聚后再用二胺基磺酸盐进行扩链,然后再加水分散。

阳离子型扩链剂有 N-甲基二乙醇胺(MDEA)、二乙醇胺、三乙醇胺、N-乙基二乙醇胺(EDEA)、N-丙基二乙醇胺(PDEA)、N-丁基二乙醇胺(BDEA)、二甲基乙醇胺、双(2-羟乙基)苯胺(BHBA)、双(2-羟丙基)苯胺(BHPA)等,其中 N-甲基二乙醇胺(MDEA)使用最多。

非离子型水性聚氨酯的水性单体主要选用平均相对分子质量大于1 000聚乙二醇。

11.2.3.3　合成原理

水性聚氨酯的合成早期采用强制乳化法。现在,主要采用内乳化法。该法利用水性单体在聚氨酯大分子链上引入亲水的离子化基团或亲水嵌段:—$COO^-{}^+NHEt_3$、—$SO_3^-{}^+Na$,$H^+{}^-Ac$ 等,以实现水可分散性。这种乳液稳定性好,质量稳定。水性聚氨酯的合成原理为:

$$HO-R_1-OH + HOCH_2-\overset{\overset{\displaystyle CH_3}{|}}{\underset{\underset{\displaystyle COOH}{|}}{C}}-CH_2OH + OCN-R_2-NOC$$

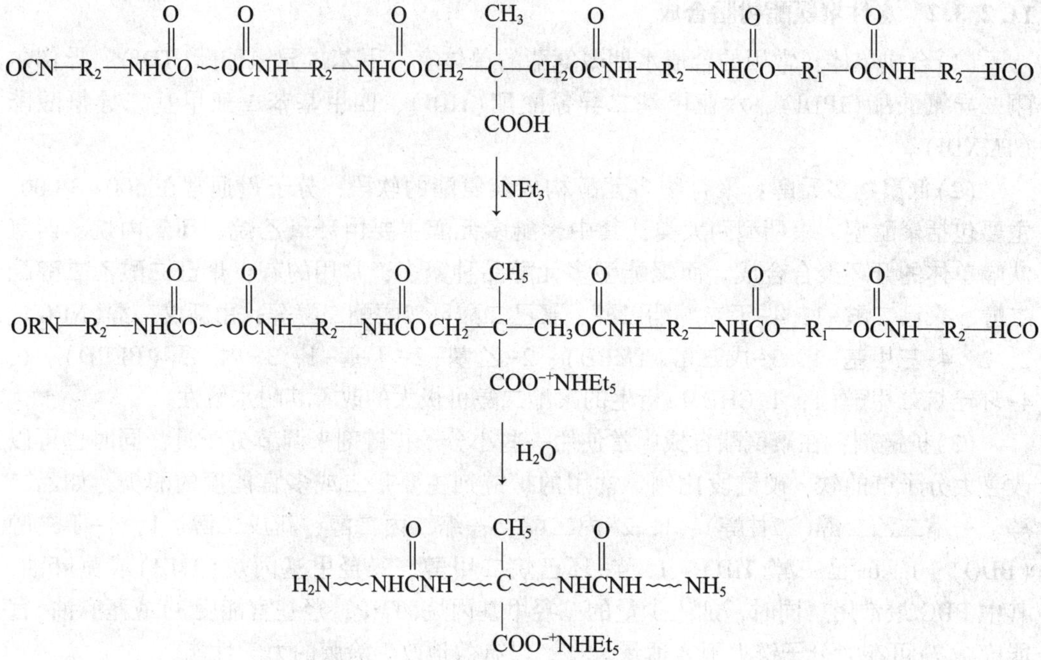

$$OCN—R_2—NHCO\sim OCNH—R_2—NHCOCH_2—\overset{\overset{CH_3}{|}}{\underset{\underset{COOH}{|}}{C}}—CH_2OCNH—R_2—NHCO—R_1—OCNH—R_2—HCO$$

各羰基上方标注 O

$$\downarrow NEt_3$$

$$ORN—R_2—NHCO\sim OCNH—R_2—NHCOCH_2—\overset{\overset{CH_5}{|}}{\underset{\underset{COO^-NHEt_5}{|}}{C}}—CH_3OCNH—R_2—NHCO—R_1—OCNH—R_2—HCO$$

$$\downarrow H_2O$$

$$H_2N\sim\sim NHCNH\sim\sim\overset{\overset{CH_5}{|}}{\underset{\underset{COO^-NHEt_5}{|}}{C}}\sim\sim NHCNH\sim\sim NH_5$$

11.2.3.4　水性聚氨酯树脂改性

水性聚氨酯的改性通常采用内交联改性、自交联改性和外加交联剂改性。

(1)内交联改性：有 3 种方法分别是①在合成预聚物时，引入适量的多官能度(通常为三官能度)多元醇或多异氰酸酯，常用的物质为 TMP、CO(蓖麻油)、聚酯三元醇、聚醚三元醇和 HDI 三聚体、IPDI 三聚体等。②用适量多元胺进行扩链，常用的多元胺为二乙烯三胺、三乙烯四胺等。③则是同时采用前二种方法进行聚合改性。

(2)自交联改性：在大分子链上引入烷氧基硅单元，烷氧基硅经水解及成膜后能自动进行缩合反应，实现交联，形成致密的交联网络。

(3)外加交联剂改性：部分水性聚氨酯成膜后仍含有大量的羧基，影响涂膜的耐水性，在施工时可添加外交联剂，利用羧基、羟基和外交联剂的活性基团进行反应，减少与消除亲水基团，可大幅度提高涂膜的耐水性并改善其力学性能。常用的交联剂有环氧基硅氧烷、水可分散多异氰酸酯、碳化二亚胺以及氨基树脂等。

11.2.3.5　水性聚氨酯木器涂料配方与工艺

(1)原材料配比：见表 11-4。

表 11-4　水性聚氨酯木器涂料原材料配比

序号	原材料名称	配比(质量份)	备注
1	聚醚二醇(N210)	60	聚氨酯预聚体由 1 中的原材料制备
	甲苯二异氰酸酯(TDI)	28~40	
	二羟甲基丙酸(DMPA)	4~10	

（续）

序号	原材料名称	配比(质量份)	备注
2	聚氨酯预聚体	100	聚氨酯预聚体由 1 中的原材料制备
	硅烷偶联剂(KH-550)	0.5~2	
	三乙胺	3.5~9	
	去离子水	125~200	
	消泡剂	0.5~2	
	乳化助剂	0.5~3	
	分散剂、流平剂	1~5	

（2）制备工艺

①在带有高速搅拌、温度计及高纯氮气保护的密闭反应器中加入 TDI。

②将 DMPA 和 N210 混合物加热至 120℃，使 DMPA 溶解，然后分批加入到上述反应器中，在 70℃搅拌反应 4h，得聚氨酚预聚体。

③将三乙胺和氨基硅烷偶联剂混溶于 5℃的去离子水中，缓慢加入预聚体高速乳化 30min，加入定量消泡剂，分散均匀后，得到固含量为 35%左右的氨基硅烷偶联剂扩链的水性聚氨酯乳液。

④将水、分散剂、消泡剂等混合均匀，高速分散 10~20min，加入聚氨酯乳液及其他助剂，用流平触变剂调节黏度，最终得产品。

改水性涂料用于木器家具，具有优异的附着力、耐水性和力学性能。

思 考 题

1. 怎样制备水性涂料?
2. 简述水性涂料的性能特点。
3. 常用的水性涂料有哪些?
4. 简述阴离子型水性聚氨酯树脂和阳离子型水性聚氨酯树脂。
5. 简述水性醇酸树脂涂料及其性能特点。
6. 简述水性丙烯酸树脂涂料的改性方法。
7. 简述水性聚氨酯涂料的性能特点。
8. 简述水性聚氨酯的改性方法。

第12章

粉末涂料与光敏涂料

粉末与光敏涂料具有固含量高、涂料利用率高、无溶剂或低溶剂的特点，现已广泛应用多个领域。其中的粉末涂料以空气为分散介质，固含量达到100%，可回收。分为热塑性与热固性粉末涂料2种。

光敏涂料也称为光固化涂料，是一定波长的紫外光照射过光引发剂所产生的自由基或阳离子引发低聚物和活性稀释剂发生聚合而成膜。最大特点为固含量高、固化速度快。按照所使用的溶剂可分为有机溶剂型和水性光敏涂料2种，其中水性光敏涂料越来越受到青睐。

12.1 粉末涂料

粉末涂料是指不含溶剂、100%固体粉末状涂料，不使用任何有机溶剂或水作为分散介质，而是借助于空气作为分散介质。具有无溶剂、无污染、高效率、可回收、环保，可实现一次性涂装、节省能源和资源、减轻劳动强度和涂膜机械强度高等特点。但也存在着边角上粉不均一、固化后涂膜缺陷难掩盖、固化条件高等不足。粉末涂料分为热塑性粉末涂料和热固性粉末涂料两大类。

热塑性粉末涂料是由热塑性树脂、颜料、填料、增塑剂和稳定剂等成分组成的，主要有聚乙烯、聚丙烯、聚酯、聚氯乙烯、氯化聚醚、聚酰胺系、纤维素系、聚酯系。

热固性粉末涂料是由热固性树脂、固化剂、颜料、填料和助剂等组成，主要品种有环氧树脂系、聚酯系、丙烯酸树脂系。

12.1.1 热固型粉末涂料

以热固性合成树脂作为成膜物质，加入起交联反应的固化剂经一定温度的烘烤后能形成不溶不熔的质地坚硬涂层。温度再高该涂层也不会像热塑性涂层那样软化，而只能发生分解，成膜过程属于化学交联变化。由于热固性粉末涂料所采用的树脂为含活性官能团的聚合度较低的预聚物，分子量较低，所以涂层的流平性较好，具有较好的装饰性，而且低分子量的预聚物经固化后，能形成网状交联的大分子，因而涂层具有较好防腐性和机械性能。故热固性粉末涂料发展尤为迅速。

12.1.1.1 环氧粉末涂料

(1)主要原料：环氧粉末涂料的配制是由环氧树脂、固化剂、颜料、填料和其他助剂所组成。

①主剂　双酚 A 型环氧树脂，软化点范围在 $85 \sim 95 \text{℃}$，环氧当量 $550 \sim 950$。炎热地区可采用软化点较高者，以免粉末在贮存期间粘连结块，寒冷地区可采用软化点较低者，以利漆膜流平。

②固化剂　环氧粉末涂料用固化剂主要有酚羟基树脂、酸酐、双氰胺、咪唑类等。

③助剂

a. 流平剂：环氧粉末涂料经烘干固化后的漆膜流平性较差，改善的主要方法是加入流平剂。

b. 边缘覆盖剂：环氧粉末涂料在高温烘干时，由于黏度降低而使被涂物边缘处涂料流失，造成漆膜缺陷。可加入少量的气相二氧化硅来解决。

c. 防结块剂：粉末涂料在贮存时，容易产生结块现象。加少量的微粉二氧化硅或氧化铝可以改善结块现象，加入量在 $0.05\% \sim 0.3\%$。

(2)酚类固化剂固化机理：酚类固化剂与环氧树脂的固化反应机理较为复杂，其中包括了环氧基团与酚羟基、仲羟基的醚化反应以及叔胺催化的环氧自聚反应等。在环氧-酚类的体系中存在大量羟基，大大提高了涂膜与基材之间的附着力。而且酚类固化剂与环氧树脂的化学结构相似，具有较好的互溶性，因此固化后不会产生收缩而引起结构破坏。

酚类固化剂不仅可以保持线性酚醛树脂优异的物化性能，而且还在一定程度上克服其不足。线型酚醛树脂的弹性好，是由较多的双酚 A 与较少量的环氧氯丙烷反应而成，两端为酚羟基：

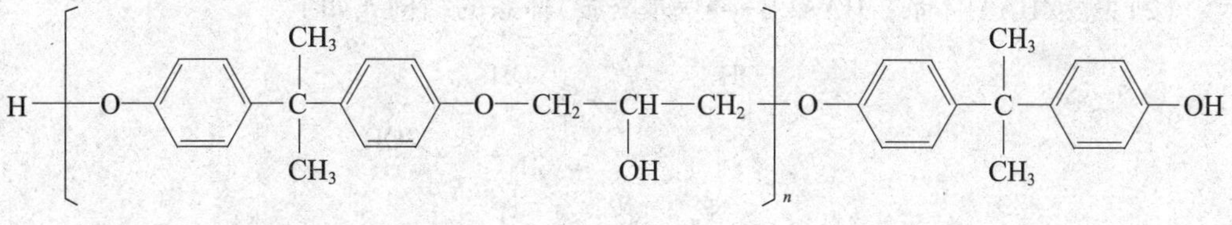

酚醛树脂与环氧树脂的固化反应如下：

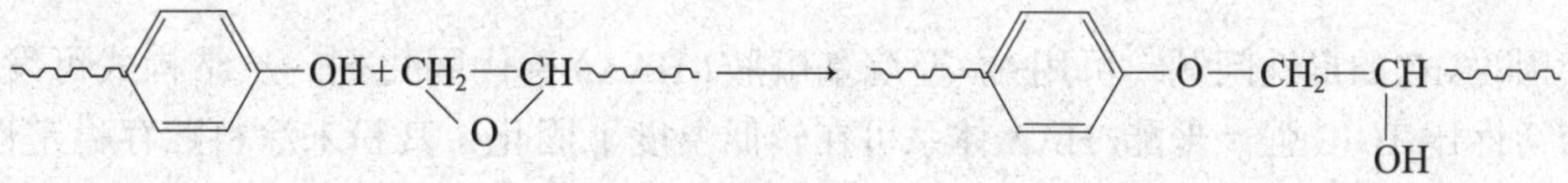

线型酚醛树脂的中间结构近似于通常的环氧树脂，但端基为两个酚羟基，间距远，故交联后漆膜挠性优良，可用作钢管涂料，也用作钢筋涂料，不仅耐腐蚀，而且耐弯曲、耐冲击。此外，酚类固化剂可实现快速固化反应（ $180\text{℃}/10\text{min}$ 或 $210\text{℃}/3\text{min}$ ）。

若在环氧树脂中添加树脂 $10\% \sim 30\%$ 的有机硅树脂，并选用耐热填料云母粉以及适量的复合型抗氧剂，可使粉末涂料的耐热性能显著提高，能够满足在 350℃ 下的环境中长期使用，且涂层具有良好的附着力和耐冲击性。

12.1.1.2　聚酯粉末涂料

聚酯粉末涂料由聚酯和固化剂体系构成，多种胶合物可用于聚酯粉末涂料的固化，如 TGIC(异氰脲酸三缩水甘油酯)、HAA(β-羟烷基酰胺)、噁唑啉、有机硅、丙烯酸等多种。与其他类型粉末涂料相比，具有独特性质。表现在耐候性、耐紫外旋光性能比环氧树脂好。另外由于聚酯树脂带有极性基团，所以上粉率比环氧树脂高，烘烤过程中不易泛黄，光泽度高，流平性好，漆膜丰满，颜色浅，因而具有很好的装饰性。一般多用于电冰箱、洗衣机、吸尘器、仪表外壳、自行车、家具等领域。从固化体系来分，常用的有以下几种：

（1）聚酯/TGIC 体系：TGIC 结构及与聚酯的反应式如下：

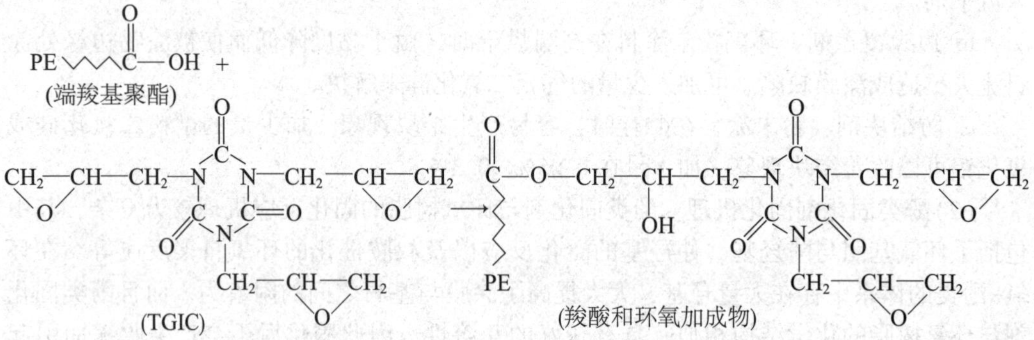

其固化机理是 TGIC 中的缩水甘油基与聚酯中的羧基进行开环加成反应，实现交联固化，并且无挥发成分产生。TGIC 三官能团提供了足够的活性，而稳定的三嗪环保证了良好的耐热性和耐候性，其综合性能优异。但是，TGIC 具有一定的毒性，因此在使用上受到一定的限制。

（2）聚酯/HAA 体系：HAA（β-羟烷基酰胺）体系的结构式如下：

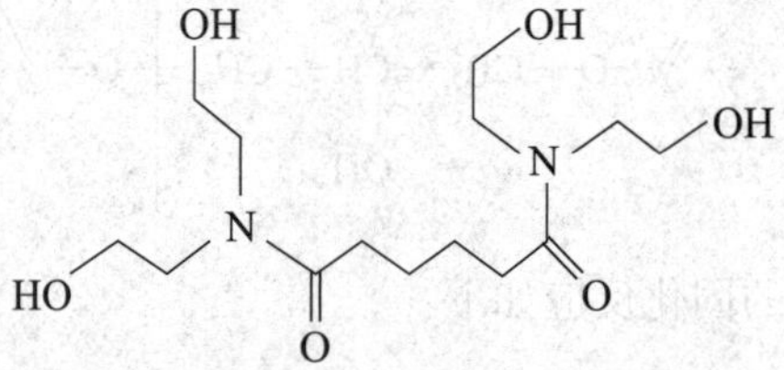

因 TGIC 的毒性问题，可用 β-羟烷基酰胺（HAA）替代固化剂。从结构式可发现：反应活性比 TGIC 强。聚酯/HAA 体系可在较低温度下固化，其粉末涂料贮存稳定性比 TGIC 好，耐候性与 TGIC 相当，但耐热性比 TGIC 差，涂膜易黄变，固化时释放低分子化合物，涂层过厚易出现针孔，其高光粉末涂料因表面不够致密而影响其装饰性。

（3）聚酯/噁唑啉：1，3 或 1，4-苯撑二噁唑啉的结构式为：

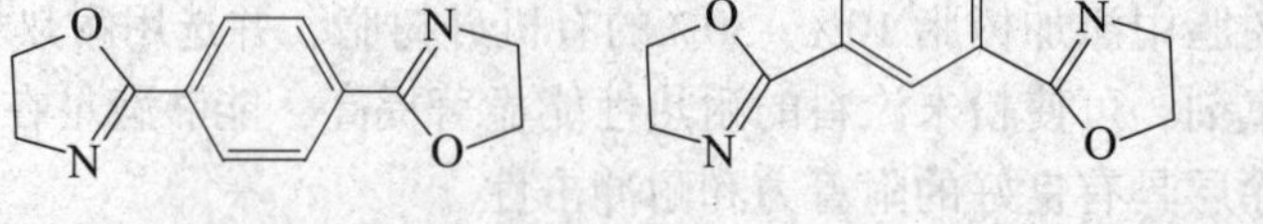

另一类 TGIC 的替代固化剂，可在较低温度下开环加成，与羧基聚酯加成生成酯—酰胺结构，无副产物，其粉末的流平、机械性能、抗划痕和耐化学品性优良，同时贮存稳定性、保色和耐候性好。

12. 1. 1. 3　丙烯酸酯树脂粉末涂料

由丙烯酸树脂和相应的固化剂配制而成，与其他粉末涂料相比，具有色浅、耐光、耐候、保光、保色及耐沾污等优点，同时涂膜光泽，具有极好的装饰性能，是户外用高装饰性粉末涂料的首选品种之一。丙烯酸树脂粉末涂料有热塑性和热固性两种，由于固化体系的不同有多个品种。

（1）缩水甘油酯丙烯酸树脂粉末涂料：该类型的丙烯酸粉末涂料用树脂主要由丙烯酸缩水甘油酯（GA）或者甲基丙烯酸缩水甘油酯（GMA）单体与其他丙烯酸单体共聚而成。用多元酸作为固化体系，利用环氧基与羧基之间的反应实现固化，是用量最大的一种丙烯酸类粉末涂料。脂肪族二元酸是最理想的固化剂，固化反应如下：

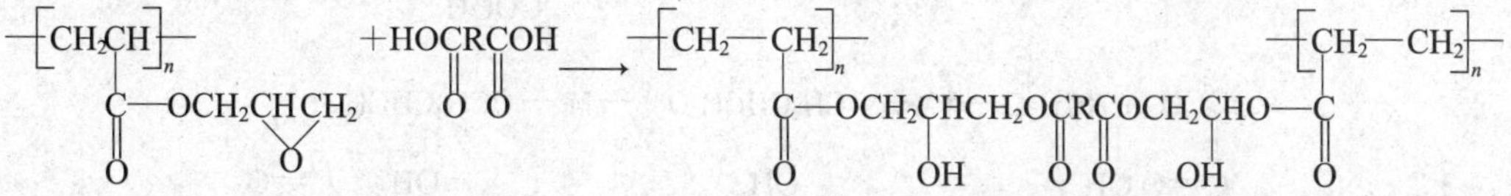

$$\left[CH_2CH\right]_n \quad +HOCRCOH \longrightarrow \left[CH_2-CH_2\right]_n \quad \left[CH_2-CH_2\right]_n$$

由该树脂与固化剂配置而成粉末涂料具有非常好的低温固化性能和较好的储藏稳定性，形成的涂膜外观、柔韧性和耐溶剂性都很好。但使用成本较高，限制了它的推广和应用。

（2）GMA（甲基丙烯酸缩水甘油酯）型丙烯酸树脂粉末涂料

①脂肪族二元酸固化体系　该涂料体系固化成膜时的主要化学反应是丙烯酸树脂中的缩水甘油酯上的环氧基与固化剂的羧基之间的反应。从涂膜的综合性能考虑，脂肪族二元酸是最理想的固化剂。交联反应的反应式表示如下：

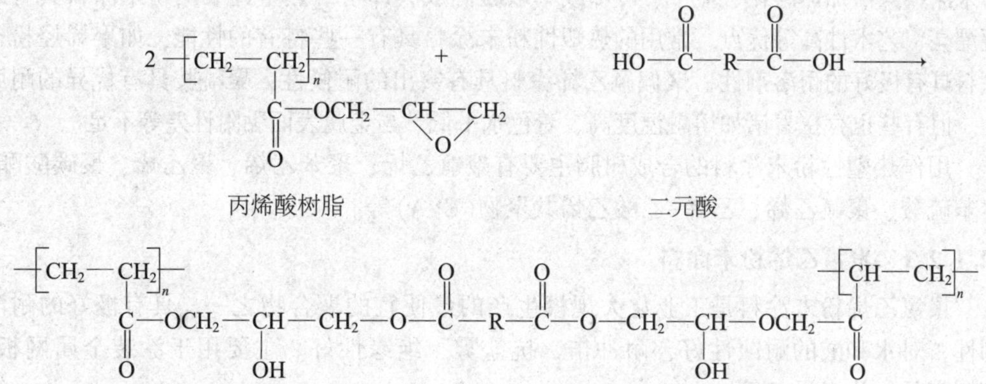

$$2\left[CH_2-CH_2\right]_n \quad + \quad HO-C-R-C-OH \longrightarrow$$

丙烯酸树脂　　　　　　　　　二元酸

$$\left[CH_2-CH_2\right]_n \cdots \left[CH-CH_2\right]_n$$

反应中没有副产物产生，所制备的粉末涂料涂膜光泽性极高，适于户外高装饰性涂装；具有耐热性好，涂膜烘烤不易泛黄；涂膜附着力、物理力学性能、耐化学品性能好；涂料静电喷涂涂装性能好，可以薄涂。但也存在着熔融黏度比较高、颜料的湿润分散性较差，且成本比较高。

②聚酯树脂交联固化体系　也称之为丙烯酸聚酯粉末涂料，是以缩水甘油基丙烯酸树脂为主体基料用羧基聚酯来交联固化成膜的。反应过程中，丙烯酸树脂中的环氧基与聚酯树脂中的羧基反应，同时聚酯树脂中的羟基又与解封后异氰酸酯中的—NCO基团反应，交联成膜，所得的涂料具有较高的光泽，耐冲击性能比纯丙烯酸粉末涂料

有明显的改进，且涂膜的耐碱性比聚酯、聚氨酯粉末涂料有明显的提高。

（3）环氧树脂交联固化体系：丙烯酸树脂用双酚 A 环氧树脂交联固化后，又称为丙烯酸/环氧粉末涂料，近年十分引人注目，其主要成膜物是丙烯酸和双酚 A 环氧树脂。固化反应如下：

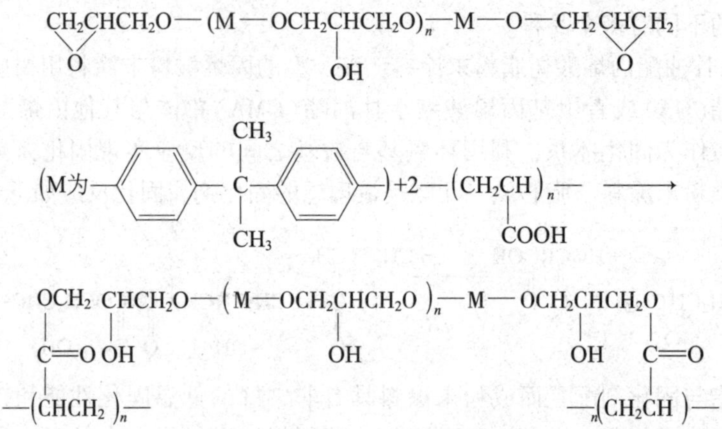

$$CH_2CHCH_2O—(M—OCH_2CHCH_2O)_n—M—O—CH_2CHCH_2$$

$$(M为\quad C \quad)+2—(CH_2CH)_n—COOH \longrightarrow$$

$$OCH_2CHCH_2O—(M—OCH_2CHCH_2O)_n—M—OCH_2CHCH_2O$$

主要反应是丙烯酸树脂中的羧基与环氧树脂中的环氧基之间的加成反应，反应中无小分子物质释出，涂膜致密，光泽好。

12.1.2　热塑性粉末涂料

热塑性粉末涂料在喷涂温度下熔融，冷却时凝固成膜。由于加工和喷涂方法简单，粉末涂料只需加热熔化、流平、冷却或萃取凝固成膜即可。热塑性聚酯粉末涂料具有外观漂亮、艺术性高等优点。常用的热塑性粉末涂料具有一些特有的性能，如聚烯烃粉末涂料具有极好的耐溶剂性；聚偏氟乙烯涂料具有突出的耐候性；聚酰胺具有优异的耐磨性。但有些也存在着诸如熔融温度高、着色水平低、与金属表面黏附性差等不足。

用作热塑性粉末涂料的合成树脂主要有聚氯乙烯、聚苯乙烯、聚乙烯、聚碳酸酯、聚苯硫酸、聚氟乙烯、乙烯-乙酸乙烯共聚物（EVA）等。

12.1.2.1　聚氯乙烯粉末涂料

聚氯乙烯粉末涂料是工业化大规模生产的最便宜的聚合物之一。具有极好的耐溶剂性，对水和酸的耐蚀性好，耐冲击，抗盐雾，绝缘性好。主要用于涂装金属网板、钢制家具、化工设备等。

12.1.2.2　聚乙烯粉末涂料

聚乙烯粉末涂料具有优良的防腐蚀性能，耐化学药品性及优异的电绝缘性和耐紫外线辐射性。但也存在着机械强度不高、对基体的附着力较差等不足。可用于化工池槽、叶轮、泵、管道内壁、仪表外壳、金属板材、冰箱内网板、汽车零部件等。

12.1.2.3　氟树脂粉末涂料

聚四氟乙烯（PTFE）、聚三氟氯乙烯（PTFCE）、聚偏氟乙烯（PVDF）等含氟聚合物均能制备粉末涂料。其中的聚四氟乙烯熔点高达 327℃，可以在-250～250℃范围内长期使用，此外还具有优异的耐腐蚀性，优良的介电性能，极低的摩擦系数和自润滑性。大量应用于石油、化工防腐涂层、密封、轴承润滑材料、电子电器材料、船舶下水导轨及不粘锅涂层等。聚三氟氯乙烯价格便宜，涂层可在130℃以下长期使用，耐碱及耐氟化氢腐蚀的能力优于耐酸搪瓷，耐盐酸、稀硫酸、氯化氢及氯气腐蚀的能力优于不锈钢设备。

12.1.2.4　氯化聚醚粉末涂料

氯化聚醚具有优异的化学稳定性，涂膜对多种酸、碱和溶剂有良好的抗蚀、抗溶解性能，化学稳定性仅次于聚四氟乙烯，机械和摩擦性能也很好。氯化聚醚粉末涂料主要应用于化工设备、管道衬里，仪表设备外壳等。其缺点是与金属黏附力较差。经加入添加剂可改善与金属的黏附力。

12.1.2.5　乳胶粉末涂料

乳胶粉是将乳液通过喷雾干燥而制取的，大部分是醋酸乙烯类共聚物。用乳胶粉来生产的涂料叫乳胶粉末涂料，现场加清水搅拌即可施工，操作简单，是目前墙面涂料中最环保的涂料。

12.2　光敏涂料

光敏涂料（光固化涂料，UV）是通过光引发剂在一定波长的紫外光（250～300nm）照射下而产生自由基或阳离子，引发低聚物和活性稀释剂发生聚合交联反应，形成网状的涂膜。光敏树脂一般为液态，多用于制作高强度、耐高温、防水等的材料，其品种繁多，按照所使用的溶剂可分为有机溶剂型和水性光敏涂料2种；按照树脂的类型，可分为环氧树脂类、聚氨酯树脂类、聚酯树脂类和不饱和聚酯类等多种。光敏涂料的最大特点为固含量高、固化速度快。

12.2.1　溶剂型光敏涂料

溶剂型光敏涂料由溶剂型树脂和光引发剂所组成，其中的溶剂型树脂不含亲水基团，只能溶于有机溶剂。常用的溶剂型UV树脂主要包括：UV不饱和聚酯、UV环氧丙烯酸酯、UV聚氨酯丙烯酸酯、UV聚酯丙烯酸酯、UV聚醚丙烯酯、UV纯丙烯酸树脂、UV环氧树脂、UV有机硅低聚物等。

12.2.1.1　光引发剂

光敏涂料中的光引发剂相当于普通涂料中的催化剂，其性能决定了UV固化涂料的固化速度和固化程度。当光引发剂吸收紫外光后产生自由基或阳离子，引发低聚物和活性稀释剂发生聚合和交联反应而形成网状结构的涂膜。光引发剂因产生的活性中间体不同，可分为自由基型光引发剂和阳离子型光引发剂；按溶剂类型的不同，光敏树脂可分为溶剂型光敏树脂和水性光敏树脂两大类。

12.2.1.2　溶剂型光敏树脂

光敏树脂相当于普通涂料中的树脂，都是成膜物质。溶剂型树脂不含亲水基团，只能溶于有机溶剂。在结构上要求低聚物必须具有光固化基团，如各类不饱和双键或环氧基，属于感光树脂。光敏树脂的性能基本上决定了固化后材料的主要性能，这一类树脂主要有各类丙烯酸树脂，如环氧丙烯酸树脂、聚氨酯丙烯酸树脂、聚酯丙烯酸树脂、聚醚丙烯酸树脂以及丙烯酸酯树脂等。

12.2.2　水性光敏涂料

水性光敏木器涂料以水作为稀释剂，避免了传统光敏固化树脂采用有机稀释剂的不足。水性光敏树脂除了引入如乙烯基、丙烯酰氧基、甲基丙烯酰氧基等可光聚合的不饱和基团，还引入了如羧基、羟基、氨基、季胺基、醚基、酰胺基等。按照树脂化学结构及组成，水性光敏树脂可分为环氧丙烯酸酯（EA）、聚氨酯丙烯酸酯（PUA）、聚酯丙烯酸酯（PEA）、丙烯酸酯化聚丙烯酸酯等。

12.2.2.1　水性光引发剂

目前常规光敏涂料所用光引发剂大多为油溶性的，在水中不溶或溶解度很小，不适用于水性光敏涂料。不少水性光引发剂是在原来油溶性光引发剂结构中引入阴离子、阳离子或亲水性的非离子基，使其变成水溶性。已经商品化的水性光引发剂有 KIPEM，811DW［双（2，4，6-三甲基苯甲酰基）苯基氧化膦］和 QTX 等。

12.2.2.2　水性光敏树脂

水性光敏树脂依据分散形态也分为乳液型、水分散体型和水溶液型 3 类。水性低聚物制备时大多在溶剂型低聚物中引入亲水基团，如羧酸盐基、磺酸盐基、季铵盐基、聚乙二醇链段等将溶剂型低聚物改性，实现水性化。根据树脂主链结构特征将水性低聚物分为 6 种：水性不饱和聚酯、水性聚酯丙烯酸酯、聚醚丙烯酸酯、水性丙烯酸酯化聚丙烯酸酯、水性聚氨酯丙烯酸酯、水性环氧树脂丙烯酸酯。

（1）水性不饱和聚酯：不饱和聚酯是最早应用在紫外光涂料中的树脂。水性的不饱和聚酯一般由带有双键的溶剂型不饱和聚酯改性而来：采用新戊二醇、环己烷二甲醇、（六氢）邻苯二甲酸酐及二羟甲基丙酸反应，可以制备耐老化性能优异的水性不饱和光敏聚酯。

不饱和聚酯分子中的光敏基团可以由带有双键的酸、酸酐或醇引入，也可以由饱和聚酯中的羟基与丙烯酸酯化得到聚酯丙烯酸酯。由二羟甲基丙酸、二元酸，二元醇、顺丁烯二酸酐合成的光固化不饱和水性聚酯的反应式如下：

$$\text{HOOC—R}_1\text{—COOH} + \text{HOCH}_2\text{—}\underset{\underset{\text{COOH}}{|}}{\overset{\overset{\text{CH}_5}{|}}{\text{C}}}\text{—CH}_2\text{OH} + \underset{\text{CH—C}}{\overset{\text{CH—C}}{\|}}\underset{\diagdown O}{\overset{\diagup O}{\diagup}}\begin{smallmatrix}O\\ \diagdown\\O\end{smallmatrix} + \text{HO—R}_2\text{—OH}$$

$$\longrightarrow \text{HO} \sim\!\!\sim\!\!\sim \text{COCH}_2\text{—}\underset{\underset{\text{COOH}}{|}}{\overset{\overset{\text{CH}_3}{|}}{\text{C}}}\text{—CH}_2\overset{O}{\overset{\|}{\text{OC}}}\text{—CH}=\text{CH—}\overset{O}{\overset{\|}{\text{C}}}\sim\!\!\sim\!\!\sim \text{OH}$$

（2）水性聚酯丙烯酸酯：用偏苯三甲酸酐或均苯四甲酸二酐与二元醇反应，制得带有羧基的端羟基聚酯，再与丙烯酸反应，得到带羧基的聚酯丙烯酸酯：

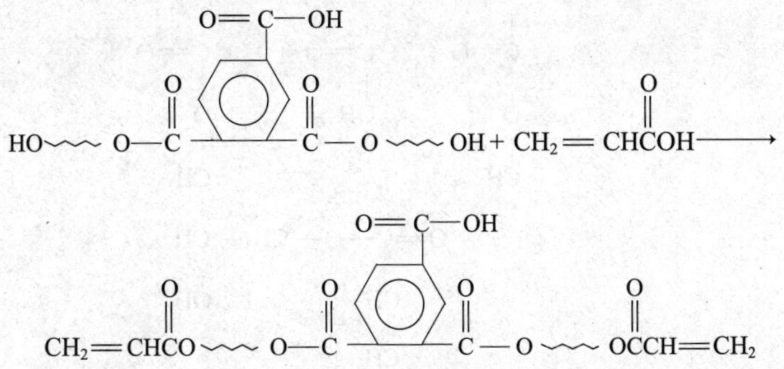

$$\text{HO} \sim \text{O—C—} \bigcirc \text{—C—O} \sim \text{OH} + CH_2 = CHCOOH \longrightarrow$$

$$CH_2 = CHCO \sim \text{O—C—} \bigcirc \text{—C—O} \sim OCCH = CH_2$$

最后用有机胺中和成羧酸铵盐，成为水性聚酯丙烯酸酯。水性聚酯丙烯酸酯价廉、易制备、涂膜丰满、光泽度好。

（3）水性聚醚丙烯酸酯：聚醚丙烯酸酯可以由聚醚的羟基与丙烯酸酯化而得，聚醚的水溶性随分子量降低和末端羟基比例的升高而增强，调整聚醚分子中聚乙二醇链段的比例可得到在水中不同溶解度的聚醚。因此，制备水溶性的聚醚丙烯酸酯必须选用低分子量聚醚。

由于醚键在加热状态对酸尤其敏感，不宜直接用丙烯酸酯化，可将聚醚和过量的丙烯酸乙酯进行酯交换制备，然后通过乙醇与丙烯酸乙酯形成低共沸物，反应如下：

$$\text{HO} \sim CH_2 \text{—O—} CH_2 \sim OH + 2CH_2 = CHCOCH_2CH_3 \longrightarrow$$

$$CH_2 = CHCO \sim CH_2 \text{—O—} CH_2 \sim OCCH = CH_2 + 2CH_3CH_2OH$$

（4）水性丙烯酸酯化聚丙烯酸酯：丙烯酸酯化聚丙烯酸酯具有价廉、易制备、涂膜丰满、光泽度好等优点。常用（甲基）丙烯酸、（甲基）丙烯酸系单体与（甲基）丙烯酸羟乙酯或（甲基）丙烯酸缩水甘油酯共聚制备带有羟基或环氧（甲基）基的预聚体。其中由丙烯酸引入亲水性的羧基，而由预聚体侧链的羟基、羧基、氨基或环氧基与丙烯酸单体作用引入，制得丙烯酸酯化的水性聚丙烯酸树脂，反应式如下：

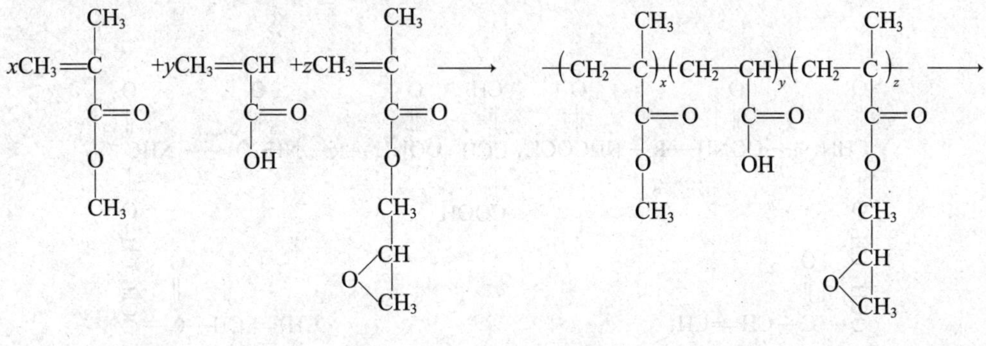

$$x CH_3 = \overset{CH_3}{C} + y CH_3 = CH + z CH_3 = \overset{CH_3}{C} \longrightarrow -(CH_2-C)_x(CH_2-CH)_y(CH_2-C)_z \longrightarrow$$

$$\begin{array}{ccc} & CH_3 & & & CH_3 \\ -\!\!\left(CH_3-\underset{|}{C}\right)_{\!x} & \left(CH_3-\underset{|}{CH}\right)_{\!y} & \left(CH_3-\underset{|}{C}\right)_{\!z}- \\ & C\!=\!O & C\!=\!O & C\!=\!O \\ & O & OH & O \\ & CH_3 & & CH_3 \\ & & O\!=\!C\!-\!O\!-\!CH_3\!-\!CH \\ & & CH_2 & OH \\ & & CH_3 \end{array}$$

（5）水性聚氨酯丙烯酸酯：光敏性水性聚氨酯树脂是水性光敏树脂中应用最广的一种：将多异氰酸酯、多元醇（三羟甲基丙烷、烷基二醇、聚醚二醇、聚酯二醇等）与带有水性基团的二醇（二羟甲基丙酸、二羟基磺酸盐、聚乙二醇等）反应，制备含—NCO基团的预聚体，再将带有乙烯基或烯丙基的醇（丙烯酸羟乙酯、季戊四醇三丙烯酸酯）作为封端剂引入。其中带水性基团的二醇使得大分子具有水可分散性，而乙烯基或烯丙基的醇则赋予大分子光敏性，反应式如下：

$$2n\text{HO} \sim\!\!\!\sim \text{OH} + n\text{HOCH}_3\underset{\underset{COOH}{|}}{\overset{\overset{CH_3}{|}}{C}}\text{CH}_3\text{OH} + 4n\text{OCN}-\text{R}-\text{NCO} \longrightarrow$$

$$\text{OCN} \sim\!\!\!\sim \underset{O}{\overset{O}{OCNH}}-\text{R}-\underset{O}{\overset{O}{NHCOCH}_3}\underset{\underset{COOH}{|}}{\overset{\overset{CH_3}{|}}{C}}\text{CH}_3\underset{O}{\overset{O}{OCNH}}-\text{R}-\underset{O}{\overset{O}{NHCO}} \sim\!\!\!\sim \text{NCO}$$

$$\text{CH}_3\!=\!\text{CH}\!-\!\underset{O}{\overset{O}{C}}\!-\!\text{O}\!-\!\text{CH}_3\text{CH}_3\text{OH}$$

$$\downarrow$$

$$\underset{\underset{\underset{OCH_3\ CH_3}{O}}{OCH-C-CH=CH_3}}{\overset{O}{CHN}} \sim\!\!\!\sim \underset{O}{\overset{O}{OONH}}-\text{R}-\underset{O}{\overset{O}{NHCOCH}_3}\underset{\underset{COOH}{|}}{\overset{\overset{CH_3}{|}}{CCH}_3}\underset{O}{\overset{O}{OONH}}-\text{R}-\underset{O}{\overset{O}{NHCO}} \sim\!\!\!\sim \underset{\underset{\underset{OCH_3\ CH_3}{O}}{CH_3=CH-C-O}}{\overset{O}{NHC}}$$

由二异氰酸酯–丙烯酸羟乙酯半加成物与部分酸酐化的环氧丙烯酸酯反应，可制得既有环氧丙烯酸酯结构又有聚氨酯丙烯酸酯结构的水性低聚物，反应如下：

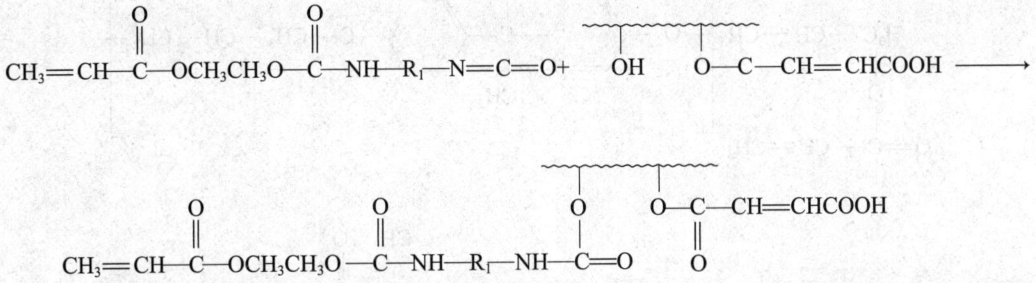

(6)水性环氧树脂–丙烯酸酯：水性环氧光固化木器涂料既具有溶剂型环氧涂料良好的耐化学品性、附着性、物理机械性能、电气绝缘性能，又有低污染、施工简便、价格便宜等特点。利用环氧树脂中的环氧基与丙烯酸中的羧基开环酯化引入光敏基团，环氧树脂中的羟基与含双键的酸或酸酐(马来酸、偏苯三酸酐、马来酸酐等)反应同时引入光敏性基团和羧基。反应如下：

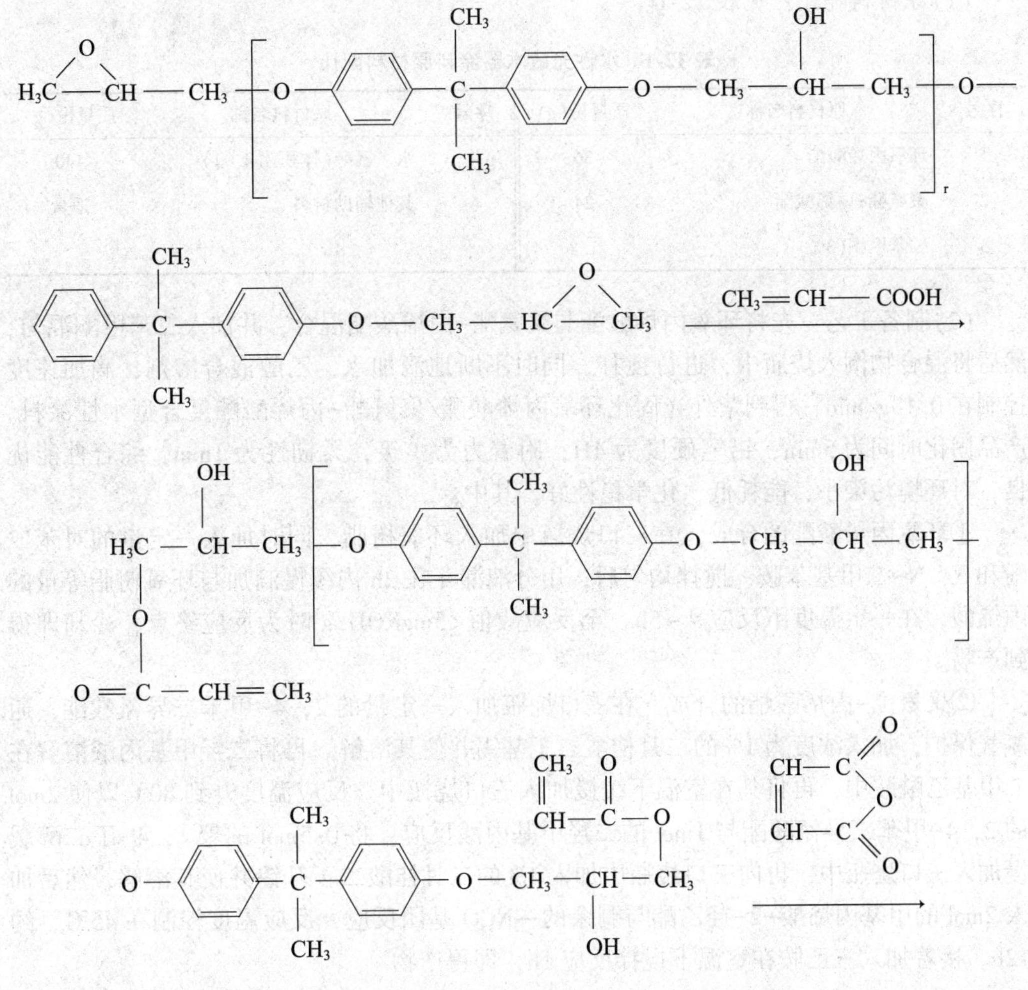

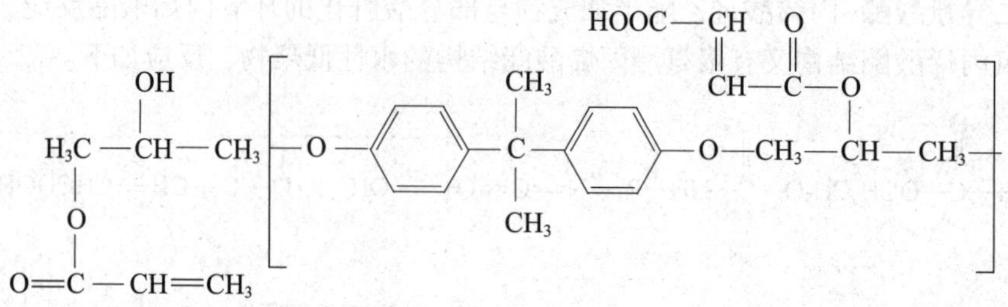

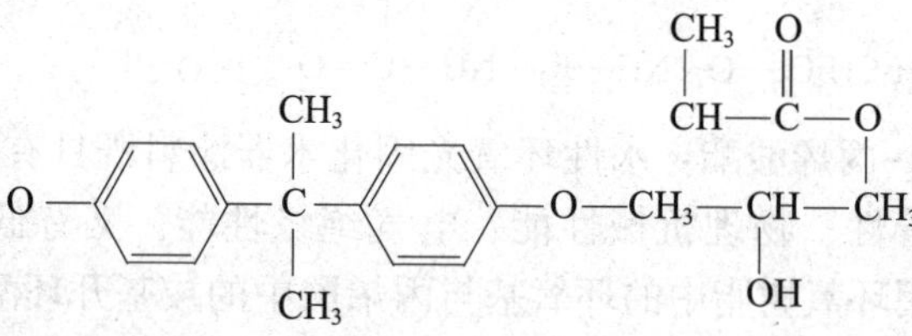

12.2.2.3　水性光敏木器涂料配方与工艺

（1）原材料配比：见表 12-1。

表 12-1　水性光敏木器涂料原材料配比

序号	原材料名称	质量份(g)	序号	原材料名称	质量份(g)
1	环氧丙烯酸酯	36	4	水、乙醇(体积比4：1)	140
2	聚氨酯-丙烯酸酯	24	5	其他辅助材料	适量
3	二苯甲酮(3%)	1.8			

（2）制备工艺：先将环氧丙烯酸酯与聚氨酯-丙烯酸酯混合，并加入二苯甲酮混匀，然后将混合物倒入烧瓶中，进行搅拌，同时不断地滴加水、乙醇混合溶剂，滴加速度控制在 0.18g/min，得到紫外光固化环氧丙烯酸酯/聚氨酯-丙烯酸酯复合型水性涂料。产品固化时间为 5min，铅笔硬度为 4H，附着力为 1 级，柔韧性为 1mm，综合性能优良，对环境污染小，能耗低，化学稳性好。其中：

①环氧丙烯酸酯的合成　在三口烧瓶中加入环氧树脂，同时加入一定量的对苯二酚和 N，N-二甲基苯胺，搅拌均匀后，用分液漏斗在 2h 内缓慢滴加与环氧树脂等量的丙烯酸，在一定温度下反应 4~5h，至反应酸值<5mgKOH/g 时为反应终点，冷却即得到产物。

②聚氨酯-丙烯酸酯的合成　在三口烧瓶加入一定量的 2，4-甲苯二异氰酸酯，通氮气保护，加入浓度为 1% 的二月桂酸二丁基锡并使其溶解。再将二羟甲基丙酸溶解在二甲基乙酰胺中，再将其在室温下缓慢加入三口烧瓶中。反应温度升到 80℃ 以使 2mol 的 2，4-甲苯二异氰酸酯与 1mol 的二羟甲基丙酸反应。将 0.5mol 的聚 1，4-丁二醇缓慢加入三口烧瓶中，再向三口烧瓶中加入 1% 的二月桂酸二丁基锡并使其溶解，然后加入 2mol 的甲基丙烯酸-2-羟乙酯与剩余的—NCO 基团反应，反应温度控制在 45℃，约 12h，接着加入三乙胺在室温下搅拌反应 1h，即得产物。

12.2.3　UV 固化粉末涂料

UV 固化粉末涂料是由光敏树脂、光引发剂、颜料、填料、助剂等组成的粉末状涂料。在紫外光的作用下，光引发剂引发树脂中的不饱和基团发生化学反应，交联固化形成体型结构。与传统热固性粉末涂料相比具有在工艺上熔融流平和固化两个过程互不影响，这样就有充足的时间流平和释放气泡，涂膜性能更好；同时，固化温度低、耗时短、涂装设备相对简单，可广泛应用在木材、塑料、纸张等热敏性底材上。

目前，应用在 UV 固化粉末涂料中的树脂有不饱和聚酯、丙烯酸树脂、乙烯基醚树脂、超支化聚合物等。如以羧基聚酯和甲基丙烯酸缩水甘油酯为原料，通过熔融法合成的 UV 固化的树脂流平性好、熔融温度低、储存稳定性优异。

思 考 题

1. 简述粉末涂料及粉末涂料性能特点。
2. 简述聚酯粉末涂料的性能特点。
3. 简述缩水甘油酯丙烯酸树脂粉末涂料的特点。
4. 简述光敏涂料及溶剂型光敏涂料的组成成分。
5. 简述水性光敏涂料的特性。
6. 根据水性光敏树脂的主链结构特征将低分子聚合物分为哪 6 种？
7. 简述 UV 固化粉末涂料及该涂料的性能特点。

参考文献

安庆雷，2012. 环氧树脂基粉末涂料配方优化及性能研究[D]. 山东大学，10.

曹佳乐，2016. 淀粉基水性胶黏剂的研制及应用[D]. 福建师范大学.

陈永军，2016. 丙烯酸酯涂料改性研究进展[J]. 材料导报，27（专辑21）：236-240.

丁威，2017. 单组分聚氨酯胶黏剂的制备研究[D]. 长春工业大学.

顾继友，2012. 胶黏剂与涂料[M]. 2版. 北京：中国林业出版社.

顾银霞，2017. 低温糊化淀粉胶黏剂的制备及应用[D]. 南京理工大学.

何明俊，胡孝勇，柯勇，2016. 热固性粉末涂料的研究进展[J]. 合成树脂及塑料，33（4）：93-97.

贺孝先，晏成栋，孙争光，2003. 无机胶黏剂[M]. 北京：化学工业出版社.

黄聪，2016. 强酸工艺制环保型改性脲醛树脂胶黏剂[D]. 广西大学.

黄发荣，万里强，2011. 酚醛树脂及其应用[M]. 北京：化学工业出版社.

黄玉媛，陈立志，刘汉淦，等. 2008. 涂料配方[M]. 北京：中国纺织出版社.

荆夕庆，武春梅，李永，等. 2018. 水性/高固含/无溶剂工业防腐涂料产品全生命周期的环保分析
[J]. 涂料工业，48（1）：63-65.

李春光，刘轶龙，张贤慧，2017. 丙烯酸硅树脂的制备及其应用[J]. 32（10）：24-26.

李东光，2002. 脲醛树脂胶黏剂[M]. 北京：化学工业出版社.

李广宇，李子东，吉利，等. 2007. 环氧树脂胶黏剂与应用技术[M]. 北京：化学工业出版社.

李坚辉，张绪刚，张斌，等. 2013. 三聚氰胺-尿素-甲醛共缩聚树脂胶黏剂性能的研究[J]. 化学与黏
合，35（5）：15-17.

李倩钰，2018. 氧化醋酸酯淀粉胶黏剂的制备及在白卡纸涂布中的应用[J]. 造纸科学与技术，37
（1）：38-42.

李绍雄，刘益军. 2008. 聚氨酯胶黏剂[M]. 北京：化学工业出版社.

李盛彪，2013. 热熔胶黏剂：配方制备应用[M]. 北京：化学工业出版社.

李晓燕，2005. 松香改性酚醛环氧树脂的合成及固化反应研究[D]. 福建师范大学，05：30-31.

李熠龙，杨忠奎，2018. 生活中的胶黏剂及黏接化学研究进展[J]. 化学与黏合，40（1）：69-71.

李子东，李广宇，刘志军，2007. 实用胶黏技术[M]. 北京：化学工业出版社.

刘明哲，冯望成，敬波，等. 2017. 一种室温快速固化超强环氧树脂胶黏剂的制备及性能[J]. 化学与
黏合，39（6）：435-437.

刘逸，2016. MQ硅树脂的制备及改性有机硅胶黏剂的应用[D]. 南昌航空大学.

罗运军，桂红星，2002. 有机硅树脂及其应用[M]. 北京：化学工业出版社.

马宁波，白云翔，张春芳，等. 2016. 有机硅核壳聚合物增韧环氧树脂胶黏剂[J]. 应用化工，45（2）：
249-252.

沙金鑫，2017. 木质素基脲醛树脂的制备及应用性能研究[D]. 吉林大学.

邵丽英，袁才登，赵晓明，2012. 桐油基聚氨酯的制备及性能研究[J]. 弹性体，22（5）：28-33.

沈开猷，2001. 不饱和聚酯树脂及其应用[M]. 北京：化学工业出版社.

宋彩雨，李坚辉，张斌，等. 2015. 含环氧基有机硅氧烷的研究进展[J]. 化学与黏合，37（2）：132-137.

孙德林，余先纯，2014. 胶黏剂与黏接技术基础[M]. 北京：化学工业出版社.

谭湘璐，2016. 桐油在水性光固化树脂和水性聚氨酯树脂的应用研究[D]. 湖南大学.

田翠，2016. 聚醋酸乙烯酯乳液压剪强度影响因素研究[J]. 化学与黏合，38（4）：268-271.

涂伟萍，2006. 水性涂料[M]. 北京：化学工业出版社.

王慧茹，王鑫，等. 2017. 水性丙烯酸的改性及应用[A]. 河北科技大学.

王月，2015. 丙烯酸酯改性聚醋酸乙烯酯核壳型乳液胶黏剂的合成[D]. 湖南大学.

夏建荣，2011. 紫外光固化天然生漆及其复合体系的研究[D]. 福建师范大学，03.

谢保存，刘晓辉，赵颖，等. 2018. 腰果酚改性胺-环氧树脂室温固化性能的研究[J]. 化学与黏合，40(1)：26-29.

徐春雷，2009. 粉末涂料用丙烯酸树脂的合成及其固化分析[D]. 合肥工业大学，4.

闫福安，2010. 水性树脂与水性涂料[M]. 北京：化学工业出版社.

杨猛，赵勇强，王德鹏，等. 2017. 高固含量PVAc乳液即黏和初黏强度的影响因素[J]. 中国胶黏剂，26(4)：13-16.

杨晓刚，张何林，王宏力，等. 2012. 密胺树脂的改性工艺研究[J]. 现代化工，32(8)：52-53.

叶楚平，李陵岚，王念贵，2004. 天然胶黏剂[M]. 北京：化学工业出版社.

余先纯，孙德林，2010. 胶黏剂基础[M]. 北京：化学工业出版社.

余先纯，孙德林，2010. 聚醋酸乙烯乳液胶[M]. 北京：化学工业出版社.

余先纯，孙德林，2011. 木材胶黏剂与胶合技术[M]. 北京：中国轻工业出版社.

张春燕，罗建新，魏亚南，等. 2016. 聚醋酸乙烯酯乳液的共聚改性及性能研究[J]. 新型建筑材料，4：79-81.

张飞龙，2012. 生漆成膜的分子机理[J]. 中国生漆，31(1)：14-20.

张飞龙，李钢，2000. 生漆的组成结构与其性能的关系研究[J]. 中国生漆，19(3)：31-35.

张广艳，刘士琦，刘文仓，等. 2017. 高邻位线性钼酸改性酚醛树脂胶黏剂的研制[J]. 化学与黏合，39(3)：192-194.

张捷，顾宇昕，周年忠，等. 2006. 耐候聚酯粉末涂料的技术体系[J]. 现代涂料与涂装·环境友好型涂料与涂装特刊，11：19-22.

张军营，2006. 丙烯酸酯胶黏剂[M]. 北京：化学工业出版社.

张俊，杜官本，周晓剑，2006. 天然黑荆树皮单宁-糠醇木材胶黏剂的研究[J]. 森林与环境学报，4(36)：500-505.

张齐，吴建宁，张琦，等. 2016. 有机硅烷和膨润土对聚醋酸乙烯酯乳液的改性研究[J]. 中国胶黏剂，25(2)：5-8.

张宇鸥，李岳，孙禹，等. 2017. 缩合型双组分室温硫化高强度低介电常数有机硅胶黏剂的研制[J]. 化学与黏合，39(2)：105-108.

张玉龙，2008. 淀粉胶黏剂[M]. 2版. 北京：化学工业出版社.

张玉龙，2017. 环氧树脂胶黏剂[M]. 2版. 北京：化学工业出版社.

周建民，于清章，2017. 最新环保压力下的涂料行业走向[J]. 中国涂料，32(12)：25-28.

Tang Erjun, Bian Feng, Andrew Klein, et al. 2014. Fabrication of anepoxy graft poly(St-acrylate) composite latex and its functionalproperties as a steel coating[J]. Progress in Organic Coatings, 77(11)：1854-1860.

Wang Hongsheng, Yang Fangfang, Zhu Aiping, et al. 2014. Preparation and reticulation of styrene acrylic/epoxycomplex latex[J]. Polym. Bull., 71(6)：1523-1537.

Wang X, Wang J, Li Q, et al. 2013. Synthesis and characterization ofwaterborne epoxy-acrylic corrosion-resistant coatings[J]. Macromol. Sci.：Part B Phys., 52(5)：751-761.

Yahya S N, Lin C K, RamliI M R, et al. 2013. Effect of cross-link density on optoelectronic properties of thermally cured 1, 2-e-poxy-5-hexene incorporated polysiloxane[J]. Materials & Design, 47：416-423.